创新型计算机精品教材

计算机应用基础

主编 张亚群 刘 萌 王书贵

航空工业出版社

北京

内 容 提 要

本书采用任务情景教学方式，通过大量案例介绍了计算机基础应用的相关知识，同时又将新技术、新应用融入书中，帮助学生紧跟时代步伐。全书共分为7个项目，内容包括计算机基础知识、使用 Windows 7 系统、因特网（Internet）应用、使用 Word 2016 制作文档、使用 Excel 2016 制作电子表格、使用 PowerPoint 2016 制作演示文稿、多媒体软件应用。

本书内容丰富、语言简练、案例众多，可作为中、高等职业技术院校和各类计算机教育培训机构的专用教材，也可供广大初、中级电脑爱好者自学使用。

图书在版编目（CIP）数据

计算机应用基础 / 张亚群，刘萌，王书贵主编. -- 北京：航空工业出版社，2021.4（2023.8 重印）
ISBN 978-7-5165-2499-2

Ⅰ．①计… Ⅱ．①张… ②刘… ③王… Ⅲ．①电子计算机—教材 Ⅳ．①TP3

中国版本图书馆 CIP 数据核字(2021)第 051975 号

计算机应用基础
Jisuanji Yingyong Jichu

航空工业出版社出版发行
（北京市朝阳区京顺路 5 号曙光大厦 C 座四层　100028）
发行部电话：010-85672663　010-85672683

捷鹰印刷（天津）有限公司印刷	全国各地新华书店经售
2021 年 4 月第 1 版	2023 年 8 月第 3 次印刷
开本：787×1092　1/16	字数：438 千字
印张：18.5	定价：49.80 元

前 言
PREFACE

当前，计算机的应用已经渗透到人们生活的各个领域，正在迅速地改变着人们的工作、学习和生活方式。熟练地操作计算机、掌握计算机的应用技术已成为当代职业技术院校学生必须具备的基本技能，也是学生争取优秀工作岗位的重要前提。

随着计算机硬件和软件技术的飞速发展，计算机应用基础课程的教学内容和教学方式已发生了很大的变化。本书结合目前计算机及信息技术的发展状况，依据国家关于计算机应用基础教学的最新指示文件精神编写，是最新的教学改革成果。

本书特色

（1）**内容合理，重点突出**：本书依据计算机应用基础教学大纲和计算机日常应用精心安排内容，详细介绍了计算机基础应用的相关知识，包括计算机基础知识、Windows 7 系统、因特网（Internet）应用、Office 2016 应用和多媒体软件应用。其中，Office 2016 应用是本书的重点。

（2）**任务驱动，学练结合**：本书采用以任务为驱动的项目教学方式，将每个项目分解为多个任务，每个任务均包含"任务情景""相关知识""任务实施"3 个部分。

> **任务情景**：创设问题情境，引发学生的探究心理，从而激发学生的学习兴趣。
> **相关知识**：讲解本任务涉及的相关知识，帮助学生系统掌握理论知识。
> **任务实施**：一般为实践操作的典型案例，或对重点知识的延伸和拓展，引导学生动手实践，提升学生的自主学习能力。

（3）**情景教学，理实一体**：本书从一个刚毕业的学生的角度出发，将其在工作岗位和日常生活中使用计算机处理的各种事务作为贯穿全书的任务情景，将岗位常识、理论知识和操作技能等巧妙地融入任务中，真正实现了情景式教学。

（4）**案例众多，精彩实用**：在每个任务中都包含一个或多个针对性、实用性很强的案例，让学生在完成任务的过程中轻松掌握相关操作技能。此外，在每个项目的后面还给出了多个综合性很强的项目实训案例，帮助学生及时巩固所学知识和技能。

（5）**其他特色**：语言简练，图示丰富；融入大量实用技巧；兼顾全国计算机等级一级考试；教学资源丰富等。

为学习贯彻党的二十大精神，提升课程铸魂育人效果，本书专门在扉页"教·学资源"二维码中设计了相应栏目，以引导学生践行社会主义核心价值观，涵养学生奋斗精神、敬业精神、奉献精神、创新精神、工匠精神、法制精神、绿色环保意识等。

教学资源

本书配有精美的教学课件，并且书中用到的素材和制作的实例都已整理和打包，读者可以登录文旌综合教育平台"文旌课堂"（www.wenjingketang.com）下载。如果读者在学习过程中有什么疑问，也可登录网站寻求帮助，我们将会及时解答。

编写队伍

本书由张亚群、刘萌、王书贵担任主编。

由于编者水平有限，书中疏漏和不足之处在所难免，恳请广大读者批评指正。

目录

项目一 计算机基础知识 …… 1

任务一 了解计算机的发展及应用领域 …… 1
- 任务情景 …… 1
- 相关知识 …… 1
  - 一、计算机的发展 …… 1
  - 二、计算机的应用领域 …… 2
  - 三、计算机前沿技术 …… 4
- 任务实施——观看"计算机前沿技术"视频 …… 9

任务二 了解计算机系统的组成 …… 9
- 任务情景 …… 9
- 相关知识 …… 9
  - 一、计算机的工作原理 …… 9
  - 二、计算机系统组成 …… 10
  - 三、计算机硬件系统 …… 10
  - 四、计算机软件系统 …… 14
  - 五、计算机的主要性能指标 …… 14
- 任务实施——观看"组装计算机"视频 …… 15

任务三 了解计算机中信息的表示 …… 16
- 任务情景 …… 16
- 相关知识 …… 16
  - 一、计算机中的数制 …… 16
  - 二、计算机中信息的编码 …… 19
- 任务实施——利用计算器快速进行数制转换 …… 20

任务四 了解信息安全 …… 21
- 任务情景 …… 21
- 相关知识 …… 21
  - 一、信息安全概述 …… 21
  - 二、计算机病毒概述 …… 22
  - 三、信息安全相关法规 …… 23
- 任务实施——使用360杀毒软件查杀病毒 …… 24

项目总结 …… 25
项目考核 …… 26

项目二 使用 Windows 7 系统 …… 29

任务一 掌握 Windows 7 基本操作 …… 29
- 任务情景 …… 29
- 相关知识 …… 29
  - 一、鼠标的基本操作 …… 29
  - 二、键盘的按键分区 …… 30
  - 三、Windows 7 的视窗元素 …… 31
- 任务实施 …… 34
  - 一、启动和关闭 Windows 7 …… 34
  - 二、查看计算机系统配置 …… 35
  - 三、操作"记事本"程序 …… 36

任务二 掌握 Windows 7 的文件管理 …… 36
任务情景 …… 36
相关知识 …… 37
一、认识文件 …… 37
二、认识文件夹和文件路径 …… 37
三、认识资源管理器 …… 38
任务实施 …… 39
一、使用资源管理器 …… 39
二、管理文件和文件夹 …… 40

任务三 掌握系统管理和应用 …… 44
任务情景 …… 44
相关知识 …… 44
一、认识控制面板 …… 44
二、安装应用软件 …… 45
任务实施 …… 45
一、个性化 Windows 7 …… 45
二、安装与卸载软件 …… 48
三、创建和管理用户账户 …… 50

任务四 掌握系统维护的方法 …… 51
任务情景 …… 51
相关知识 …… 51
任务实施 …… 52
一、使用"磁盘清理"工具 …… 52
二、使用"磁盘碎片整理"工具 …… 52
三、使用 360 安全卫士 …… 53

任务五 快速在计算机中输入中文 …… 55
任务情景 …… 55
相关知识 …… 56
一、认识汉字输入法 …… 56
二、认识搜狗拼音输入法 …… 56
任务实施 …… 57
一、安装汉字输入法 …… 57
二、选择汉字输入法 …… 57
三、设置默认输入法 …… 58
四、使用金山打字通练习打字 …… 59

项目总结 …… 59

项目实训 …… 60
实训一 文件和文件夹操作 …… 60
实训二 系统管理和应用 …… 60

项目考核 …… 61

项目三 因特网（Internet）应用 …… 63

任务一 将单台计算机接入 Internet …… 63
任务情景 …… 63
相关知识 …… 64
一、认识 Internet …… 64
二、目前流行的 Internet 接入方式 …… 64
任务实施 …… 65
一、选择 ISP 并申请上网账号 …… 65
二、硬件安装 …… 65
三、创建 Internet 连接并拨号上网 …… 65

任务二 获取 Internet 上的信息和资源 …… 67
任务情景 …… 67
相关知识 …… 67
一、认识浏览器 …… 67
二、认识网页、网站和网址 …… 67
三、认识搜索引擎 …… 67
任务实施 …… 68
一、浏览网页 …… 68
二、保存网页中的信息 …… 69
三、收藏网页 …… 70
四、查找需要的信息 …… 72
五、设置浏览器首页 …… 73
六、清除历史记录和临时文件 …… 73

任务三 收发电子邮件 …… 74
任务情景 …… 74
相关知识 …… 74
任务实施 …… 75
一、申请电子邮箱 …… 75
二、登录电子邮箱 …… 76
三、发送电子邮件 …… 77
四、阅读电子邮件 …… 78

五、退出电子邮箱 ………………… 79
任务四　使用常用的网络工具 ……… 79
　　任务情景 …………………………… 79
　　相关知识 …………………………… 79
　　任务实施 …………………………… 80
　　　一、使用下载工具迅雷 …………… 80
　　　二、使用即时通信软件 QQ ……… 82
项目总结 ………………………………… 83
项目实训 ………………………………… 83
项目考核 ………………………………… 84

项目四　使用 Word 2016 制作文档 …… 85

任务一　创建协议书文档
　　　　——Word 2016 使用基础 … 85
　　任务情景 …………………………… 85
　　相关知识 …………………………… 86
　　　一、启动与退出 Word 2016 ……… 86
　　　二、Word 2016 的工作界面 ……… 86
　　任务实施 …………………………… 88
　　　一、新建文档 ……………………… 88
　　　二、保存文档 ……………………… 89
　　　三、关闭文档 ……………………… 90
　　　四、打开文档 ……………………… 91
任务二　输入协议书内容
　　　　——文本输入与编辑 ……… 92
　　任务情景 …………………………… 92
　　相关知识 …………………………… 93
　　任务实施 …………………………… 93
　　　一、输入文本和特殊符号 ………… 93
　　　二、移动插入点 …………………… 94
　　　三、增补、删除与改写文本 ……… 94
　　　四、选择文本 ……………………… 95
　　　五、移动与复制文本 ……………… 96
　　　六、查找与替换文本 ……………… 98
　　　七、撤销与恢复操作 ……………… 99
　　　八、使用不同视图浏览
　　　　　与编辑文档 …………………… 100

任务三　编排协议书文档
　　　　——设置文档基本格式 …… 100
　　任务情景 …………………………… 100
　　相关知识 …………………………… 100
　　任务实施 …………………………… 101
　　　一、设置字符格式 ………………… 101
　　　二、设置段落格式 ………………… 104
　　　三、复制格式 ……………………… 105
任务四　美化招生简章——设置文档
　　　　其他格式 …………………… 106
　　任务情景 …………………………… 106
　　相关知识 …………………………… 106
　　任务实施 …………………………… 107
　　　一、设置项目符号和编号 ………… 107
　　　二、设置边框和底纹 ……………… 109
任务五　打印租房协议书
　　　　——设置文档页面并打印 … 111
　　任务情景 …………………………… 111
　　相关知识 …………………………… 111
　　任务实施 …………………………… 111
　　　一、设置文档页面 ………………… 111
　　　二、打印预览与打印文档 ………… 113
任务六　制作求职简历——表格创建
　　　　与编辑 ……………………… 114
　　任务情景 …………………………… 114
　　相关知识 …………………………… 114
　　任务实施 …………………………… 115
　　　一、创建表格 ……………………… 115
　　　二、选择表格和单元格 …………… 116
　　　三、编辑表格 ……………………… 116
　　　四、在表格中输入内容
　　　　　并设置格式 …………………… 119
　　　五、美化表格 ……………………… 122
任务七　制作商品促销海报
　　　　——图文混排 ……………… 122
　　任务情景 …………………………… 122
　　相关知识 …………………………… 123

　　任务实施 …………………………… 123
　　　一、绘制、编辑与美化形状 ……… 123
　　　二、插入、编辑与美化图片 ……… 126
　　　三、使用艺术字和文本框 ………… 130
　　　四、完善海报 ……………………… 135
　任务八　编排杂志——高级排版
　　　　　技巧 …………………………… 137
　　任务情景 …………………………… 137
　　相关知识 …………………………… 138
　　任务实施 …………………………… 139
　　　一、插入分页符和分节符 ………… 139
　　　二、设置页眉、页脚和页码 ……… 140
　　　三、应用分栏 ……………………… 142
　　　四、使用样式 ……………………… 143
　　　五、插入目录 ……………………… 147
　　　六、使用 SmartArt 图形 ………… 150
　　　七、使用公式 ……………………… 150
　　　八、文档批注和修订 ……………… 151
　项目总结 ……………………………… 152
　项目实训 ……………………………… 152
　　实训一　制作请示文档 …………… 152
　　实训二　制作课程表 ……………… 153
　　实训三　制作泰山旅游简介文档 … 153
　项目考核 ……………………………… 154

项目五　使用 Excel 2016 制作
　　　　电子表格 …………………… 157

　任务一　创建学生成绩表——Excel 2016
　　　　　使用基础 ……………………… 157
　　任务情景 …………………………… 157
　　相关知识 …………………………… 158
　　　一、Excel 2016 的工作界面 ……… 158
　　　二、工作簿、工作表和单元格的
　　　　　概念 …………………………… 158
　　任务实施 …………………………… 159
　　　一、工作簿基本操作 ……………… 159
　　　二、工作表常用操作 ……………… 161

　任务二　制作学生成绩表——数据
　　　　　输入和工作表编辑 ………… 163
　　任务情景 …………………………… 163
　　相关知识 …………………………… 164
　　　一、Excel 中的数据类型 ………… 164
　　　二、输入数据的常用方法 ………… 164
　　　三、调整表格布局的常用方法 …… 165
　　任务实施 …………………………… 165
　　　一、选择单元格 …………………… 165
　　　二、输入基本数据 ………………… 166
　　　三、自动填充数据 ………………… 167
　　　四、编辑数据 ……………………… 169
　　　五、合并单元格 …………………… 171
　　　六、调整行高和列宽 ……………… 171
　　　七、插入与删除行、列或单元格 … 172
　任务三　美化学生成绩表
　　　　　——美化工作表 ……………… 174
　　任务情景 …………………………… 174
　　相关知识 …………………………… 174
　　任务实施 …………………………… 175
　　　一、设置字符格式和对齐方式 …… 175
　　　二、设置数字格式 ………………… 176
　　　三、设置边框和底纹 ……………… 177
　　　四、设置条件格式 ………………… 178
　任务四　计算学生成绩表数据
　　　　　——使用公式和函数 ………… 180
　　任务情景 …………………………… 180
　　相关知识 …………………………… 181
　　　一、公式和函数 …………………… 181
　　　二、公式中的运算符 ……………… 182
　　　三、单元格引用 …………………… 183
　　任务实施 …………………………… 184
　　　一、使用公式计算学生的总分 …… 184
　　　二、使用"自动求和"中的选项
　　　　　计算学生的平均分 …………… 185
　　　三、使用函数计算学生的排名 …… 186
　任务五　管理销售表数据 …………… 191
　　任务情景 …………………………… 191

目录

相关知识 ·············· 191
任务实施 ·············· 191
 一、制作空调销售统计表 ······ 191
 二、排序数据 ············ 192
 三、筛选数据 ············ 194
 四、分类汇总数据 ·········· 198
任务六 制作销售图表和
    数据透视表 ·········· 202
任务情景 ·············· 202
相关知识 ·············· 202
 一、图表 ··············· 202
 二、数据透视表 ··········· 203
任务实施 ·············· 203
 一、创建图表 ············ 203
 二、编辑图表 ············ 205
 三、美化图表 ············ 207
 四、创建数据透视表 ········ 209
任务七 查看并打印产品目录
    与价格表 ············ 213
任务情景 ·············· 213
相关知识 ·············· 213
任务实施 ·············· 213
 一、冻结窗格 ············ 213
 二、设置页面 ············ 214
 三、设置打印区域和打印标题 ··· 215
 四、分页预览与设置分页符 ···· 216
 五、打印预览与打印工作表 ···· 217
项目总结 ·············· 218
项目实训 ·············· 219
 实训一 制作成绩评定表 ······ 219
 实训二 制作进货表并筛选
     与汇总数据 ········ 220
 实训三 制作家庭开支比例饼图 ··· 220
项目考核 ·············· 221

项目六 使用 PowerPoint 2016 制作演示文稿 ·········· 223

任务一 创建摩卡时光小镇演示
    文稿——PowerPoint 2016
    使用基础 ············ 223
任务情景 ·············· 223
相关知识 ·············· 224
 一、演示文稿的组成和制作原则 ··· 224
 二、PowerPoint 2016 的工作界面 ··· 224
 三、新建演示文稿 ·········· 225
任务实施——创建并保存摩卡时光小镇
    演示文稿 ············ 226
任务二 制作摩卡时光小镇演示
    文稿的第 1 张幻灯片 ···· 227
任务情景 ·············· 227
相关知识 ·············· 227
任务实施 ·············· 228
 一、更改演示文稿主题 ······· 228
 二、设置演示文稿背景 ······· 229
 三、输入文本并设置格式 ····· 230
任务三 制作摩卡时光小镇演示
    文稿的其他幻灯片 ······ 232
任务情景 ·············· 232
相关知识 ·············· 232
任务实施 ·············· 233
 一、幻灯片基本操作 ········ 233
 二、设置幻灯片版式 ········ 234
 三、在幻灯片中插入与美化对象 ··· 235
 四、在幻灯片中插入音频和视频 ··· 240
 五、在幻灯片中插入表格 ······ 242
 六、编辑幻灯片母版 ········ 243
 七、为对象设置超链接 ······· 246
 八、创建动作按钮 ·········· 247
任务四 为摩卡时光小镇演示
    文稿设置动画效果 ······ 248
任务情景 ·············· 248

相关知识 …………………… 249
任务实施 …………………… 249
　一、为幻灯片设置切换效果 …… 249
　二、为幻灯片中的对象
　　　设置动画效果 …………… 250

任务五　放映和打包摩卡时光小镇
　　　　演示文稿 …………… 253
任务情景 …………………… 253
相关知识 …………………… 253
任务实施 …………………… 253
　一、自定义放映 ……………… 253
　二、设置放映方式 …………… 254
　三、放映演示文稿 …………… 255
　四、打包演示文稿 …………… 256
项目总结 …………………… 258
项目实训 …………………… 259
项目考核 …………………… 259

项目七　多媒体软件应用 …… 261

任务一　了解多媒体基础知识 …… 261
任务情景 …………………… 261
相关知识 …………………… 262
　一、多媒体与多媒体技术 …… 262
　二、多媒体技术的应用 ……… 262
　三、获取多媒体素材的方法 … 262
任务实施 …………………… 263
　一、获取图像素材 …………… 263
　二、获取视频素材 …………… 265
任务二　使用图像处理软件 …… 267
任务情景 …………………… 267

相关知识 …………………… 267
　一、图像处理基础知识 ……… 267
　二、常用的图像处理软件 …… 269
任务实施——使用光影魔术手
　　　　　　处理图像 ………… 270
任务三　使用音频处理软件 …… 272
任务情景 …………………… 272
相关知识 …………………… 272
　一、音频处理基础知识 ……… 272
　二、常用的音频处理软件 …… 273
任务实施——使用 Adobe Audition
　　　　　　录制和编辑音频 … 274
　一、录制音频 ………………… 274
　二、为音频降噪 ……………… 275
　三、混缩与剪辑音频 ………… 277
任务四　使用视频处理软件 …… 279
任务情景 …………………… 279
相关知识 …………………… 279
　一、视频处理基础知识 ……… 279
　二、常用的视频处理软件 …… 281
任务实施——使用格式工厂截取视频
　　　　　　片段并转换视频格式 … 281
项目总结 …………………… 283
项目实训 …………………… 283
　实训一　美化照片 …………… 283
　实训二　录制歌曲并合成 …… 284
　实训三　转换视频格式 ……… 284
项目考核 …………………… 284

参考文献 …………………… 286

项目一　计算机基础知识

项目导读

目前，计算机已成为人们不可缺少的工具，它极大地改变了人们的工作、学习和生活方式。本项目将带领大家了解计算机的一些基础知识，包括计算机的发展和应用领域、计算机前沿技术、计算机系统组成、计算机中信息的表示、信息安全等。

学习目标

- 了解计算机的发展、应用领域，以及计算机前沿技术。
- 了解计算机工作原理和系统组成，熟悉常见的计算机硬件和软件。
- 了解计算机的主要性能指标，掌握组装计算机的方法。
- 了解计算机中信息的表示方法，掌握常用数制之间的转换和信息编码。
- 了解信息安全的相关知识，掌握使用360杀毒软件查杀病毒的方法。

任务一　了解计算机的发展及应用领域

任务情景

李强从学校毕业后，应聘到佳美商场担任行政助理。他的同事李姐由于不懂计算机，所以对计算机充满好奇，经常问他一些关于计算机的问题。例如，计算机经历了怎样的发展过程？计算机主要用在什么地方？经常听到有人说物联网、大数据、云计算、人工智能等，它们是什么东西？为了能回答李姐的问题及应对工作的需要，李强决定"恶补"一下计算机相关知识。

相关知识

一、计算机的发展

自1946年世界上第一台电子计算机ENIAC诞生以来，计算机技术获得了迅猛发展。

根据计算机所用电子元器件的不同，计算机的发展经历了电子管计算机、晶体管计算机、中小规模集成电路计算机、大规模及超大规模集成电路计算机 4 个阶段。

1. 第一代电子管计算机（1946—1957 年）

主要特点是：硬件方面，采用电子管作为基本逻辑电路元件，主存储器采用汞延迟线、磁鼓和磁芯，外存储器采用磁带；软件方面，只能使用机器语言和汇编语言；计算机体积庞大、功耗大、可靠性差、价格昂贵；主要用于科学计算。

2. 第二代晶体管计算机（1958—1964 年）

主要特点是：硬件方面，采用晶体管作为基本逻辑电路元件，主存储器主要采用磁芯，外存储器开始采用磁盘；软件方面有了很大发展，出现了各种各样的高级语言及其编译程序，还出现了以批处理为主的操作系统；计算机的体积大大缩小、耗电量减少、可靠性提高；应用以科学计算和各种事务处理为主，并开始用于工业控制。

3. 第三代中小规模集成电路计算机（1965—1970 年）

主要特点是：硬件方面，采用中小规模集成电路作为主要逻辑部件，主存储器开始采用半导体存储器；软件方面，对计算机程序设计语言进行了标准化工作，并提出了结构化程序设计思想；计算机的体积进一步减小，运算速度、运算精度、存储容量及可靠性等主要性能指标大为改善；应用领域迅速扩大，如科学计算、文字处理、图形图像处理等。

4. 第四代大规模及超大规模集成电路计算机（1971 年至今）

主要特点是：硬件方面，采用大规模和超大规模集成电路作为主要逻辑部件，主存储器采用半导体存储器，外围设备多样化、系列化；软件方面，实现了软件固化技术，出现了面向对象的计算机程序设计思想；计算机性能大幅度提升，价格大幅度下降；应用渗透到社会的各个领域。

在第四代计算机的发展过程中，最重要的成就表现在微处理器的体积不断减小，集成度不断提高，运算速度越来越快，计算机向微型计算机方向发展，并逐渐走进办公室、学校和普通家庭。图 1-1 为日常使用的个人计算机，它们都属于微型计算机。

台式机

笔记本电脑

一体机

平板电脑

图 1-1　微型计算机

二、计算机的应用领域

计算机问世之初，主要用于科学计算，"计算机"也因此得名。随着计算机技术的发展，它不再局限于科学计算，而是广泛地应用于数据处理、自动控制、计算机辅助设计/制造/教学、人工智能、多媒体应用、计算机网络等领域。

1. 科学计算

科学计算又称数值计算，是计算机最早的应用领域。科学计算所完成的大多是科学研究和工程技术中所提出的数学问题的计算。这类计算往往公式复杂、难度很大，仅凭一般计算工具或人力难以完成。例如，气象预报需要求解描述大气运动规律的微分方程，发射导弹需要计算弹道曲线方程，这些都需要借助计算机高速而又精确的计算才能完成。

2．数据处理

数据处理是指在计算机上管理、加工各种数据，从而使人们获得更多有用信息的过程。例如，企业管理、学籍管理、报表统计、账目计算和信息情报检索等都要用到数据处理。图1-2为某企业的信息管理系统。

3．自动控制

自动控制是指利用计算机对某一过程进行自动操作的行为。它不需要人工干预，能够按照预定的目标和状态进行过程控制。例如，在汽车工业方面，利用计算机控制机床，可以实现高精度、复杂形状零件的自动化加工。

4．计算机辅助系统

计算机辅助系统主要包括计算机辅助设计、计算机辅助制造和计算机辅助教学等。其中，计算机辅助设计（computer aided design，CAD）是指利用计算机进行工程设计，如飞机设计、船舶设计、建筑设计、机械设计等。图1-3为利用计算机设计的建筑模型。

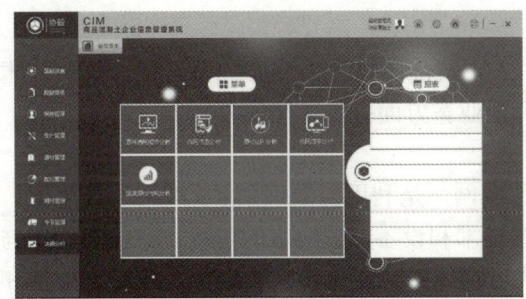

图1-2　某企业的信息管理系统　　　图1-3　利用计算机设计的建筑模型

计算机辅助制造（computer aided manufacturing，CAM）是指利用计算机进行生产设备的管理、控制和操作，它对提高产品质量、降低生产成本和缩短生产周期等起到了积极的作用。

计算机辅助教学（computer aided instruction，CAI）是指利用计算机辅助完成教学计划。它不仅能减轻教师的负担，还能激发学生的学习兴趣，提高教学质量。

5．人工智能

人工智能（artificial intelligence，AI）是指让计算机模拟人类的某些智力行为，使其具备人的感知能力和思维能力。例如，可以用计算机模拟人脑的部分功能进行思维、学习、推理、联想和决策，使计算机能够自动根据外界情况来执行某些任务。图1-4为利用人工智能技术研发的机器人。

6．多媒体应用

多媒体是文本、动画、图形、图像、音频和视频等各种媒体的组合物。近年来，多媒体技术被广泛应用于医疗、教育、商业、军事、出版等领域。图1-5为某香水产品的多媒体广告。

图1-4 利用人工智能技术研发的机器人

图1-5 利用多媒体技术制作的广告

7. 计算机网络

计算机网络是现代计算机技术与通信技术高度发展和密切结合的产物，它利用通信设备和通信线路将地理位置不同、功能独立的多个计算机系统互连起来，实现网络中的资源共享和信息传递。例如，全世界最大的计算机网络 Internet（因特网）把整个地球变成了一个小小的村落，人们可以方便地在网上查询信息、通信、学习、娱乐和购物等。

三、计算机前沿技术

近年来，以物联网、大数据、云计算、人工智能等技术为核心的新一代计算机技术高速发展，在助力解决各行业现实需求、培育新业态方面打下了坚实基础。

1. 物联网

物联网（internet of things，IoT）又称传感网，是利用射频识别（RFID）、传感器、全球定位系统（GPS）、激光扫描器等信息传感技术和设备，按约定的协议，把任何物体与互联网相连接，进行信息交换和通信，以实现对物体的智能化识别、定位、跟踪、监控和管理的一种网络。

 说 明

> 射频识别（radio frequency identification，RFID）是20世纪90年代开始兴起的一种自动识别技术。RFID系统主要由3部分组成：电子标签（tag）、阅读器（reader）和天线（antenna）。其中，电子标签用于存储物体的标识信息；阅读器用于以射频信号方式读取电子标签中的信息（有的阅读器也具有写入信息功能）；天线用于发射和接收射频信号，往往内置在电子标签和阅读器中。
>
> 例如，中国第二代居民身份证内嵌了存储个人基本信息的电子标签，需要时利用阅读器一扫，即可获取个人身份信息。

物联网的定义包含两层意思：一是物联网的基础仍然是互联网，它是在互联网的基础上延伸和扩展的网络；二是其用户终端延伸和扩展到了任何物体，使任何物体之间都可以进行信息交换和通信。简而言之，物联网就是"物物相连的互联网"，如图1-6所示。

物联网作为一种新兴的技术，其应用正在迅速向各个领域蔓延，从家居（见图1-7）、医疗、物流、交通、金融、工业到农业，物联网的应用无处不在。例如，时下流行的共享单车，只要拿出手机扫一扫即可打开智能锁骑行，这些智能锁使用的就是物联网技术。

图1-6 物联网示意图

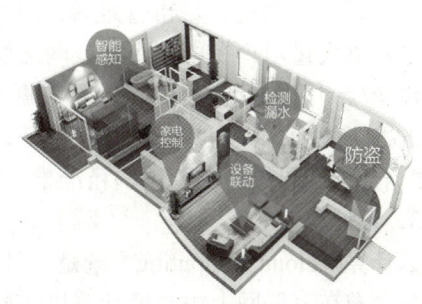
图1-7 智能家居

2. 大数据

大数据（big data）也称海量数据或巨量数据，是指数据量大到无法利用传统数据处理技术在合理的时间内获取、存储、管理和分析的数据集合。"大数据"一词除用来描述信息时代产生的海量数据外，也被用来命名与之相关的技术、创新与应用。

大数据具有海量的数据规模（volume）、快速的数据流转（velocity）、多样的数据类型（variety）和较低的价值密度（value）四大特征，简称"4V"。

（1）**海量的数据规模**：2004年，全球数据总量为30 EB，2005年达到50 EB，2015年达到7 900 EB，2019年达到41 ZB。根据国际数据资讯（IDC）公司监测，全球数据量大约每两年翻一番，预计到2025年，全球将拥有163 ZB的数据。

提示

计算机中通常用KB、MB、GB、TB、PB、EB和ZB表示存储设备的容量或数据的大小，它们之间的换算关系如下：

1 MB=1 024 KB　　1 GB=1 024 MB　　1 TB=1 024 GB
1 PB=1 024 TB　　1 EB=1 024 PB　　1 ZB=1 024 EB

（2）**快速的数据流转**：指数据产生、流转速度快，而且越新的数据价值越大。这就要求对数据的处理速度要快，以便能够及时从数据中发现、提取有价值的信息。

（3）**多样的数据类型**：指数据的来源及类型多样。大数据的数据类型除传统的结构化数据外，还包括大量非结构化数据。

提示

结构化数据是指可以使用二维表结构表示的数据，一般使用传统的关系数据库进行存储和管理；非结构化数据是指数据结构不规则，不方便用二维表结构表示的数据，包括各类文档、网页、图像、音频、视频等。

（4）**较低的价值密度**：指数据量大但价值密度相对较低，挖掘数据中蕴藏的价值犹如沙里淘金。

如今，大数据在各行各业的应用无处不在，包括电商、金融、通信、物流、医疗、教育、农业、工业制造、城市管理等。例如,大数据在电商行业的典型应用场景有:① 电商企业收集大量用户在电商网站或网络媒体上的注册信息、行为数据(用户在网站和 App 中的浏览/点击/发帖等行为)、交易数据等;② 对收集的数据进行分析和挖掘,得出不同用户的购买能力、行为特征、心理特征、兴趣爱好、家庭情况、喜欢的社交网络等数据;③ 根据分析结果做精准营销、精准推荐等。

3. 云计算

云计算(cloud computing)既是一种计算机创新技术,也是一种 IT 服务模式。它将计算任务分布在互联网上由大量计算机(通常是一些大型服务器集群)构成的资源池中,并将资源池中的资源(计算力、存储空间、带宽、软件等)虚拟成一个个可任意组合、可大可小的资源集合,然后以服务的形式提供给用户使用。

传统模式下,企业建立一套 IT 系统(如网站、信息管理系统)不仅需要购买各种软硬件(如服务器),还需要专门的人员进行部署和维护。当企业规模扩大时还要继续升级软硬件以满足需要。而利用云计算,企业无须再购买和部署这些资源,只要按需购买云计算服务商提供的计算力、存储空间或应用软件即可,从而降低成本,提高效率。

目前,国内外知名的云计算服务商有阿里云(见图1-8)、腾讯云、百度云、亚马逊 AWS、微软 Azure、谷歌 Cloud 等。

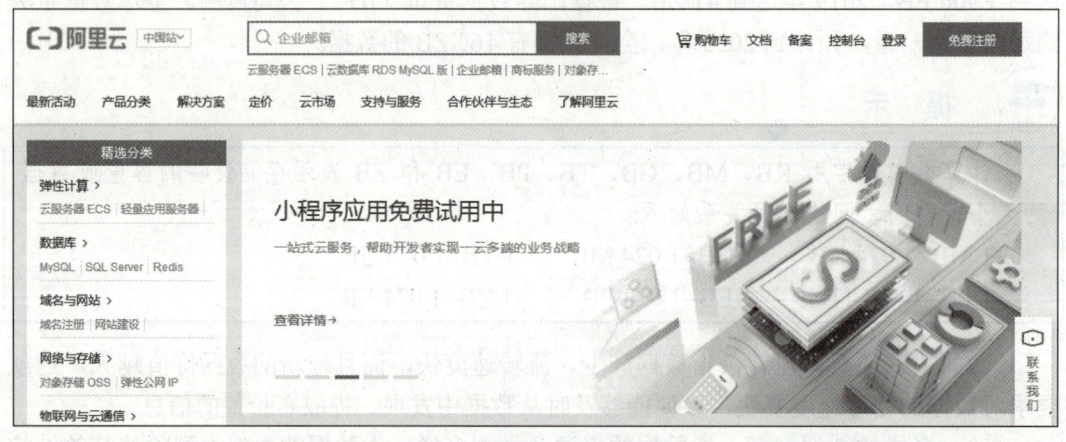

图 1-8 阿里云网站主界面

云计算在 IT 产业各个方面都有用武之地,下面介绍几个典型的应用场景。

(1)企业云:是专门设计客户关系管理软件、人力资源管理软件、数据库软件等企业内部系统给商业公司使用的云系统。

(2)云存储系统:它通过整合网络中的多种存储设备来对外提供云存储服务,并能管理数据的存储、备份、复制和存档。云存储系统适合需要管理和存储海量数据的企业。

(3)大规模数据处理云:企业将数据处理软件和服务运行在云计算平台上,利用云计算的计算能力和存储能力对海量数据进行批量处理,从而帮助企业快速进行数据分析,发现可能存在的商机和问题,以做出更好、更快和更全面的决策。

（4）云杀毒：当发现有嫌疑的数据时，杀毒软件可以将有嫌疑的数据上传至云中，并通过云中庞大的特征库和强大的处理能力来分析该数据是否含有病毒。

（5）开发测试云：云计算可以解决开发测试过程中的棘手问题。其通过 Web 界面，可以预约、部署、管理和回收整个开发测试的环境；通过预先配置好（包括操作系统、中间件和开发测试软件）的虚拟镜像来快速地构建一个个异构的开发测试环境；通过快速备份、恢复等虚拟化技术来重现问题，并利用云的强大计算能力对应用进行压力测试。开发测试云比较适合需要开发和测试多种应用的企业和机构。

（6）游戏云：将游戏部署至云中。目前主要有两种应用模式，一种是基于 Web 游戏模式，如使用 Java、Flash 和 Silverlight 等技术开发网页游戏，这种解决方案比较适合休闲游戏；另一种是为大容量和高画质的专业游戏设计的，整个游戏都将在云中运行，并将渲染完毕的游戏画面压缩后通过网络传送给用户。

4. 人工智能

人工智能（artificial intelligence，AI）是研究、开发用于模拟、延伸和扩展人的智能的理论、方法、技术及应用系统的一门学科，其目标是生产出能以人类智能相似的方式做出反应的智能机器。具体来说，人工智能就是让机器像人类一样具有感知能力、学习能力、思考能力、沟通能力、判断能力等，从而更好地为人类服务。

近几年，在移动互联网、大数据、云计算、物联网、脑科学等新理论、新技术，以及经济社会发展强烈需求的共同驱动下，人工智能的发展进入新阶段，深深地融入我们的生活。无论是手机上的指纹识别、人脸识别、导航系统、美颜相机、新闻推荐、智能搜索、语音助手、翻译助手、垃圾邮件过滤等应用，还是智能监控、智能音箱、智能机器人、自动驾驶汽车（见图 1-9）、无人机（见图 1-10），都与人工智能密切相关。

图 1-9　自动驾驶汽车

图 1-10　无人机

5. 虚拟现实

虚拟现实（virtual reality，VR）是指利用计算机技术模拟出一个逼真的三维空间虚拟世界，使用户完全沉浸其中，并能与其进行自然交互，就像在真实世界中一样。例如，VR 游戏可以让用户完全沉浸在游戏中，犹如身临其境，如图 1-11 所示。

目前，虚拟现实系统主要应用于仿真演示、仿真实验、模拟训练、模拟演练、仿真设计、可视化管理、艺术与娱乐等方向，如教学仿真演示与实验（见图 1-12）、军事模拟训练与演习（见图 1-13）、消防模拟训练与演练、飞机和汽车等驾驶模拟训练、航天模拟训练、外科手术模拟训练、建筑仿真设计与演示、产品仿真设计与演示、交通路况与环境仿真演示、VR 影视与游戏、科学研究和工程管理可视化等。

图 1-11　VR 游戏

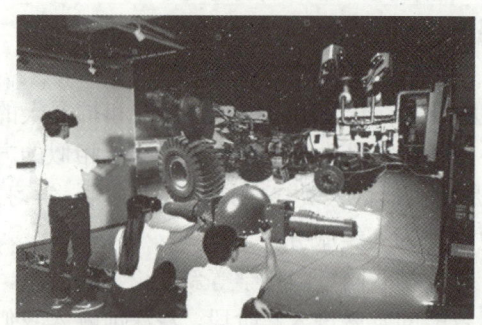

图 1-12　VR 教学仿真演示

图 1-13　VR 军事模拟训练

6. 增强现实

增强现实（augmented reality，AR）是把真实环境和虚拟环境结合起来的一种技术。与 VR 不同的是，AR 是在现实的环境中叠加虚拟内容，实现了虚实结合。此外，AR 用户端无须头戴式 3D 显示器、3D 鼠标、数据手套等交互设备，只需要一部智能手机、平板电脑或一副 AR 眼镜即可。

目前，AR 主要应用于零售、教育、医疗、娱乐和游戏、广告、军事等领域。例如，在零售领域，可以利用 AR 进行试装（见图 1-14）、试妆，让消费者得到更好的购物体验；在教育和培训领域，可以利用 AR 生动地演示相关知识和应用（见图 1-15）；在医疗领域，做微创手术时可以利用 AR 实时观察手术部位，相当于增强了外科医生的视力。

图 1-14　AR 试装

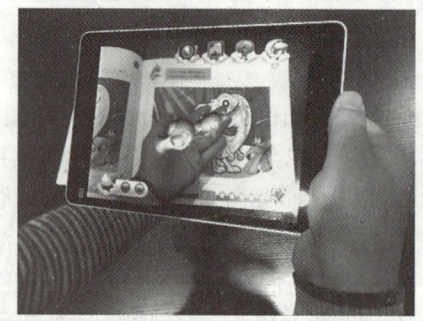

图 1-15　AR 儿童书

任务实施——观看"计算机前沿技术"视频

观看本书配套视频"项目一"/"任务一"/"计算机前沿技术.mp4",了解以物联网、大数据、云计算、人工智能等技术为核心的新一代计算机技术,熟悉其在生产、生活中的典型应用,正确认知计算机技术对个人和社会的影响,为适应智慧社会做好准备。

任务二 了解计算机系统的组成

任务情景

李强所在的单位由于业务扩展,需要购买几台新计算机,上级将此任务交给了李强。李强知道,要选购一台合适的计算机,首先需要对计算机的工作原理、系统组成,以及计算机系统的主要性能指标等有一定的了解。

相关知识

一、计算机的工作原理

现代计算机基本结构的奠基人是著名美籍匈牙利科学家冯·诺依曼教授。根据冯·诺依曼理论,计算机主要由控制器、运算器、存储器、输入设备、输出设备五大部分组成,其硬件体系结构及工作流程如图1-16所示。

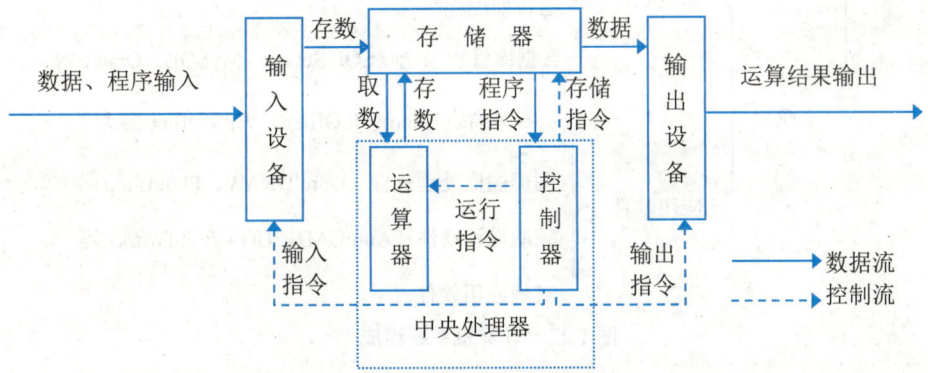

图1-16 计算机的硬件体系结构及工作流程

由图1-16可以看到,计算机中主要有两种信息在流动:数据流和控制流。当计算机接受指令后,由控制器指挥(通过控制流),将数据从输入设备传送到存储器中存放,再由控制器将需要参与运算的数据从存储器传送到运算器,由运算器进行处理,处理后的结果被送到存储器中,并由输出设备输出。用户给计算机发出的各种指令(即程序),也是以数据的形式由存储器送入控制器中,再由控制器经过译码后形成各种控制信号。

由此可知，计算机五大组成部分的作用如下。
- ➢ **输入设备**：输入原始数据和指令。
- ➢ **控制器**：按用户给出的指令对其他部件发出各种控制信号，控制和调整计算机各部件协调地工作。
- ➢ **运算器**：执行指令以进行算术运算和逻辑运算。
- ➢ **存储器**：存放计算机运行过程中的程序和数据。
- ➢ **输出设备**：将计算机处理的结果转换为用户熟悉的形式。

二、计算机系统组成

一个完整的计算机系统由硬件系统和软件系统两大部分组成，如图 1-17 所示。硬件是计算机的躯体，软件是计算机的灵魂，二者相辅相成，缺一不可。没有软件的计算机就像是一具空壳，无法为我们做任何事情；同样，如果没有硬件的支持，软件也将无处安身。

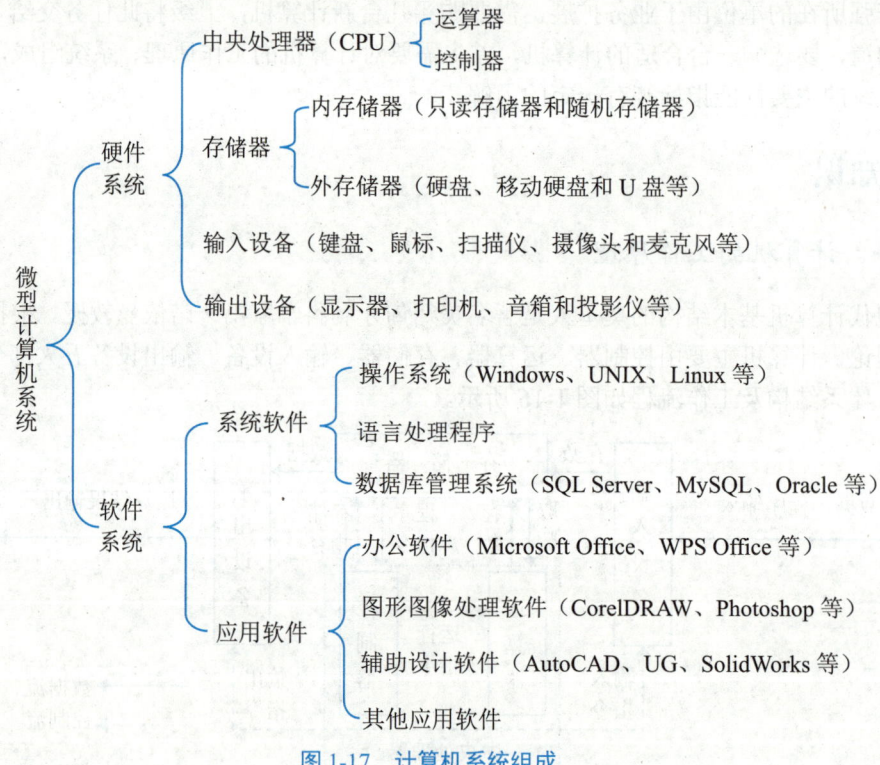

图 1-17 计算机系统组成

三、计算机硬件系统

下面介绍常见的计算机硬件，如主板、CPU、硬盘、U 盘、键盘、鼠标、显示器、打印机等。

1. 主板

主板又称母板，是一块印刷电路板。它是计算机中其他组件的载体，协调着各组件的工作，如图 1-18 所示。主板主要由 CPU 插槽、总线及总线扩展槽（如内存插槽、显卡插槽)、输入/输出(I/O)接口、缓存、电池及各种集成电路等组成。

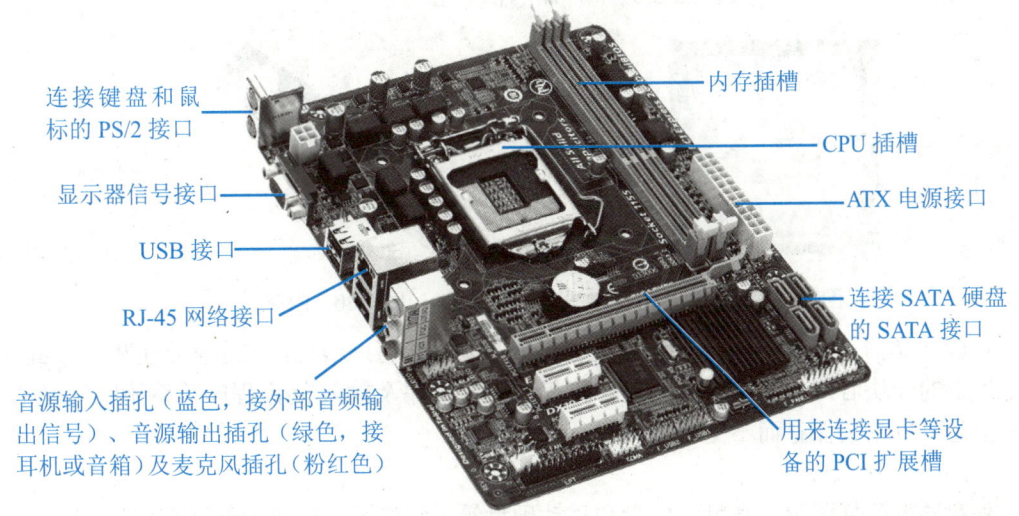

图 1-18 主板

- **总线和总线扩展槽**：总线用于在计算机的各个部件之间传输信息；总线扩展槽用来连接计算机的内存、显卡等部件。总线按传输信息的不同分为数据总线、地址总线和控制总线，分别用来在设备之间传输数据、地址和控制信息。
- **输入/输出(I/O)接口**：主要用来连接计算机的各种外设，包括 PS/2 接口(用来连接鼠标和键盘)和 USB 接口等。其中，USB 接口是计算机中最常用的接口，可以用来连接键盘、鼠标、打印机、扫描仪、摄像头、数码相机、U 盘等设备，具有传输数据快、可在开机状态下插拔设备(即"热插拔")等优点。

2．CPU

CPU(central processing unit)的中文名称是中央处理器，它由控制器和运算器组成，是计算机最核心的组成部分，其重要性好比大脑对于人一样，负责整个系统的协调、控制及运算，如图 1-19 所示。CPU 的规格决定了计算机的档次。

CPU 的速度主要取决于主频、核心数和高速缓存容量。主频一般以 GHz 为单位，表示每秒运算的次数。主频越高，计算机的运算速度越快。例如，在核心数相同时，采用酷睿 3.0 GHz 处理器的计算机要快于采用酷睿 2.0 GHz 处理器的计算机。

3．存储器

存储器是计算机中用来存储指令和数据的部件。按照存储器和 CPU 的关系，可以将其分为内存储器(也称为主存储器)和外存储器(也称为辅存储器)。它们的主要区别是：内存储器是 CPU 直接读取信息的地方，程序和数据必须先调入内存储器才能由 CPU 处理；内存储器存取数据的速度快，而外存储器相对较慢；内存储器的容量小，而外存储器的容量可以很大。

(1) 内存储器。

内存储器根据其作用的不同又分为随机存储器(RAM)和只读存储器(ROM)。

通常说的内存（见图 1-20）便是随机存储器（RAM），它的特点是可读可写，主要用于临时存储程序和数据，关机后在其中存储的信息会自动消失。

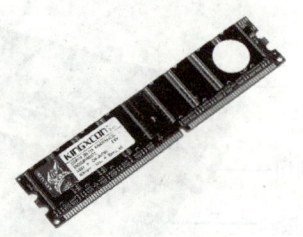

图 1-19　CPU　　　　　　　　　　图 1-20　内存

只读存储器（ROM）的特点是只能读出信息，不能写入信息，它通常是主板厂家固化在主板上的一块芯片，其中存储的是计算机的自检程序及输入/输出程序等系统服务程序，这些信息可以永久保存而不受断电影响。

（2）外存储器。

外存储器包括硬盘、光盘、U 盘和移动硬盘等，它们是计算机的辅助存储设备。

➢ **硬盘**：固定在主机箱内，并通过主板的 SATA 接口与主板连接，是计算机最主要的外存储器，如图 1-21 所示。计算机中的大多数文件都存储在硬盘中，为计算机安装操作系统及应用软件，实际上就是将相关文件"复制"到硬盘中。

　说　明

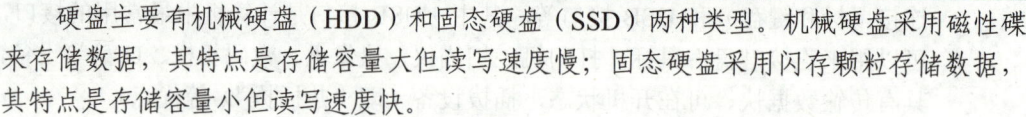

硬盘主要有机械硬盘（HDD）和固态硬盘（SSD）两种类型。机械硬盘采用磁性碟来存储数据，其特点是存储容量大但读写速度慢；固态硬盘采用闪存颗粒存储数据，其特点是存储容量小但读写速度快。

目前，主流机械硬盘的存储容量有 1 TB、2 TB、4 TB 和 6 TB 等；主流固态硬盘的存储容量有 256 GB、512 GB 和 1 TB 等。

➢ **光盘和光驱**：光盘主要用来存储需要备份或移动的数据。光驱（见图 1-22）用来读取或写入光盘数据。目前的光驱都为 DVD 光驱，可以读取 CD 和 DVD 光盘数据。有一类光驱称为刻录机，它具有读取和写入光盘数据的功能。

图 1-21　硬盘　　　　　　　　　　图 1-22　光驱

➢ **U 盘**：也称闪盘，是一种小巧玲珑、易于携带的移动存储设备，如图 1-23 所示。U 盘的接口是 USB 接口，使用时无须外接电源，且可在计算机开机状态下进行热插拔和快速读/写、删除数据。U 盘还具有防震功能，因此非常便于在不同的计算机之间传输数据。

➢ **移动硬盘**：由普通硬盘和硬盘盒组成。硬盘盒除了起到保护硬盘的作用外，更重要的作用是将硬盘的 SATA 接口（或 IDE 接口）转换成 USB 接口或其他标准接口与计算机连接，从而实现移动存储，如图 1-24 所示。因为使用普通硬盘作为数据载体，所以移动硬盘具有存储容量大的优点；移动硬盘的缺点是怕震动。

图 1-23　U 盘

图 1-24　移动硬盘

4．输入设备

输入设备是用户向计算机输入各种信息（如文字、数字和指令等）的设备。计算机最基本的输入设备是键盘和鼠标，如图 1-25 所示。其他常见的输入设备还有扫描仪、手写板和麦克风等。

图 1-25　键盘和鼠标

➢ **键盘**：是计算机基本的输入设备之一，用于向计算机输入字符和命令。键盘与主机的连接方式有通过 PS/2 接口连接（趋于淘汰）、通过 USB 接口连接和无线连接 3 种。

➢ **鼠标**：也是计算机基本的输入设备之一，用于向计算机输入各种命令。它一般由左键、滚轮和右键组成。鼠标与主机的连接方式也有通过 PS/2 接口连接、通过 USB 接口连接和无线连接 3 种。

5．输出设备

输出设备用于将计算机的各种计算结果转换为用户能够识别的字符、图像和声音等形式并输出。计算机最基本的输出设备是显示器。其他常见的输出设备还有打印机、投影仪和音箱等，如图 1-26 所示。

➢ **显示器**：目前主流显示器都为液晶显示器，根据屏幕对角线长度可分为 24 英寸、27 英寸和 32 英寸等多种规格。显示器主要通过主机箱后面板上的 DVI 接口、HDMI 接口或 VGA 接口与显卡连接。

➢ **打印机**：打印机是一种将计算机中的信息输出到纸张等介质上的输出设备。常见的打印机按工作原理分为针式打印机（主要用来打印票据）、喷墨打印机和激光打印机 3 种；按输出色彩可分为黑白打印机和彩色打印机两种。

图 1-26　常见的输出设备

四、计算机软件系统

软件是指为计算机运行和工作服务的各种程序、数据及相关资料的总和。软件是计算机的灵魂，是计算机具体功能的体现，要让计算机为我们工作，必须在计算机中安装相应的软件。计算机软件主要分为系统软件和应用软件两大类。

1. 系统软件

系统软件是管理和控制计算机软硬件资源的软件。它的功能是使计算机能够正常工作或具备解决某些问题的能力。系统软件包括操作系统、数据库管理系统和语言处理程序。

- 操作系统：操作系统是管理和控制计算机软硬件资源的平台。它在计算机系统中占有特殊的地位，计算机需要安装操作系统才能正常工作。这是因为，一方面，用户需要通过操作系统去操作计算机，合理、有效地利用各种资源，而不必直接操作计算机的硬件；另一方面，计算机中所有其他软件都建立在操作系统的基础上，并得到它的支持与服务。常见的操作系统有 Windows、Linux、UNIX 等。
- 数据库管理系统：数据库管理系统是用户建立、使用和维护数据库的软件，简称 DBMS。目前，常用的数据库管理系统有 Visual FoxPro、Sybase、Oracle、MySQL 和 SQL Server 等。
- 语言处理程序：人们利用计算机解决具体的问题时，是通过一连串的指令来实现的，这些指令的有序集合就是程序。程序设计语言是用来编制各种程序的计算机语言，包括机器语言、汇编语言和高级语言（如 C++、C#、Java）等。机器语言可以直接在计算机上执行，而使用汇编语言和高级语言编制的程序需要翻译成机器语言后才能在计算机上执行。语言处理程序的作用就是将汇编语言和高级语言编制的程序翻译成计算机能识别并执行的目标程序。

2. 应用软件

应用软件运行在操作系统之上，是为了解决用户的各种实际问题而编制的程序及相关资源的集合，如办公软件 Office、图像处理软件 Photoshop、动画制作软件 Flash、计算机辅助设计软件 AutoCAD、杀毒软件 360、压缩/解压缩软件 WinRAR 等。

五、计算机的主要性能指标

计算机的主要性能指标包括核心、主频、字长、运算速度、存储容量和兼容性。

1. 核心

核心又称内核，是 CPU 最重要的组成部分。CPU 所有的计算、接受/存储命令、处理数据都由核心执行。目前的 CPU 都是双核心、四核心、六核心或八核心，其中以双核心和四核心居多。核心越多，CPU 性能越好。

2. 主频

主频即 CPU 的时钟频率，是指 CPU 在单位时间内发出的脉冲数目，它在很大程度上决定了计算机的运行速度。主频的单位是 MHz 或 GHz。在核心数相同的情况下，CPU 主频越高，计算机运算和处理数据的速度就越快。

3. 字长

字长是指 CPU 在单位时间内一次能处理的二进制数的位数。字长越大，CPU 的工作效率越高。目前主流 CPU 的字长为 64 位。

4. 运算速度

通常所说的计算机运算速度是指计算机每秒钟所能执行的指令条数，一般用"百万条指令/秒"（MIPS）来描述。

5. 存储容量

存储容量分为内存容量和外存容量。内存是 CPU 可以直接访问的存储器，需要执行的程序与需要处理的数据就是存放在内存中的，因此其容量的大小反映了计算机即时存储和处理信息的能力。目前主流计算机的内存容量都在 4 GB 以上。

外存容量通常是指硬盘容量（包括内置硬盘和移动硬盘）。外存容量越大，可存储的信息就越多，可安装的应用软件就越丰富。外存容量目前已达到 TB 级别。

6. 兼容性

兼容性是指硬件之间、软件之间或是软硬件组合系统之间相互协调工作的程度。对于硬件来说，几种不同的计算机部件，如 CPU、主板、显卡等在工作时能够相互配合、稳定地工作，就说明它们之间的兼容性比较好，反之就是兼容性不好。对于软件来说，兼容性好是指某个软件能在若干个操作系统上稳定地工作，而不会出现意外退出等问题。

任务实施——观看"组装计算机"视频

组装计算机的流程如表 1-1 所示，具体操作可观看本书配套视频"项目一"/"任务二"/"组装计算机.mov"。有条件的读者可根据视频中的操作自己动手组装计算机。

表 1-1 组装计算机的流程

操作	流程
安装主机	安装 CPU
	安装内存
	把主板装到机箱中
	安装硬盘

表 1-1（续）

操作	流程
安装主机	安装光驱
	安装显卡
	安装声卡、网卡及其他扩展卡
	安装电源，连接电源线及数据线
连接主机与外部设备	连接键盘、鼠标
	连接网线
	连接音频设备
	连接显示器
	连接主机及显示器电源
	通电自检

任务三　了解计算机中信息的表示

任务情景

同事李姐听了李强的介绍后，对计算机及其前沿技术有了进一步的认识，同时也想知道现实世界中的信息是如何在计算机中表示的。李强虽然知道二进制是计算机中信息表示的基础，但还无法回答李姐的问题。因此，李强决定去查找一些计算机中信息表示的相关知识，整理好后再为李姐解答疑问。

相关知识

一、计算机中的数制

计算机中的信息都是以二进制形式表示的。下面首先引入数制的概念，再讲解常用数制之间的转换方法。

1. 数制

数制也称计数制，是用一组固定的符号和统一的规则来表示数值的方法。人们通常采用的数制有十进制、二进制、八进制和十六进制。在计算机中，文本、数字、音频、图形、图像、视频，以及动画等数据都是以二进制形式存储的。

一般情况下，在数字的后面用特定的字母（下标）表示该数的进制：B 表示二进制；D 表示十进制（D 可省略）；O 表示八进制；H 表示十六进制。例如，二进制数 101100 应表示为$(101100)_B$。

无论使用哪一种计数制，数值的表示都包含两个基本要素：基数和位权。

（1）基数是一种进位计数制允许使用的基本数字符号的个数。一般而言，r 进制的基数为 r，即可供使用的计数符号有 r 个，为 $0\sim(r-1)$，每个数位计满 r 就向其高位进 1，即"逢 r 进一"。例如，十六进制中，基数为 16，可用的计数符号有 0、1…9 和 A、B…F（或 a、b…f），计数规则是"逢十六进一"。

（2）位权简称"权"，是指数制中每个固定位置对应的单位值（常数），其值等于以基数为底，以数字符号所处位置的序号为指数的整数次幂。其中，各数字符号所处位置的序号：以小数点为基准，整数部分自右向左递增，依次为 0、1、2…，小数部分自左向右递减，依次为 -1、-2…。

例如，将十进制数 385.26 按权展开，为 $3\times10^2+8\times10^1+5\times10^0+2\times10^{-1}+6\times10^{-2}$，即 3 的位权是 10^2，8 的位权是 10^1，5 的位权是 10^0，2 的位权是 10^{-1}，6 的位权是 10^{-2}。

2. 常用数制之间的转换

虽然不同进制数之间的转换过程是计算机自动完成的，但我们仍有必要了解不同进制数之间的转换方法。

（1）其他进制数转换为十进制数：将其他进制数按位权展开，然后各项相加，即可得到相应的十进制数。

【例 1-1】 将二进制数 10110.101 转换为十进制数。

按权展开$(10110.101)_B = 1\times2^4+0\times2^3+1\times2^2+1\times2^1+0\times2^0+1\times2^{-1}+0\times2^{-2}+1\times2^{-3}$

$$=16+0+4+2+0+0.5+0+0.125$$

$$=(22.625)_D$$

【例 1-2】 将八进制数 654.23 转换为十进制数。

按权展开$(654.23)_O = 6\times8^2+5\times8^1+4\times8^0+2\times8^{-1}+3\times8^{-2}$

$$=384+40+4+0.25+0.046875$$

$$=(428.296875)_D$$

【例 1-3】 将十六进制数 3A6E.5 转换为十进制数。

按权展开$(3A6E.5)_H = 3\times16^3+10\times16^2+6\times16^1+14\times16^0+5\times16^{-1}$

$$=12288+2560+96+14+0.3125$$

$$=(14958.3125)_D$$

（2）十进制数转换为二进制数：整数部分的转换采用"除 2 取余法"，即整数部分不断除以 2，并记下每次所得余数，然后将所有余数按倒序排列即为相应的二进制数。小数部分的转换则采用"乘 2 取整法"，即小数部分不断乘以 2，并记下每次所得整数，然后将所有整数按顺序排列即为相应的二进制数。

【例 1-4】 将十进制数 43.625 转换为二进制数。

将 43.625 的整数部分和小数部分分开处理：

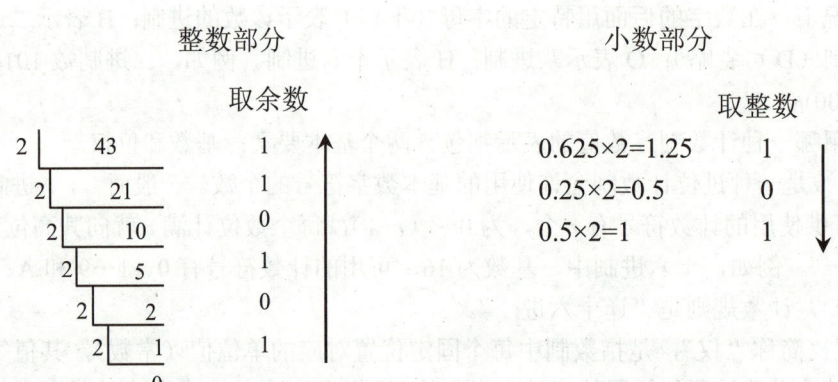

结果：$(43.625)_D=(101011.101)_B$

（3）二进制数、八进制数、十六进制数之间的转换：由于二进制数、八进制数、十六进制数之间存在特殊的关系：$8^1=2^3$，$16^1=2^4$，即 1 位八进制数相当于 3 位二进制数，1 位十六进制数相当于 4 位二进制数，因此转换比较容易，对照表 1-2 进行转换即可。

表 1-2　各种进制数码对照表

十进制	二进制	八进制	十六进制	十进制	二进制	八进制	十六进制
0	0000	0	0	9	1001	11	9
1	0001	1	1	10	1010	12	A
2	0010	2	2	11	1011	13	B
3	0011	3	3	12	1100	14	C
4	0100	4	4	13	1101	15	D
5	0101	5	5	14	1110	16	E
6	0110	6	6	15	1111	17	F
7	0111	7	7	16	10000	20	10
8	1000	10	8	17	10001	21	11

二进制数转换为八进制数：以小数点为中心，整数部分自右向左，每 3 位为 1 组，最后 1 组不满 3 位时高位补 0；小数部分自左向右，每 3 位为 1 组，最后 1 组不满 3 位时低位补 0。相反，八进制数转换为二进制数时，将 1 位八进制数转换为 3 位二进制数即可。

【例 1-5】 将二进制数 10101011.110101 转换为八进制数。

N=(010 101 011.110 101)$_B$（整数高位补 0）

　　 ↓　↓　↓　　↓　↓
　　 2　 5　 3　　6　 5

所以，$(10101011.110101)_B=(253.65)_O$

【例1-6】 将八进制数 162.52 转换为二进制数。

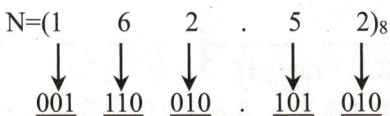

所以，(162.52)$_O$=(1110010.10101)$_B$

二进制与十六进制的相互转换与上述方法类似，只是在转换时以每 4 位为 1 组。

二、计算机中信息的编码

计算机中的数据都是用二进制表示的。因此，人们设计了多种编码方式，以便用二进制数表示各种字符。

1. ASCII 码

在西文领域，目前普遍采用的字符编码是 ASCII 码（美国标准信息交换码），有七位版本和八位版本两种。

目前，国际上通用且使用最广泛的字符有十进制数字符号 0~9，大、小写的英文字母，各种运算符、标点符号等，这些字符的个数不超过 128 个。因此，用七位二进制数就可以对这些字符进行编码。七位 ASCII 码也称标准 ASCII 码，如表 1-3 所示。

表 1-3 七位 ASCII 字符编码表

$b_4 b_1$ \ b_7-b_5	000	001	010	011	100	101	110	111
0000	NUL	DLE	SP	0	@	P	`	p
0001	SOH	DC1	!	1	A	Q	a	q
0010	STX	DC2	"	2	B	R	b	r
0011	ETX	DC3	#	3	C	S	c	s
0100	EOT	DC4	$	4	D	T	d	t
0101	ENQ	NAK	%	5	E	U	e	u
0110	ACK	SYN	&	6	F	V	f	v
0111	BEL	ETB	'	7	G	W	g	w
1000	BS	CAN	(	8	H	X	h	x
1001	HT	EM	)	9	I	Y	i	y
1010	LF	SUB	*	:	J	Z	j	z
1011	VT	ESC	+	;	K	[	k	{
1100	FF	FS	,	<	L	\	l	|
1101	CR	GS	-	=	M	]	m	}
1110	SO	RS	.	>	N	^	n	~
1111	SI	US	/	?	O	_	o	Delete

> **提示**
>
> ASCII 码是唯一的，不可能出现两个字符的 ASCII 码值一样。
>
> 八位版的 ASCII 码是指一个字符用八位二进制数来表示，可表示 256 个字符。码值为 128～255 的编码称为 ASCII 码扩展集，留作他用。

2. 汉字编码

从汉字编码的角度看，计算机对汉字信息的处理过程实际上是各种汉字编码间转换的过程。这些编码主要包括汉字外码、汉字交换码、汉字机内码和汉字字形码等。

（1）汉字外码（输入码）：汉字外码也称汉字输入码，是用键盘将汉字输入到计算机中的编码方式。目前常用的汉字输入码有拼音码、五笔字型码、自然码、表形码、认知码、区位码和电报码等。一种好的汉字输入码应具有编码规则简单、易学好记、操作方便、重码率低、输入速度快等优点，用户可以根据自己的需要进行选择。

（2）汉字交换码（国标码）：汉字交换码是汉字信息处理系统之间或者通信系统之间进行信息交换的汉字代码，简称交换码，它是为方便在各种系统、设备之间进行信息交换而制定的。

我国颁布的《国家标准信息交换用汉字编码字符集（基本集）》（GB 2312—1980），也称国标码。国标码中收集了 682 个常用图形符号（如序号、数字、罗马数字、英文字母、日文假名、俄文字母和汉语注音等）和 6 763 个汉字。这些汉字分为两级：第一级包括常用汉字 3 755 个，按拼音排序；第二级包括一般汉字 3 008 个，按部首排序。

（3）汉字机内码：机内码是在计算机内部进行存储、处理的汉字代码。每一个汉字输入计算机后都转换为机内码，然后才能在计算机中处理和传输。

（4）汉字字形码：字形码是汉字的输出码。输出汉字时都采用图形方式，无论汉字的笔画多少，每个汉字都可以写在同样大小的方块中。通常用 16×16 点阵来显示汉字。

任务实施——利用计算器快速进行数制转换

计算器是 Windows 7 自带的数字计算工具，利用它快速进行数制转换的操作步骤如下：

步骤 1▶ 单击"开始"按钮，在打开的"开始"菜单中选择"计算器"选项，打开"计算器"程序窗口。

步骤 2▶ 在"查看"菜单中选择"程序员"选项，切换到"程序员"模式，如图 1-27 所示。

步骤 3▶ 选中"二进制"单选钮，然后输入二进制数，如 10100110。然后选中其他进制单选钮，计算器会自动将其转换为相应的进制数。例如，选中"十进制"单选钮，可计算出相应的十进制数为 166，如图 1-28 所示。

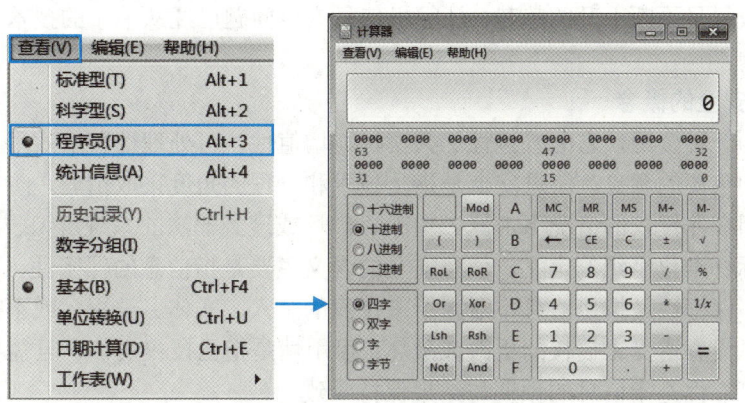

图 1-27　选择计算器模式

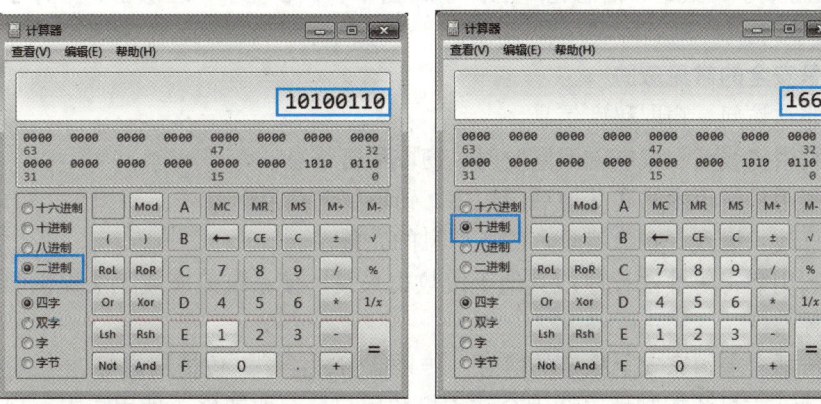

图 1-28　进行数制转换

任务四　了解信息安全

任务情景

李强在使用办公室某同事的计算机上网时，发现浏览器经常弹出恶意窗口，他怀疑该计算机中了病毒。作为公司的行政助理，李强觉得有必要为同事们普及一下信息安全和计算机病毒的相关知识，以便让大家安全地上网和下载资料。

相关知识

一、信息安全概述

随着计算机网络技术的迅猛发展，信息安全问题日益突出。近年来，信息泄露和信息破坏事件的数量呈不断上升的趋势，计算机信息安全问题已经从单一的技术问题演变为突出的社会问题。

1. 信息安全的概念

信息作为一种资源，它的普遍性、共享性、增值性、可处理性和多效用性，使其对于人类具有特别重要的意义。信息安全是指从技术和管理的角度采取措施，防止信息因恶意或偶然的原因在非授权的情况下泄露、更改、破坏或遭到非法的系统辨识、控制。

根据国际标准化组织的定义，信息安全的含义主要是指信息的保密性、完整性、可用性和可靠性：保密性是指使信息不泄露给未授权的个人、实体、进程，或不被其利用；完整性是指信息没有遭受未授权的更改或破坏；可用性是指已授权实体一旦需要即可访问和使用信息；可靠性是指信息的预期与结果保持一致。

总的来说，信息安全是一门涉及计算机科学、网络技术、通信技术、计算机病毒学、密码学、应用数学、数论、信息论、法律学、犯罪学、心理学、经济学、审计学等多门学科的综合性学科。

2. 信息安全的常见威胁

（1）非法访问，窃取秘密信息。

（2）利用搭线截收或电磁泄漏发射，窃取秘密信息。

（3）利用特洛伊木马和其他后门程序，窃取秘密信息。

（4）篡改、插入、删除信息，破坏信息的完整性。

（5）利用病毒等非法程序或其他手段攻击系统，使系统瘫痪或无法提供服务，破坏系统的可用性。

（6）传播有害国家安全稳定的信息，传播低俗、淫秽、色情信息等。

（7）冒充主机和控制程序欺骗合法主机和用户，套取或修改使用权限、口令、密钥等信息，非法占用系统资源，破坏系统的可控性。

二、计算机病毒概述

1. 计算机病毒的概念

计算机病毒是指编制者在计算机程序中插入的破坏计算机功能或毁坏数据，影响计算机正常运行，并能够自我复制的一组计算机指令或者程序代码。因为它像生物病毒一样，具有传染性、破坏性并能够进行自我复制，所以称为计算机病毒。

2. 计算机病毒的特点

计算机病毒具有如下几个特点。

（1）寄生性：在大多数情况下，计算机病毒不是独立存在的，而是依附（寄生）在其他计算机文件中。

（2）破坏性：计算机病毒发作时，轻则占用系统资源，影响计算机运行速度；重则删除、破坏和盗取用户计算机中的重要数据，或损坏计算机硬件等。

（3）传染性：这是计算机病毒的基本特征。计算机病毒会进行自我繁殖、自我复制，并通过各种渠道（如U盘、网络等）传染计算机。

（4）**潜伏性**：计算机病毒入侵计算机后，一般不会马上发作，而是潜伏在计算机中继续传播而不被发现。当外界条件满足病毒发作的条件时，病毒才开始破坏活动。例如，"愚人节"病毒的发作条件是愚人节，即每年的4月1日。

（5）**隐蔽性**：计算机病毒通常寄生在正常的程序之中，或使用正常的文件图标来伪装自己，如伪装成图片、文档或注册表文件等，从而使用户不易发觉。但当用户执行病毒寄生的程序或打开病毒伪装成的文件等时，病毒就会运行，对用户的计算机造成破坏。

3．计算机病毒的传播和防范

计算机病毒主要通过移动存储设备（如移动硬盘、U盘和光盘）、局域网和Internet（如网页、邮件附件、从网上下载的文件）等途径传播。因此，要防范计算机病毒，除了要加强计算机自身的防护功能外，还应养成良好的计算机使用和上网习惯。

（1）**慎用移动存储设备**。对外来的移动存储设备要进行病毒检测，确认无毒后再使用。对执行重要工作的计算机最好专机专用，不用外来的存储设备。

（2）**文件来源要可靠**。慎用从Internet上下载的文件，因为这些文件可能包含病毒。

（3）**安装操作系统补丁程序**。许多病毒都是利用操作系统的漏洞入侵的。因此，应及时下载相关补丁来修复漏洞。目前，许多安全软件都提供系统漏洞修复功能。

（4）**安装杀毒软件**。利用杀毒软件的病毒防火墙可以防范病毒入侵。当计算机感染病毒后，还可以使用杀毒软件查杀病毒。

（5）**安装网络防火墙**。网络防火墙能防范木马窃取计算机中的数据，还能防范黑客攻击。

（6）**养成良好的上网习惯**。不要打开来历不明的电子邮件及其附件，不要浏览来历不明的网页，不要从不知名的站点下载软件。使用QQ等聊天工具聊天时，不要轻易接收别人发来的文件，不要轻易打开聊天窗口中的网址等。

三、信息安全相关法规

作为互联网的发源地，美国最早开始信息安全法律体系的建设工作。1946年通过的《原子能法》和1947年通过的《国家安全法》可看作美国信息安全法律体系建设起步的标志。之后，随着信息技术的快速发展，美国根据实际需要对现有法律进行了修订和增补，并颁布了一系列新的法律法规（如1966年通过的《信息自由法》和1987年通过的《计算机安全法》等），不断完善其信息安全法律体系。

20世纪90年代以来，针对计算机网络与利用计算机网络从事刑事犯罪的案件越来越多，许多国家都开始注重用刑事手段打击网络犯罪，这方面的国际合作也迅速发展起来。

2001年11月，欧盟、美国、加拿大、日本和南非等30多个国家和地区共同签署了国际上第一个针对计算机系统、网络或数据犯罪的多边协定——《网络犯罪公约》。

我国历来重视信息安全法律法规的建设，经过多年的探索和实践，我国已经制定和颁布了多项涉及信息系统安全、信息内容安全、信息产品安全、网络犯罪、密码管理等方面的法律法规，构建了较为完善的信息安全法律法规框架，如图1-29所示。

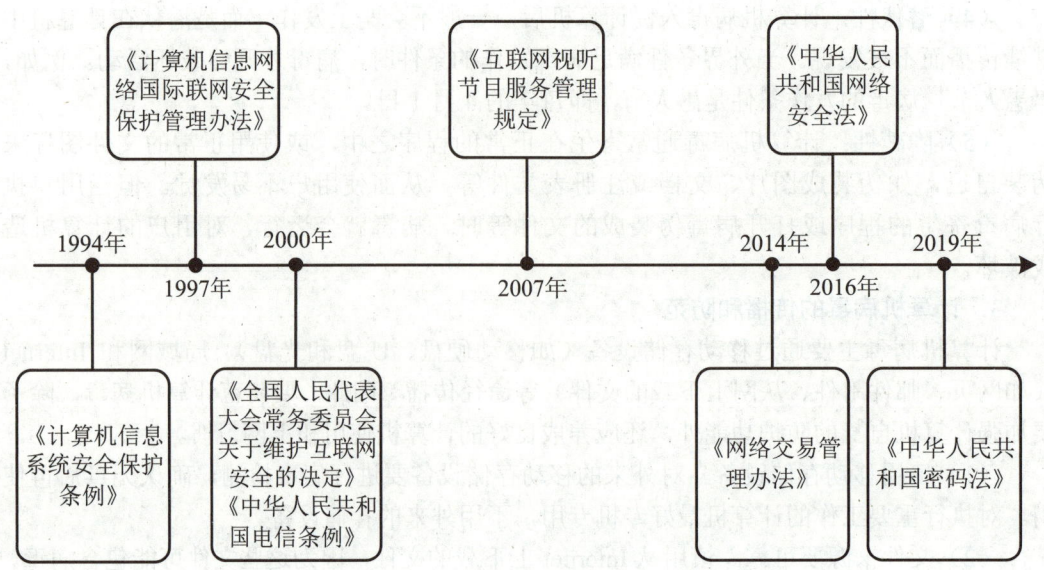

图 1-29 我国信息安全法律法规框架

提 示

除上述法律法规外,我国针对信息安全的法律法规还有很多,如在《中华人民共和国刑法修正案(七)》和《中华人民共和国刑法修正案(九)》中增加的针对信息安全领域的相关法律条文等。感兴趣的同学可以查阅相关资料进行更深入的了解。

任务实施——使用 360 杀毒软件查杀病毒

360 杀毒是 360 安全中心推出的一款免费的病毒查杀软件,使用它可对计算机系统中的病毒进行查杀,并防范潜在威胁,为计算机系统提供实时安全防护。利用 360 杀毒软件查杀病毒的步骤如下:

步骤 1▶ 单击任务栏通知区中的"360 杀毒"图标启动 360 杀毒软件,选择一种扫描方式,如单击"全盘扫描"按钮,如图 1-30 所示。

➢ **全盘扫描**:扫描整个系统,包括系统设置、常用软件、系统内存、启动时加载的程序,以及保存在硬盘中的所有文件等。

➢ **快速扫描**:扫描操作系统启动时加载的所有对象。

➢ **自定义扫描**:由用户自行选择要扫描的对象。

步骤 2▶ 360 杀毒软件开始对系统进行全盘扫描,并在扫描过程中自动清除有威胁的病毒。

步骤 3▶ 扫描完毕,会显示扫描结果。用户可根据提示进行相应操作,清除一些在扫描过程中没有被自动清除的病毒,如图 1-31 所示。

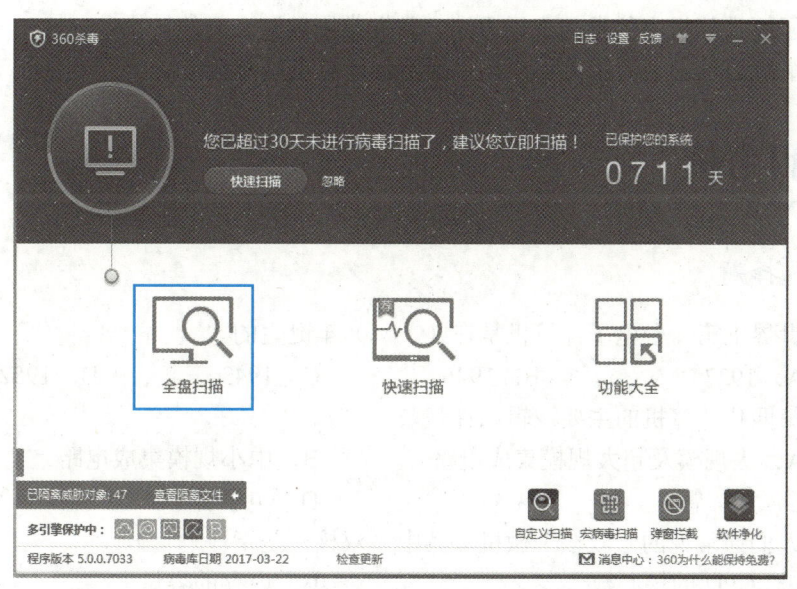

图 1-30　启动 360 杀毒软件并选择扫描方式

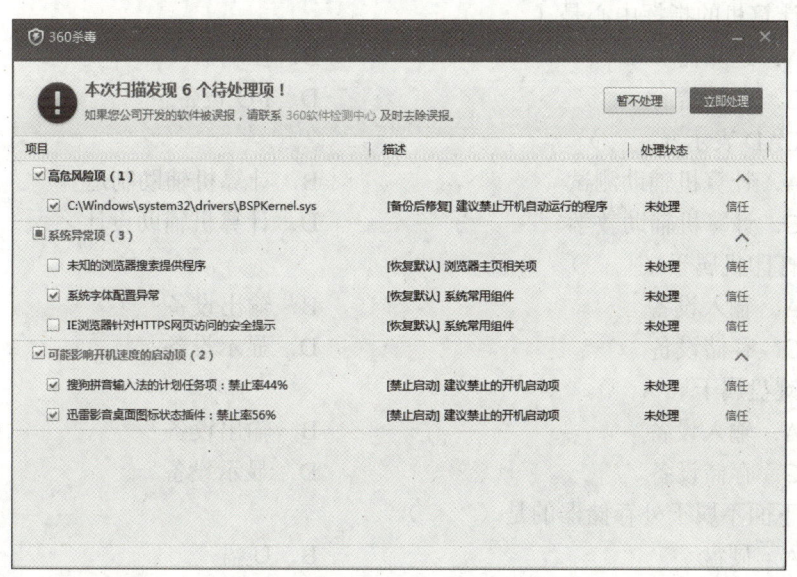

图 1-31　处理没有被自动清除的病毒

 项目总结

本项目主要介绍了计算机基础知识。学完本项目内容后，读者应：
（1）了解计算机的发展历程及其在各领域的典型应用。
（2）了解以物联网、大数据、云计算、人工智能等技术为核心的计算机前沿技术。
（3）掌握计算机系统的结构组成，熟悉微型计算机的基本软硬件配置。

（4）了解计算机中信息的表示方法，掌握常用数制之间的转换。

（5）了解信息安全的相关知识，掌握防范计算机病毒的方法。

项目考核

一、选择题

（1）世界上第一台电子计算机是在（　　）年诞生的。
A．1927　　　　　B．1946　　　　　C．1943　　　　　D．1952

（2）第四代计算机的主要逻辑部件是（　　）。
A．大规模及超大规模集成电路　　　B．中小规模集成电路
C．晶体管　　　　　　　　　　　　D．电子管

（3）人们通常说的"双核"微机，其中"双核"是指（　　）。
A．CPU 的核心数　　　　　　　　　B．内存的容量
C．硬盘的容量　　　　　　　　　　D．CPU 主频

（4）计算机的指挥中心是（　　）。
A．运算器　　　　　　　　　　　　B．控制器
C．存储器　　　　　　　　　　　　D．I/O 设备

（5）CAD 表示（　　）。
A．计算机辅助测试　　　　　　　　B．计算机辅助制造
C．计算机辅助教学　　　　　　　　D．计算机辅助设计

（6）打印机属于（　　）。
A．输入设备　　　　　　　　　　　B．输出设备
C．存储设备　　　　　　　　　　　D．显示设备

（7）键盘属于（　　）。
A．输入设备　　　　　　　　　　　B．输出设备
C．存储设备　　　　　　　　　　　D．显示设备

（8）下面不属于外存储器的是（　　）。
A．硬盘　　　　　　　　　　　　　B．U 盘
C．光盘　　　　　　　　　　　　　D．内存条

（9）下列软件中，属于系统软件的是（　　）。
A．Photoshop CC　　　　　　　　　B．Excel 2010
C．C++编译程序　　　　　　　　　D．财务管理系统

（10）在所列的软件中：① Office 2010；② Windows；③ UNIX；④ AutoCAD；⑤ Oracle；⑥ Photoshop；⑦ Linux，属于应用软件的是（　　）。
A．①④⑤⑥　　　　　　　　　　　B．①③④
C．②④⑤⑥　　　　　　　　　　　D．①④⑥

（11）计算机中的数据，包括文字、数字、音频、图形、图像、视频及动画等，在计算机中都是以（　　）形式表示和存储的。

  A．二进制   B．十进制

  C．八进制   D．十六进制

（12）（　　）是计算机病毒的基本特征。计算机病毒会进行自我复制，并通过各种渠道（如U盘、网络等）传染给其他计算机。

  A．破坏性   B．传染性

  C．隐蔽性   D．潜伏性

二、简答题

（1）简述计算机的典型应用领域。

（2）计算机系统由什么组成？常见的计算机硬件和软件有哪些？

（3）硬盘和内存的区别是什么？

（4）CPU在计算机中的作用是什么？它主要有哪些性能指标？

（5）列举一些常见的计算机输入输出设备。

（6）计算机的主要性能指标包括哪些？

（7）将十进制数256转换成二进制数，结果是什么？

（8）将二进制数11010转换成十进制数，结果是什么？

（9）计算机病毒是什么？它有什么特点？

（10）怎样防范计算机病毒？

项目二　使用 Windows 7 系统

项目导读

Windows 是目前使用最广泛的操作系统之一，它以图形化的界面使计算机操作变得直观和容易。Windows 操作系统包括多个版本，其中 Windows 7 以运行稳定、界面美观、功能强大和操作简单等特点受到众多用户的青睐，本项目就来学习它的使用方法。

学习目标

- 认识 Windows 7 的视窗元素，掌握 Windows 7 的基本操作。
- 掌握管理文件和文件夹的方法，包括新建、重命名、选择、移动、复制、删除、查找文件或文件夹等。
- 掌握系统的管理和应用方法，如系统个性化设置、安装和卸载应用程序等。
- 掌握使用工具和软件进行系统维护的方法。
- 掌握在计算机中输入中文的方法。

任务一　掌握 Windows 7 基本操作

任务情景

李强顺利地启动公司的新计算机并登录 Windows 7。他首先查看了一下 Windows 7 的桌面、"开始"菜单、窗口、对话框、任务栏等视窗元素，发现没有任何问题；然后通过"系统"窗口查看了一下计算机配置，发现与卖家所述相符；最后他利用"开始"菜单启动"记事本"程序并输入英文，再将文档保存。下面我们与李强一起完成这些任务。

相关知识

一、鼠标的基本操作

登录 Windows 7 后，轻轻移动鼠标体，会发现 Windows 桌面上有一个箭头图标随着鼠标体的移动而移动,该图标称为鼠标指针。在 Windows 系列操作系统中,常用的鼠标操作如表 2-1 所示。

表 2-1 常用的鼠标操作

操作	操作说明
移动鼠标指针	移动鼠标体,此时鼠标指针将随之移动
单击	即"左键单击",将鼠标指针移至要操作的对象上,快速按一下鼠标左键后松开鼠标左键,主要用于选择对象或打开超链接等
右击	将鼠标指针移至某个对象上并快速单击鼠标右键,主要用于打开快捷菜单
双击	在某个对象上快速连续两次单击鼠标左键,主要用于打开文件或文件夹
左键拖动	在某个对象上按住鼠标左键不放并移动,到达目标位置后释放鼠标左键。此操作通常用于改变窗口大小,以及移动和复制对象等
右键拖动	在某个对象上按住鼠标右键不放并移动,到达目标位置后释放鼠标右键。此操作通常用于复制或移动对象等
拖放	将鼠标指针移至桌面或程序窗口空白处(而不是某个对象上),然后按住鼠标左键不放并移动鼠标指针。该操作通常用于选择一组对象
转动鼠标滚轮	常用于上下浏览文档或网页内容,或在某些图像处理软件中改变显示比例
指向	将鼠标指针移至要操作的对象上

二、键盘的按键分区

在操作计算机时,键盘是使用比较多的工具,各种文字、数据等都需要通过键盘输入计算机中。此外,在 Windows 系统中,键盘还可以代替鼠标快速执行一些命令。

键盘一般包括 26 个英文字母键、10 个数字键、12 个功能键(F1~F12)、方向键及其他的一些功能键。所有按键分为 5 个区:主键盘区、功能键区、编辑键区、辅助键区和键盘指示灯,如图 2-1 所示。

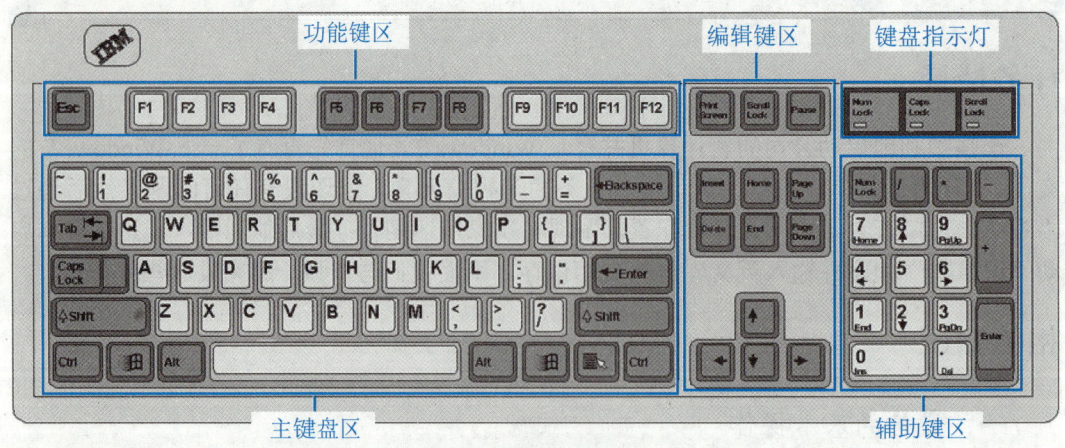

图 2-1 键盘的组成

1. 主键盘区

主键盘区是键盘的主要使用区,包括字符键和控制键两大类。字符键包括英文字母键、数字键、标点符号键 3 类,按下它们可以输入键面上的字符;控制键主要用于辅助执行某些特定操作。下面介绍一些常用控制键的作用。

➢ **制表键"Tab"**:编辑文档时,按一下该键可使插入点向右移动一个制表位的距离。当插入点在最后一个单元格时,按下该键可快速在其后插入一行。

➢ **大写锁定键"Caps Lock"**:用于控制大小写字母的输入。默认情况下,按字母键将输入小写英文字母;按一下"Caps Lock"键,键盘右上角的 Caps Lock 指示灯变亮,此时按字母键将输入大写英文字母;再次按该键可返回小写字母输入状态。

➢ **换档键"Shift"**:主要用于与其他字符键组合以输入键面上有两种字符的上档字符。例如,要输入"!"号,应在按住"Shift"键的同时按 键。

➢ **组合控制键"Ctrl"和"Alt"**:这两个键只能配合其他键一起使用。例如,在 Office 办公软件中,按"Ctrl+C"组合键表示复制;按"Ctrl+X"组合键表示剪切;按"Ctrl+V"组合键表示粘贴。

➢ **空格键**:编辑文档时,按一下该键可输入一个空格,同时插入点右移一个字符。

➢ **Win 键** :标有 Windows 图标的键,任何时候按下该键都将打开"开始"菜单。

➢ **快捷键** :相当于鼠标右键。因此,按下该键将弹出快捷菜单。

➢ **回车键"Enter"**:主要用于结束当前的输入行或命令行,或接受某种操作结果。

➢ **退格键"Backspace"**:编辑文档时,按一下该键,删除插入点左侧的 1 个对象。

2. 功能键区

功能键区位于键盘的最上方,主要用于完成一些特殊的工作。例如,"Esc"键为取消键,一般用于放弃当前的操作或退出当前程序。

3. 编辑键区

编辑键区的按键主要在编辑文档时使用。例如,按"←"键将使插入点左移一个字符;按"Delete"键将删除插入点右侧的一个对象。

三、Windows 7 的视窗元素

Windows 是一个视窗化的操作系统,使用 Windows 系统,其实就是操作各种窗口、菜单和对话框等视窗元素。下面就来认识一下 Windows 7 的视窗元素。

1. 桌面

启动 Windows 7 后,展示在我们面前的是它的桌面,如图 2-2 所示。Windows 7 的桌面由任务栏、桌面区、桌面图标组成。

2. 任务栏

Windows 7 的任务栏主要由 5 部分组成,各组成部分的作用如图 2-3 所示。

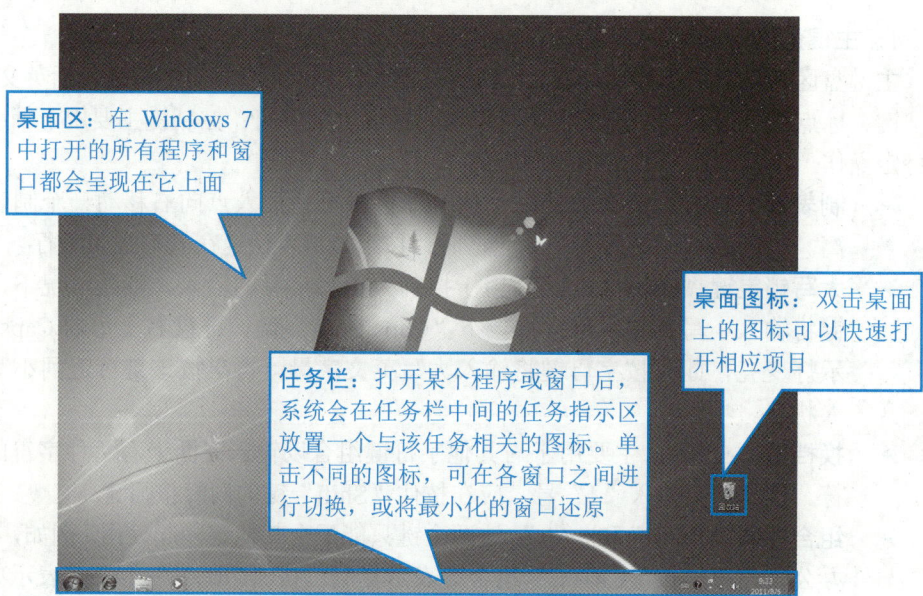

桌面区：在 Windows 7 中打开的所有程序和窗口都会呈现在它上面

桌面图标：双击桌面上的图标可以快速打开相应项目

任务栏：打开某个程序或窗口后，系统会在任务栏中间的任务指示区放置一个与该任务相关的图标。单击不同的图标，可在各窗口之间进行切换，或将最小化的窗口还原

图 2-2 Windows 7 的桌面

"开始"按钮

任务图标：用户每执行一项任务，系统都会在任务栏中间的区域放置一个与该任务相关的图标。单击不同图标，可在各项任务之间切换

通知区：显示当前时间、声音调节、一些在后台运行的应用程序等图标。单击、双击或右击通知区中的图标可分别执行不同的操作

锁定的图标：可以将一些常用项目的启动图标锁定到任务栏中，单击图标即可打开相应的项目

"显示桌面"按钮：单击该按钮可快速显示桌面

图 2-3 任务栏

3. "开始"菜单

利用"开始"菜单可以打开计算机中大多数应用程序和系统管理窗口。单击任务栏左侧的"开始"按钮，即可打开"开始"菜单，如图 2-4 所示。

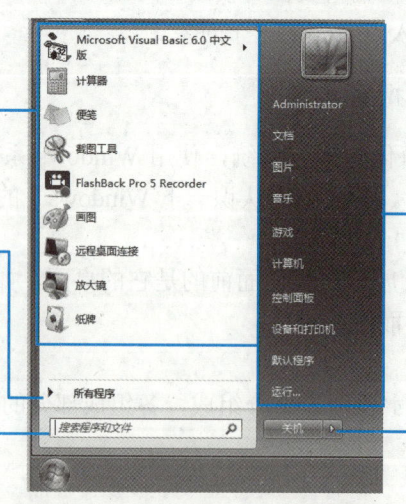

"常用程序"列表：包含一些常用程序的快捷启动方式，单击希望打开的程序名即可打开该程序

"固定程序"列表：包括"计算机""文档""图片""音乐""控制面板"等项目，单击某个项目即可将其打开

"所有程序"按钮：单击该按钮将打开"所有程序"列表，从该列表中找到希望打开的应用程序，单击即可将其打开

"搜索程序和文件"编辑框：用来查找计算机中的程序和文件。只需输入关键字并按"Enter"键即可查找

"关机"按钮：包含"切换用户""注销""锁定""重新启动""睡眠"选项

图 2-4 Windows 7 的"开始"菜单

4. 窗口

在 Windows 7 中启动程序或打开文件夹时，会在屏幕上划定一个矩形区域，这便是窗口。例如，选择"开始"菜单中的"文档"选项，可打开"文档"窗口，如图 2-5 所示。不同类型的窗口，其组成元素也不同。图 2-5 列出了窗口的一些典型组成元素。

菜单栏：是分类存放命令的地方。单击某个主菜单名可打开一个下拉菜单，从中可选择需要的命令选项

工具栏：提供了一组图标按钮，单击这些按钮可以快速执行一些常用操作

窗口控制按钮：从左至右单击可最小化、最大化/还原和关闭窗口

工作区：是显示和编辑窗口内容的地方。当工作区因内容太多而无法显示完全时，在工作区右侧或下方将出现滚动条，拖动滚动条可显示隐藏的内容

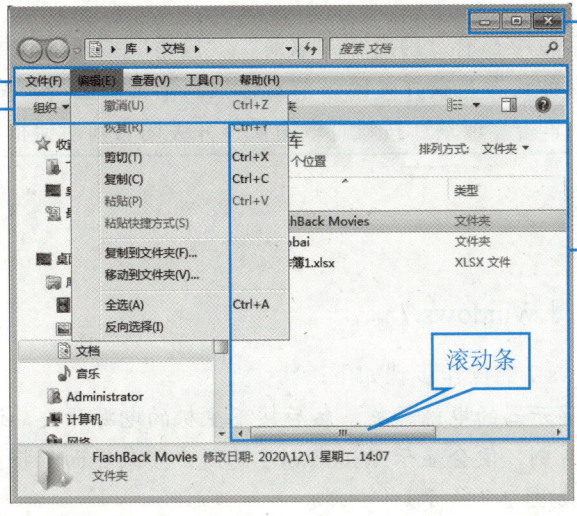

图 2-5 "文档"窗口

在计算机软件中，窗口顶部大多有标题栏，其中显示了当前的文件名和应用程序名等，在其左侧包含程序图标，右侧包含"最小化""最大化/还原""关闭"按钮。

5. 快捷菜单

在 Windows 7 的桌面、窗口等不同位置右击，都会弹出一个快捷菜单，其中列出了一些与当前所选对象或单击位置相关的快捷操作。

6. 对话框

对话框是一种特殊的窗口，用于提供一些参数选项供用户设置。不同的对话框，其组成元素也不相同。例如，图 2-6 中的对话框包含了标题栏、选项卡、复选框、列表框、下拉列表框和按钮等组成元素。

选项卡：当对话框的内容很多时，通常采用选项卡的方式来分页，从而将内容归类到不同的选项卡中。通过单击选项卡标签可在不同选项卡之间切换

复选框：用于设定或取消某些项目，单击□可选中复选框，此时□变为☑形状，再次单击☑可以取消选择

标题栏

下拉列表框：在下拉列表框中显示了一个当前选项，可单击其右侧的三角按钮，从弹出的下拉列表中选择其他选项

列表框：是以列表形式显示有效选项的框，可以单击选择需要的选项。如果选项较多，在其右侧还会有一个垂直滚动条，拖动该滚动条可显示隐藏的选项

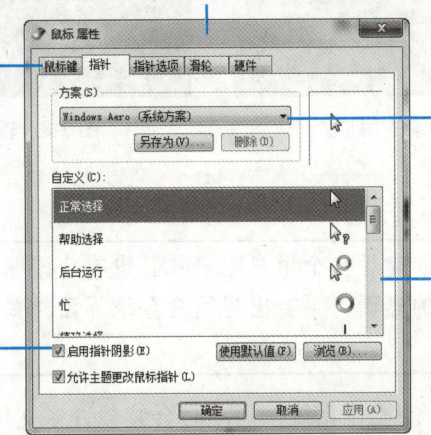

图 2-6 对话框

说 明

有的对话框中还包含单选钮和编辑框。其中，单选钮通常由多个选项组成一组，在这些选项中，用户只能选择其中之一，从而完成某种设置；编辑框用于输入文字或数据。

几乎所有的对话框中都有"确定""取消""应用"按钮。其中，单击"确定"按钮可使对话框中所做的设置生效并关闭当前对话框；单击"应用"按钮可使设置生效而不关闭当前对话框；单击"取消"按钮可取消操作并关闭当前对话框。

任务实施

一、启动和关闭 Windows 7

正确启动 Windows 7 的操作步骤如下：

步骤 1▶ 按下显示器的电源开关，然后按下主机的电源开关，进入自检界面。

步骤 2▶ 稍等片刻，便会显示 Windows 7 的用户登录界面。将鼠标指针移到要登录的用户上方并单击，如图 2-7 所示。

步骤 3▶ 打开该用户的登录界面，使用键盘在密码框中输入登录密码，然后单击右侧的箭头按钮或按"Enter"键，如图 2-8 所示。

图 2-7 单击要登录的用户

图 2-8 输入登录密码并确认

注 意

如果只为 Windows 7 创建了一个用户账户，且没有为该账户设置登录密码，则启动时将直接显示 Windows 7 的桌面，不会出现用户登录界面。关于创建和设置用户账户的方法，请参考后面的内容。

Windows 7 是一个庞大的操作系统，启动时会装载许多文件。因此，必须使用正确的方法来关闭它，否则有可能导致系统损坏。正确关闭 Windows 7 的操作步骤如下：

步骤 1▶ 关闭所有打开的应用程序。如果有文档没保存,需要先将其保存。

步骤 2▶ 将鼠标指针移至屏幕左下角的"开始"按钮上并单击,弹出"开始"菜单,然后将鼠标指针移至"关机"按钮上并单击,如图 2-9 所示。

图 2-9 关闭 Windows 7

步骤 3▶ 稍等一会儿,等显示器屏幕变黑后,按下显示器的电源开关,关闭显示器。

步骤 4▶ 如果长时间不使用计算机,则需要切断计算机主机和显示器的电源。

二、查看计算机系统配置

通过以下操作可查看计算机系统的配置,并练习快捷菜单和窗口的使用。

步骤 1▶ 在 Windows 7 桌面的"计算机"图标上右击,在弹出的快捷菜单中选择"属性"选项,打开"系统"窗口,如图 2-10 所示。

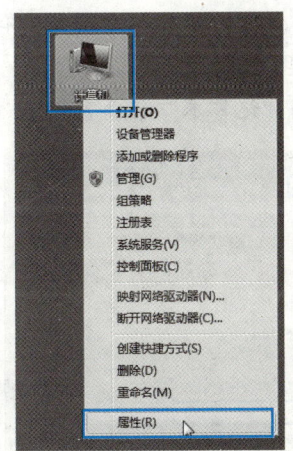 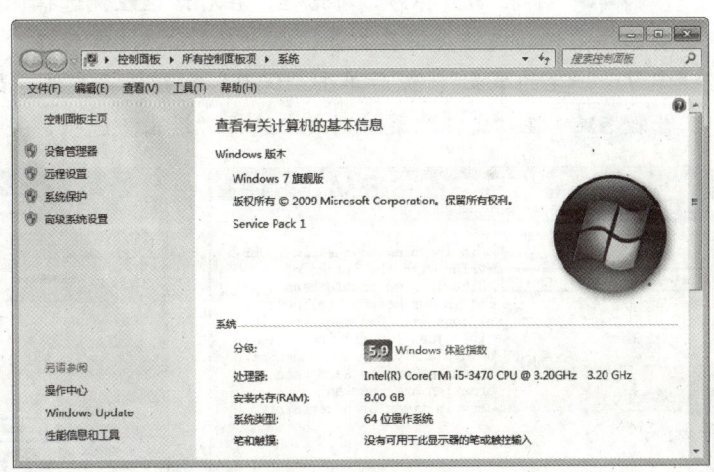

图 2-10 打开"系统"窗口

步骤 2▶ 在"系统"窗口中查看计算机系统配置,并练习窗口的基本操作,包括:单击窗口标题栏右侧的"最小化"按钮最小化窗口;单击任务栏中的窗口图标重新显示窗口;单击"最大化"按钮最大化窗口;单击"还原"按钮还原窗口;在窗口处于还原状态时,在窗口标题栏中单击并拖动以移动窗口;拖动窗口右侧的滚动条查看窗口中隐藏的内容。

步骤 3▶ 单击"关闭"按钮,关闭窗口。

三、操作"记事本"程序

通过以下操作可练习"开始"菜单、窗口、对话框和键盘的使用。

步骤 1▶ 选择"开始"/"所有程序"/"附件"/"记事本"选项（见图 2-11），即可启动"记事本"程序。

步骤 2▶ 按键盘上的相应按键，在"记事本"程序中输入英文，如图 2-12 所示。

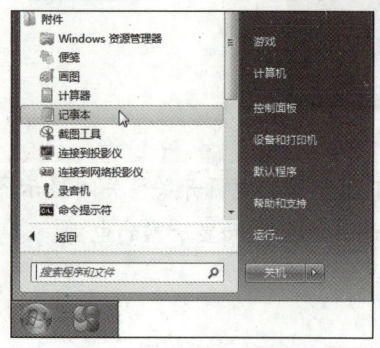

图 2-11 启动"记事本"程序

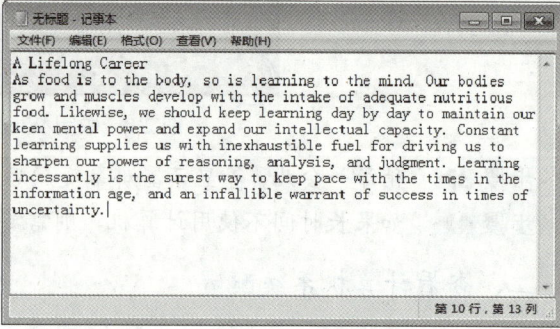

图 2-12 输入英文文本

步骤 3▶ 选择"文件"/"保存"选项（见图 2-13），或直接按"Ctrl+S"组合键。

步骤 4▶ 弹出"另存为"对话框，在对话框左侧选择保存文档的磁盘，如 E 盘，再双击要保存文档的文件夹将其打开，如"项目二"，然后在"文件名"编辑框中输入文件名"学习：一生的事业"，最后单击"保存"按钮保存文件，如图 2-14 所示。

步骤 5▶ 在"文件"菜单列表中选择"退出"选项，关闭"记事本"程序窗口。

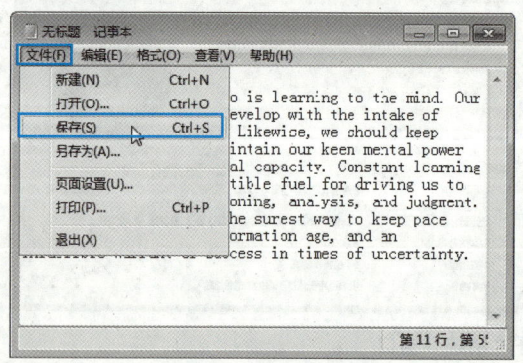

图 2-13 选择"文件"/"保存"选项

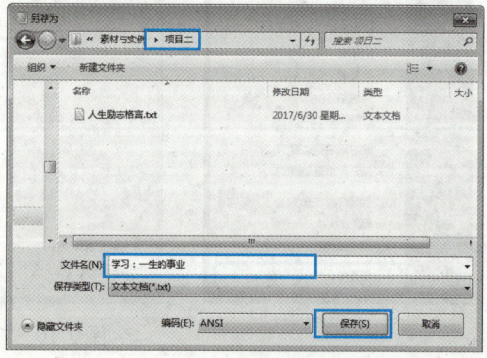

图 2-14 保存文件

任务二 掌握 Windows 7 的文件管理

任务情景

李强平时都把文件随意存放在磁盘中，随着工作的开展，他发现文件越来越多，有时候想找个文件都不知从何处下手。为此，李强决定将计算机中的文件好好整理一下，并在以后的工作中养成分类保存文件的习惯。下面我们与李强一起完成这项任务。

相关知识

一、认识文件

所谓文件，是指存放在外存储器上的一组相关信息的集合。文件中存放的可以是一个程序，也可以是一篇文章、一首乐曲、一幅图画等。每个文件都有一个名字，称为文件名。

文件名由主文件名和扩展名两部分组成，中间由"."分隔，如"计算机应用基础.docx""电子表格.xlsx"等。文件名中位于"."左侧的部分称为主文件名；位于"."右侧的部分称为扩展名，表示文件类型。

> **主文件名**：最多可以由 255 个英文字符（不区分英文字母大小写）或 127 个汉字组成，可以混合使用字符、汉字、数字和空格。但是，文件名中不能含有"\""/"":""<"">""?""*"""""|"字符。

> **扩展名**：也叫后缀名，决定了文件的类型，也决定了可以使用什么程序来打开文件。常说的文件格式指的就是文件的扩展名。例如，Word 文档文件的扩展名为.docx；Excel 电子表格文件的扩展名为.xlsx；手机中的照片大部分的扩展名为.jpg。

二、认识文件夹和文件路径

文件夹是存放文件的场所。在 Windows 7 中，文件夹由一个黄色的小夹子图标和名称组成，如图 2-15 所示。为了方便管理文件，用户可以创建不同的文件夹，以便将文件分门别类地存放在相应文件夹内。在文件夹中除了可以包含文件之外，还可以包含其他文件夹。

> Windows 7 中的文件夹分为系统文件夹和用户文件夹两种。系统文件夹是安装好操作系统或应用程序后系统自动创建的文件夹，它们通常位于 C 盘中，不能随意删除和更改名称；用户文件夹是用户自己创建的文件夹，可以随意更改名称和删除

图 2-15　文件夹

文件路径是指文件存储的位置。文件夹层层嵌套，每一个文件保存在一个文件夹中，这就形成了文件在计算机中的路径。要找到某个文件，只要指定它的路径即可，如图 2-16 所示。

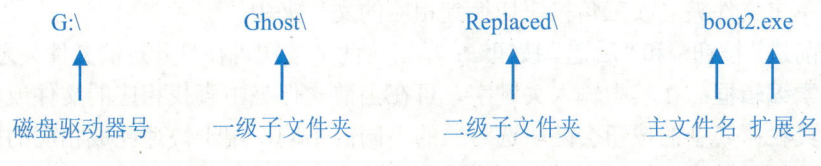

图 2-16　文件路径

计算机应用基础

三、认识资源管理器

在 Windows 7 中，资源管理器是管理文件、文件夹等资源的重要工具。选择"开始"菜单中的"计算机""文档"等选项，或双击桌面上的"计算机""网络"等图标，都可以打开资源管理器。图 2-17 为双击"计算机"图标打开的资源管理器。

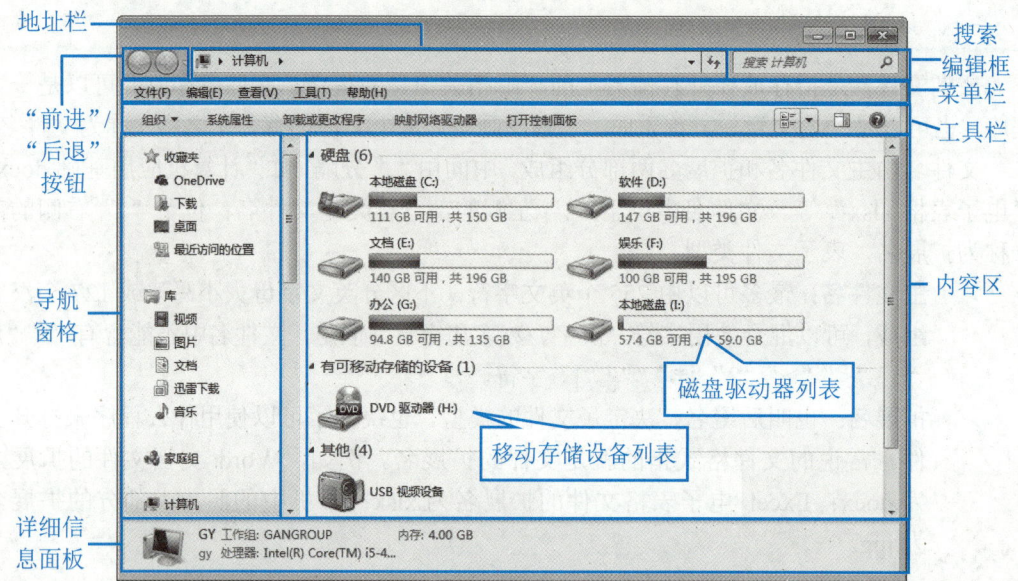

图 2-17　资源管理器

可以看到，该资源管理器主要由导航窗格、地址栏、搜索编辑框、工具栏、磁盘驱动器列表、移动存储设备列表和详细信息面板等元素组成。

> **导航窗格**：采用层次结构对计算机中的资源进行导航，最顶层的为"收藏夹""库""计算机""网络"等项目，其下又层层细分为多个子项目（如磁盘和文件夹等）。单击各项目左侧的 ▷ 按钮可展开其子项目；单击 ◢ 按钮可收缩其子项目；单击项目名称可在内容区中显示其包含的内容，如磁盘、文件或文件夹等。

> **磁盘驱动器列表**：包括 C、D、E 等磁盘驱动器图标。双击某个驱动器图标可将其打开，以查看和管理其中的文件。注意：磁盘驱动器通过对硬盘分区而产生，不同的计算机分区情况可能不同，因此磁盘驱动器的数量和名称也不同。

> **移动存储设备列表**：包括光驱、U 盘等图标。当将光盘插入光驱，或将 U 盘插入 USB 接口后，双击相应的图标可查看和管理其中的文件。

> **地址栏**：显示当前文件夹的路径，也可在其中以输入路径的方式打开文件夹，还可单击文件夹名或三角按钮切换到相应的文件夹中。

> **"前进"按钮 ◉ 和 "后退"按钮 ◉**：单击这两个按钮可在打开过的文件夹之间切换。

> **搜索编辑框**：在其中输入关键字，可在当前文件夹中查找相应的文件或文件夹。

> **工具栏**：其中的按钮会随所选对象的不同而不同，用于快速完成相应的操作。

> **详细信息面板**：显示当前文件夹或所选文件、文件夹的相关信息。

任务实施

一、使用资源管理器

1. 打开文件夹和文件

步骤 1▶ 双击桌面上的"计算机"图标或选择"开始"菜单中的"计算机"选项，打开资源管理器。

步骤 2▶ 在资源管理器中双击某个磁盘，如 D 盘，可查看保存在该磁盘中的文件和文件夹。

步骤 3▶ 双击任意一个文件夹将其打开，可查看保存在其中的文件或文件夹。

步骤 4▶ 双击某个文件，系统会自动启动相应的应用程序将其打开；也可在选中文件后，单击"工具栏"中的"打开"按钮将其打开。

2. 改变图标的显示方式

Windows 7 是一个图形化的操作系统，其中的文件和文件夹等对象都是以图标的方式显示的。为了方便查看文件夹中的内容，可以对图标的显示方式进行调整。为此，可单击工具栏中的"更改您的视图"按钮  右侧的"更多选项"三角按钮，在展开的列表中单击一种显示方式，如"详细信息"，以详细信息方式显示图标，如图 2-18 所示。

3. 改变图标的排序方式

为了方便查看和比较文件，还可改变图标的排序方式，操作步骤如下：

步骤 1▶ 右击资源管理器内容区的空白处，弹出一个快捷菜单。

步骤 2▶ 将鼠标指针移至"排序方式"选项上，显示其子菜单，然后选择一种排序方式，如"名称"，以名称为依据对图标进行排序，如图 2-19 所示。

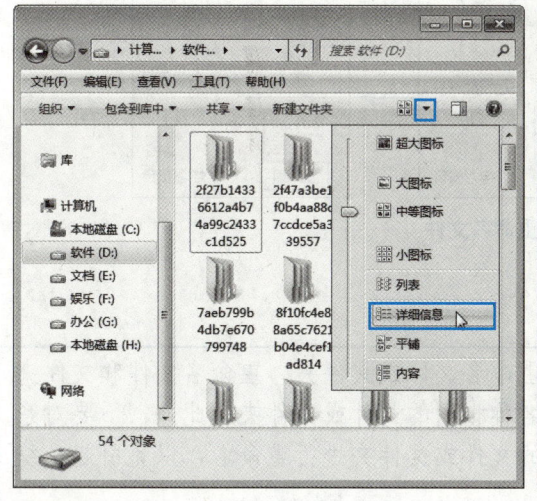

图 2-18 设置图标显示方式

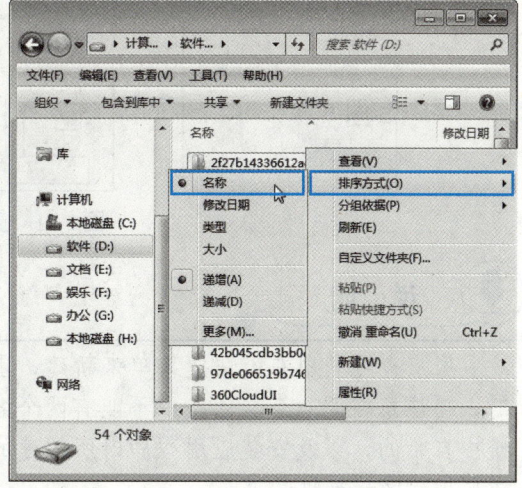

图 2-19 设置图标排序方式

步骤 3▶ 继续在"排序方式"子菜单中选择图标是以"递减"还是"递增"方式排列。

二、管理文件和文件夹

在使用计算机的过程中，经常需要新建文件或文件夹，同时也经常需要对文件或文件夹进行各种管理操作，如重命名、选择、移动、复制、删除、还原、查找文件或文件夹等。

1. 新建和重命名文件夹

为了分类存放文件，有时候需要新建文件夹，或更改已存在的文件夹或文件名称，操作步骤如下：

步骤 1▶ 打开用来存放新文件夹的磁盘驱动器或文件夹窗口。

步骤 2▶ 在工具栏中单击"新建文件夹"按钮，此时将新建一个文件夹，且文件夹的名称处于可编辑状态，输入新名称，按"Enter"键确认，如图 2-20 所示。

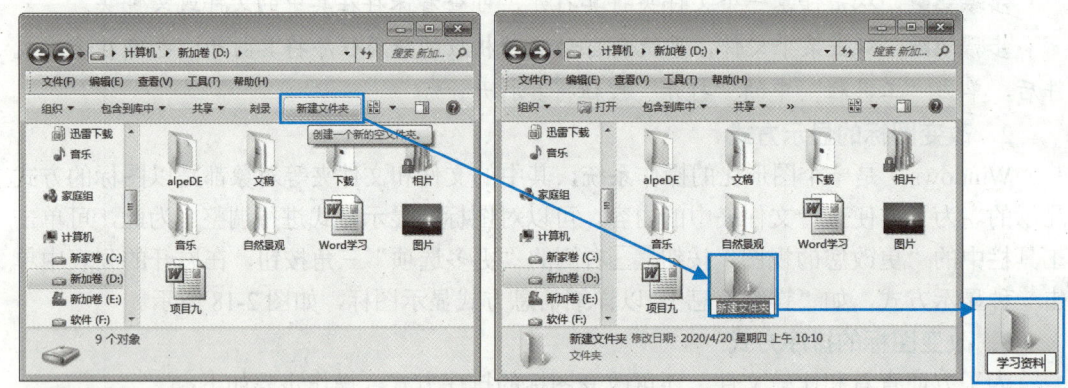

图 2-20 新建文件夹

步骤 3▶ 单击要重命名的文件或文件夹，然后单击文件或文件夹名称，使其处于可编辑状态，接着输入文件或文件夹的新名称，按"Enter"键确认，如图 2-21 所示。

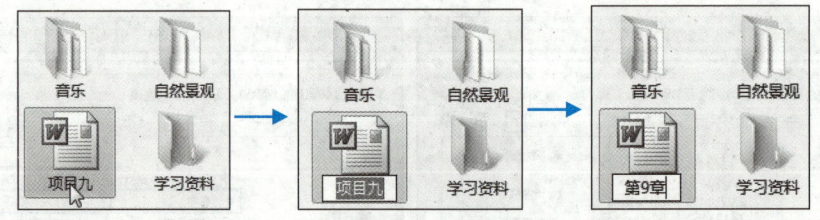

图 2-21 重命名文件

> **说 明**
>
> 用户也可利用右键快捷菜单来新建、重命名文件或文件夹。重命名文件和文件夹时，要注意在同一个文件夹中不能有两个名称相同的文件或文件夹。此外，不要对系统中自带的，以及安装应用程序时所创建的文件或文件夹进行重命名，以免引起系统或应用程序运行错误。
>
> 重命名文件时，不要更改文件的拓展名，否则可能导致文件不可用。

2. 选择文件或文件夹

在对文件或文件夹进行移动、复制、重命名等操作时，都需要先选择文件或文件夹。下面是选择文件和文件夹的几种方法。

➢ **选择单个文件或文件夹**：直接单击该文件或文件夹即可，选中的文件或文件夹将高亮显示。

➢ **同时选择不连续的多个文件或文件夹**：首先单击要选择的第一个文件或文件夹，然后按住"Ctrl"键的同时依次单击要选择的其他文件或文件夹，如图 2-22 所示。

➢ **同时选择连续的多个文件或文件夹**：单击选中第一个文件或文件夹后，按住"Shift"键的同时单击最后一个文件或文件夹，则两个文件或文件夹之间的对象均被选中。

➢ **使用鼠标拖放选择多个文件或文件夹**：按住鼠标左键不放，拖出一个矩形选框，释放鼠标后，选框内的所有文件或文件夹都会被选中，如图 2-23 所示。

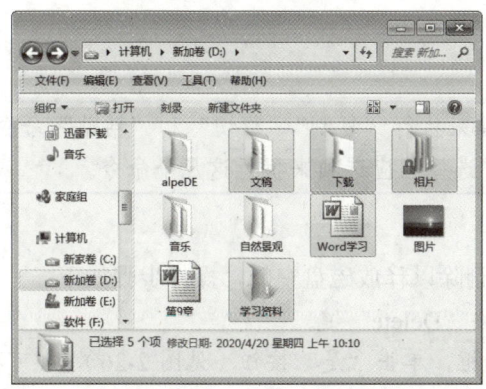 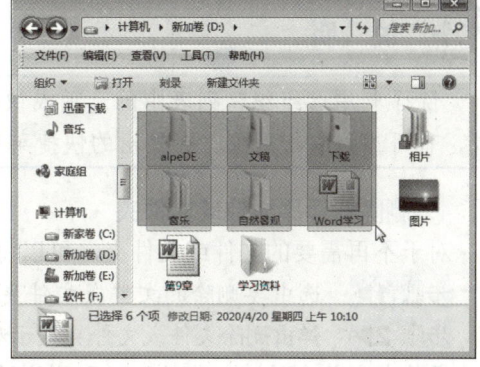

图 2-22 选择不连续的多个文件或文件夹　　图 2-23 使用拖放方式选择多个文件或文件夹

➢ **选择当前窗口中的所有文件和文件夹**：单击工具栏中的"组织"按钮，在展开的列表中选择"全选"选项，或者直接按"Ctrl+A"组合键。

3. 移动与复制文件或文件夹

移动是指将所选文件或文件夹移动到指定位置，在原来的位置不保留被移动的文件或文件夹，而复制在移动文件或文件夹后会在原来的位置保留所选文件或文件夹。移动与复制是管理文件时经常使用的操作，用户应牢牢掌握。下面介绍复制文件或文件夹的方法。

步骤 1▶ 打开要复制的文件或文件夹所在的磁盘驱动器或文件夹窗口。

步骤 2▶ 选中需要复制的文件或文件夹，然后单击工具栏中的"组织"按钮，在展开的列表中选择"复制"选项，如图 2-24 所示；或者在选中对象后按"Ctrl+C"组合键。

步骤 3▶ 打开想要将文件或文件夹复制到的目标磁盘驱动器或文件夹窗口，然后在"组织"列表中选择"粘贴"选项（见图 2-25），或者按"Ctrl+V"组合键。

步骤 4▶ 如果要复制的文件或文件夹较大，此时将出现一个进度对话框，视文件或文件夹大小等待一段时间后，选中的文件或文件夹即可被复制到目标文件夹中。

如果希望移动文件或文件夹，只需要将上述步骤 2 的操作改为选择"组织"/"剪切"选项，或者按"Ctrl+X"组合键，其他操作不变。

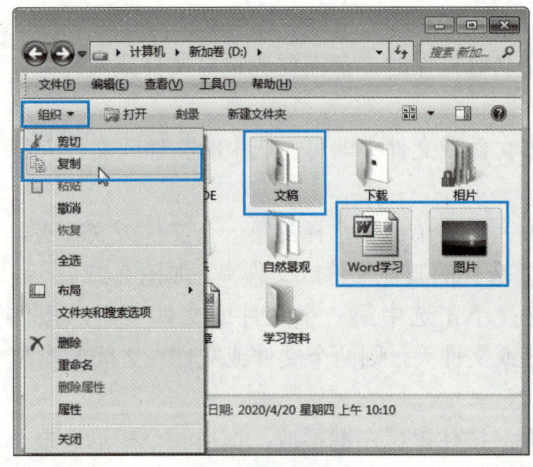
图2-24　复制所选对象

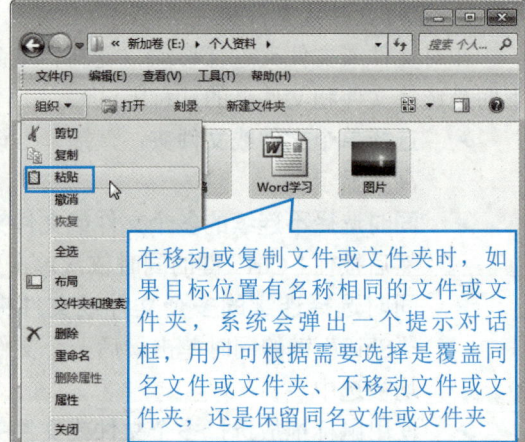
图2-25　粘贴所选对象

在移动或复制文件或文件夹时，如果目标位置有名称相同的文件或文件夹，系统会弹出一个提示对话框，用户可根据需要选择是覆盖同名文件或文件夹、不移动文件或文件夹，还是保留同名文件或文件夹

 说　明

　　除了利用"组织"列表中的选项或快捷键来执行"复制""剪切"和"粘贴"命令外，也可通过右击对象，在弹出的快捷菜单中选择相应选项来执行这几个命令。

4．删除与还原文件或文件夹

对于不再需要的文件或文件夹，可以将其删除以释放磁盘空间，操作步骤如下：

步骤1▶ 选中要删除的文件或文件夹，按"Delete"键。

步骤2▶ 弹出删除文件或文件夹提示对话框，单击"是"按钮（见图2-26），即可将所选文件或文件夹放入回收站中，即删除了文件或文件夹。

若希望从回收站中恢复被误删除的文件或文件夹，可双击桌面上的"回收站"图标，打开"回收站"窗口，选中要还原的文件或文件夹，单击工具栏中的"还原此项目"按钮，将该文件或文件夹恢复到原来的位置，如图2-27所示。

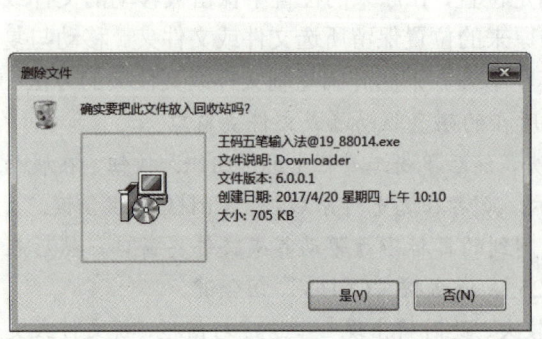
图2-26　删除文件

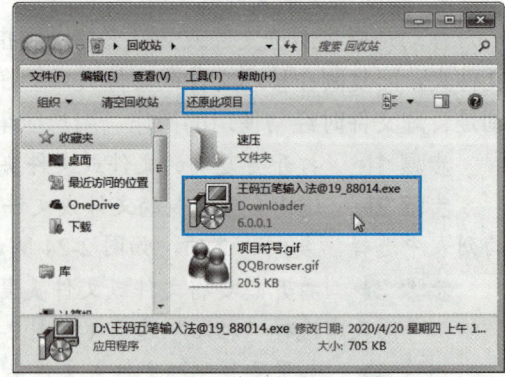
图2-27　还原删除的文件

　　回收站中的文件仍然会占用磁盘空间。因此，用户应定期检查回收站，如果确认没有需要保留的内容，应及时予以清空。为此，可在"回收站"窗口中单击"清空回收站"按钮。

说　明

删除大文件时，可将其不经过回收站而直接从硬盘中删除。为此，可选中要删除的文件或文件夹，按"Shift+Delete"组合键，然后在打开的提示框中确认即可。

5. 查找文件或文件夹

当文件或文件夹较多时，经常会发生找不到某个文件或文件夹的情况，此时可借助Windows 7的搜索功能进行查找，操作步骤如下：

步骤1▶ 打开资源管理器，在窗口右上角的搜索编辑框中输入要查找的文件或文件夹名称。

 提　示

如果记不清文件或文件夹的全名，可使用通配符进行模糊查找。常用的通配符有星号（*）和问号（？）两种。其中，"*"代表一个或多个任意字符，"？"只代表一个字符。例如，*.*表示所有文件和文件夹；*.jpg表示扩展名为.jpg的所有文件；?ss.doc表示扩展名为.doc，文件名为3位，且必须是以ss为文件名结尾的所有文件。

步骤2▶ 此时系统自动开始搜索，等待一段时间即可显示搜索结果，如图2-28所示。
步骤3▶ 对于搜索到的文件或文件夹，用户可对其进行复制、移动或打开等操作。

 提　示

由于现在的硬盘容量都很大，若把整个硬盘都搜索一遍将会耗费很长的时间。若能确定文件或文件夹存放的大致位置，可首先在步骤1中直接打开该位置，然后再进行搜索。

6. 查看文件或文件夹的属性

要查看文件或文件夹的详细信息和常规属性，可按如下步骤进行操作。

步骤1▶ 右击要查看属性的文件或文件夹，从弹出的快捷菜单中选择"属性"选项。
步骤2▶ 在弹出的属性对话框的"常规"选项卡中可查看所选文件或文件夹的大小、占用空间、创建时间等信息，如图2-29所示。
步骤3▶ 查看完毕，单击"确定"按钮，关闭当前对话框。

文件或文件夹有只读和隐藏两种属性。将文件属性设置为"只读"后（选中"只读"复选框），将不能更改文件内容，但可删除文件；将文件或文件夹属性设置为"隐藏"后，其将不会显示在资源管理器中。

 说　明

要显示隐藏的文件或文件夹，可在资源管理器中的"组织"列表中选择"文件夹和搜索选项"选项，打开"文件夹选项"对话框，然后在"查看"选项卡中选中"显示隐藏的文件、文件夹和驱动器"单选钮。

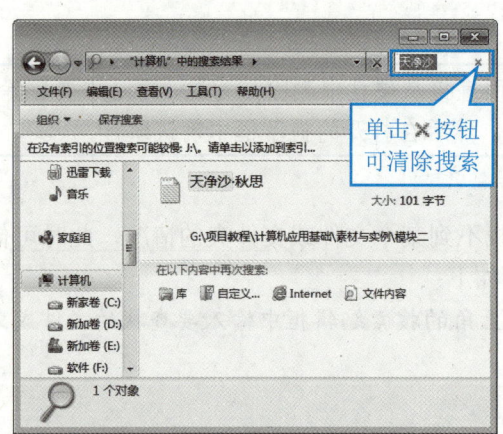
图 2-28　搜索文件

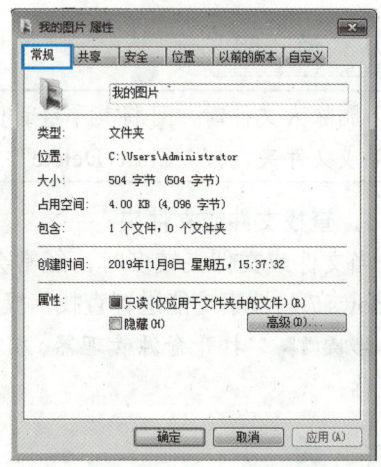
图 2-29　查看文件属性

任务三　掌握系统管理和应用

任务情景

李强使用的是公司新买的计算机，其默认的操作界面不符合李强的审美习惯。另外，由于计算机还没有安装常用软件，不能处理文档（需要安装办公软件 Office 2016）、快速输入汉字（需要安装搜狗拼音等外部输入法）、压缩/解压缩文件（需要安装 WinRAR 软件）、使用 QQ 聊天（需要安装 QQ 软件）等。因此，李强决定对系统进行个性化设置并安装常用软件。

此外，他还准备为方便其他同事使用自己的计算机开设专门的账户，并为自己的管理员账户设置密码，不让其他人使用。下面我们与李强一起完成这些任务。

相关知识

一、认识控制面板

Windows 7 允许用户根据自己的使用习惯定制工作环境及管理计算机中的软硬件资源。控制面板是进行这些操作的门户，利用它可以设置屏幕显示效果，修改系统日期和时间，添加和删除程序，查看系统软硬件信息和优化系统，以及配置网络等。

选择"开始"/"控制面板"选项，打开"控制面板"窗口，如图 2-30 所示。可以看到，各系统设置工具分门别类地放置在"控制面板"窗口中。使用这些工具的步骤如下：

步骤 1　判断要使用的工具属于哪个类别，然后单击相应的类别。

步骤 2 ▶ 在出现的界面中显示相应类别下的具体设置工具，单击要使用的工具。

步骤 3 ▶ 在弹出的工具设置界面中进行操作，完成设置。

步骤 4 ▶ 单击"控制面板"窗口左上角的"后退"按钮 和"前进" 按钮，可在显示过的界面之间切换。

此外，也可以单击"控制面板"窗口中"查看方式"右侧的三角按钮，在弹出的下拉列表中选择"大图标"或"小图标"，以显示所有的设置工具，如图 2-31 所示。

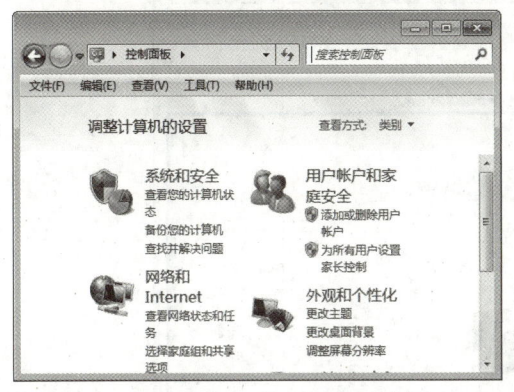
图 2-30　按"类别"方式显示的控制面板

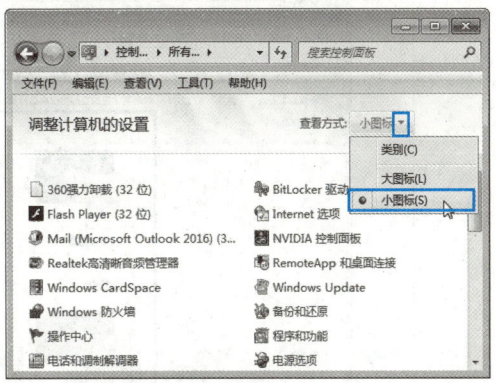
图 2-31　按"小图标"方式显示的控制面板

二、安装应用软件

应用软件运行在操作系统之上，是为了解决用户的各种实际问题而编制的程序及相关资源的集合。虽然 Windows 7 系统默认提供了一些应用程序来帮助用户完成某些操作，如"记事本""写字板""画图"等，但这些程序无法完全满足用户的实际需要。为了扩展计算机的功能，用户必须为计算机安装相应的应用软件。例如，要使用计算机进行办公，需要安装 Office 办公软件；要保护计算机的安全，需要安装 360 安全卫士或其他安全软件。

将应用软件从网上下载下来后，在存放应用软件的文件夹中找到其安装程序，如 Setup.exe、Install.exe 或软件名称等，如图 2-32 和图 2-33 所示。双击安装程序图标，打开安装向导，然后根据提示进行操作即可。

图 2-32　常见应用软件的安装程序图标　　　图 2-33　一些应用软件的安装程序就是软件本身

任务实施

一、个性化 Windows 7

下面对 Windows 7 的使用环境进行设置，包括设置桌面主题和桌面背景、添加桌面图标，以及设置鼠标等。

1. 设置桌面主题

桌面主题是桌面总体风格的统一，改变桌面主题可以同时改变桌面图标、背景图像和窗口等项目的外观。

步骤1▶ 在桌面空白处右击，在弹出的快捷菜单中选择"个性化"选项，打开"个性化"窗口，如图 2-34 所示。在主题列表框中预置了多个主题，从中选择所需主题即可。

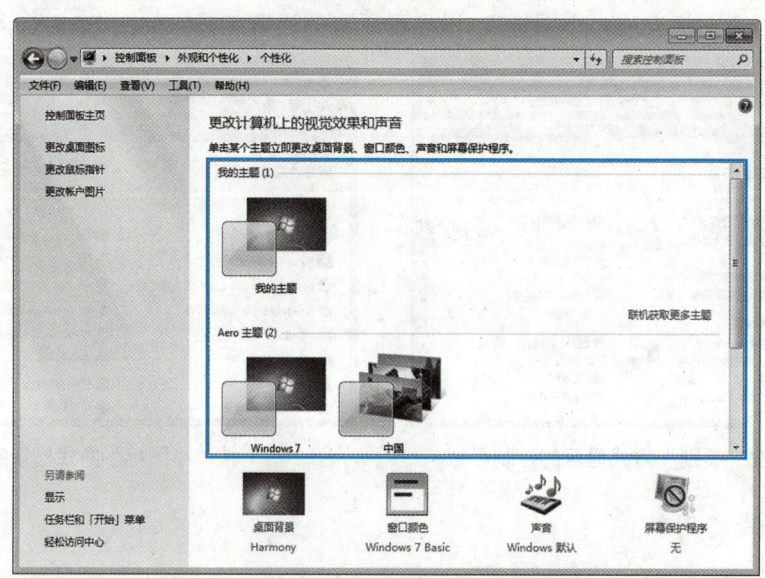

图 2-34 "个性化"窗口

步骤2▶ 若列表框中没有所需主题，可在"我的主题"右侧单击"联机获取更多主题"链接，打开 Microsoft Windows 的主题页面，然后在页面的左侧选择主题类别，在页面的右侧选择需要的主题，最后单击"下载"按钮，根据提示操作即可下载所选主题。之后，在主题列表框中找到并单击下载的主题即可应用。

2. 设置桌面背景

如果不喜欢当前的桌面背景，可以将喜欢的图片设置为桌面背景，操作步骤如下：

步骤1▶ 在"个性化"窗口中单击底部的"桌面背景"图标。

步骤2▶ 进入"桌面背景"界面，在图片列表中选择需要设置为桌面背景的图片。若要将多张图片设置为桌面背景，可按住"Ctrl"键依次单击图片，选中的图片左上角会显示勾选标记，如图 2-35 所示（要取消某张图片的选择，可按住"Ctrl"键单击该图片；单击列表框上方的"全部清除"按钮，可清除所有图片的选择；单击"全选"按钮，可全选图片）。

步骤3▶ 将多张图片设置为桌面背景时，可单击"更改图片时间间隔"下拉列表框右侧的三角按钮，从展开的列表中可选择各张图片的切换时间。

步骤4▶ 单击"保存修改"按钮，应用设置。

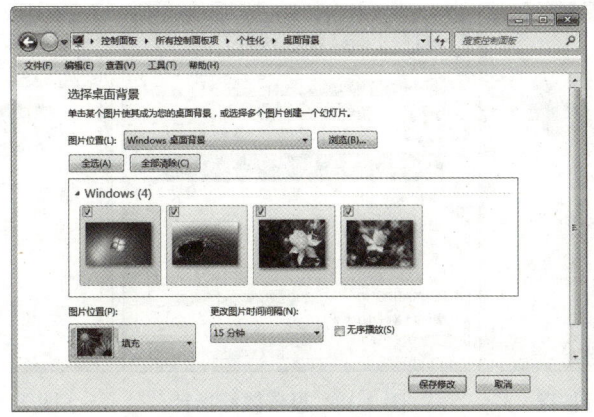

图 2-35 "桌面背景"界面

技 巧

要使用其他图片作为桌面背景,可单击"图片位置"下拉列表框右侧的"浏览"按钮,在打开的"浏览文件夹"对话框中选择所需图片,然后单击"确定"按钮返回"桌面背景"界面,最后单击"保存修改"按钮。

3. 添加桌面图标

如果桌面上没有显示"计算机""网络""用户的文件""控制面板"等常用图标,可使用如下操作步骤将它们添加到桌面上。

步骤 1▶ 在控制面板的"个性化"窗口中选择左上角的"更改桌面图标"选项。

步骤 2▶ 弹出"桌面图标设置"对话框,在"桌面图标"设置区选中要添加的桌面图标复选框,然后单击"确定"按钮,如图 2-36 所示。

图 2-36 添加桌面图标

4. 设置鼠标

用户可根据实际需要设置鼠标按键的左右手使用习惯、双击速度、鼠标指针的形状、鼠标指针的移动速度、浏览网页或文档时鼠标滚轮一次滚动的行数,操作步骤如下:

步骤 1▶ 在"控制面板"窗口中单击"鼠标"图标,打开"鼠标属性"对话框。

步骤 2▶ 在"鼠标键"选项卡中设置鼠标按键的左右手使用习惯和双击速度,如图 2-37 所示。对于习惯左手操作计算机的用户,可选中"切换主要和次要的按钮"复选框。

步骤 3▶ 在"指针"选项卡中设置鼠标指针的形状,可在"方案"下拉列表中选择系统预置的方案;也可在"自定义"列表框中选择要自定义的指针状态,然后单击"浏览"按钮,从弹出的对话框中选择该状态下的指针形状,如图 2-38 所示。

步骤 4▶ 在"滑轮"选项卡中设置浏览网页或文档时,鼠标滚轮一次滚动的行数,如图 2-39 所示。若选中"一次滚动一个屏幕"单选钮,可一次滚动一个屏幕。

计算机应用基础

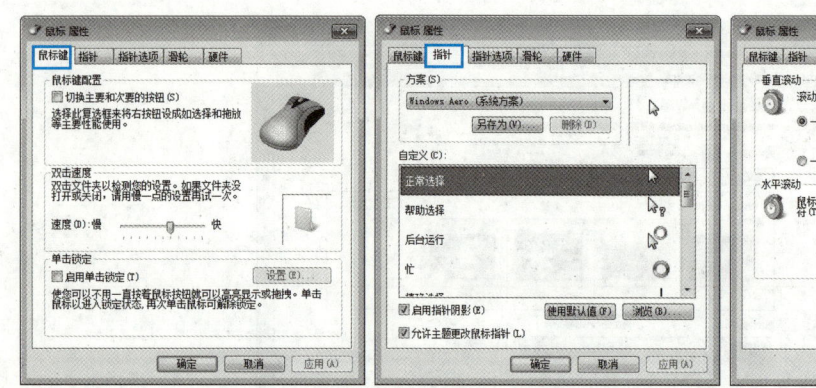
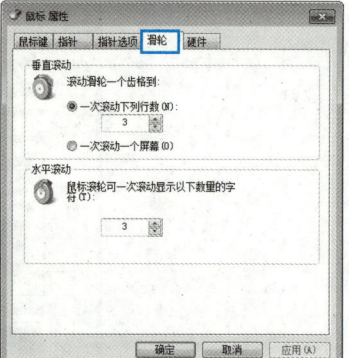

图 2-37　设置鼠标按键　　　图 2-38　设置鼠标指针　　　图 2-39　设置鼠标滚轮

二、安装与卸载软件

1. 安装软件

要使用软件，必须将其安装到计算机中。以办公软件 Office 2016 为例，可在 Office 2016 的软件包中找到并双击 setup.exe 文件（见图 2-40），运行 Office 2016 的安装程序并显示安装进度，如图 2-41 所示。安装完毕后，根据提示重新启动计算机，即可成功安装 Office 2016。

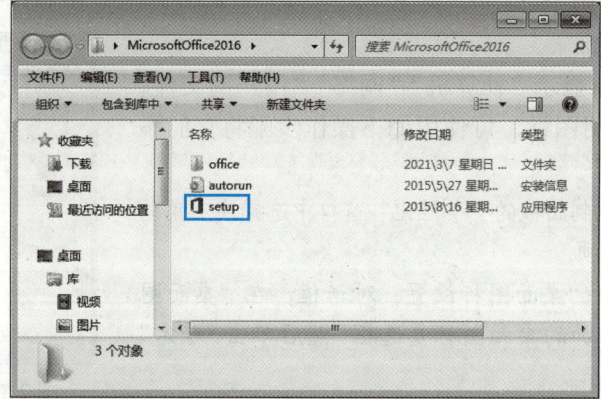

图 2-40　双击安装程序

图 2-41　Office 2016 安装进度

48

说 明

根据"任务情景"中的说明,继续在计算机中安装搜狗拼音输入法(也可参考任务五的操作步骤)、压缩/解压缩软件 WinRAR、聊天软件 QQ、计算机管理软件 360 安全卫士等。

2. 卸载软件

在计算机中安装过多的应用软件会占据大量硬盘空间,进而影响系统的运行速度。所以,对于不再使用的应用软件,应该及时将其卸载。

步骤 1▶ 打开"控制面板"窗口,切换到"大图标"显示方式,单击"程序和功能"图标,如图 2-42 所示。

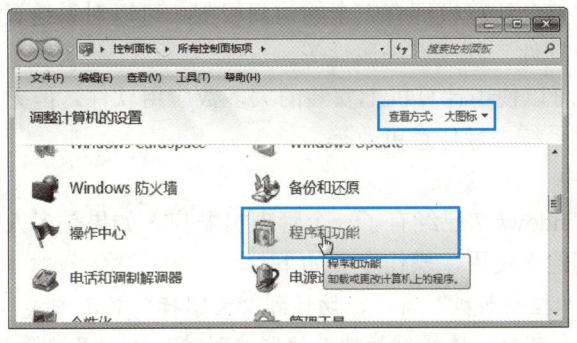

图 2-42 单击"程序和功能"图标

步骤 2▶ 弹出"程序和功能"界面,在程序列表中选择要卸载的应用软件,然后单击列表上方的"卸载"按钮,如图 2-43 所示。

步骤 3▶ 弹出提示对话框(见图 2-44),单击"卸载"按钮(或"是"按钮),然后根据提示操作卸载该软件。

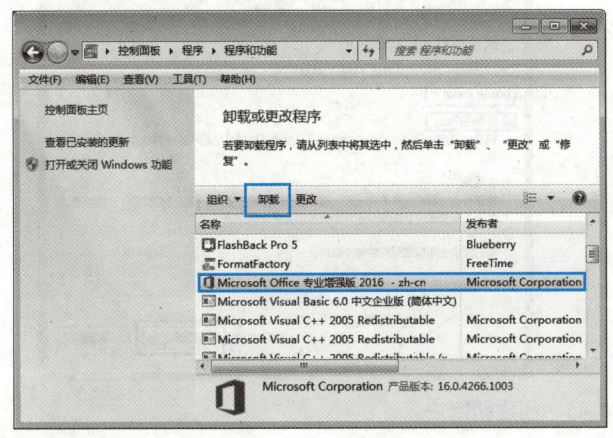

图 2-43 卸载程序

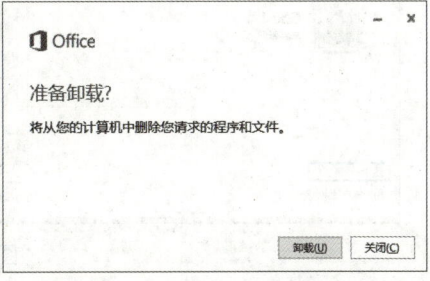

图 2-44 确认卸载程序

> **提示**
>
> 某些应用软件也可在"开始"菜单中选择相应卸载选项进行卸载。

三、创建和管理用户账户

Windows 7 提供了多用户操作环境。当多人使用同一台计算机时,可以分别为每个用户创建一个账户。这样,每个用户都可以用自己的账号和密码登录系统,拥有独立的桌面、收藏夹、"我的文档"文件夹等,从而使用户之间互不影响。

Windows 7 的账户类型主要有"管理员"和"标准用户"两种。一台计算机至少有一个管理员账户。

> **管理员**:对整个计算机拥有完全的访问权限,可以对系统设置进行任意更改,包括安装应用软件、修改系统属性等。
>
> **标准用户**:可以使用计算机上安装的大多数应用软件,但无法安装或卸载某些软件,不能对系统进行任意更改等。

1. 创建用户账户

默认情况下,Windows 7 已经有了一个管理员账户。如果是多人使用同一台计算机,可以创建新账户供其他人使用,操作步骤如下:

步骤1▶ 打开"控制面板"窗口,切换到"大图标"显示方式,单击"用户账户"图标,打开"用户账户"窗口,选择"管理其他账户"选项,打开"管理账户"窗口。

步骤2▶ 在"管理账户"窗口中选择"创建一个新账户"选项,打开"创建新账户"窗口,输入新账户名称,选择账户类型,然后单击"创建账户"按钮即可创建一个新账户,如图2-45所示。

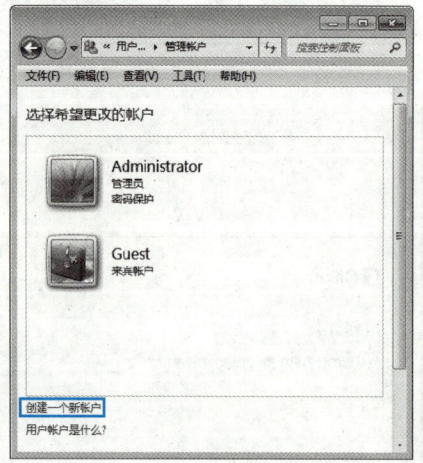
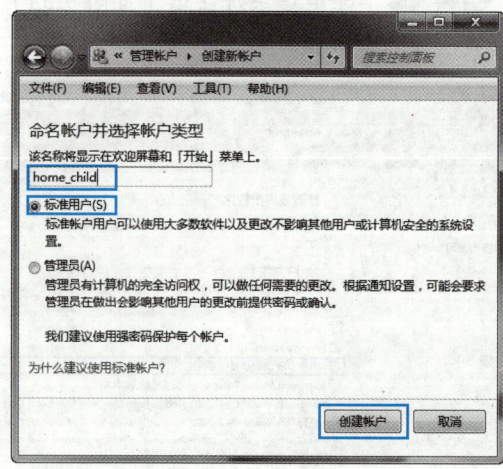

图 2-45 创建新账户

2. 管理用户账户

用户可以为自己的账户创建密码,令别人无法使用该账户登录系统,操作步骤如下:

步骤1▶ 在"管理账户"窗口中单击要更改的用户账户,这里单击新创建的用户账户,打开"更改账户"窗口，如图2-46所示。

步骤2▶ 选择"创建密码"选项，打开"创建密码"窗口，输入和确认密码（可根据需要输入密码提示），然后单击"创建密码"按钮，如图2-47所示。

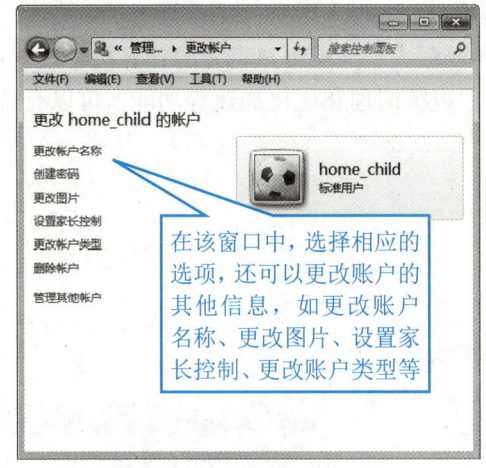
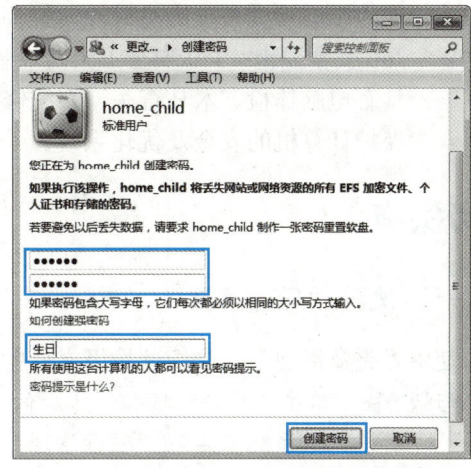

图2-46 "更改账户"窗口　　　　　　　　　图2-47 创建密码

步骤3▶ 选择"开始"菜单"关机"列表中的"注销"选项，可重新进入登录界面，选中新创建的用户账户并输入设置的密码，即可以该账户身份登录系统。

步骤4▶ 若要删除某个账户（非管理员账户），可在"管理账户"窗口中选中要删除的用户账户，在打开的"更改账户"窗口中选择"删除账户"选项，然后按提示操作。

任务四　掌握系统维护的方法

任务情景

使用一段时间后，李强发现系统运行速度越来越慢，他查阅了相关资料，发现这主要是由于安装的应用软件、积累的垃圾文件或自启动程序过多等造成的，所以需要对计算机进行维护和优化。下面我们与李强一起完成这项工作。

相关知识

排除计算机硬件故障和感染病毒的原因后，导致系统运行速度变慢的原因主要有两个：一是一些应用软件、插件、服务等随系统一起启动并在后台运行，占用系统资源；二是计算机使用一段时间后，系统垃圾文件会越来越多，这些垃圾文件也会占用系统资源。

Windows 7提供了一些硬盘维护工具，如磁盘清理和磁盘碎片整理等，定期使用它们可以让硬盘保持良好的工作状态。此外，目前最常用的计算机优化软件是360安全卫士。

➢ **"磁盘清理"工具**：使用"磁盘清理"工具可以帮助用户找出并清理硬盘中的垃圾文件，从而提高系统运行速度，以及增加硬盘的可用空间。

> **"磁盘碎片整理"工具：** 使用计算机时，经常需要在硬盘上存储和删除文件，时间长了就会在硬盘上产生大量碎片（未使用的磁盘空间）。当碎片越来越多时，系统读取文件的速度就会越来越慢，进而影响系统的运行速度。利用"磁盘碎片整理"工具可以整理磁盘碎片，提高系统运行速度。

> **360 安全卫士：** 360 安全卫士是一款功能强大、深受用户喜爱的计算机管理软件，具有电脑体检、木马查杀、系统修复、电脑清理和优化加速等功能，可以有效地保护计算机的安全及优化系统。

任务实施

一、使用"磁盘清理"工具

使用"磁盘清理"工具清理垃圾文件的操作步骤如下：

步骤1▶ 单击"开始"按钮，然后依次选择"所有程序"/"附件"/"系统工具"/"磁盘清理"选项。

步骤2▶ 弹出"磁盘清理：驱动器选择"对话框，在"驱动器"下拉列表框中选择需要清理的磁盘驱动器，单击"确定"按钮，如图 2-48 所示。

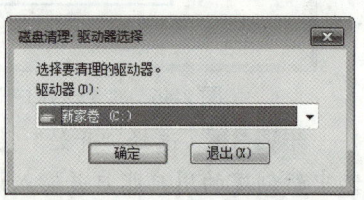

图 2-48　选择要清理的磁盘

步骤3▶ 系统首先对磁盘进行检查，统计可以释放多少空间，统计结束后，弹出如图 2-49 所示的对话框，在"要删除的文件"列表框中选择需要清理的选项，然后单击"确定"按钮开始清理。

二、使用"磁盘碎片整理"工具

使用"磁盘碎片整理"工具整理磁盘碎片的操作步骤如下：

步骤1▶ 单击"开始"按钮，然后依次选择"所有程序"/"附件"/"系统工具"/"磁盘碎片整理程序"选项。

步骤2▶ 弹出"磁盘碎片整理程序"对话框，如图 2-50 所示。选择要整理碎片的磁盘驱动器，单击"分析磁盘"按钮，分析磁盘是否需要进行碎片整理。

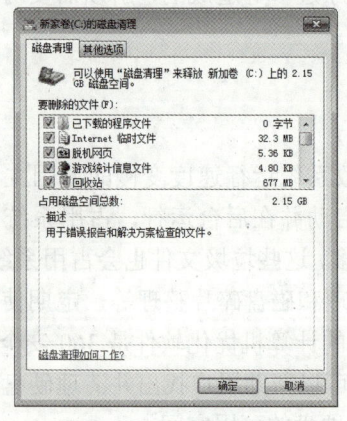

图 2-49　清理磁盘

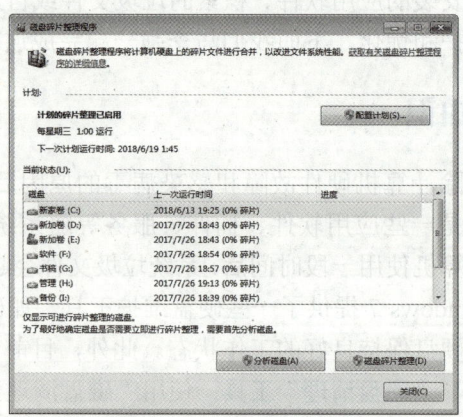

图 2-50　整理磁盘碎片

步骤 3▶ 分析完成后,如果提示有磁盘碎片(在"上一次运行时间"下方的碎片百分比不是 0%),单击"磁盘碎片整理"按钮,开始对磁盘进行碎片整理。

步骤 4▶ 磁盘碎片整理会花费很长的时间。整理完成后,单击"关闭"按钮即可。

三、使用 360 安全卫士

使用 360 安全卫士进行系统管理和优化的操作步骤如下:

1. 木马查杀

步骤 1▶ 单击任务栏通知区的 360 安全卫士图标 ,启动 360 安全卫士,在其主界面中单击"木马查杀"按钮,打开"木马查杀"界面,如图 2-51 所示。

图 2-51 "木马查杀"界面

步骤 2▶ 单击"快速查杀"或"全盘查杀"按钮,360 安全卫士开始对系统进行扫描,在扫描的过程中,会显示扫描的文件数和检测到的木马。

步骤 3▶ 扫描完成后,选中需要删除的木马,单击其右侧的"立即处理"按钮,或单击"一键处理"按钮,如图 2-52 所示。

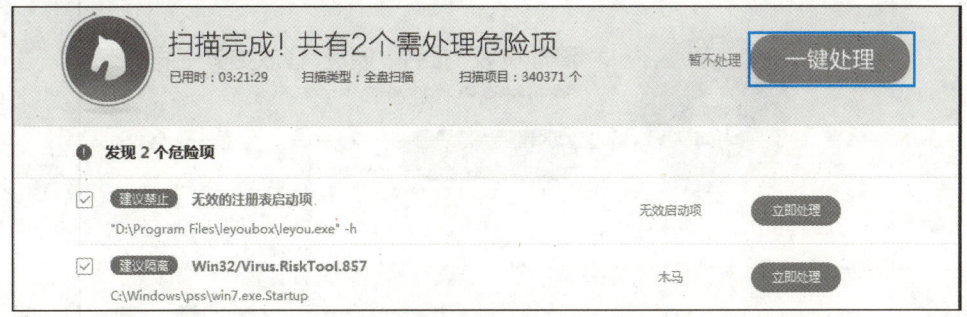

图 2-52 清除木马

2. 系统修复

步骤1▶ 在360安全卫士主界面中单击"系统修复"按钮，进入"系统修复"界面，然后单击"全面修复"按钮（见图2-53），软件将自动检查系统和各应用软件存在的安全漏洞和隐患。

图2-53 修复系统

步骤2▶ 检查完毕后，在显示的界面中单击"一键修复"按钮，软件将自动从网上下载补丁修复系统或软件漏洞，清除计算机存在的安全隐患。

3. 电脑清理

步骤1▶ 在360安全卫士主界面中单击"电脑清理"按钮，进入"电脑清理"界面，如图2-54所示。

图2-54 "电脑清理"界面

步骤 2▶ 如果要对计算机进行全面清理，可单击"全面清理"按钮；如果要针对某项进行清理，可将鼠标指针指向"单项清理"选项，在显示的列表中选择要清理的垃圾文件类型，如清理垃圾、清理插件、清理注册表、清理 Cookies、清理痕迹和清理软件。此处选择"清理垃圾"选项，软件将自动扫描系统中存在的垃圾文件。

步骤 3▶ 扫描完毕，单击"一键清理"按钮，系统自动对所选的垃圾文件类型进行清理。清理完毕，将显示清理结果。

4．优化加速

步骤 1▶ 在 360 安全卫士主界面中单击"优化加速"按钮，进入"优化加速"界面，如图 2-55 所示。若要对计算机进行全面加速，可单击"全面加速"按钮。若要针对某项进行加速，可将鼠标指针指向"单项加速"选项，在显示的列表中选择相应选项，如开机加速、系统加速等。此处选择"系统加速"选项。

步骤 2▶ 在显示的扫描结果界面中单击"立即优化"按钮，自动优化扫描到的项目。

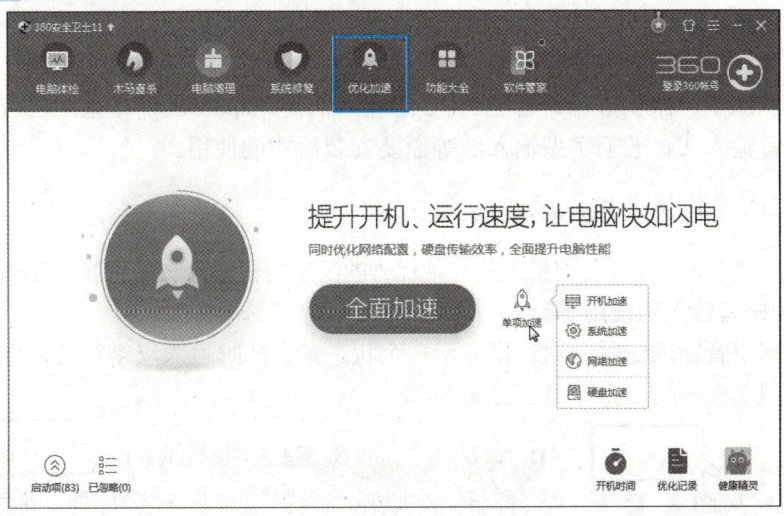

图 2-55 "优化加速"界面

任务五 快速在计算机中输入中文

任务情景

李强在工作中经常要处理一些办公文档，以及使用 QQ 与同事、客户交流，这就需要向计算机中输入中文或英文。但是李强发现自己输入中英文的速度比同事慢许多。经了解，主要由 3 个原因引起：一是自己在键盘上打字的指法不对；二是自己使用的是系统自带的中文输入法，没有简拼输入、词频记忆等功能；三是自己没有系统地练习打字，不熟练。

因此，李强决定安装一款优秀的中文输入法并掌握它的使用要点，然后使用金山打字通软件系统地练习打字。下面我们与李强一起完成这些任务。

相关知识

一、认识汉字输入法

众所周知，英文字母只有 26 个，即使再加上一些特殊符号，也不过 100 多个。那么，如何用少量的按键去输入成千上万的汉字呢？为此，人们设计了各种汉字输入法。

汉字是由字的音、形、义来共同表达的。因此，各种汉字输入法也是基于汉字的音、形、义开发的。目前，常用的汉字输入法主要有以下几类：

- **音码**：即拼音输入法，按照拼音输入汉字。常见的有微软拼音、智能 ABC、搜狗拼音输入法等。
- **形码**：按照汉字的字形（笔画、部首）来进行编码。常见的有五笔字型输入法。
- **音形码**：是将音码和形码结合的一种输入法。常见的有郑码、丁码输入法等。
- **混合输入法**：同时采用音、形、义多途径输入。例如，万能五笔输入法包含五笔、拼音、中译英等多种输入方式。

以上输入法中，微软拼音、智能 ABC 等输入法是 Windows 操作系统自带的，无须安装；搜狗拼音输入法、五笔字型输入法等需要安装后才能使用。

二、认识搜狗拼音输入法

搜狗拼音输入法是搜狐公司推出的一款优秀的汉字拼音输入法，下面介绍它的使用特点。

1. 搜狗拼音输入法使用基础

使用搜狗拼音输入法时，默认将显示一个状态条。此时输入汉字拼音，将显示一个输入窗口，如图 2-56 所示。

图 2-56　搜狗拼音输入法界面

- **状态条**：搜狗拼音输入法状态条包含若干按钮，分别是"切换中/英文输入"、"切换全/半角符号"、"切换中/英文标点"、"软键盘"、"打开皮肤小盒子"和"输入法菜单"。单击某个按钮即可执行相关操作。
- **输入窗口**：输入窗口的上面一排是用户输入的拼音，下面一排是根据输入的拼音列出的候选字。要输入某个候选字或词，可按其左侧的数字键。如果所需候选字位于第一个，可直接按空格键输入；如果所需候选字不在输入窗口中，可按"+"或"-"键前后翻页，显示其他候选字。

2. 搜狗拼音输入法编码规则

下面学习搜狗拼音输入法的编码规则和使用技巧，以提高输入效率。

- **全拼**：指通过输入汉字的全拼来进行输入，这是拼音输入法中最基本的输入方式。
- **简拼**：指通过输入汉字的声母或声母的首字母来进行输入。有效地利用简拼可以大大提高输入效率。例如，输入"xw"可以得到"希望"。此外，还可利用简拼和全拼的混合输入来提高正确率。例如，要输入汉字"夏天来了"，可输入"xiatll"。
> **输入英文**：按"Shift"键可切换到英文输入状态，再次按"Shift"键返回中文输入状态。也可单击状态条上的"切换中/英文输入"按钮中来切换中英文输入。

任务实施

一、安装汉字输入法

如果 Windows 7 中自带的汉字输入法不能满足需要，可安装外部输入法，如搜狗拼音输入法。具体安装步骤如下：

步骤 1 从网上下载搜狗拼音输入法的安装包，双击其中的安装图标，在出现的安装向导对话框中单击"立即安装"按钮，开始安装搜狗拼音输入法，如图 2-57 所示。

步骤 2 安装完成，出现如图 2-58 所示的对话框，取消选中"体验搜狗高速浏览器……""安装腾讯视频……"等复选框，单击"立即体验"按钮。

图 2-57 启动安装向导

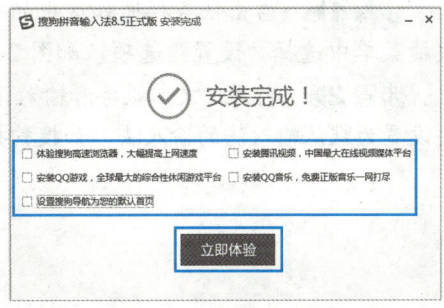
图 2-58 安装完成并设置

注 意

许多工具软件在安装时都会让用户选择是否安装其他软件或让程序开机自动启动等，一般情况下不要选择。

步骤 3 在出现的输入法设置向导对话框中根据需要进行选择，然后不断单击"下一步"按钮，最后单击"完成"按钮，完成输入法的安装和基本设置。

二、选择汉字输入法

要在计算机中输入汉字，先要选择一种输入法。为此，可单击桌面右下角的按钮，在展开的列表中选择需要的输入法，如"搜狗拼音输入法"，如图 2-59 所示。

此外，按"Ctrl+Space"组合键可在中文输入和英文输入状态间切换；按"Ctrl+Shift"组合键可在不同的输入法间切换；按"Shift+Space"组合键可进行全角和半角的切换；在中文输入状态下，按"Ctrl+."组合键可切换中英文标点。

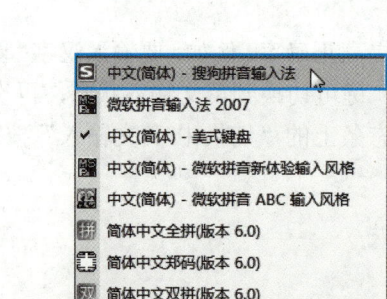

图 2-59 选择汉字输入法

三、设置默认输入法

对于经常使用的输入法，可将其设置为默认输入法，以避免每次输入时都要选择的麻烦；对于不常用的输入法，可将其从输入法列表中删除。具体操作步骤如下：

步骤1▶ 右击任务栏通知区中的输入法按钮，或单击"选项"按钮，在弹出的快捷菜单中选择"设置"选项，如图 2-60 所示。

步骤2▶ 打开"文本服务和输入语言"对话框，在"默认输入语言"下拉列表中选择要设置为默认输入法的输入法，如搜狗拼音输入法，如图 2-61 所示。

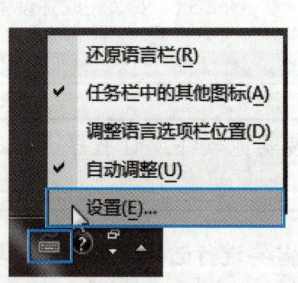

图 2-60 选择"设置"选项

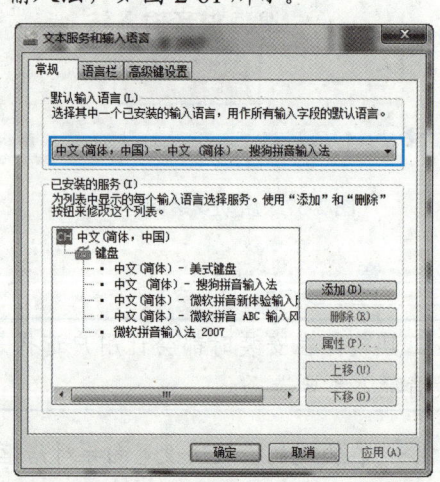

图 2-61 选择默认输入法

步骤3▶ 在"已安装的服务"列表中选择不常用的输入法，然后单击右侧的"删除"按钮，即可将其删除。最后单击"确定"按钮，应用设置。

说 明

在"文本服务和输入语言"对话框中单击"添加"按钮，可添加系统内置的输入法；在"已安装的服务"列表中选择某输入法后，单击"属性"按钮，可设置所选输入法的属性。

四、使用金山打字通练习打字

如果计算机中没有安装金山打字通软件，请将其安装在计算机中，然后利用"开始"菜单启动该软件，其主界面如图 2-62 所示。

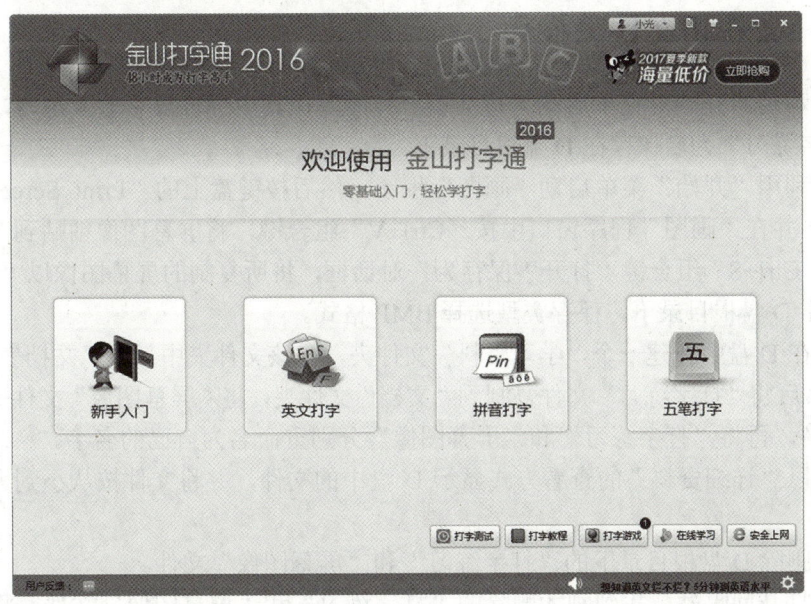

图 2-62　金山打字通主界面

步骤 1▶　单击"新手入门"按钮，在打开的界面中通过"打字常识"选项学习打字姿势、基准键位、手指分工等；再依次通过"字母键位""数字键位""符号键位"选项练习字母键位、数字键位和符号键位的手指分工。

步骤 2▶　在金山打字通主界面中单击"英文打字"按钮，练习英文输入。

步骤 3▶　在金山打字通主界面中单击"拼音打字"按钮，练习中文拼音打字。

项目总结

本项目主要介绍了 Windows 7 操作系统的使用方法，学完本项目内容后，读者应：

（1）认识 Windows 7 的视窗元素，包括桌面、任务栏、"开始"菜单、窗口和对话框等，并掌握这些视窗元素的常用操作。

（2）掌握管理文件和文件夹的方法，包括新建、重命名、移动、复制、删除、还原和查找等，养成在计算机中分类保存文件的习惯。

（3）掌握使用控制面板个性化设置系统，以及安装和卸载应用软件的方法。

（4）掌握创建和管理用户账户的方法。

（5）掌握系统维护的方法，如使用"磁盘清理"和"磁盘碎片整理"工具进行磁盘维护，使用 360 安全卫士优化计算机等。

（6）使用金山打字通练习打字，掌握快速在计算机中输入中文的方法。

项目实训

实训一　文件和文件夹操作

（1）利用"开始"菜单启动"写字板"程序，在其中进行汉字输入练习，然后将文档以"打字练习"为名保存在 D 盘根目录下。

（2）利用"开始"菜单启动"画图"程序，然后按键盘上的"Print Screen"键复制屏幕图像，并在"画图"程序窗口中按"Ctrl+V"组合键，将屏幕图像粘贴到"画图"程序中。按"Ctrl+S"组合键，打开"保存为"对话框，将所复制的屏幕图像以"屏幕图像"为名保存在 D 盘根目录下，保存类型选择 BMP 格式。

（3）在 D 盘中新建一个"学习资料"文件夹，在该文件夹中新建"文档"和"图像"文件夹，然后将"打字练习"文件复制到"文档"文件夹，将"屏幕图像"文件复制到"图像"文件夹，再将"打字练习"和"屏幕图像"分别重命名为自己的名字。

（4）以"详细资料"的查看方式显示 D 盘中的文件，并将文件按从小到大的顺序进行排序。

（5）删除 D 盘根目录下的"打字练习"和"屏幕图像"文件。

（6）打开回收站，找到刚才删除的"打字练习"和"屏幕图像"文件，将其还原，然后在 D 盘根目录下找到这两个文件，将其不经过回收站而直接删除。

（7）在 D 盘根目录下搜索以自己名字命名的文件。

实训二　系统管理和应用

（1）以自己的名字为账户名，新建一个"标准用户"账户，并为该账户设置登录密码，然后在"开始"菜单"关机"列表中选择"注销"选项，返回登录界面，利用新建的账户登录系统。

（2）为 Windows 7 设置自己喜爱的主题和背景。

（3）在"开始"菜单中找到 Word 2016 程序，右击该程序，从弹出的快捷菜单中选择"发送到"/"桌面快捷方式"选项，从而在桌面上创建 Word 2016 的快捷启动图标；再次找到并右击"开始"菜单中的 Word 2016 程序，在弹出的快捷菜单中选择"锁定到任务栏"选项，从而将 Word 2016 的快捷启动图标锁定到任务栏。

（4）分别通过"开始"菜单、桌面快捷启动图标和锁定在任务栏中的快捷启动图标启动 Word 2016，最后将 Word 2016 程序窗口关闭。

（5）右击锁定到任务栏中的 Word 2016 快捷启动图标，在弹出的快捷菜单中选择"将此程序从任务栏中解锁"选项，将其从任务栏中解锁。

项目考核

一、选择题

（1）启动 Windows 7 后，屏幕上显示的画面是它的（　　）。
　　A．桌面　　　　　　B．对话框　　　　C．工作区　　　　D．窗口

（2）正确关闭 Windows 7 系统的操作是（　　）。
　　A．关闭电源　　　　　　　　　　　B．选择"开始"/"关机"选项
　　C．按 Reset 开关　　　　　　　　　D．按"Ctrl+Alt+Delete"组合键

（3）在 Windows 7 中，回收站中的内容（　　）。
　　A．可以恢复　　　　　　　　　　　B．不能恢复
　　C．不占存储空间　　　　　　　　　D．永远不必清除

（4）文件名由两部分组成，中间由"."分隔，文件名中位于"."左侧的部分称为（　　），位于"."右侧的部分称为（　　）。
　　A．主文件名　　　　B．扩展名　　　　C．文件　　　　　D．扩展

（5）直接永久删除文件而不是先将其移至回收站的快捷键是（　　）。
　　A．"Esc+Delete"组合键　　　　　　B．"Alt+Delete"组合键
　　C．"Ctrl+Delete"组合键　　　　　　D．"Shift+Delete"组合键

（6）要选择当前窗口中的所有文件和文件夹，可按（　　）组合键。
　　A．"Ctrl+C"　　　　　　　　　　　B．"Ctrl+V"
　　C．"Ctrl+A"　　　　　　　　　　　D．"Ctrl+Shift"

（7）要一次选择多个连续的文件，应进行的操作是（　　）。
　　A．依次单击各个文件
　　B．按住"Ctrl"键，然后依次单击第一个文件和最后一个文件
　　C．按住"Shift"键，然后依次单击第一个文件和最后一个文件
　　D．单击第一个文件，然后右击最后一个文件

（8）要一次选择多个不连续的文件夹，应进行的操作是（　　）。
　　A．依次单击各个文件夹
　　B．按住"Ctrl"键，然后依次单击需要选择的文件夹
　　C．按住"Shift"键，然后依次单击第一个文件夹和最后一个文件夹
　　D．单击第一个文件夹，然后右击最后一个文件夹

（9）（　　）账户对计算机的操作权限最大。
　　A．匿名　　　　　　B．标准用户　　　　C．来宾　　　　　D．管理员

（10）下列快捷键中，可以实现输入法切换的是（　　）。
　　A．"Ctrl+Shift"组合键　　　　　　B．"Ctrl+Space"组合键
　　C．"Shift+Space"组合键　　　　　D．"Alt+Shift"组合键

二、简答题

(1) Windows 7 的桌面包括哪些组成部分？要打开桌面上的某个项目，该如何操作？

(2) 当打开了多个窗口时，若要在不同的窗口之间切换，该如何操作？若要最大化、最小化或关闭窗口，该如何操作？

(3) 假设在某个文件夹中保存有图片，若要显示这些图片的缩略图，该如何操作？

(4) 移动文件和复制文件的区别是什么？

(5) 假设在桌面上有名称分别为"DSC1"和"DSC2"的两个图片文件，若要将它们移到 D 盘根目录下的"图片"文件夹中，并分别重命名为"旅游1"和"旅游2"，该如何操作？

(6) 要在 D 盘根目录下新建一个名称为"歌曲"的文件夹，该如何操作？

(7) 假设您以前在计算机中保存了一个文件，现在却忘了它的保存位置，而且只记得部分文件名是"销售"。要找到该文件，该如何操作？

(8) 要将 D 盘中的"合同"文档删除，该如何操作？如果删除后发现该文档还有用，需要将其恢复，该如何操作？

(9) 若要查看 D 盘的存储容量、已用空间和剩余空间，该如何操作？

(10) 若要查看"旅游1"图片的大小、修改时间等属性，该如何操作？

(11) 如果要将 D 盘根目录下"图片"文件夹中的图片设置为桌面背景，该如何操作？

(12) 控制面板的作用是什么？

(13) 假设您经常使用的输入法为五笔字型输入法，要将其设置为默认输入法，该如何操作？

项目三　因特网（Internet）应用

项目导读

因特网（Internet）是计算机科学技术与通信技术相互结合的产物，是计算机应用中的一个重要领域，它给人类带来了巨大便利。如今，人们足不出户就可以在线预订酒店和火车票，进行生活缴费和话费充值，还可以实时查看股市行情并进行买卖交易，以及在电商平台购买家电、服装、日用品等……

这些现代人习以为常的生活方式，全都离不开因特网的支持。本项目就来了解因特网的相关知识，并初步掌握因特网的简单应用。

学习目标

- 掌握将计算机接入 Internet 的方法。
- 掌握获取 Internet 上的信息和资源的方法。
- 掌握收发电子邮件的方法。
- 掌握常用网络工具的使用方法。

任务一　将单台计算机接入 Internet

任务情景

李强在佳美商场担任行政助理已经有一段时间了，对自己负责的各项业务都已比较熟悉。这天，他的上级找到他，请他将某台计算机接入 Internet。李强在学校时学过简单的计算机网络知识，知道要将单台计算机接入 Internet，首先需要了解目前流行的上网方式，然后选择一家合适的网络服务提供商（ISP）并提出申请，得到上网账号后进行硬件安装和连接，最后在 Windows 7 中创建连接即可。

说 明

如果要将家庭或办公室中的多台计算机、手机等通过有线或无线方式接入 Internet，可首先利用无线宽带路由器（如果计算机较多，则还需要一台交换机）创建一个有线/无线混合局域网，然后将宽带路由器接入 Internet 即可。

相关知识

一、认识 Internet

Internet 是目前世界上最大的计算机网络，又称因特网或互联网，它连接了世界上无数的网络与计算机，将整个地球"一网打尽"。任何计算机只要加入 Internet，就可以从中获取各种各样的资源，以及同世界各地的朋友相互通信等。

Internet 的一些典型应用如下。

- **信息服务**：可以在 Internet 上看新闻、查阅各种资料，还可以通过微博、论坛等方式在网上发布信息。
- **电子商务**：可以在网上买东西、卖东西，预订机票、火车票或酒店等。
- **网络通信**：通过 Internet 可以通过 QQ、微信等聊天工具与远方的朋友谈天说地。如果配上耳麦和摄像头，还可以进行语音和视频聊天。此外，通过电子邮件还可以异地传输文件。
- **文件共享**：可以从 Internet 上获取各种各样的文件，并将它们下载到本地计算机中，如软件、音乐等；也可以将本地的文件上传到 Internet，供其他用户使用。
- **网上娱乐**：可以在线玩游戏、看电影、听音乐等。

二、目前流行的 Internet 接入方式

目前，常见的 Internet 接入方式有 ADSL 和光纤宽带等。

- **ADSL**：利用电话线路上网，上网时可拨打或接听电话。其优点是上网方便，只要安装过电话即可开通，服务商会提供一个 ADSL Modem（即调制解调器，俗称"猫"，是利用调制解调技术实现数字信号与模拟信号在通信过程中相互转换的设备），较适合个人和家庭用户接入 Internet。
- **光纤宽带**：如果用户所在办公楼或小区已进行了综合布线，可选择这种方式上网。服务商将光纤接入办公楼或小区，再通过网线接入用户家，以提供共享带宽。此方式既可以降低接入成本，又能保证用户享有高速的网络带宽，是目前较为理想的宽带接入方式。

提 示

无论选择哪种接入方式，用户都需要向网络服务提供商（ISP）申请上网账号用于拨号上网。国内的 ISP 主要有中国移动、中国电信和中国联通。

任务实施

利用 ADSL 方式接入 Internet 的流程是：选择 ISP 并申请上网账号→进行硬件安装与连接→创建 Internet 连接→拨号上网。

一、选择 ISP 并申请上网账号

申请上网账号时，用户需要携带身份证到当地 ISP 营业厅咨询并填写申请表。申请成功后，会得到一个上网账号，包括用户名和密码。

二、硬件安装

安装 ADSL 需要一个 ADSL Modem、一个语音分离器、一根带有 RJ-45 水晶头的网线和电话线。申请开通 ADSL 后，相关部门会派专人上门进行安装，各硬件的连接情况如图 3-1 所示。安装过程十分简单，操作步骤如下：

步骤 1▶ 将入户电话线插在语音分离器上标有 "Line" 的接口。

步骤 2▶ 将一根两端都是水晶头的电话线的一端插在语音分离器上标有 "Phone" 的接口，另一端插在电话机上。这样，上网时才可以正常使用电话。

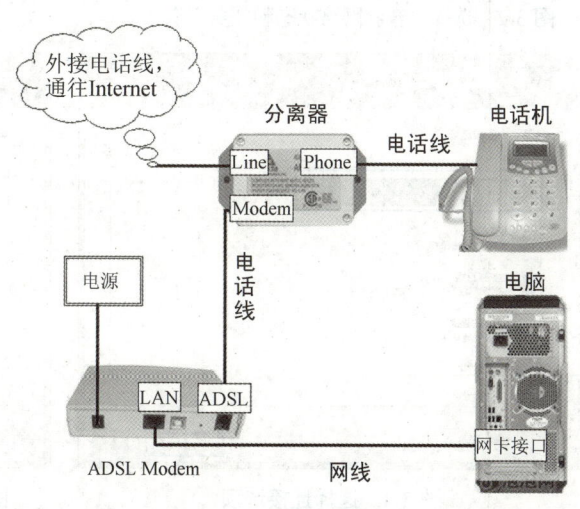

图 3-1　ADSL 连接示意图

步骤 3▶ 将另一根电话线的一端插在语音分离器上标有 "Modem" 的接口，另一端插在 ADSL Modem 的相应接口。注意：ADSL Modem 上适合插电话线的接口只有一个。

步骤 4▶ 把网线的一端插在计算机的网卡接口，另一端插在 ADSL Modem 的 LAN 接口。

步骤 5▶ 接通 ADSL Modem 的电源。这样，所有的线路连接就完成了。

三、创建 Internet 连接并拨号上网

连接好相关设备后，还需要创建 Internet 连接并拨号上网，操作步骤如下：

步骤 1▶ 打开 "控制面板" 窗口，选择 "查看网络状态和任务" 选项，如图 3-2 所示。

步骤 2▶ 打开 "网络和共享中心" 窗口，选择 "设置新的连接或网络" 选项，如图 3-3 所示。

步骤 3▶ 在打开的 "设置连接或网络" 窗口中选择 "连接到 Internet" 选项，然后单击 "下一步" 按钮，如图 3-4 所示。

步骤 4▶ 在打开的 "您想如何连接？" 界面中选择 "宽带（PPPoE）（R）" 选项，如图 3-5 所示。

图 3-2　选择"查看网络状态和任务"选项　　　图 3-3　选择"设置新的连接或网络"选项

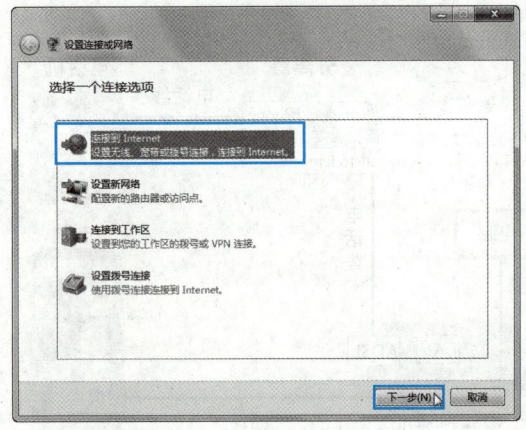
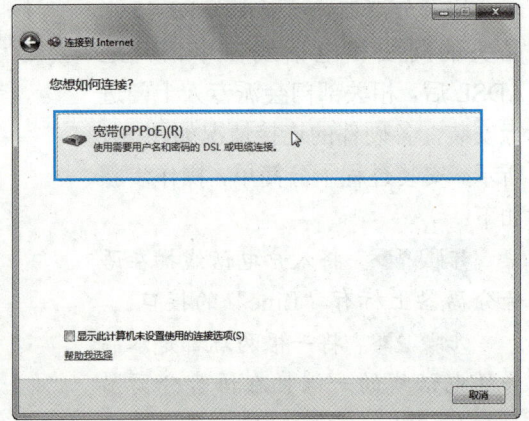

图 3-4　选择连接选项　　　　　　　　图 3-5　选择"宽带（PPPoE）（R）"选项

步骤 5▶　在打开的界面中输入向 ISP 申请的上网账号，并任意输入一个宽带连接名称，然后单击"连接"按钮，如图 3-6 所示。如果选中"记住此密码"复选框，则再次连接网络时无须再输入密码；如果选中"允许其他人使用此连接"复选框，则其他用户也可以使用此连接拨号上网。一般需要将这两个复选框都选中。

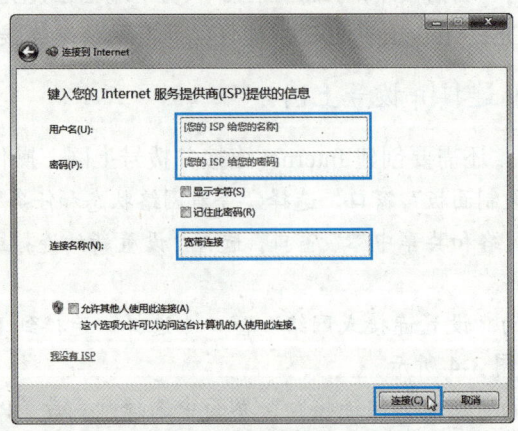

图 3-6　输入用户名、密码和宽带连接名称

步骤 6▶ 连接成功后，在打开的界面中单击"关闭"按钮关闭对话框，如图 3-7 所示。此时便可尽情享受 Internet 资源了，如浏览网页、聊天等。

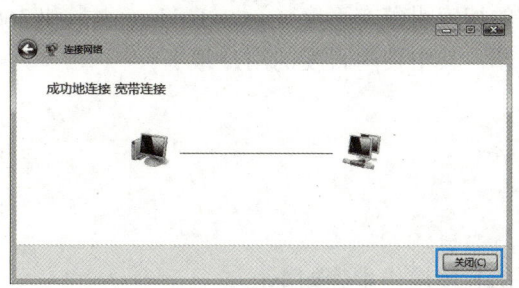

图 3-7 网络连接成功

任务二 获取 Internet 上的信息和资源

任务情景

Internet 上的资源非常丰富，不仅有各种各样的文字信息，还有图片、视频、软件和文档等。李强在工作时经常需要在 Internet 上查找需要的信息和资源。他总结了许多实用的上网技巧，包括如何保存网页中的信息，如何将感兴趣的网页收藏起来以便日后使用，如何利用搜索引擎高效地检索需要的信息，如何设置浏览器首页等。

相关知识

一、认识浏览器

浏览器是用于获取和查看 Internet 信息（网页）的应用程序。Windows 7 自带有 IE 浏览器（Internet Explorer），其他常用的浏览器有 360 浏览器、谷歌浏览器、百度浏览器等。

二、认识网页、网站和网址

网页是用户在浏览器中看到的页面，用于展示 Internet 中的信息。

网站是若干网页的集合，用于为用户提供各种服务，如新闻浏览、资源下载和商品买卖等。网站包括一个主页和若干分页。主页就是访问某个网站时打开的第一个页面，是网站的门户，通过主页可以打开网站的其他网页。

网址用于标识网页在 Internet 上的位置，每个网址对应一个网页。人们通常所说的网站网址是指它的主页网址，一般也是网站的域名。

三、认识搜索引擎

搜索引擎是指根据一定的策略、运用特定的计算机程序从 Internet 上采集信息，在对信息进行组织和处理后，为用户提供检索服务，将检索的相关信息展示给用户的系统。它可以帮助用户在浩瀚的 Internet 信息海洋中快速找到所需要的信息。

目前，国内比较好的搜索引擎有百度（www.baidu.com）和 360 搜索（www.so.com），它们都是专业的搜索引擎，其中使用百度的用户最多。

任务实施

一、浏览网页

用浏览器浏览网页的具体操作步骤如下：

步骤1▶ 单击"开始"按钮，选择"所有程序"/"Internet Explorer"选项，启动浏览器。然后在地址栏中输入网站或网页的网址。例如，输入搜狐网站的网址"www.sohu.com"，按"Enter"键，便可打开搜狐网站主页，如图3-8所示。

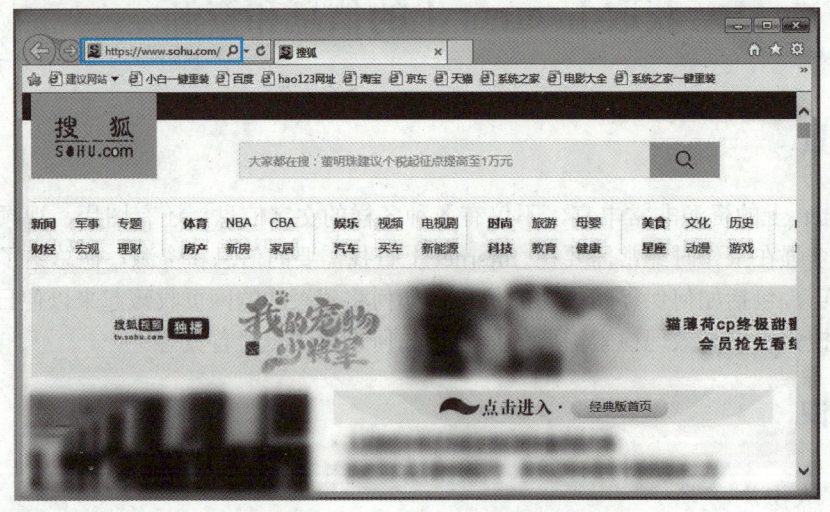

图 3-8 搜狐网站主页

步骤2▶ 网页的页面一般都比较长，浏览器在一屏内不能完全显示。要查看隐藏的网页内容，可滚动鼠标滚轮或向下拖动浏览器右侧的滚动条。找到感兴趣的内容标题或栏目后单击该超链接，如单击顶部导航栏中的"教育"栏目超链接。

提 示

> 将鼠标指针移至网页中的文字、图片等对象上，如果鼠标指针变成手形"🖐"，表明当前对象是超链接，此时单击鼠标便可打开该超链接指向的网页。

步骤3▶ 弹出搜狐网站的教育频道网页，查看网页内容，然后单击希望浏览的文章标题超链接，如图3-9所示。

步骤4▶ 在打开的网页中阅读具体的文章内容。

项目三 因特网（Internet）应用

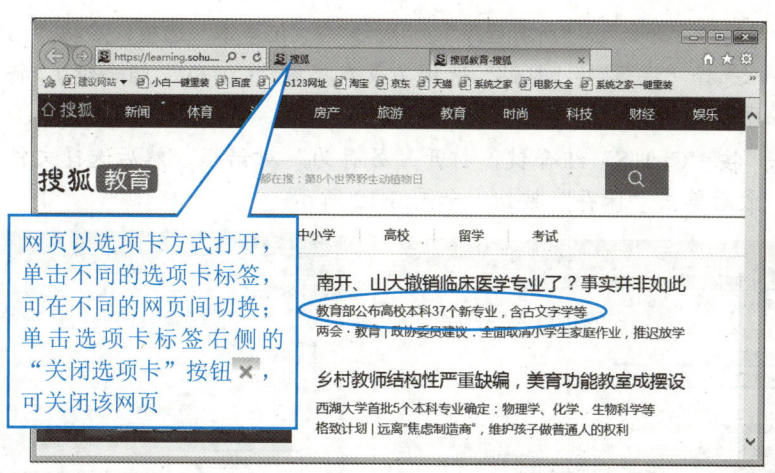

图 3-9　单击希望浏览的超链接

> 网页以选项卡方式打开，单击不同的选项卡标签，可在不同的网页间切换；单击选项卡标签右侧的"关闭选项卡"按钮 ✕，可关闭该网页

技 巧

> 在同一选项卡中，如果希望返回曾经访问过的网页，可单击浏览器左上角的"后退"按钮 ←；单击"前进"按钮 →，可返回单击"后退"按钮前显示的网页。
> 如果网页打开后内容显示不全，可单击地址栏左侧的"刷新"按钮 重新载入。

二、保存网页中的信息

在浏览网页的过程中可能会发现一些十分有价值的信息，如文本或图片等，这时可以将其保存到自己的计算机中。

1. 保存网页中的文本内容

要保存网页中的文本内容，可执行如下操作步骤。

步骤 1▶ 利用拖动方式选中网页中要保存的文本内容并右击，从弹出的快捷菜单中选择"复制"选项（或直接按"Ctrl+C"组合键），如图 3-10 所示。

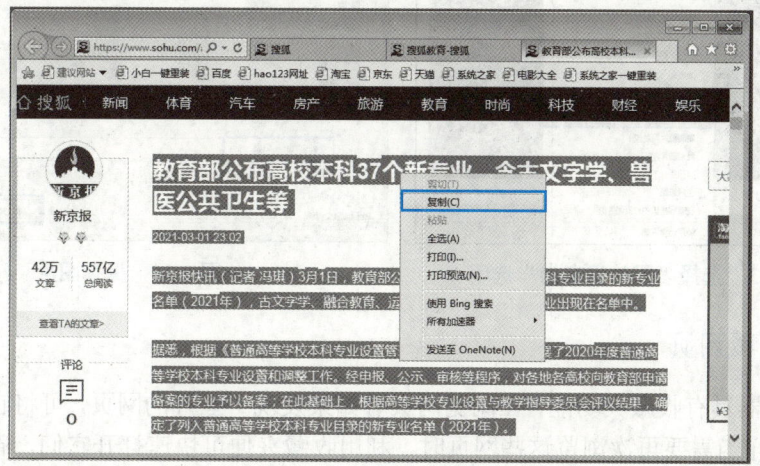

图 3-10　选中并复制要保存的文本

步骤 2▶ 选择"开始"/"所有程序"/"附件"/"记事本"选项,启动"记事本"程序。

步骤 3▶ 选择"编辑"/"粘贴"选项(或直接按"Ctrl+V"组合键),将文本粘贴到记事本中,如图 3-11 所示。

步骤 4▶ 按"Ctrl+S"组合键,打开"另存为"对话框,然后选择文件保存位置,输入文件名,最后单击"保存"按钮,如图 3-12 所示。

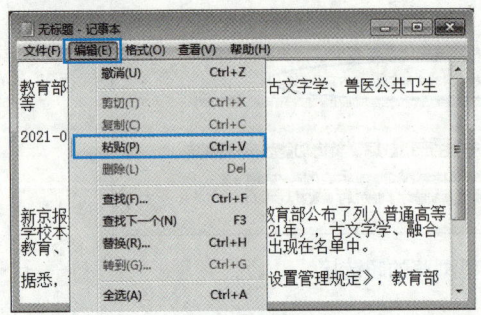

图 3-11 将文本粘贴到记事本中　　　　图 3-12 保存记事本文档

2. 保存网页中的图片

浏览网页时若发现感兴趣的图片,可以单独将其保存在计算机中。具体操作步骤如下:

步骤 1▶ 在要保存的图片上右击,在弹出的快捷菜单中选择"图片另存为"选项,如图 3-13 所示。

步骤 2▶ 弹出"另存为"对话框,选择图片保存位置,输入图片名称,然后单击"保存"按钮保存图片,如图 3-14 所示。

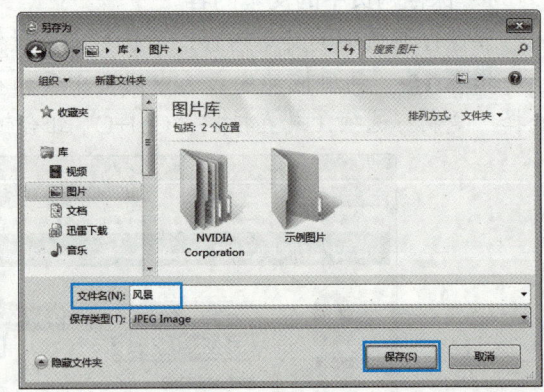

图 3-13 选择"图片另存为"选项　　　　图 3-14 保存图片

三、收藏网页

IE 浏览器具有收藏夹功能,在浏览网页时如果发现一些好的网页,可将它们添加到收藏夹中,这样当需要再次浏览这些网页时,利用收藏夹便可快速打开它们,省去输入网址或查找网页的麻烦。

1. 收藏网页

步骤1▶ 找到感兴趣的网页，如搜狐网站主页，然后单击窗口右上方的"查看收藏夹、源和历史记录"按钮，在展开的列表中单击"添加到收藏夹"按钮，或单击"添加到收藏夹"按钮右侧的三角按钮，在展开的二级列表中选择"添加到收藏夹"选项，如图3-15所示。

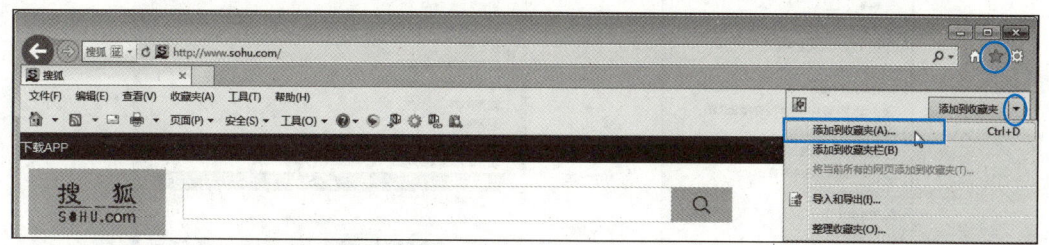

图3-15 选择"添加到收藏夹"选项

步骤2▶ 弹出"添加收藏"对话框（见图3-16），在"名称"编辑框中输入网页的名称，此时若单击"添加"按钮，可将网页保存到收藏夹的根目录下。这里单击"新建文件夹"按钮，在打开的对话框中输入文件夹名称"新闻"，然后单击"创建"按钮，如图3-17所示。

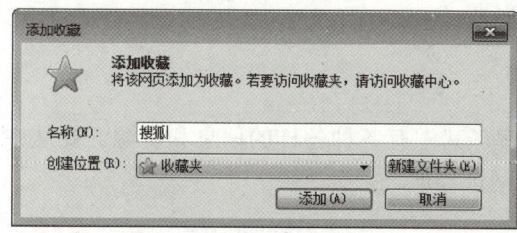 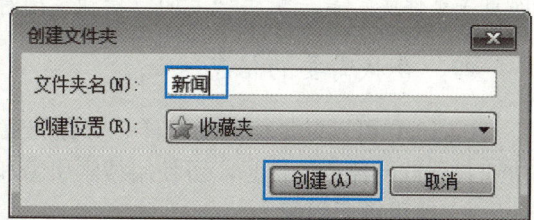

图3-16 "添加收藏"对话框　　　　　图3-17 创建文件夹

步骤3▶ 返回"添加收藏"对话框，单击"添加"按钮，这样便将网页收藏到了新建的"新闻"文件夹中。

步骤4▶ 要打开收藏的网页，可单击"查看收藏夹、源和历史记录"按钮，在展开的列表中单击网页所在的文件夹，然后单击要打开的网页即可，如图3-18所示。

提 示

为了有效地管理收藏的网页，可在收藏夹根目录下创建一些子文件夹，将收藏的网页进行分类存放。例如，若收藏的是新闻网站，便将其保存在"新闻"文件夹中；若收藏的是娱乐网站，则保存在"娱乐"文件夹中。

2. 整理收藏夹

当收藏的网页较多时，需要定期对其进行整理，具体操作步骤如下：

步骤1▶ 在如图3-15所示的"添加到收藏夹"列表中选择"整理收藏夹"选项，打开"整理收藏夹"对话框，如图3-19所示。

步骤2▶ 单击某个文件夹可展开其内的网页。如果希望移动网页到某个文件夹，可将其拖动到目标文件夹上方，或者在选中网页后，单击"移动"按钮，在弹出的对话框中选择要移动到的位置。

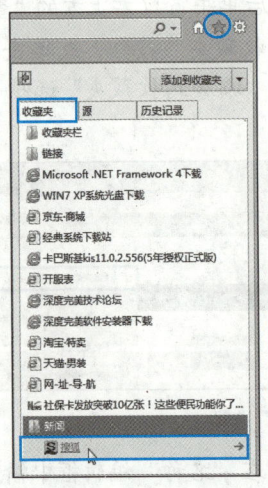
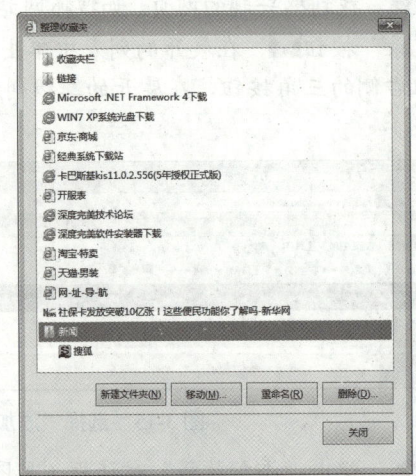

图 3-18　打开收藏的网页　　　　　图 3-19　"整理收藏夹"对话框

步骤 3▶ 选中网页或文件夹后，单击"重命名"或"删除"按钮，可重命名或删除网页或文件夹。最后单击"关闭"按钮关闭对话框。

四、查找需要的信息

Internet 可以说是信息的海洋、资源的宝库，其中有各种各样的信息和资源。要从中快速找到自己需要的信息，可使用搜索引擎和网址导航。

1．使用搜索引擎

步骤 1▶ 在浏览器地址栏中输入"www.baidu.com"，按"Enter"键打开百度搜索引擎的主页，然后在搜索编辑框中输入与要查找的信息相关的关键词，单击"百度一下"按钮，即可搜索出与关键词相关的一些网页超链接和对网页的简单介绍，如图 3-20 所示。

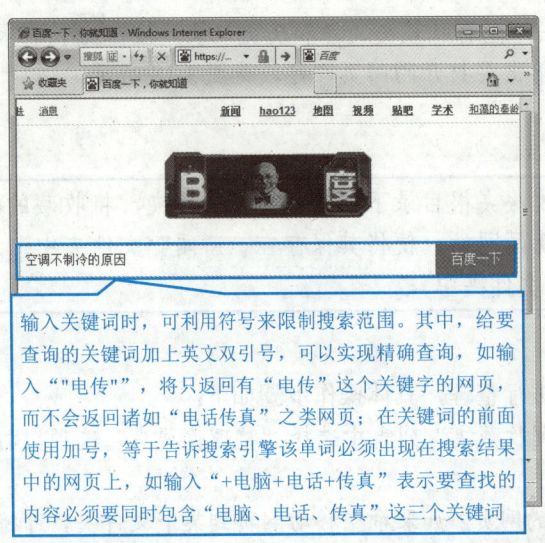
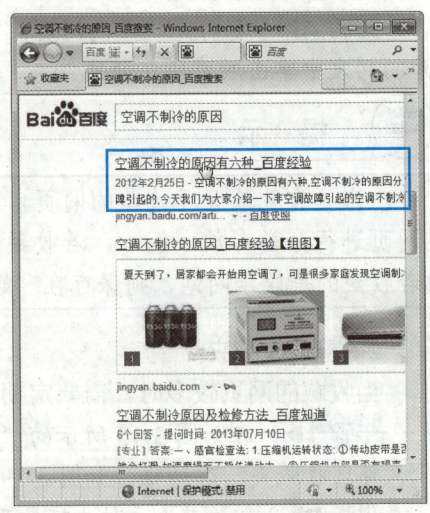

图 3-20　利用百度搜索引擎搜索信息

项目三 因特网（Internet）应用

步骤 2 单击感兴趣的超链接，弹出相关网站页面。该页面可能是含具体内容的网页，也可能是还需用户继续在当前页面中单击相关超链接来查看具体内容。

提 示

> 用户还可在百度网站主页中单击"音乐""图片""视频""地图"等搜索分类超链接，然后输入关键词，专门查找音乐、图片、视频和地图等相应的信息。

2. 使用网址导航

使用搜索引擎搜索出来的网页鱼龙混杂，在为用户带来方便的同时，也隐藏着一定的风险。而使用网址导航，可只检索在各领域比较著名的安全站点，有效规避风险。提供网址导航的网站很多，如"hao123"（www.hao123.com）、"搜狗网址导航"（123.sogou.com）等，它们会及时收录各类优秀站点。在这些网站主页中单击要访问的网站超链接，即可打开相应网站的主页。

五、设置浏览器首页

每次打开 IE 浏览器时，都会自动打开一个网页，这便是 IE 浏览器的首页。用户可以将指定的网页设置为 IE 浏览器首页。例如，将"hao123"网站主页（www.hao123.com）设置为 IE 浏览器首页，以便通过它打开其他网站的操作步骤如下：

步骤 1 启动浏览器，打开"hao123"网站主页，单击 IE 浏览器右上角的"工具"按钮，在展开的列表中选择"Internet 选项"，如图 3-21 所示。

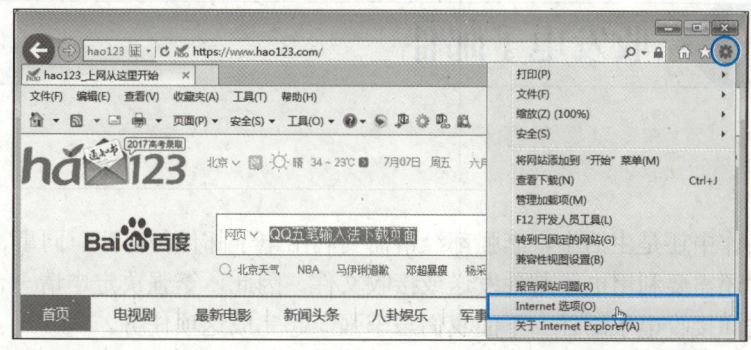

图 3-21 选择"Internet 选项"选项

步骤 2 打开"Internet 选项"对话框，在"主页"设置区单击"使用当前页"按钮，然后单击"确定"按钮，如图 3-22 所示。此后只要启动 IE 浏览器，便将自动打开"hao123"网站主页。

步骤 3 单击 IE 浏览器右上角的"主页"按钮，无论当前打开的是什么网页，都将打开之前设置的主页——"hao123"网站主页。

六、清除历史记录和临时文件

在浏览网页时，IE 浏览器会自动记录用户的操作，如曾经浏览过的网址、在某网站输入的用户名和密码等信息，为了避免泄露个人隐私，可以将这些记录清除。此外，浏览器

73

还会将浏览过的网页、网页中的文件等作为临时文件保存在计算机中，一般这些文件都没有太大用处，可以定期对其进行清理，以释放磁盘空间。

步骤1▶ 在"Internet 选项"对话框中单击"删除"按钮。

步骤2▶ 打开"删除浏览历史记录"对话框，如图 3-23 所示。选择要删除的浏览记录类型，然后单击"删除"按钮，即可删除这些记录和临时文件。

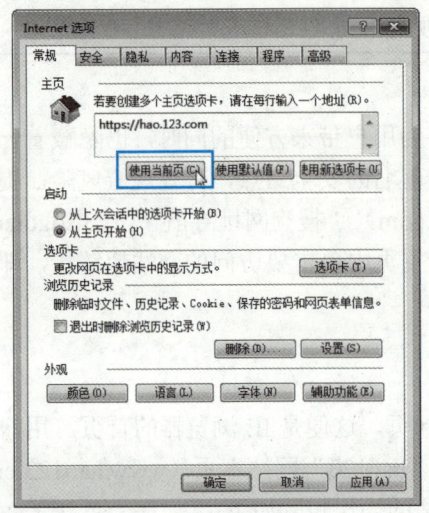

图 3-22　设置浏览器主页

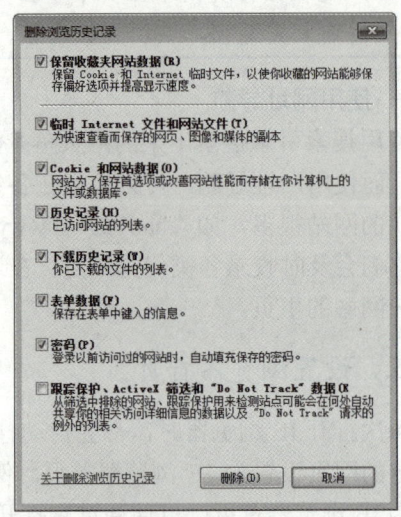

图 3-23　删除历史记录和临时文件等

任务三　收发电子邮件

任务情景

无论在工作中还是生活中，李强都经常需要利用电子邮件与客户、同事、朋友或家人等联系，有时还需要利用电子邮件发送或接收文件。因此，李强决定申请一个电子邮箱，并使用它发送和接收电子邮件。下面我们与李强一起完成这项任务。

相关知识

电子邮件也称为 E-mail，是指通过 Internet 传递的邮件。与传统信件相比，电子邮件具有速度快、成本低、使用方便等优点，利用它可以发送文本信件、图片和动画等。

电子邮箱就像现实生活中的邮箱一样，用于收发电子邮件。目前，提供免费电子邮箱的网站有很多，如新浪、搜狐、网易等（如果有 QQ 号码，也可直接使用 QQ 邮箱）。

电子邮件地址的格式是：用户名@域名，如 hy_lo@sina.cn。其中，"用户名"是收件人的账号；"域名"是电子邮件服务器名；@是一个功能分隔符号，用于连接前后两部分。

项目三　因特网（Internet）应用

任务实施

一、申请电子邮箱

在不同的网站申请电子邮箱的过程大同小异，下面以在新浪网站申请一个电子邮箱为例进行说明。

步骤 1▶ 在 IE 浏览器的地址栏中输入新浪网站的邮箱网址 "mail.sina.com.cn"，按 "Enter" 键将其打开，然后单击 "立即注册" 超链接，如图 3-24 所示。

步骤 2▶ 弹出注册电子邮箱的网页，如图 3-25 所示。在 "邮箱地址" 编辑框中输入用户名（一般由英文字母和数字等组成，可任意输入，但不能与该网站的其他用户名重复）；新浪邮箱提供了 sina.cn 和 sina.com 两个域名，可在用户名后面的下拉列表框中选择邮箱域名。

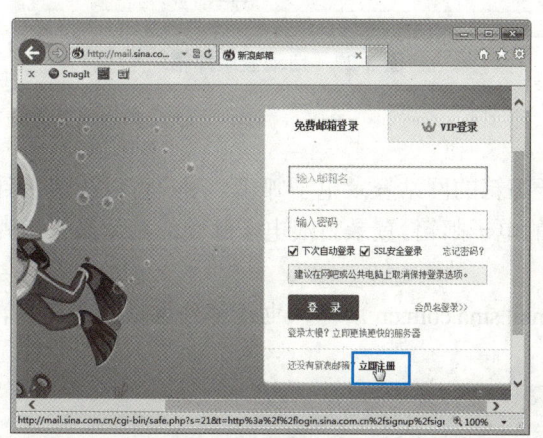

图 3-24　打开新浪邮箱网页并单击 "立即注册" 超链接

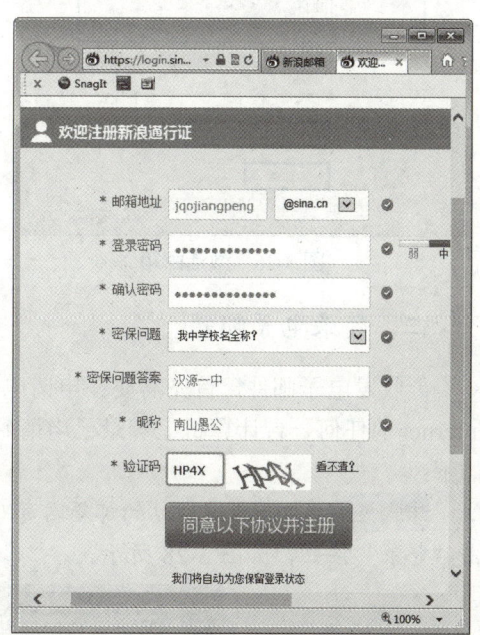

图 3-25　注册电子邮箱网页

步骤 3▶ 在 "登录密码" "确认密码" 编辑框中输入登录密码（可由数字、符号和字母组成）并确认密码。

步骤 4▶ 在 "密保问题" 下拉列表框中选择密保问题，在 "密保问题答案" 编辑框中输入密保答案。在忘记邮箱密码时，可通过密保问题找回密码。

步骤 5▶ 在 "昵称" 编辑框中输入一个网络昵称。

步骤 6▶ 在 "验证码" 编辑框中输入右侧提示的验证字符。如果看不清验证字符，可单击 "看不清" 超链接，重新换一个验证字符再输入。

步骤 7▶ 完成相关信息输入后单击 "同意以下协议并注册" 按钮。

步骤 8▶ 在弹出的页面中选择激活邮箱的方式，如单击 "验证码激活" 按钮，然后在

75

显示的"请输入验证码"编辑框中输入上方提示的验证码,单击"马上激活"按钮,如图 3-26 所示。

步骤 9▶ 激活成功后,将自动登录邮箱,进入电子邮箱界面,如图 3-27 所示。在该界面的顶部显示了登录用户的电子邮件地址,将它告诉别人,这样别人就可以给自己写信了。

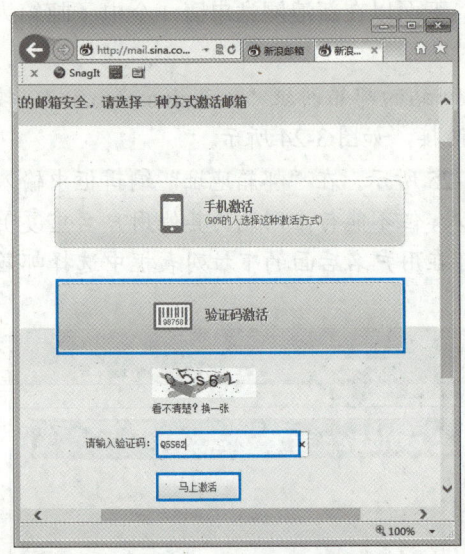

图 3-26 激活邮箱　　　　　　　　图 3-27 自动登录邮箱

二、登录电子邮箱

要收发电子邮件,首先需要在申请电子邮箱的网站登录电子邮箱。用户可以在连接到 Internet 的任何一台计算机上登录已申请到的电子邮箱。登录新浪电子邮箱的具体操作步骤如下:

步骤 1▶ 打开新浪网站的邮箱网页(mail.sina.com.cn),输入电子邮件地址及密码,单击"登录"按钮,如图 3-28 所示。

图 3-28 登录电子邮箱

步骤 2 登录成功后，将显示电子邮箱界面，此时便可以收发电子邮件了。

  说　明

大多数网站的电子邮箱界面左侧为邮箱功能导航区，包括"写信""收信"超链接，以及"收件夹""草稿夹""已发送""已删除"超链接，单击某个超链接，即可在邮箱界面右侧进行具体的操作。

三、发送电子邮件

要写信和发送电子邮件，可执行如下操作步骤。

步骤 1 在登录后的电子邮箱界面左侧单击"写信"超链接，显示写信界面，如图 3-29 所示。

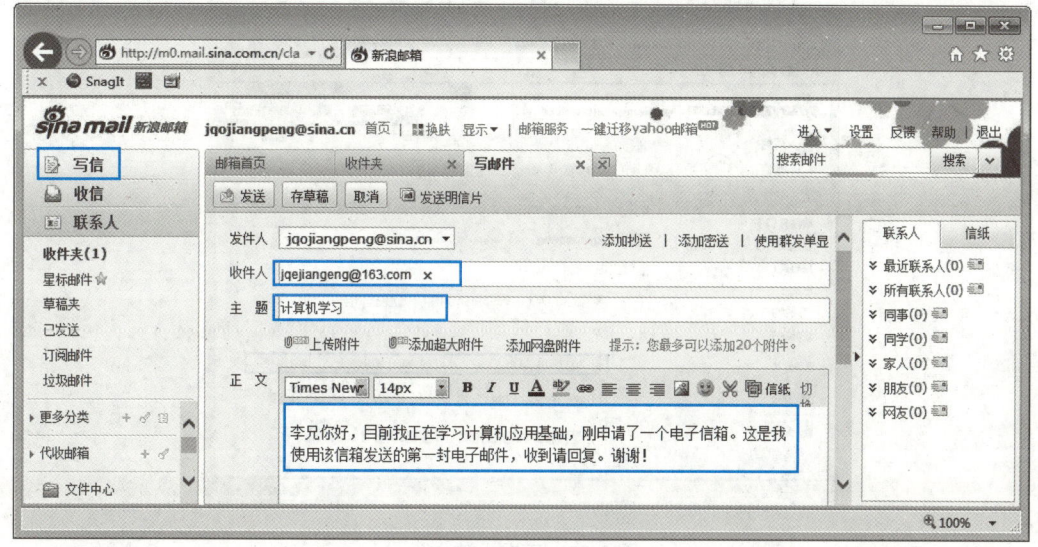

图 3-29　写邮件

步骤 2 分别在"收件人""主题""正文"编辑框中输入收件人的电子邮件地址、邮件主题和具体内容，然后单击"发送"按钮。

- ➢ **收件人**：一般是指收件人的电子邮件地址。如果需要将一封信同时发送给多人，可输入多个收件人的电子邮件地址，中间用英文逗号","隔开。
- ➢ **主题**：是对邮件内容的概括和提炼，合适的主题能让收件人一看便知邮件的作用和主要内容，从而能区分轻重缓急，并方便对邮件进行分类和管理。
- ➢ **正文**：是邮件的具体内容。电子邮件的正文一般不像现实中的信件一样正式，甚至可以是一两句简单的话。用户可以通过单击"正文"编辑框上方的相应工具按钮设置正文格式，或在邮件中插入表情、图片，还可以使用漂亮的信纸。

  提　示

如果邮件正文内容比较多，为了避免出现意外丢失已写好的内容，应及时单击

> "存草稿"按钮，将邮件保存在"草稿夹"文件夹中。对于已写好但还不想马上发送的邮件，也应将其保存在草稿夹中。要编辑和发送草稿夹中的邮件，可单击界面左侧的"草稿夹"超链接，然后选择邮件并单击"编辑邮件"按钮。

如果想通过电子邮件将图片、文档等文件发送给对方，可执行如下操作步骤。

步骤 1▶ 在写信界面中输入收件人的电子邮件地址、邮件主题和具体内容。

步骤 2▶ 单击"上传附件"超链接，弹出选择文件对话框，选择要发送的文件，单击"打开"按钮。

步骤 3▶ 返回写信界面，显示文件的上传进度，如图 3-30 所示。如果有多个文件需要发送给对方，可继续单击"上传附件"超链接上传文件；如果不小心上传错了文件，可单击文件名称右侧的"删除"超链接将其删除。

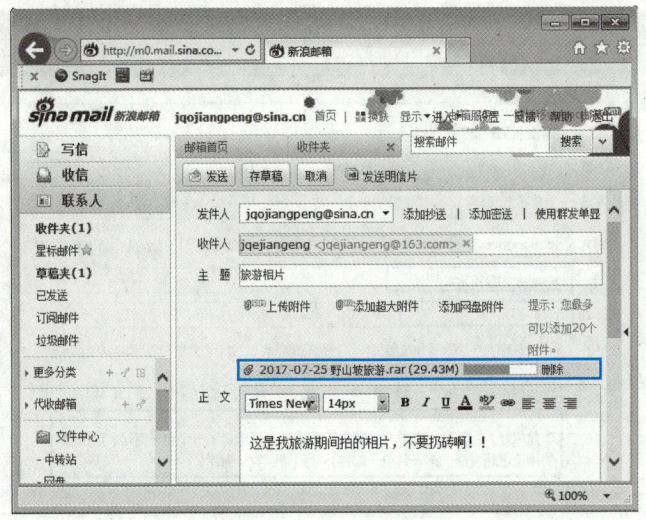

图 3-30　正在上传文件

步骤 4▶ 文件上传完毕后进度条消失，此时即可单击"发送"按钮，将带附件的邮件发送给收件人。

四、阅读电子邮件

要阅读别人发送给自己的电子邮件，可执行如下操作步骤。

步骤 1▶ 在登录后的电子邮箱界面左侧单击"收信"超链接，显示收信界面。

步骤 2▶ 查看邮件列表，然后单击要阅读的邮件主题或发件人，此时电子邮件正文内容就会显示出来，如图 3-31 所示。

步骤 3▶ 如果电子邮件中包含附件，在邮件中将显示附件的名称、大小，单击附件名称或"下载"等相似超链接，可将附件下载到本地计算机中，其方法与下载普通文件相同。

步骤 4▶ 阅读电子邮件时，单击邮件上方的"回复"按钮，可给发件人回信；单击"转发"按钮，可将邮件转发给别人；单击"删除"按钮，可将邮件删除。

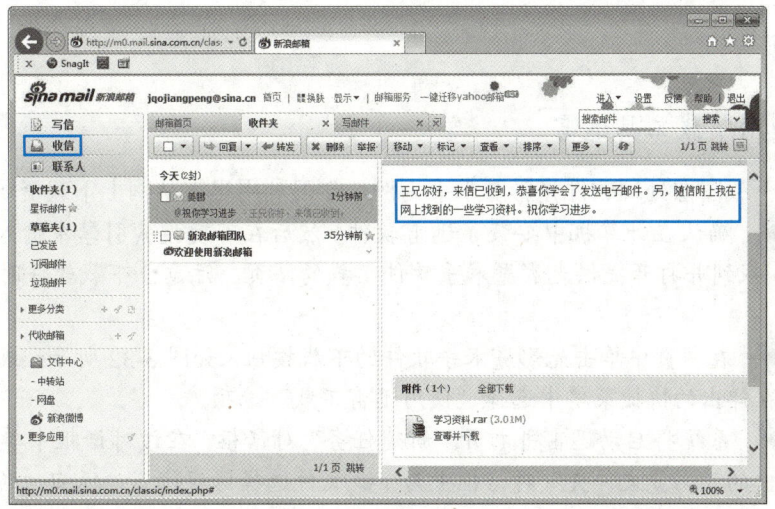

图 3-31　阅读电子邮件

五、退出电子邮箱

如果不是在自己的计算机上收发电子邮件，那么在发送和阅读邮件结束后，应及时退出电子邮箱，避免他人进入自己的邮箱。为此，可在电子邮箱界面的右上角单击"退出"超链接。

任务四　使用常用的网络工具

任务情景

在工作和生活中，李强经常从网上下载资源，包括一些常用软件和学习资料等。虽然使用浏览器自身的下载功能也可以从网上下载资源，但这种方法不仅下载速度慢，而且不支持断点续传。因此，李强决定在计算机中安装目前流行的下载工具迅雷，并使用它从网上下载资源。此外，在工作和生活中，李强还利用即时通信软件 QQ 与客户、同事、家人和朋友交流及传输文件等。

相关知识

使用迅雷可以从 Internet 上高速下载各种资源，并可对正在下载或已下载的资源进行各种有效的管理，如暂停某个资源下载、从暂停处重新开始下载、查看已下载的资源、对下载的资源自动查杀病毒等。

QQ 是由腾讯公司开发的一款基于 Internet 的即时通信软件，它不仅可以实现信息即时发送和接收、语音及视频聊天，还具有传输文件、远程桌面控制等功能，是目前国内最为流行、功能最强的即时通信软件之一。

任务实施

一、使用下载工具迅雷

下面以下载图像处理软件光影魔术手为例,学习利用迅雷从网上下载资源的方法。

步骤1▶ 确认在计算机中安装了迅雷软件,然后在百度搜索引擎中输入关键词"光影魔术手",找到并打开提供光影魔术手软件下载的网页。注意:下载软件时,最好从官网下载。

步骤2▶ 在网页中单击光影魔术手软件的下载按钮,如图3-32所示;或右击下载地址超链接,在弹出的快捷菜单中选择"使用迅雷下载"选项。

步骤3▶ 系统将启动迅雷并打开"新建任务"对话框。在该对话框中单击文件夹图标 ,在弹出的"浏览文件夹"对话框中为下载文件选择保存位置,返回"新建任务"对话框,单击"立即下载"按钮,如图3-33所示。

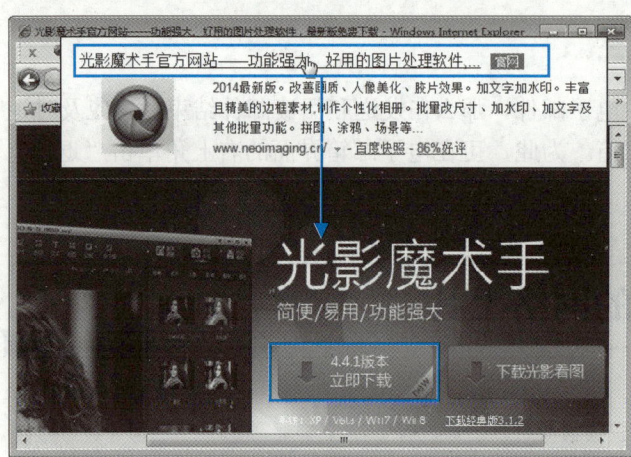

图 3-32 单击下载按钮启动迅雷下载

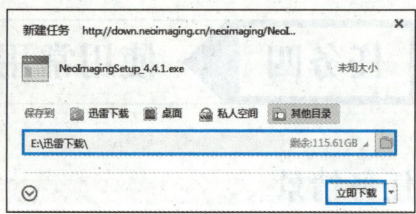

图 3-33 新建下载任务

步骤4▶ 开始下载软件并打开迅雷主界面,如图3-34所示。在"正在下载"列表中可看到文件下载信息,包括文件名、下载进度和下载速度等。

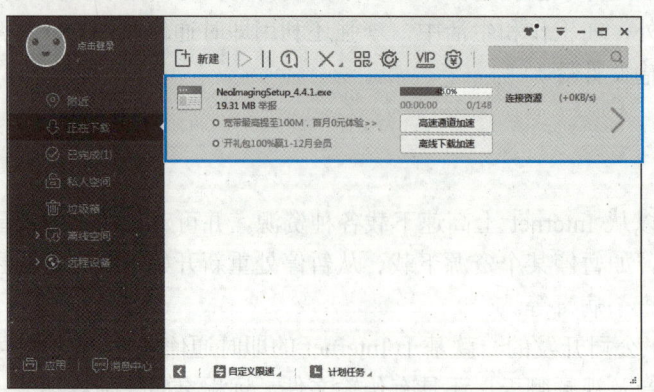

图 3-34 迅雷主界面

项目三　因特网（Internet）应用

　技　巧

　　选择正在下载的文件，单击工具栏中的"暂停"按钮Ⅱ，可暂停文件的下载；单击"开始"按钮▷，可重新开始文件下载；单击"删除"按钮×，可删除文件，即将其移至"垃圾箱"分类中。

步骤 5▶　文件下载结束后，会从"正在下载"列表中消失，此时单击迅雷主界面左侧的"已完成"分类，可看到已下载的文件。选中文件，单击"运行"或"打开"按钮，可打开文件；单击"目录"按钮，可打开保存文件的文件夹。

　　如果已知某个文件的具体下载地址，可在迅雷主界面的工具栏中单击"新建"按钮，打开"新建任务"对话框，将下载地址输入或复制到对话框的"下载链接"编辑框中，然后单击"立即下载"按钮，即可下载该文件，如图 3-35 所示。

图 3-35　输入下载链接下载文件

　技　巧

　　为了更加合理、高效地使用迅雷从 Internet 上下载资源，可根据自己的网络条件和计算机配置等情况对迅雷进行一些设置，如限制上传和下载速度等。为此，可在迅雷主界面上方单击"系统设置"按钮 ，打开"系统设置"对话框进行设置。

　　例如，在"下载设置"界面中的"同时下载的最大任务数"编辑框中输入允许同时下载的任务数；选中"自定义模式"单选钮，然后单击"修改配置"按钮，打开"自定义模式"对话框，输入最大下载速度和最大上传速度，单击"确定"按钮，如图 3-36 所示。

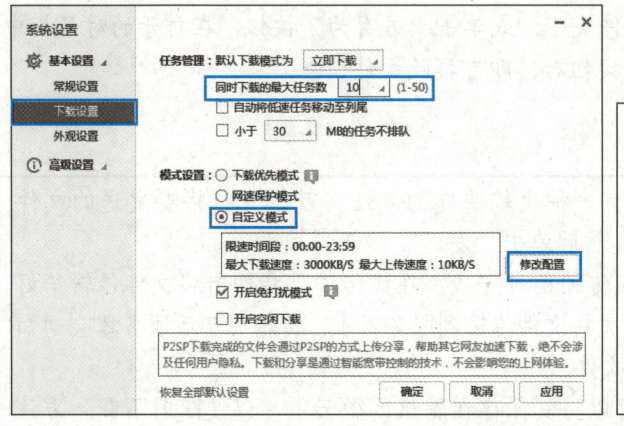 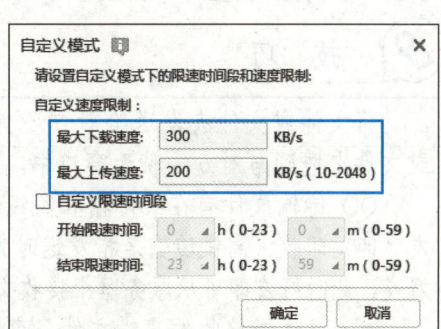

图 3-36　配置迅雷

81

二、使用即时通信软件 QQ

对于 QQ，我们并不陌生，相信大家都用它进行过文字、语音和视频聊天等。这里我们重点学习使用它传送文件的方法。

步骤1▶ 在计算机中安装 QQ 软件，然后登录自己的 QQ 号码，此时将显示 QQ 的操作面板，如图 3-37 所示。如果没有 QQ 号码，可在登录界面单击"立即注册"按钮，按照提示操作进行申请。

步骤2▶ 在操作面板中双击需要发送文件的好友头像，打开与好友的聊天窗口，单击聊天窗口上方的"传送文件"按钮 ，在弹出的下拉列表中选择"发送文件/文件夹"选项，如图 3-38 所示。

图 3-37　QQ 操作面板

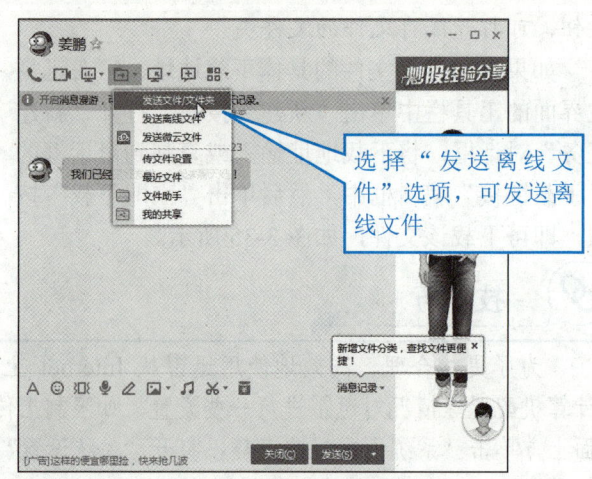
图 3-38　选择"发送文件/文件夹"选项

步骤3▶ 弹出"选择文件/文件夹"对话框，选择要传送的文件或文件夹，单击"发送"按钮，即可将文件发送给好友。

步骤4▶ 此时，在好友聊天窗口右侧将显示"传送文件"提示，好友可单击"接收"按钮，接收文件并将其保存在默认文件夹下；或单击"另存为"按钮，在打开的对话框中设置好文件保存位置并单击"保存"按钮后，即可接收文件。

> 将文件或文件夹发送给对方还有一种比较快捷的方法，就是直接将要发送的文件或文件夹拖到与对方的聊天窗口中，然后单击"发送"按钮。
>
> QQ 传输文件有在线传输和离线传输两种方式。在线传输是指即时将文件传输给好友，即发即收；离线传输是指发送时先将文件传输到服务器上，传输完毕后服务器会通知好友，此时好友即可从服务器上接收文件。
>
> 对于发送或接收的离线文件，可以将其保存在腾讯的微云上，以便随时下载。方法是在聊天窗口或聊天记录中右击接收或发送的文件，在弹出的快捷菜单中选择"存到微云"选项，如图 3-39 所示。

项目三　因特网（Internet）应用

　　用户可利用 QQ 的文件助手查看、下载或转发存到微云的文件或离线文件，如图 3-40 所示。要打开文件助手，可单击 QQ 操作面板底部的"主菜单"按钮，在弹出的菜单中选择"文件助手"选项。

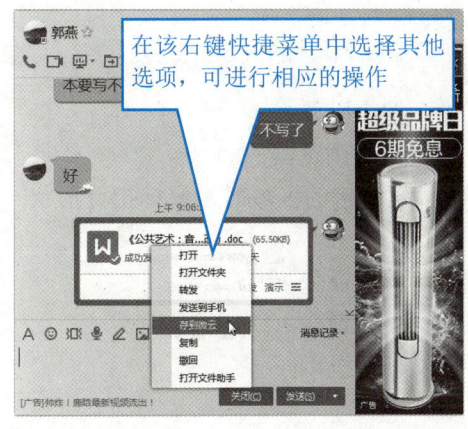

图 3-39　将离线文件存到微云　　　　　　　图 3-40　文件助手

项目总结

本项目主要介绍了 Internet 的简单应用。学完本项目内容后，读者应：
（1）掌握利用 ADSL 方式将计算机接入 Internet 的方法。
（2）掌握浏览网页、使用搜索引擎搜索信息，以及从网上下载资源的方法。
（3）掌握申请电子邮箱及收发电子邮件的方法。
（4）掌握迅雷、QQ 等常用网络工具的使用方法和技巧。

项目实训

（1）将百度主页（www.baidu.com）设置为 IE 浏览器的首页；将学校网站主页添加到收藏夹中。
（2）在网上搜索关于泰山的介绍，将文字复制到记事本中，并以"泰山风景区简介"为名保存在"泰山风景区"文件夹中（可新建该文件夹）；搜索泰山风景区图片并保存到"泰山风景区"文件夹中。
（3）在网易免费邮网站（mail.163.com）申请一个含自己名字全拼的电子邮箱，向指定邮箱发送一封电子邮件，并将"泰山风景区简介"文件作为邮件附件一起发送。
（4）使用 QQ 向同学发送"泰山风景区"文件夹。

项目考核

一、选择题

（1）在网上最常用的一类查询工具叫（　　）。
　　A．ISP　　　　　　　　　　　B．搜索引擎
　　C．网络加速器　　　　　　　　D．离线浏览器

（2）在浏览网页过程中，当鼠标移动到已设置了超链接的区域时，鼠标指针形状一般变为（　　）。
　　A．小手形状　　　　　　　　　B．双向箭头
　　C．禁止图案　　　　　　　　　D．下拉箭头

（3）使用浏览器浏览网页时，"收藏夹"的作用是（　　）。
　　A．保存某些网页地址，方便下次访问
　　B．复制网页中的内容
　　C．打印网页中的内容
　　D．隐藏网页中的内容

（4）下列电子邮件地址中，格式书写正确的是（　　）。
　　A．kaoshi@sina.com　　　　　　B．kaoshi,@sina.com
　　C．kaoshi@,sina.com　　　　　　D．kaoshisina.com

（5）某电子邮件地址为 cat@public.mba.net.cn，其中 cat 代表（　　）。
　　A．主机名　　　　　　　　　　B．网络地址
　　C．域名　　　　　　　　　　　D．用户名

二、简答题

（1）目前流行的 Internet 接入方式主要有哪些？
（2）要在 Internet 上查找歌曲，该如何操作？
（3）要将网页中的图片保存到本地计算机中，该如何操作？
（4）如何清除上网留下的历史记录？

项目四　使用 Word 2016 制作文档

 项目导读

Office 2016 是微软公司推出的一款广受欢迎的办公组合套件。它主要包括文字处理软件 Word 2016、电子表格制作软件 Excel 2016 及演示文稿制作软件 PowerPoint 2016 等。

在本项目中，我们学习 Word 2016 的使用方法，利用它可以轻松地制作各种形式的文档，如报告、论文、简历、杂志和图书等，满足日常办公的需要。

学习目标

- 掌握 Word 2016 文档的基本操作。
- 掌握设置文档字符格式、段落格式及边框和底纹等的方法。
- 掌握设置文档页面并打印文档的方法。
- 掌握在文档中创建与编辑表格的方法。
- 掌握图文混排的方法，如在文档中插入与编辑形状、图片、文本框和艺术字等。
- 掌握 Word 2016 的高级排版技巧，如为文档分页、分节和分栏，设置文档的页眉和页脚，使用样式，提取目录，为文档添加批注，修订文档等。

任务一　创建协议书文档——Word 2016 使用基础

任务情景

李强因工作单位离家较远，需要租房居住。他从网上找到了一处合适的房源，并与房东协商好了租房的相关事宜。由于房东是一个老年人，不会写租房协议，因此他请李强使用电脑帮他制作一份租房协议书。李强知道，要使用 Word 2016 制作文档，首先需要熟悉 Word 2016 的工作界面，掌握新建、保存、关闭和打开文档等操作。下面我们和李强一起学习这些知识。

相关知识

一、启动与退出 Word 2016

1. 启动 Word 2016

安装好 Office 2016 办公软件后，可以按如下方法启动 Word 2016。

（1）单击"开始"按钮，将鼠标指针移到"所有程序"选项上，在展开的列表中选择"Word 2016"选项（见图 4-1），再在打开的界面中选择"空白文档"选项，即可创建一个空白文档并进入 Word 2016 的工作界面。

图 4-1 选择"Word 2016"选项

（2）如果桌面上有 Word 2016 的快捷方式图标，可双击该图标启动 Word 2016。

（3）双击某个 Word 文档，可启动 Word 2016 并打开该文档。

2. 退出 Word 2016

退出 Word 2016 的常用方法如下：

（1）选择"文件"/"关闭"选项。

（2）单击程序窗口右上角的"关闭"按钮。

采用上述两种方法，将关闭当前文档。如果关闭了所有文档窗口，那么将退出 Word 2016。

在关闭文档时，如果用户对文档进行了操作而没有保存，此时系统会打开一个提示对话框，提示用户保存文档。保存文档的操作详见后面的讲解。

二、Word 2016 的工作界面

启动 Word 2016 后，显示在用户面前的是它的工作界面（见图 4-2），其中包括快速访问工具栏、标题栏、功能区、文档编辑区和状态栏等组成元素。各组成元素的含义如下。

➢ **快速访问工具栏**：用于放置一些使用频率较高的工具。在默认情况下，该工具栏中包含"保存"按钮、"撤销"按钮和"重复"按钮。

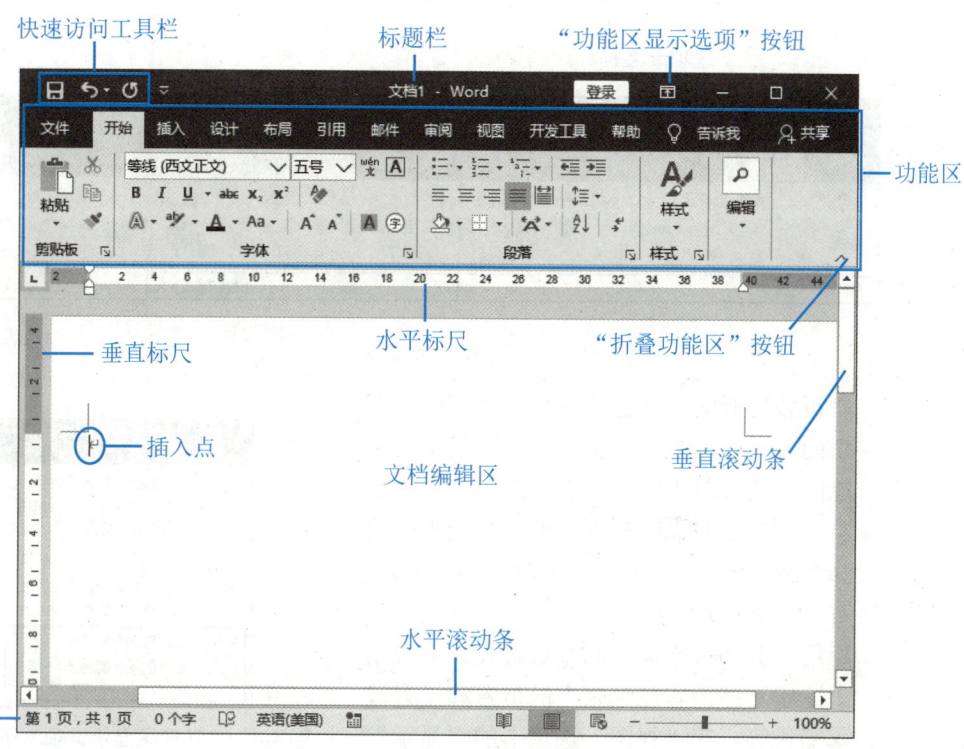

图 4-2 Word 2016 的工作界面

> **提 示**
>
> 如果需要，用户也可以自定义快速访问工具栏，方法是：单击快速访问工具栏右侧的"自定义快速访问工具栏"按钮 ，在展开的下拉列表中选择要向其中添加的命令，使其左侧显示√（要删除已添加的命令，只需重复选择该命令）。

- **标题栏**：标题栏中显示了当前编辑的文档名、程序名和一些窗口控制按钮等。依次单击标题栏右侧的 3 个窗口控制按钮 ─ □ ×，可将程序窗口最小化、还原或最大化、关闭。
- **功能区**：用选项卡的方式分类存放着编排文档时所需要的工具。单击功能区上方的选项卡名称可切换到不同的选项卡，从而显示不同的命令；在每一个选项卡中，命令又被分类放置在不同的组中，如图 4-3 所示。某些组的右下角有一个对话框启动器按钮 ，单击可打开与该组命令相关的对话框。例如，单击"字体"组右下角的对话框启动器按钮 ，可打开"字体"对话框。

> **提 示**
>
> 如果不知道某个工具按钮的作用，可将鼠标指针移到该按钮上停留片刻，即可显示该按钮的名称和作用。
>
> 除上面默认显示的选项卡外，有的选项卡会在特定的情况下出现，如选择图片时会出现"图片工具/格式"选项卡，绘制形状后会出现"绘图工具/格式"选项卡。

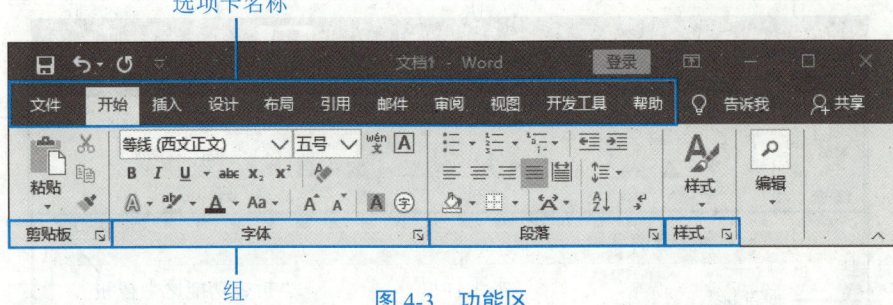

图 4-3 功能区

> "折叠功能区"按钮 ∧：单击功能区右下角的"折叠功能区"按钮 ∧，可最小化功能区。此时单击标题栏右侧的"功能区显示选项"按钮 ▭，在展开的下拉列表中选择"显示选项卡和命令"选项（见图 4-4），可重新显示功能区。

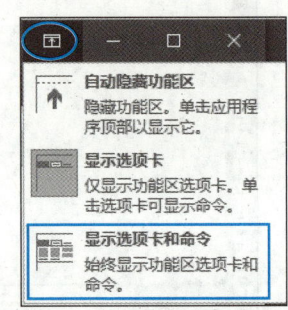

图 4-4 "功能区显示选项"下拉列表

> 标尺：分为水平标尺和垂直标尺，主要用于确定文档内容在纸张上的位置和设置段落缩进等。在"视图"选项卡的"显示"组中选中"标尺"复选框，可显示标尺。

> 文档编辑区：是指水平标尺下方的空白区域，该区域是用户进行文本输入、编辑和排版的地方。在编辑区的左上角有一个闪烁的光标，称为插入点，它用于定位当前的编辑位置。在编辑区中每输入一个字符，插入点会自动向右移动一个位置。

> 滚动条：分为垂直滚动条和水平滚动条。当文档内容不能完全显示在窗口中时，可通过拖动文档编辑区下方的水平滚动条或右侧的垂直滚动条查看隐藏的内容。

> 状态栏：位于 Word 文档窗口底部，其左侧显示了当前文档的状态和相关信息，右侧显示的是视图模式切换按钮和视图显示比例调整工具。

任务实施

一、新建文档

每次启动 Word 2016 并选择"空白文档"选项后，系统会自动创建一个空白文档，并以"文档 1"命名，此时即可在该文档中输入文本。如果还需要新建其他文档，可执行如下的操作步骤。

步骤 1▶ 单击"文件"选项卡，然后在展开界面的左侧窗格中选择"新建"选项。

步骤 2▶ 在右侧窗格选择要创建的文档类型，如选择"空白文档"（见图 4-5）选项，可新建一个空白文档。

项目四　使用 Word 2016 制作文档

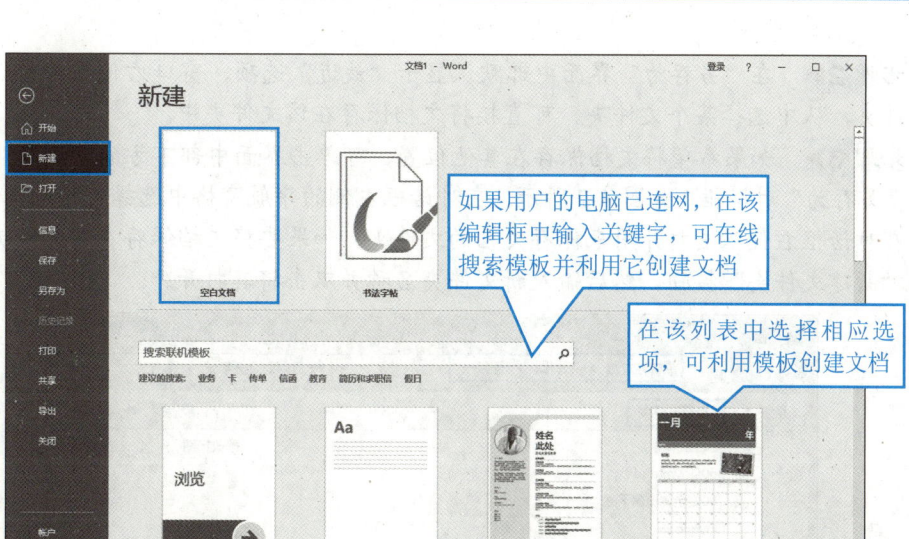

图 4-5　新建文档

启动 Word 2016 后按 "Ctrl+N" 组合键，可快速新建一个空白文档。

此外，Word 2016 提供了各种类型的文档模板，利用它们可以快速创建带有相应格式和内容的文档。要利用模板创建文档，可在"新建"界面中选择一种模板类型，然后在打开的模板列表中选择想要使用的模板，最后单击"创建"按钮。

二、保存文档

在新建文档或对文档进行修改后，都需要对文档执行保存操作，否则文档只是存放在计算机内存中，一旦断电或关闭计算机，文档或修改的信息就会丢失。保存新文档的操作步骤如下：

步骤 1▶ 单击快速访问工具栏中的"保存"按钮，打开"另存为"界面，如图 4-6 所示。

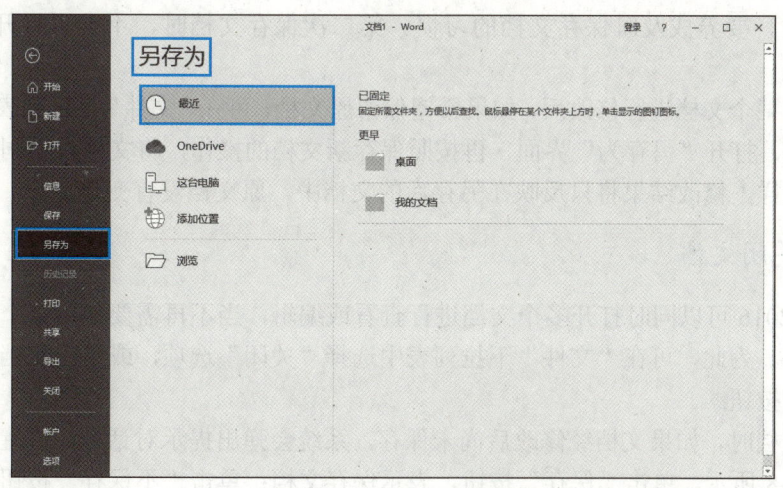

图 4-6　"另存为"界面

89

步骤 2 在"另存为"界面中部默认显示"最近"选项,窗口右侧显示最近访问过的文件夹,从中选择某个文件夹,可直接将文档保存在该文件夹中。

步骤 3 如果希望将文档保存在其他位置,可单击界面中部下方的"浏览"按钮,打开"另存为"对话框,如图 4-7 所示。在对话框左侧的导航窗格中选择文档的保存位置,然后在对话框右侧双击打开用来保存文档的文件夹。如果要将文档保存在新文件夹中,可单击"新建文件夹"按钮,然后输入新文件夹名称并双击将其打开。

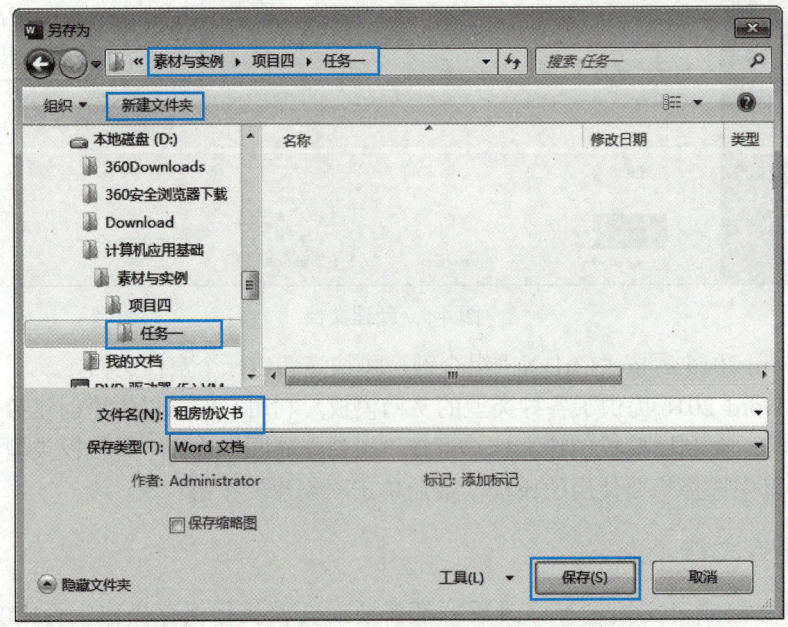

图 4-7 保存文档

步骤 4 在"文件名"编辑框中输入文档名(如"租房协议书"),单击"保存"按钮即可。

也可在"文件"下拉列表中选择"保存"选项,或按"Ctrl+S"组合键保存文档。在编辑文档时,要养成及时保存文档的习惯。第二次保存文档时,不会再打开"另存为"界面。

当打开某个文档进行修改后,如果希望保留原文档,可在"文件"下拉列表中选择"另存为"选项,打开"另存为"界面,再按照保存新文档的操作,将文档以不同的名称或位置保存。这样,修改结果将只反映在另存后的文档中,原文档没有变化。

三、关闭文档

Word 2016 可以同时打开多个文档进行查看或编辑,当不再需要使用某个文档时,可以将其关闭。为此,可在"文件"下拉列表中选择"关闭"选项,或单击文档窗口右上角的"关闭"按钮 。

关闭文档时,如果文档经修改后尚未保存,系统会弹出提示对话框,提醒用户保存文档,如图 4-8 所示。单击"保存"按钮,表示保存文档;单击"不保存"按钮,表示不保存文档；单击"取消"按钮，表示取消关闭文档的操作，返回正常的文档编辑状态。

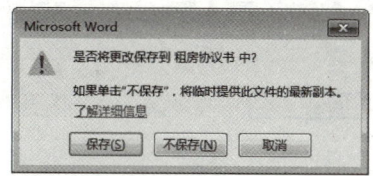

图 4-8　提示对话框

四、打开文档

如果要打开现有文档进行查看或编辑，操作步骤如下：

步骤 1▶　在"文件"下拉列表中选择"打开"选项，或按"Ctrl+O"组合键，打开"打开"界面，如图 4-9 所示。

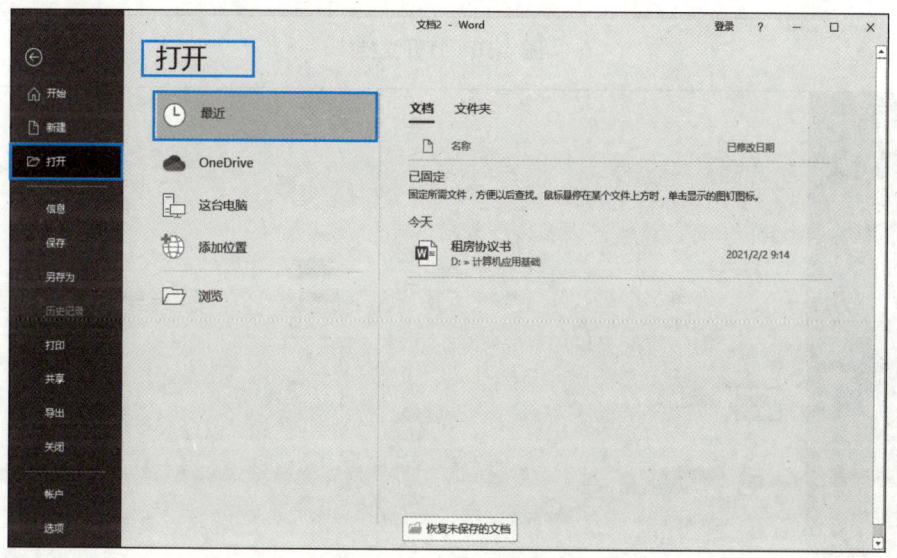

图 4-9　"打开"界面

步骤 2▶　在该界面的中部默认显示"最近"选项，窗口右侧显示最近打开过的文档的名称。单击某个文档名称，可打开该文档。

步骤 3▶　如果文档不在"最近"列表中，可单击界面下方的"浏览"按钮，打开"打开"对话框。在该对话框左侧的导航窗格中选择文档的保存位置，然后在右侧的列表框中双击要打开的文档，或选择要打开的文档后单击"打开"按钮（见图 4-10），即可打开选择的文档。

如果要同时打开多个文档，可在"打开"对话框中同时选中多个文档。注意：当误选了某个文档时，可在按住"Ctrl"键的同时单击该文档，以取消其选择。

如果要打开最近打开过的文档，可在"文件"下拉列表中选择"开始"选项，此时在打开界面右侧的"最近"列表中会显示用户最近打开过的文档（见图 4-11），从中单击所需的文档名称即可。

计算机应用基础

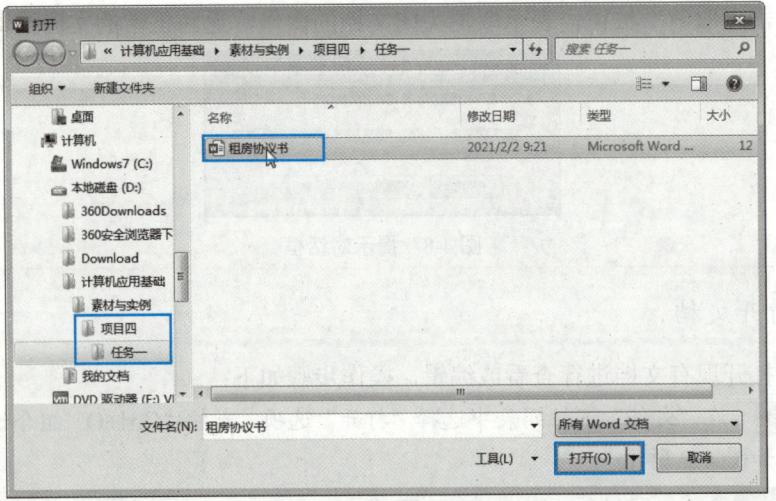

图 4-10　打开文档

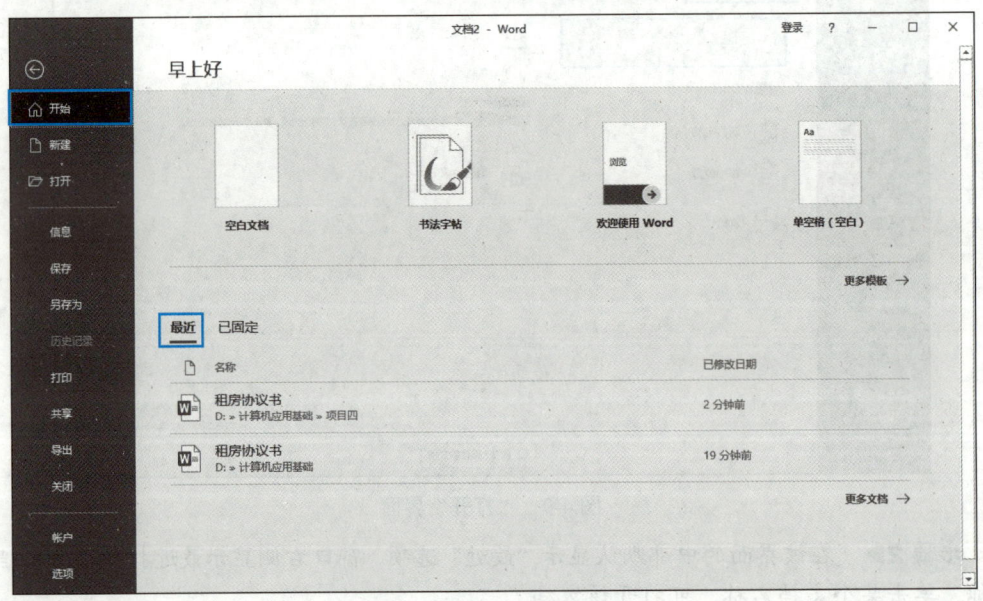

图 4-11　打开最近打开过的文档

任务二　输入协议书内容——文本输入与编辑

任务情景

李强在创建了租房协议书文档并将其保存后，接下来他需要在文档中输入协议书内容并进行编辑。

相关知识

- **输入文本**：选择一种输入法后，就可以在 Word 文档中输入文本了。对于键盘中没有的一些特殊符号，可以利用 Word 2016 的插入符号功能进行输入。在输入文本的过程中或文本输入完毕，还可以修改、增补或删除文本。
- **编辑文本**：编辑文本的操作包括选择、复制、移动、删除、查找和替换文本等。
- **视图模式**：Word 2016 提供了几种不同的视图模式，方便用户编排和查看文档。

任务实施

一、输入文本和特殊符号

在租房协议书文档中输入文本和特殊符号的操作步骤如下：

步骤 1▶ 打开“任务一”创建的“租房协议书”文档，然后选择一种中文输入法，使用键盘输入文本。可看到，输入的文本会自动出现在插入点所在位置。本例输入的文本效果如图 4-12 所示。

提　示

输入文本的一些常用技巧如下：

（1）如果希望开始一个新的段落，需要按“Enter”键，此时将在段落末尾产生一个段落标记↵。如果希望将文本在某个位置强制换行而不开始新段落，可在该位置单击将插入点置于该处，然后按“Shift+Enter”组合键（俗称“软回车”）。

（2）如果希望输入空格，可按空格键。

（3）如果希望输入下划线，可在英文输入状态下按住“Shift”键的同时按“-”键。

步骤 2▶ 如果要在文档中输入一些键盘上没有的特殊符号，可单击鼠标将插入点置于要插入符号的位置，如“面积为 80”后面，如图 4-13 所示。

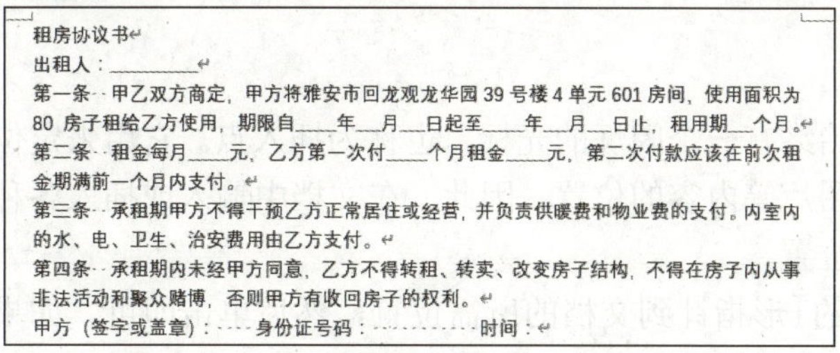
租房协议书↵
出租人：________↵
第一条　甲乙双方商定，甲方将雅安市回龙观龙华园 39 号楼 4 单元 601 房间，使用面积为 80 房子租给乙方使用，期限自____年__月__日起至____年__月__日止，租用期__个月。↵
第二条　租金每月____元，乙方第一次付____个月租金____元，第二次付款应该在前次租金期满前一个月内支付。↵
第三条　承租期甲方不得干预乙方正常居住或经营，并负责供暖费和物业费的支付。内室内的水、电、卫生、治安费用由乙方支付。↵
第四条　承租期内未经甲方同意，乙方不得转租、转卖、改变房子结构，不得在房子内从事非法活动和聚众赌博，否则甲方有收回房子的权利。↵
甲方（签字或盖章）：　　身份证号码：　　　　时间：↵

图 4-12　输入文本

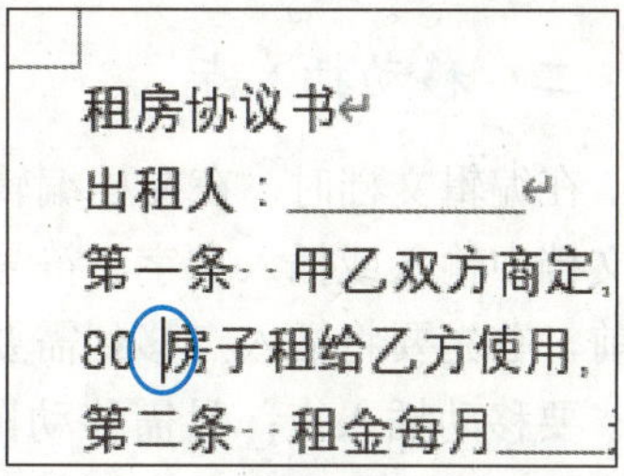
租房协议书↵
出租人：________↵
第一条　甲乙双方商定，
80 房子租给乙方使用，
第二条　租金每月____

图 4-13　确定要插入符号的位置

步骤 3▶ 单击“插入”选项卡名称，切换到该选项卡，然后单击“符号”组中的“符号”按钮，在展开的下拉列表中单击需要的符号即可。如果该下拉列表中没有需要的符号，可选择“其他符号”选项，如图 4-14 所示。

计算机应用基础

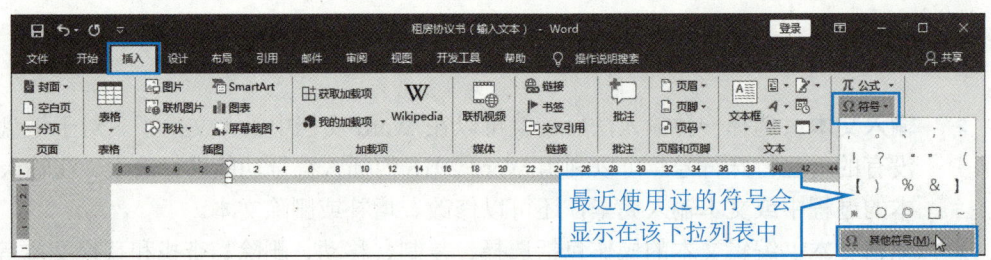

图 4-14 "符号"下拉列表

步骤 4 ▶ 打开"符号"对话框,在"字体"下拉列表中选择一种字体,在"子集"下拉列表中选择符号类型,然后选择需要插入的符号,如图 4-15 所示。

步骤 5 ▶ 单击"插入"按钮,即可将所选符号插入到文档中,如图 4-16 所示。单击"关闭"按钮,关闭对话框。

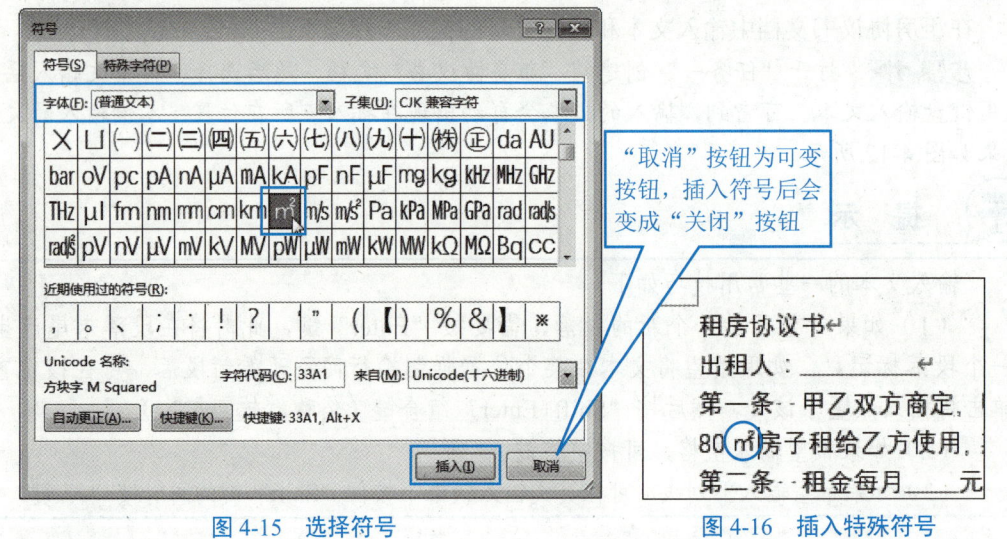

图 4-15 选择符号　　　　　　　图 4-16 插入特殊符号

步骤 6 ▶ 将文档以"租房协议书(输入文本)"为名另存到本书配套素材"项目四"/"任务二"文件夹中。

二、移动插入点

在编辑文档时,在文档编辑区始终有一个闪烁的光标,也称为插入点。它用来定位要在文档中输入或插入文字、符号和图片等内容的位置。因此,在文档中输入或插入各种内容前,首先要将插入点移到需要的位置。

要移动插入点,只需移动鼠标的 I 形指针到文档的所需位置,然后单击即可。如果内容较长,需要通过拖动垂直滚动条,或滚动鼠标滚轮,将要编辑的内容显示在文档窗口中,然后在所需位置单击,将插入点移到该处。

三、增补、删除与改写文本

完成文档内容的输入后,还可根据需要对文档内容进行增补、删除或改写,操作步骤如下:

94

步骤 1 继续在打开的文档中进行操作。要在文档中增补内容,可将插入点移到目标位置,然后输入内容,如图 4-17 所示。

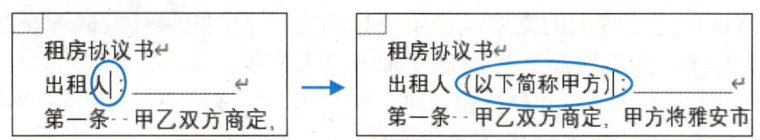

图 4-17 增补内容

步骤 2 如果要删除文档中不再需要的内容,可首先将插入点移到该位置,然后按"Delete"键删除插入点右侧的字符(按"Backspace"键可删除插入点左侧的字符),如图 4-18 所示。如果要删除的内容较多,可在选中要删除的内容后再执行删除操作。

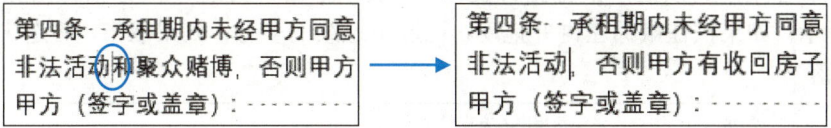

图 4-18 删除内容

步骤 3 如果要改写文本,可将插入点定位在要改写的位置[见图 4-19(a)],然后单击状态栏中的"插入"按钮或按"Insert"键,此时该按钮变成"改写"按钮,表示此时进入文档的"改写"模式,如图 4-19(b)所示。在这种模式下,新输入的字符将替代插入点右侧的字符,如图 4-19(c)所示。

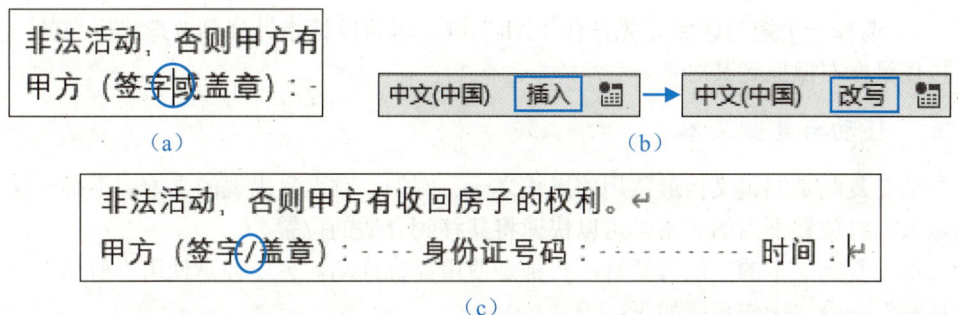

图 4-19 改写内容

步骤 4 要重新回到"插入"模式,可单击状态栏中的"改写"按钮或再次按"Insert"键。

 提 示

"Insert"键是切换 Word 文档输入模式的功能键。

四、选择文本

对文本进行复制、移动或设置格式等操作时,一般都需要先选中要操作的文本。下面是选择文本的几种方法。

(1)使用拖动方式选择任意文本。这是选择少量文本的一种常用方法。将插入点置于要选择文本的开始处,然后按住鼠标左键不放并拖动,到要选择文本的末端后释放鼠标,

被选中的文本呈灰色底纹显示，如图 4-20 所示。要取消选择，可在文档的任意位置单击。

（2）选择区域跨度较大的文本。当要选择的文本区域跨度较大时，使用拖动方式选择文本不太方便，此时可以在要选择区域的开始位置单击，然后按住"Shift"键的同时在选择区域的结束位置单击。

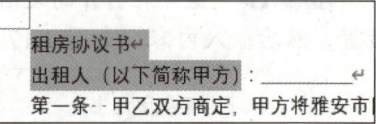

图 4-20　使用拖动方式选择文本

（3）同时选择不连续的多处文本。选择一处文本后按住"Ctrl"键再选择下一处文本。

（4）选择一个句子。按住"Ctrl"键的同时在要选择的句子中的任意位置单击。

（5）利用选定栏选择文本。选定栏是指页面左边界到文档内容左边界之间的空白区域，将鼠标指针移到该处，鼠标指针变成 形状，单击，可选中鼠标指针所指的行，如图 4-21 所示。如果按住鼠标左键并拖动，可选中连续的多行；如果双击，可选中鼠标指针所指的段落。

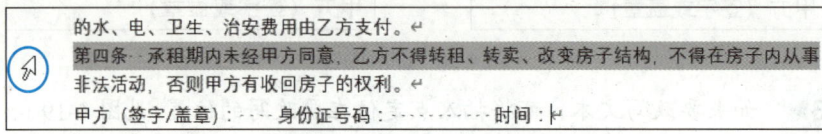

图 4-21　利用选定栏选择文本

（6）选择整篇文档。按"Ctrl+A"组合键，或按住"Ctrl"键的同时在选定栏单击，或在选定栏三击。

（7）选择一个矩形区域。先按住"Alt"键，再将鼠标指针移到要选择区域的一角，然后按住鼠标左键拖到其对角。

五、移动与复制文本

移动与复制是编辑文档最常用的操作之一。例如，对重复出现的文本，不必一次次地重复输入；对放置不当的文本，可以快速将其移到合适的位置。

移动与复制文本的方法有两种：一种是使用鼠标拖动，另一种是使用"剪切""复制"和"粘贴"命令，操作步骤如下：

步骤 1▶ 使用鼠标拖动法移动文本。继续在打开的文档中操作。如果是短距离移动文本，使用该方法效率较高。首先选中要移动的文本，然后将鼠标指针移到选中文本的上方，此时鼠标指针变成 形状。按住鼠标左键并拖动，此时鼠标指针变成 形状，且在其附近出现一条竖虚线，它表明了文本的新位置；继续按住鼠标左键并拖动，将竖虚线移到目标位置后释放鼠标，即可将文本移到该处，如图 4-22 所示。

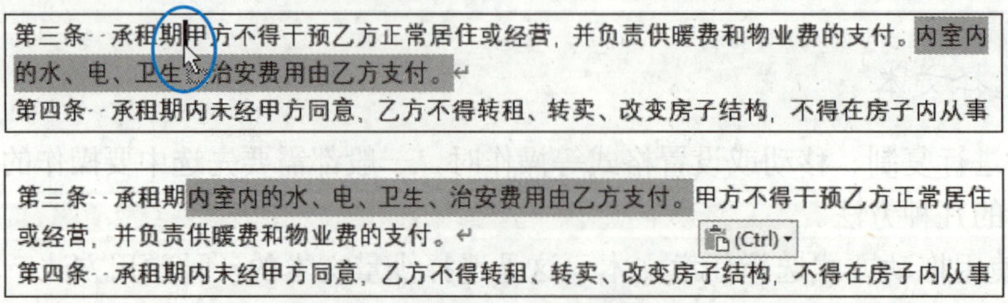

图 4-22　使用鼠标拖动法移动文本

步骤 2 使用鼠标拖动法复制文本。如果在拖动文本时按住"Ctrl"键,鼠标指针会变成 形状,此时可将所选文本复制到新位置。例如,将插入点移到"出租人(以下简称甲方):_____"段落的右侧,按"Enter"插入一个空段落,然后选中"出租人(以下简称甲方):_____"文本(注意不要选中段落标记),在按住"Ctrl"键的同时将其拖到插入的空段落中,然后依次释放鼠标左键和"Ctrl"键,即可复制文本,如图4-23所示。使用同样的方法,可将文档的最后一段也进行复制操作。

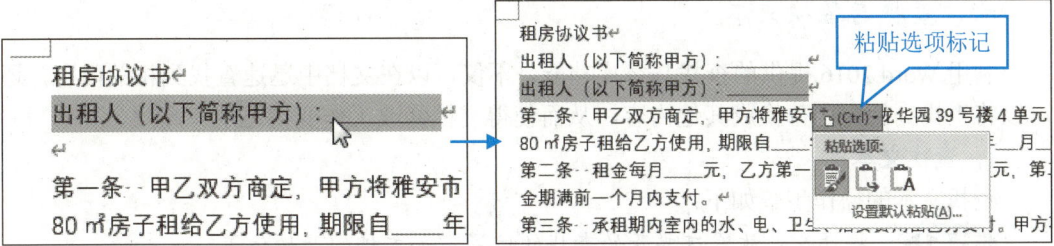

图 4-23 使用鼠标拖动法复制文本

步骤 3 使用命令复制文本。该方法适用于将文本复制到同一文档的其他页面或另一文档中。这里利用"记事本"程序打开本书配套的素材"项目四"/"任务二"/"条款5"文本文件,然后选中要复制的文本,选择"编辑"/"复制"选项(见图4-24),或按"Ctrl+C"组合键,或在鼠标右键快捷菜单中选择"复制"选项,将选中的文本复制到剪贴板。

步骤 4 将插入点移到目标位置,本例在文档倒数第2段的左侧按"Enter"键插入一个空段落,并保持插入点在空段落中,然后单击"开始"选项卡"剪贴板"组中的"粘贴"按钮,或按"Ctrl+V"组合键,即可将文本复制到该位置,效果如图4-25所示。

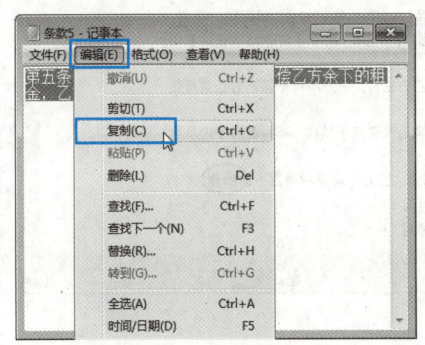

图 4-24 选中文本并执行"复制"命令　　图 4-25 粘贴文本后的效果

步骤 5 将前面利用鼠标拖动法复制过来的3处文本进行修改,效果如图4-26所示。

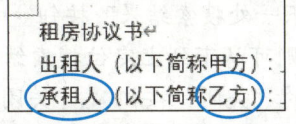

图 4-26 修改复制的文本

要利用命令移动文本,只需将单击"剪贴板"组中的"复制"按钮 操作换为单击"剪贴板"组中的"剪切"按钮 (或按"Ctrl+X"组合键),其余的操作不变。

提 示

移动或复制文本后，在目标位置会出现一个粘贴选项标记。单击该标记，在展开的下拉列表中可选择移动或复制过来的文本是保留源格式，还是使用目标位置的格式等。

六、查找与替换文本

利用 Word 2016 提供的查找与替换功能，不仅可以在文档中迅速查找到相关内容，还可以将查找到的内容替换成其他内容，从而使得文档修改工作变得迅速和高效。

1. 查找文本

查找文本的操作步骤如下：

步骤 1 将插入点放置在要开始查找的位置，如文档的开始位置。

步骤 2 单击"开始"选项卡"编辑"组中的"查找"按钮，打开"导航"任务窗格，在窗格上方的编辑框中输入要查找的内容，如"租金"，如图 4-27 所示。

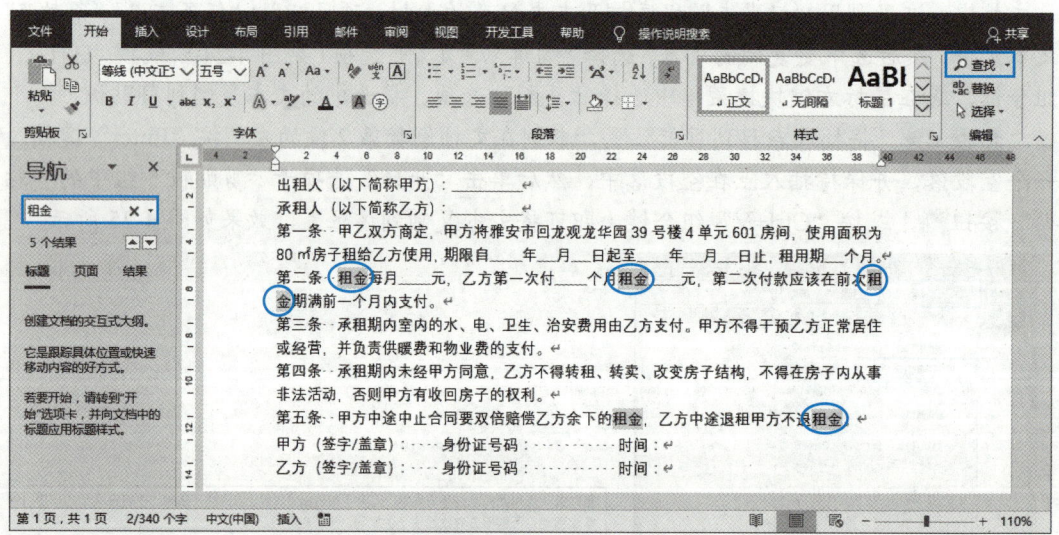

图 4-27 查找文档内容

步骤 3 此时文档中将以橙色底纹突出显示查找到的内容，"导航"任务窗格中则显示要查找的文本所在的标题。

步骤 4 在"导航"任务窗格中单击"下一处搜索结果"按钮，可从上到下定位搜索结果；单击"上一处搜索结果"按钮，则可从下到上定位搜索结果。

步骤 5 单击"导航"任务窗格右上角的"关闭"按钮，关闭该任务窗格。

2. 替换文本

在编辑文档时，有时需要将文档中的某一内容统一替换成其他内容，此时可以使用 Word 的替换功能进行操作，以加快修改文档的速度。

例如，要将租房协议书中的文本"房子"替换成"房屋"，操作步骤如下：

步骤 1▶ 单击"开始"选项卡"编辑"组中的"替换"按钮,打开"查找和替换"对话框的"替换"选项卡。

步骤 2▶ 在"查找内容"编辑框中输入需要替换的内容"房子";在"替换为"编辑框中输入要替换为的内容"房屋",如图 4-28 所示。

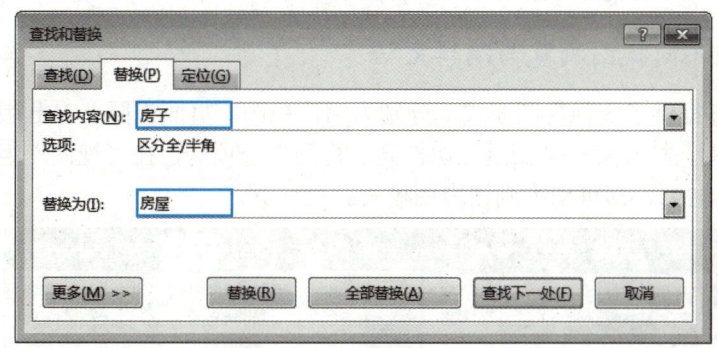

图 4-28 替换文本

步骤 3▶ 单击"替换"按钮,逐个替换查找到的内容。

步骤 4▶ 替换完毕,在弹出的提示对话框中单击"确定"按钮,再在"查找和替换"对话框中单击"关闭"按钮,关闭对话框。

步骤 5▶ 将文档另存为"租房协议书(编辑文本)"。

如果不需要替换查找到的文本,可单击"查找下一处"按钮跳过该文本并继续查找。此外,单击"全部替换"按钮,可一次性替换文档中所有符合查找条件的内容。

如果要进行高级查找和替换操作,例如,在查找或替换文本时区分英文大小写、区分全角和半角符号、使用通配符,以及查找或替换特殊格式等,可在"查找和替换"对话框中单击"更多"按钮,展开对话框,在其中可设置查找和替换的高级选项。

七、撤销与恢复操作

在编辑文档时难免会出现错误的操作,例如,不小心删除、替换或移动了某些文本内容,利用 Word 2016 提供的撤销和恢复功能,可以帮助用户迅速纠正错误操作。

1. 撤销操作

要撤销错误的操作,常用方法如下:

(1)按"Ctrl+Z"组合键,或单击快速访问工具栏中的"撤销"按钮 ,可撤销上一步操作;连续单击该按钮可撤销多步操作。

(2)单击"撤销"按钮 右侧的下拉按钮 ,会打开历史操作列表,从中选择要撤销的操作,则该操作及其后的所有操作都将被撤销。

2. 恢复操作

如果进行了错误的撤销操作,可以利用恢复功能将其恢复,方法是:按"Ctrl+Y"组合键,或单击快速访问工具栏中的"恢复"按钮 ,可恢复上一步撤销的操作。重复执行该命令可恢复多步被撤销的操作。

> **提示**
>
> 只有在执行了撤销操作后恢复按钮才生效。另外，如果在执行了撤销操作后又执行了其他操作，则被撤销的操作将无法恢复。

八、使用不同视图浏览与编辑文档

Word 2016 提供了 5 种视图模式，分别为阅读视图、页面视图、Web 版式视图、大纲视图和草稿视图。打开某一文档后，切换到"视图"选项卡，在"视图"组中单击某一视图按钮（见图 4-29），即可切换到该视图模式。

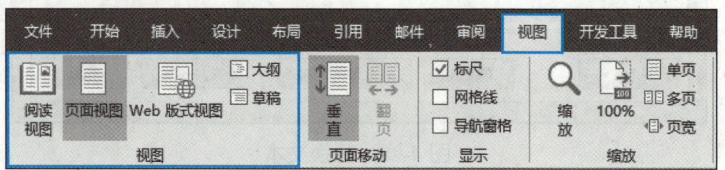

图 4-29 "视图"组

- **阅读视图：** 在该视图模式下，将隐藏 Word 程序窗口的功能区和状态栏等组成元素，只显示文档正文区域中的所有信息，从而便于用户阅读文档内容。
- **页面视图：** 是 Word 2016 默认的视图模式，也是编排文档时最常用的视图模式。在该视图模式下，文档内容的显示效果与打印效果完全一样。
- **Web 版式视图：** 可以像查看网页一样查看文档。
- **大纲视图：** 在编排长文档时，标题的级别往往较多，此时可利用大纲视图模式层次分明地显示各级标题，还可快速改变各标题的级别。
- **草稿视图：** 在该视图模式中不会显示文档中的某些元素，如图形、页眉和页脚等，从而加快长文档的显示速度，方便用户快速查看和编辑文档中的文本。

任务三 编排协议书文档——设置文档基本格式

任务情景

李强把租房协议书内容写好后，还需要对其设置基本的字符格式和段落格式，这样文档看起来才美观，同时也方便阅读。编排好的租房协议书效果如图 4-30 所示。

相关知识

- **字符格式：** 为了使文档版面美观、增加文档的可读性、突出标题和重点等，经常需要为文档中的指定文本设置字符格式，包括字体、字号、字形、下划线和字体颜色等。在 Word 2016 中，可使用"开始"选项卡"字体"组中的相应按钮或"字体"对话框设置字符格式。

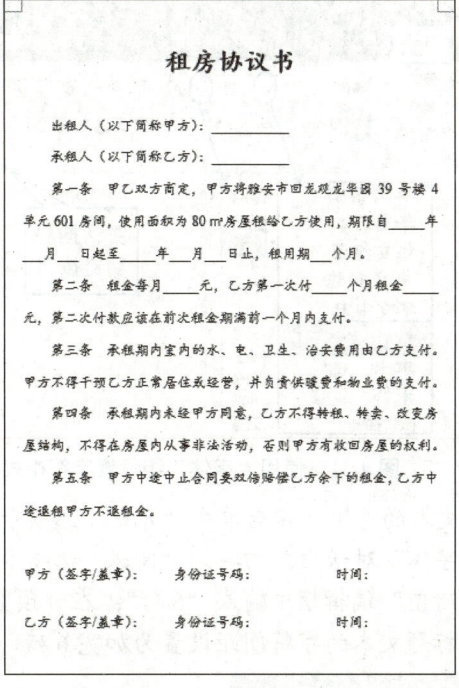

图 4-30　租房协议书文档效果

> **段落格式**：段落是以回车符↵为结束标记的内容。段落的格式设置主要包括段落的对齐方式、缩进、间距及行距等。在 Word 2016 中，可使用"开始"选项卡"段落"组中的相应按钮或"段落"对话框设置段落格式。

任务实施

一、设置字符格式

设置字体、字号和字形是编排文档过程中最常见的操作。其中，字体决定了文本的外观，字号决定了文本的大小，而字形是指是否将文本设置为加粗或倾斜。

例如，要设置租房协议书文档中标题文本和正文文本的字体、字号和字形等，操作步骤如下：

步骤 1▶ 打开本书配套素材"项目四"/"任务二"/"租房协议书（编辑文本）"文档，将其以"租房协议书（设置格式）"为名另存到本书配套素材"项目四"/"任务三"文件夹中。

步骤 2▶ 选中要设置字符格式的标题文本"租房协议书"。

步骤 3▶ 单击"开始"选项卡"字体"组中的"字体"下拉按钮∨，在展开的下拉列表中选择所需字体，如选择"楷体"选项；单击"字号"下拉按钮∨，在展开的下拉列表中选择字号，如选择"一号"选项；再单击"加粗"按钮 B，将所选文本设置为加粗效果，如图 4-31 所示。

计算机应用基础

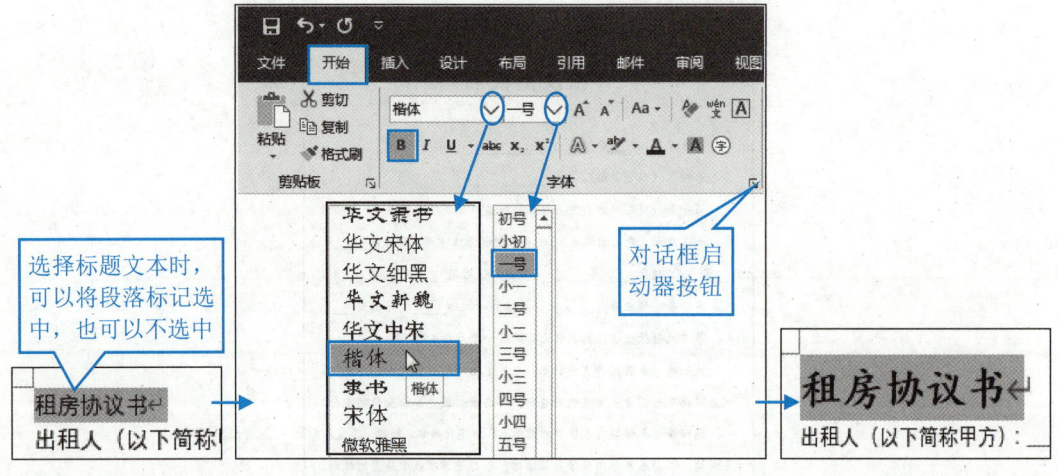

图 4-31 使用"字体"组设置字符格式

步骤 4▶ 保持标题文本的选中,然后单击"开始"选项卡"字体"组右下角的对话框启动器按钮 ,打开"字体"对话框。切换到"高级"选项卡,在"间距"下拉列表中选择"加宽"选项,在"磅值"编辑框中输入"6磅";在"预览"区中可预览设置效果,单击"确定"按钮,可将标题文本的字符间距设置为加宽6磅,如图 4-32 所示。

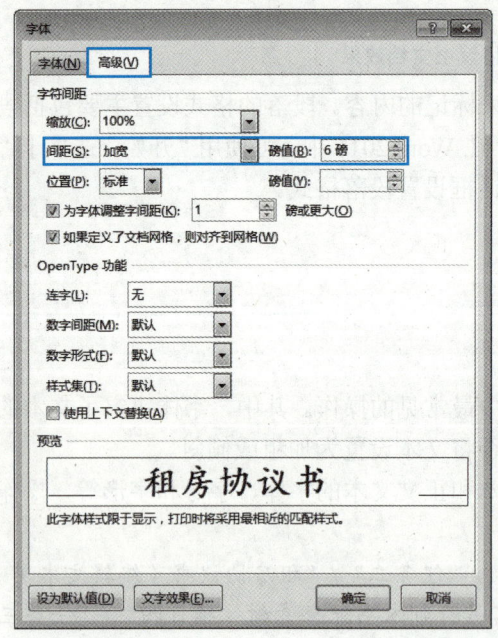

图 4-32 设置标题文本的字符间距

步骤 5▶ 选中全部正文文本,然后打开"字体"对话框的"字体"选项卡,在"中文字体"下拉列表中选择"楷体"选项;在"西文字体"下拉列表中选择"Times New Roman"选项;在"字号"列表框中选择"四号"选项,最后单击"确定"按钮,如图 4-33 所示。

项目四　使用 Word 2016 制作文档

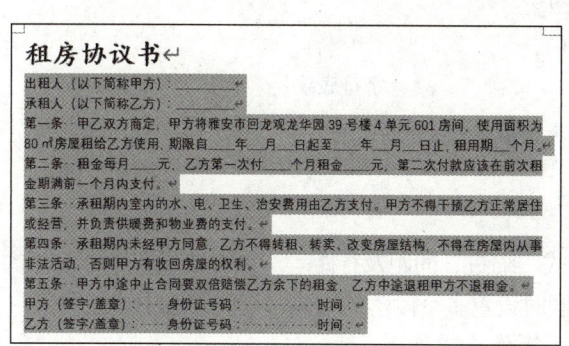
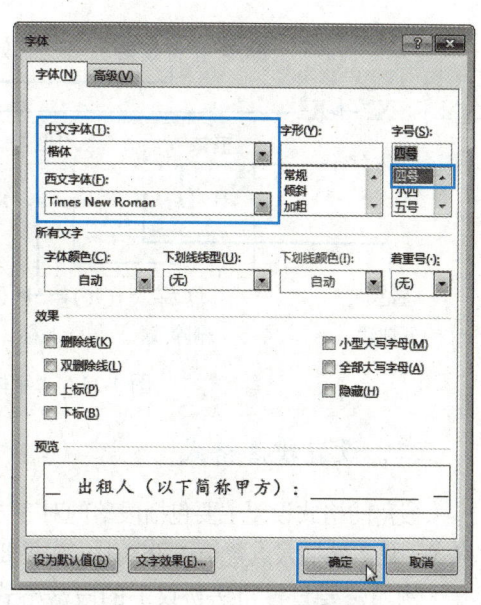

图 4-33　设置正文的字符格式

 提　示

　　用户可以选择的字体取决于 Windows 中安装的字体。Windows 10 中本身附带了一些字体，其中汉字字体有等线体、宋体、黑体、楷体等，西文字体有 Times New Roman（常用于正文）、Arial（常用于标题）等。要使用其他字体，必须单独安装。目前使用较多的汉字字体库有方正、汉仪和文鼎等，用户可通过 Internet 下载或购买字体库光盘的方式来获取这些字体，然后将它们复制到系统盘的 "Windows\Fonts" 文件夹中。

　　在 Word 中，字号的表示方法有两种：一种以"号"为单位，如初号、一号、二号等，字号越大，文字越小；另一种以"磅"为单位，如 6.5，10，10.5 等，磅值越大，文字也越大。

　　对于一些标题或需要特别强调的文本，可以将字形设置为加粗或倾斜。

　　大多数书刊、公文的正文使用的汉字字体均为宋体，字号为五号、小四或四号等。

　　Word 2016"开始"选项卡"字体"组中其他常用按钮的作用如图 4-34 所示。设置时，一般直接单击相应按钮即可，但也有的设置项需要单击按钮右侧的下拉按钮，再在展开的下拉列表中选择需要的选项。例如，设置字体颜色时，需要单击"字体颜色"下拉按钮，在展开的下拉列表中选择需要的颜色。

　　利用"字体"对话框的"所有文字"设置区也可设置字体颜色、下划线和着重号效果，只需在相应的下拉列表中进行选择即可；利用"效果"设置区可设置字符的删除线、隐藏、上标和下标等效果，只需选中相应的复选框即可。

　　此外，在"字体"对话框的"高级"选项卡，除了可以设置字符间距外，还可设置字符在宽度方向上的缩放百分比，以及字符的上下位置等效果。

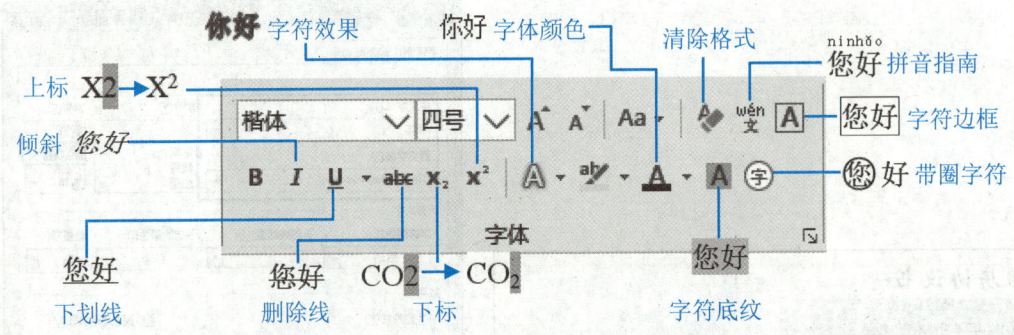

图 4-34 "字体"组中部分按钮的作用

二、设置段落格式

段落的格式设置主要包括段落的对齐方式、缩进、间距及行距等。如果要设置单个段落的格式，只需将插入点置于该段落中；如果要同时设置多个段落的格式，须同时选中这些段落。

例如，要设置租房协议书的段落格式，操作步骤如下：

步骤1▶ 将插入点置于需要设置对齐方式的段落中，如标题所在段落，然后单击"开始"选项卡"段落"组中的相应对齐方式按钮，如"居中"按钮，如图 4-35 所示。这几个对齐按钮的作用从左到右依次为：将选中的段落文本靠页面左侧对齐（左对齐）、将选中的段落文本靠中间对齐（居中对齐）、将选中的段落文本靠页面右侧对齐（右对齐）、将选中的段落文本对齐到页面左右两端（两端对齐）、将选中的段落文本左右两端对齐（分散对齐），默认为两端对齐。

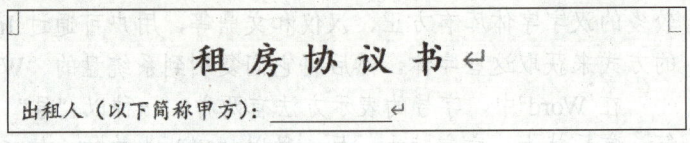

图 4-35 设置标题段落的对齐方式

步骤2▶ 保持插入点在标题段落中，然后切换到"布局"选项卡，在"段落"组中设置标题段的段前间距和段后间距都为 1.5 行，如图 4-36 所示。

图 4-36 设置标题段落的间距

步骤3▶ 同时选中除标题和最后两个段落外的其他段落，单击"开始"选项卡"段落"组右下角的对话框启动器按钮，打开"段落"对话框的"缩进和间距"选项卡。

步骤4▶ 在"缩进"设置区设置缩进方式，如在"特殊"下拉列表中选择"首行"选项，并保持"缩进值"为"2字符"，即首行缩进两个字符。

步骤5▶ 在"间距"设置区设置段前间距、段后间距和行距。这里将"行距"设置为"多倍行距"，"设置值"为"1.25"。设置完毕，单击"确定"按钮，如图 4-37 所示。

项目四　使用 Word 2016 制作文档

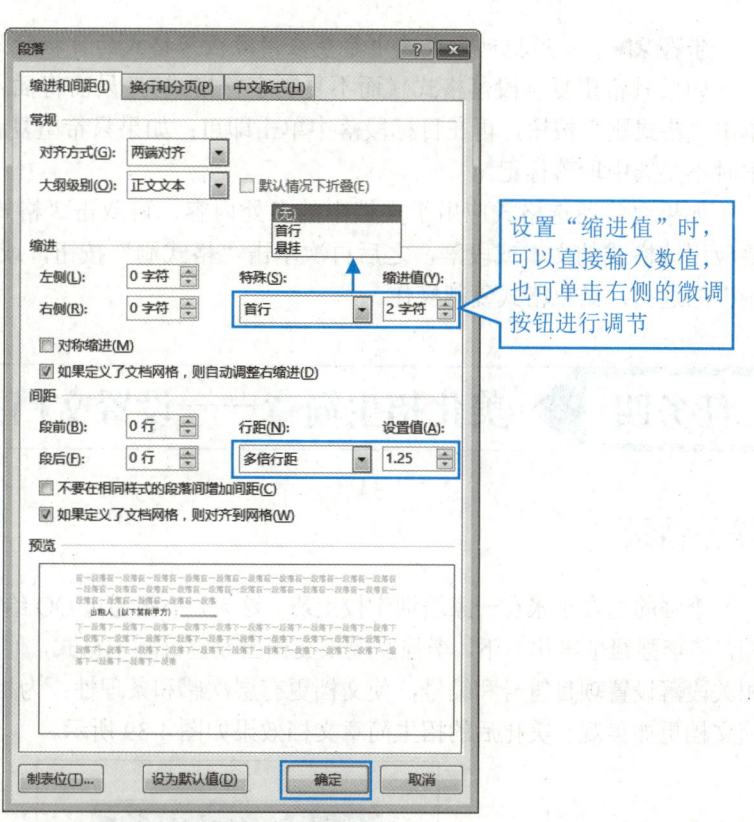

图 4-37　设置部分正文的段落格式

步骤 6▶ 将倒数第 2 段的段前间距设置为 2 行，段后间距设置为 1 行。

步骤 7▶ 至此，租房协议书制作完毕，按"Ctrl+S"组合键保存文档。

段落的缩进主要包括首行缩进、左缩进、右缩进和悬挂缩进。按中文的书写习惯，一般需要在每个段落的首行缩进 2 个字符；左缩进和右缩进是指在某些段落的左侧或右侧留出一定的空位；悬挂缩进是指将段落除首行外的其他行向内缩进，用户可在"段落"对话框的"特殊"下拉列表中选择"悬挂"选项，然后设置缩进值。

除了利用"段落"对话框设置段落缩进外，通过拖动标尺上的相关滑块也可设置段落缩进，如图 4-38 所示。如果文档窗口中没有显示标尺，可在"视图"选项卡的"显示"组中选中"标尺"复选框。

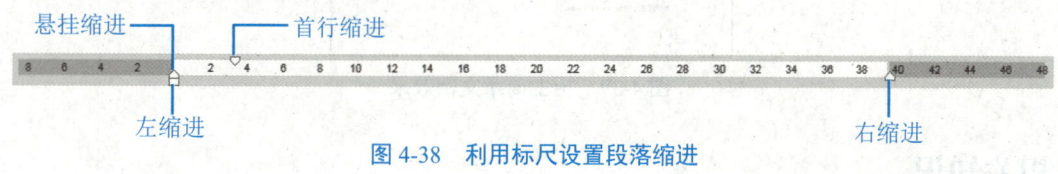

图 4-38　利用标尺设置段落缩进

三、复制格式

在 Word 2016 中，用户可利用格式刷复制字符格式或段落格式，操作步骤如下：

步骤 1▶ 选中要复制格式的源段落文本，然后单击"开始"选项卡"剪贴板"组中的"格式刷"按钮，此时鼠标指针变成 形状。

105

步骤2 使用拖动方式选中希望应用源段落格式的目标段落，即可完成格式复制。

如果只希望复制段落格式（而不复制字符格式），只需将插入点置于源段落中，然后单击"格式刷"按钮，再在目标段落中单击即可；如果只希望复制字符格式，则在选择文本时不要选中段落标记。

如果要将所选格式应用于文档中的多处内容，可双击"格式刷"按钮，再依次选择要应用该格式的文本或段落，之后再次单击"格式刷"按钮，或按"Esc"键取消"格式刷"的选中，结束格式复制操作。

任务四 ▶ 美化招生简章——设置文档其他格式

任务情景

李强的朋友小张在一家培训学校上班。这天，小张通过 QQ 给李强发来一份招生简章文档，请李强帮忙美化一下。李强发现该文档已设置好基本格式，他要做的工作就是为文档的相关段落设置项目符号和编号，使文档更有层次感和条理性；为相关段落设置边框和底纹，使文档更加美观。美化后的招生简章文档效果如图 4-39 所示。

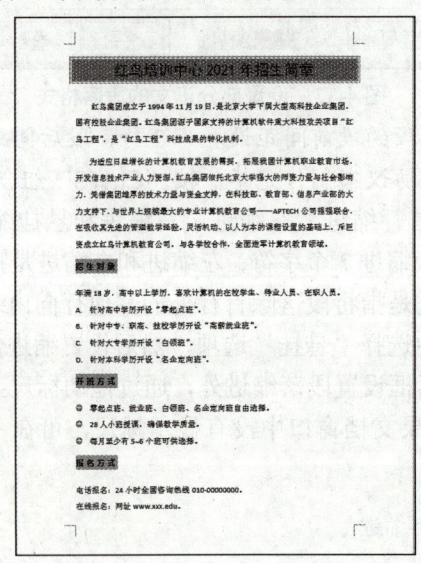

图 4-39 招生简章文档效果

相关知识

> **项目符号和编号**：为文档的某些内容添加项目符号或编号，可以准确地表达各部分内容之间的并列或顺序关系，使文档更有条理。在 Word 2016 中，既可以使用系统提供的项目符号和编号，也可以自定义项目符号和编号。

➢ **边框和底纹**：边框和底纹是美化文档的重要方式之一。在 Word 2016 中，不但可以为选中的文本添加边框和底纹，还可以为段落和页面添加边框和底纹。

任务实施

一、设置项目符号和编号

1. 设置项目符号

为段落设置项目符号的操作步骤如下：

步骤1▶ 打开本书配套素材"项目四"/"任务四"/"招生简章（素材）"文档，将其另存为"招生简章（美化）"文档。

步骤2▶ 选中要设置项目符号的段落，如"开班方式"下的 3 个段落，如图 4-40 所示。

步骤3▶ 单击"开始"选项卡"段落"组中的"项目符号"下拉按钮 ，在展开的下拉列表中选择系统提供的一种项目符号（见图 4-41），即可为所选段落添加该项目符号。

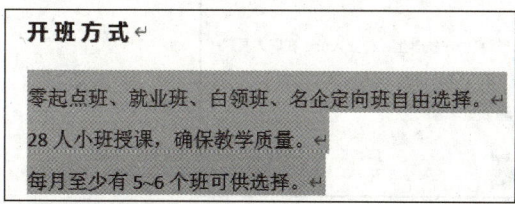

图 4-40 选中要添加项目符号的段落

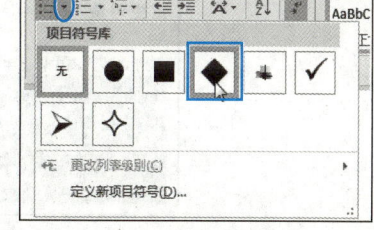

图 4-41 选择项目符号

步骤4▶ 如果该下拉列表中没有符合要求的项目符号，可选择下拉列表中的"定义新项目符号"选项，打开"定义新项目符号"对话框。单击"符号"按钮，打开"符号"对话框，从中选择要作为项目符号的符号，如选择"笑脸"符号，如图 4-42 所示。

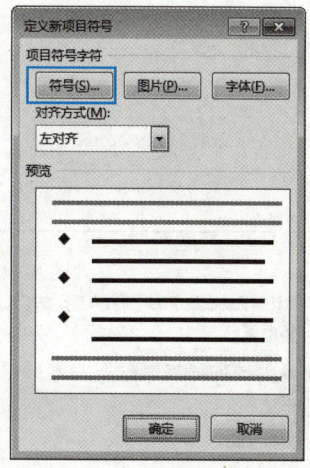 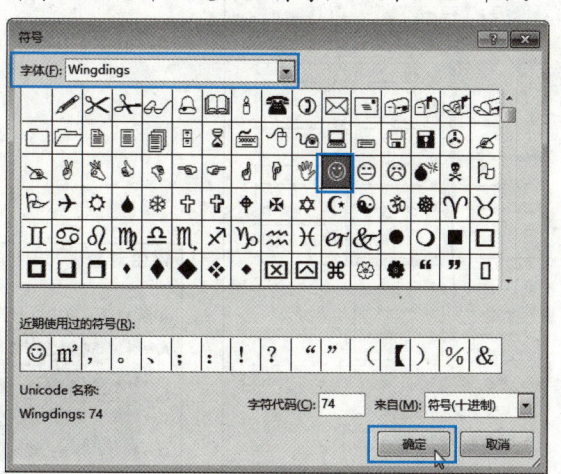

图 4-42 定义新项目符号

步骤 5 单击"确定"按钮,返回"定义新项目符号"对话框,单击"确定"按钮,即可为所选段落设置自定义的项目符号,效果如图4-43所示。

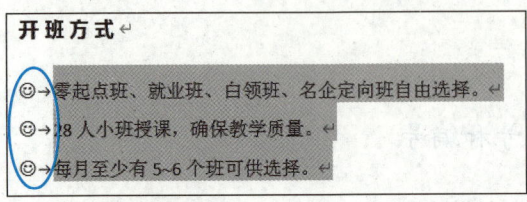

图4-43 设置自定义项目符号效果

如果在"定义新项目符号"对话框中单击"图片"按钮,可在打开的对话框中选择图片作为项目符号;单击"字体"按钮,可在打开的对话框中设置项目符号的字体、字号和颜色等。

2. 设置编号

为段落设置编号的操作步骤如下:

步骤 1 选中要设置编号的段落,如"招生对象"下的4个段落,如图4-44所示。

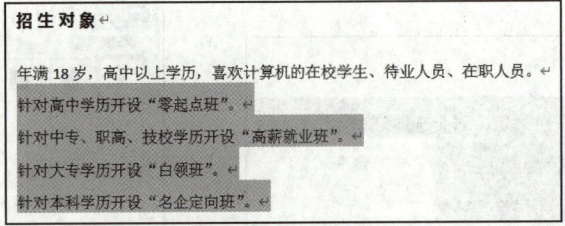

图4-44 选中要设置编号的段落

步骤 2 单击"开始"选项卡"段落"组中的"编号"下拉按钮,在展开的下拉列表中选择系统提供的编号样式,即可为所选段落添加编号,如图4-45所示。

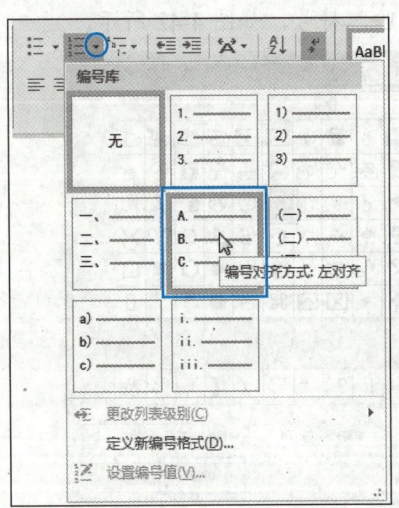
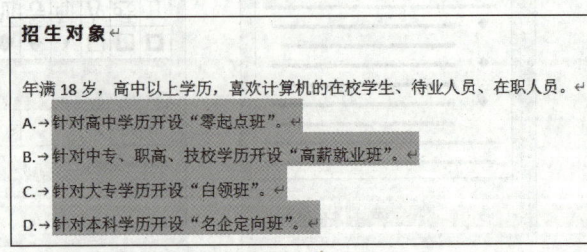

图4-45 为段落添加编号

如果编号下拉列表中没有符合要求的编号，可以选择下拉列表中的"定义新编号格式"选项，在打开的对话框中自定义编号样式。

如果在设置了项目符号或编号的段落后面开始一个新段落，则新段落将自动添加项目符号或编号（各段落之间将进行连续编号）。如果要取消设置的项目符号或编号效果，可单击"项目符号"按钮 或"编号"按钮 ，取消其选中状态。

二、设置边框和底纹

为选中的文本或段落设置边框和底纹，可使文档版面更加美观，操作步骤如下：

步骤 1▶ 要为文本或段落设置简单的边框和底纹样式，可先选中要设置的对象。

步骤 2▶ 单击"开始"选项卡"段落"组中的"边框"下拉按钮，在展开的下拉列表中选择所需的边框类型（见图 4-46）；单击"底纹"下拉按钮，在展开的下拉列表中选择一种底纹颜色，如选择"橙色"选项，如图 4-47 所示。

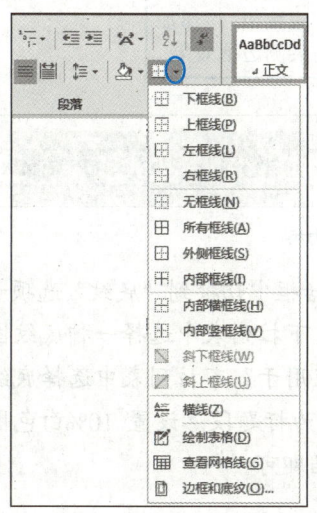

图 4-46 "边框"下拉列表

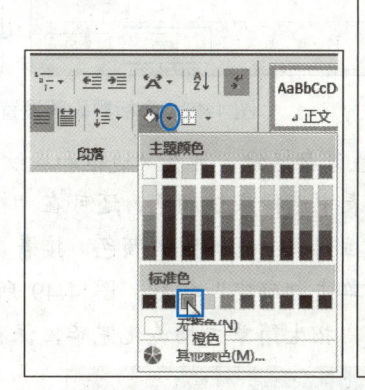

图 4-47 设置字符底纹

> **提 示**
>
> 使用该方式设置边框时，如果选中的是字符（不选中段落标记），则设置的是字符边框；如果选中的是段落（包括段落标记），则设置的是段落边框。设置底纹时，则无论选中的是字符还是段落，设置的都是字符底纹。

步骤 3▶ 如果要对边框和底纹进行更为复杂的设置，可通过"边框和底纹"对话框来实现。为此，可选中要设置边框和底纹的对象，如标题段落，然后单击"开始"选项卡"段落"组中的"边框"下拉按钮，在展开的下拉列表中选择"边框和底纹"选项，打开"边框和底纹"对话框的"边框"选项卡。

步骤 4▶ 在"边框"选项卡的"设置"区中选择边框类型,在"样式""颜色"和"宽度"设置区中分别设置边框样式、颜色和线型;在"预览"设置区中单击相应的按钮可添加或取消上、下、左、右边框;在"应用于"下拉列表中选择边框是应用于段落还是文本。设置完毕,单击"确定"按钮。图 4-48 所示是为标题段落设置 3 磅浅绿色三维边框的效果。

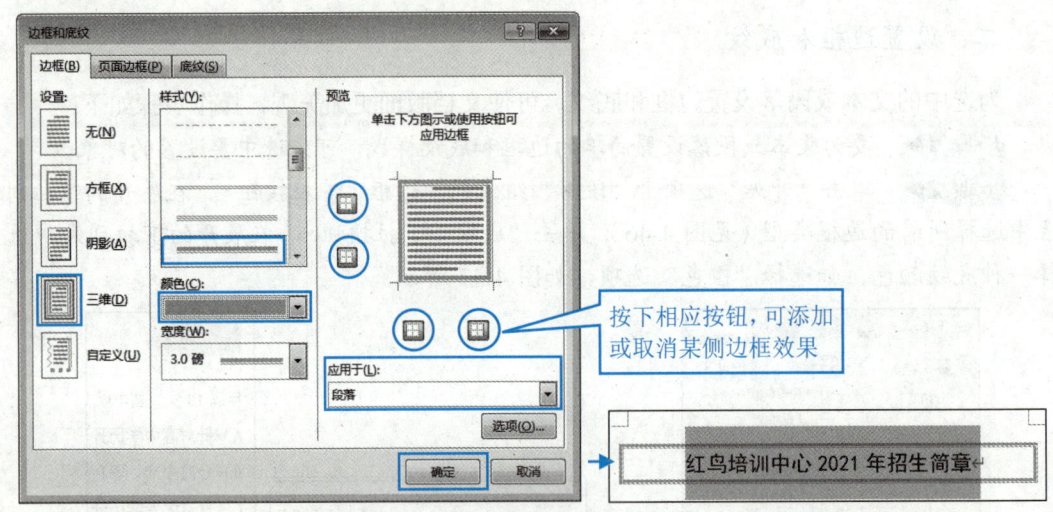

图 4-48 为标题段落设置复杂边框

步骤 5▶ 要设置复杂底纹,可在"边框和底纹"对话框中切换到"底纹"选项卡,然后在"填充"下拉列表中选择底纹颜色,还可在"样式"下拉列表中选择一种底纹图案样式,再在"颜色"下拉列表中选择图案颜色,接着在"应用于"下拉列表中选择底纹的应用对象。设置完毕,单击"确定"按钮。图 4-49 所示是为标题段落设置 10%白色图案浅蓝底纹的效果。至此,招生简章文档美化完毕,保存文档即可。

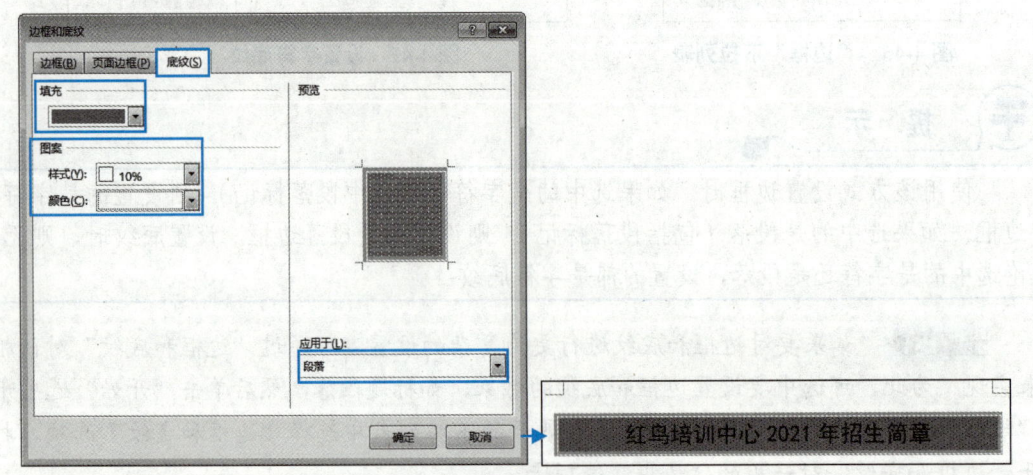

图 4-49 为标题段落设置复杂底纹

项目四　使用 Word 2016 制作文档

| 任务五 | 打印租房协议书——设置文档页面并打印 |

任务情景

李强将租房协议书文档制作好后，利用自己办公室的电脑和打印机将其打印了 2 份，并正式与房东签订租房协议。

相关知识

➢ **设置文档页面**：包括设置文档的纸张大小、纸张方向和页边距等，用户可利用"布局"选项卡"页面设置"组中的相应按钮或"页面设置"对话框进行设置。需要注意的是，用户最好在编排文档前先设置文档好的页面，尤其是图文混排的文档，以免编排文档后出现"跑版"现象。

➢ **打印文档**：制作好文档后，如果用户的电脑连接了打印机，此时在 Word 的"文件"下拉列表中选择"打印"选项，然后进行一些简单的设置，就可以将文档按要求打印出来。

任务实施

一、设置文档页面

默认情况下，Word 文档使用的是 A4 幅面纸张，纸张方向为纵向，用户可根据需要改变纸张的大小、页边距和方向等。

例如，要设置租房协议书文档的页面，操作步骤如下：

步骤 1 ▶ 打开本书配套素材"项目四"/"任务三"/"租房协议书（设置格式）"文档，将其以"租房协议书（设置页面）"为名另存到本书配套素材"项目四"/"任务五"文件夹中。

步骤 2 ▶ 要设置文档的纸张大小，可单击"布局"选项卡"页面设置"组中的"纸张大小"按钮，在展开的下拉列表中选择系统提供的纸张样式，如图 4-50 所示。

步骤 3 ▶ 如果该下拉列表中的纸张样式不能满足要求，可选择该下拉列表中的"其他纸张大小"选项，打开"页面设置"对话框的"纸张"选项卡。在"纸张大小"下拉列表中可选择纸张大小，或直接在"宽度"和"高度"编辑框中输入数值，自定义纸张大小。设置完毕，单击"确定"按钮，如图 4-51 所示。

步骤 4 ▶ 要设置文档的页边距，可单击"页面设置"组中的"页边距"按钮，在展开的下拉列表中选择系统提供的页边距样式，如图 4-52 所示。

步骤 5 ▶ 如果该下拉列表中的页边距样式不能满足要求，可选择该下拉列表中的"自定义页边距"选项，打开"页面设置"对话框的"页边距"选项卡。在"页边距"设置区

111

的"上""下""左""右"编辑框中输入数值,指定文档内容区与页面边界之间的距离;在"应用于"下拉列表中选择所设页边距的应用范围,一般选择"整篇文档"选项。设置完毕,单击"确定"按钮,如图 4-53 所示。

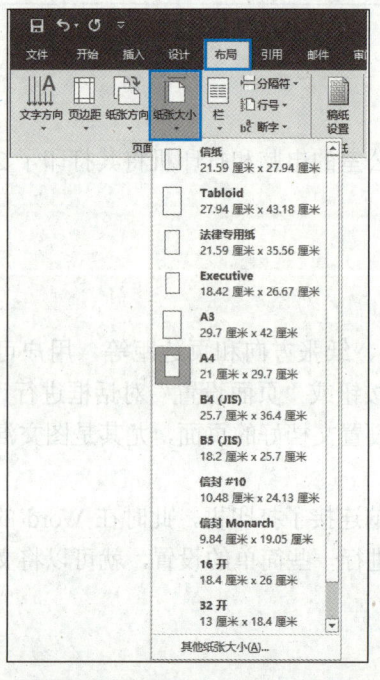

图 4-50 "纸张大小"下拉列表

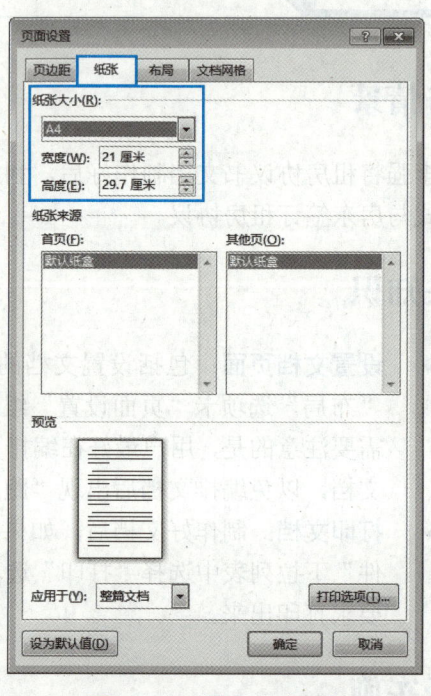

图 4-51 "纸张"选项卡

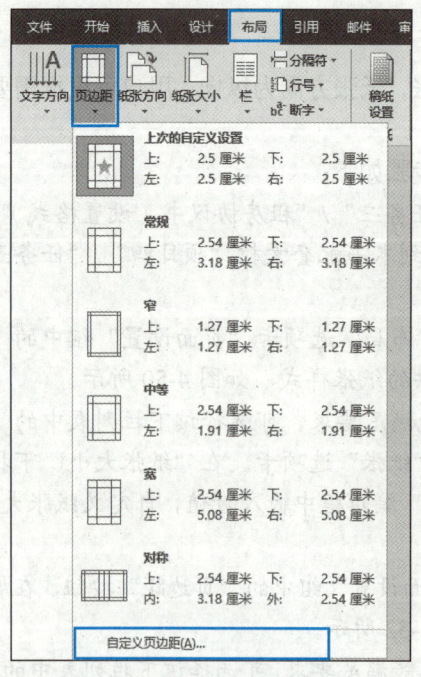

图 4-52 "页边距"下拉列表

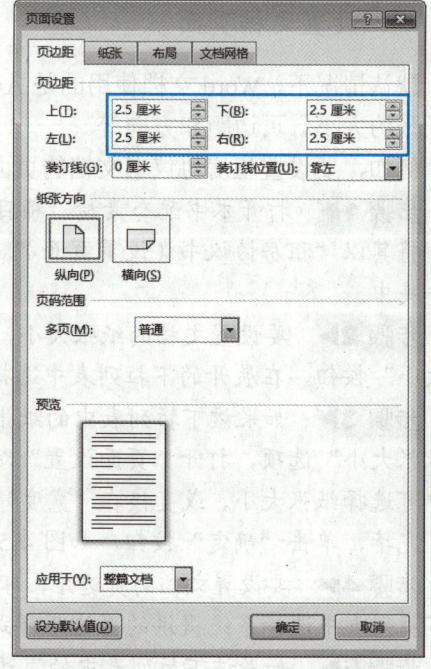

图 4-53 自定义页边距

步骤 6▶ 要设置文档的纸张方向，可单击"页面设置"组中的"纸张方向"按钮，在展开的下拉列表中进行选择，一般保持默认的纵向，如图 4-54 所示。此外，也可在"页面设置"对话框的"页边距"选项卡中设置纸张方向。

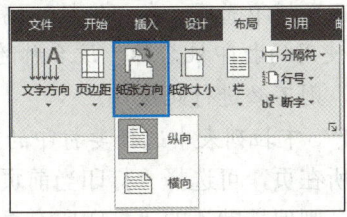

图 4-54 "纸张方向"下拉列表

此外，要打开"页面设置"对话框，也可单击"页面设置"组右下角的对话框启动器按钮 。

二、打印预览与打印文档

文档编辑完成后便可以将其打印出来。为防止出错，一般在打印文档之前都会先预览一下打印效果，以便及时改正错误。打印预览与打印文档的操作步骤如下：

步骤 1▶ 在"文件"下拉列表中选择"打印"选项，进入文档的打印预览界面，如图 4-55 所示。

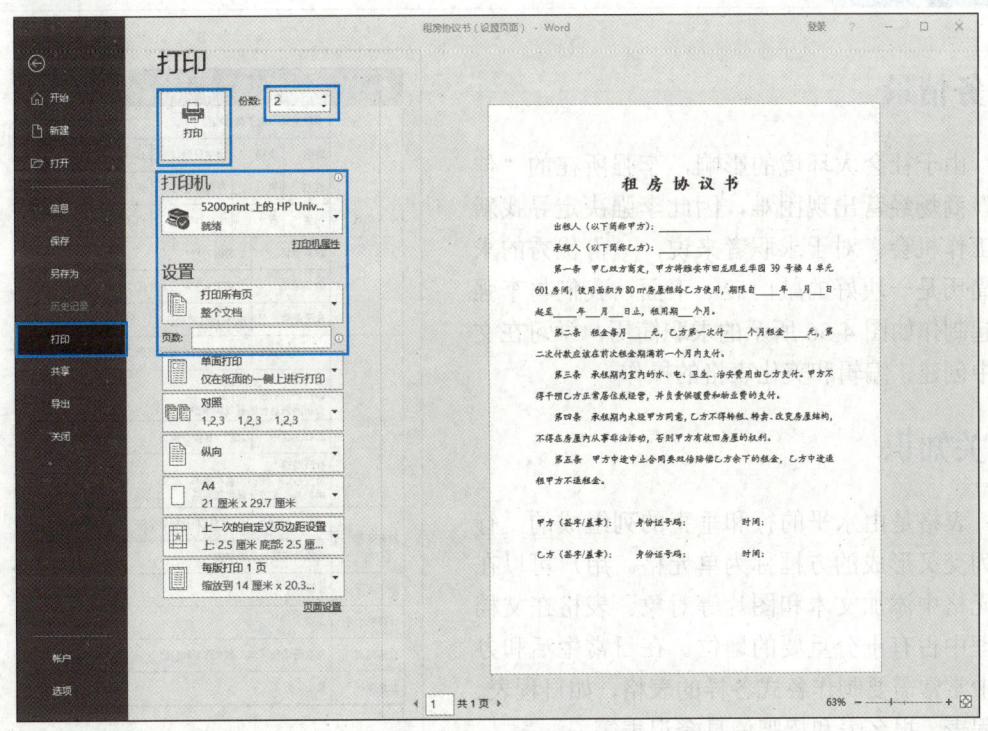

图 4-55 打印预览文档

步骤 2▶ 在界面的右侧预览文档的打印效果。如果文档有多页，单击界面右侧区域左下方的“上一页”按钮◀、“下一页”按钮▶，或在“当前页面”编辑框中直接输入页码并按“Enter”键，可切换到要预览的页面。

步骤 3▶ 在界面的中间设置打印选项。在“份数”编辑框中输入打印份数“2”，在“打印机”下拉列表中选择要使用的打印机名称（该名称随安装的打印机不同而不同）。如果当前只有一台可用打印机，则不必进行此操作。

步骤 4▶ 在“打印所有页”下拉列表中选择要打印的文档页面内容。

- 如果只需打印插入点所在页，可选择“打印当前页面”选项。
- 如果要打印全部页面，则保持默认的“打印所有页”选项。
- 如果要打印指定页，可选择“自定义打印范围”选项，然后在其下方的“页数”编辑框中输入页码范围。例如，输入“3-6”表示打印第 3 页至第 6 页的内容；输入“3,6,10”表示只打印第 3 页、第 6 页和第 10 页的内容。
- 如果选中文档中的部分内容，然后在“打印所有页”下拉列表中选择“打印选定区域”选项，将只打印选中的内容。

步骤 5▶ 设置完毕，单击“打印”按钮，即可按照设置打印文档。

任务六 制作求职简历——表格创建与编辑

任务情景

由于社会大环境的影响，李强所在的“佳美”商场经营出现困难，因此李强决定寻找新的工作机会。对于求职者来说，一份优秀的求职简历是一块好的敲门砖。下面，我们与李强一起制作如图 4-56 所示的求职简历，学习在文档中创建、编辑和美化表格的操作。

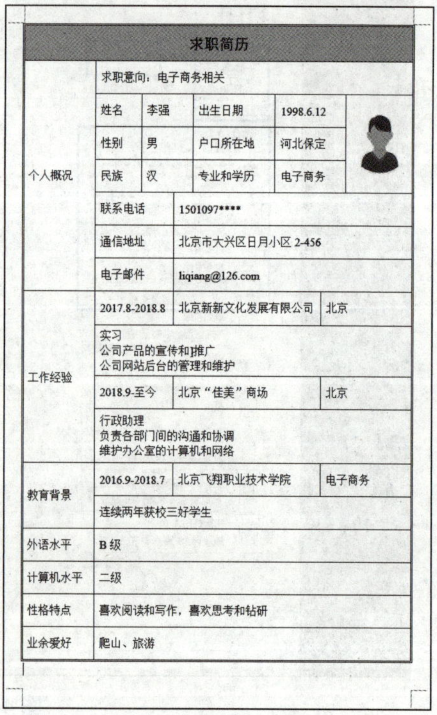

求职简历				
	求职意向：电子商务相关			
个人概况	姓名	李强	出生日期	1998.6.12
	性别	男	户口所在地	河北保定
	民族	汉	专业和学历	电子商务
	联系电话	1501097****		
	通信地址	北京市大兴区日月小区 2-456		
	电子邮件	liqiang@126.com		
工作经验	2017.8-2018.8	北京新新文化发展有限公司	北京	
	实习 公司产品的宣传和推广 公司网站后台的管理和维护			
	2018.9-至今	北京“佳美”商场	北京	
	行政助理 负责各部门间的沟通和协调 维护办公室的计算机和网络			
教育背景	2016.9-2018.7	北京飞翔职业技术学院	电子商务	
	连续两年获校三好学生			
外语水平	B 级			
计算机水平	二级			
性格特点	喜欢阅读和写作，喜欢思考和钻研			
业余爱好	爬山、旅游			

图 4-56 求职简历

相关知识

表格是由水平的行和垂直的列组成的，行与列交叉形成的方框称为单元格。用户可以在单元格中添加文本和图片等对象。表格在文档处理中占有十分重要的地位。在日常生活和办公中常常需要制作各式各样的表格，如日程表、课程表、报名表和招聘信息登记表等。

任务实施

一、创建表格

用户可以根据所创建表格需要的行、列数来创建表格，然后通过合并、拆分单元格，设置表格行高或列宽等操作对表格进行调整，操作步骤如下：

步骤 1▶ 新建"求职简历"空白文档，将其保存到本书配套素材"项目四"/"任务六"文件夹中。

步骤 2▶ 单击"插入"选项卡"表格"组中的"表格"按钮，展开下拉列表。如果在该下拉列表的网格中直接移动鼠标指针来确定表格的行、列数（见图 4-57），然后单击鼠标，可创建简单表格。

步骤 3▶ 如果选择下拉列表中的"插入表格"选项，会打开"插入表格"对话框，分别在"列数"和"行数"编辑框中输入数值，然后单击"确定"按钮，即可按照设置创建一个 6 列 18 行的表格，如图 4-58 所示。

 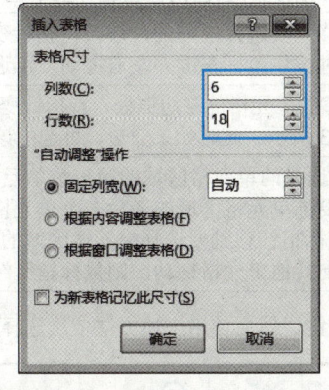 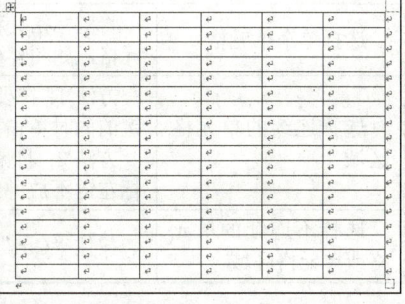

图 4-57 "表格"下拉列表　　　　图 4-58 使用"插入表格"对话框创建表格

- **固定列宽**：选中该单选钮，可在其右侧的编辑框中指定表格的列宽。
- **根据内容调整表格**：选中该单选钮，则表格各列的宽度会随输入的内容自动调整。
- **根据窗口调整表格**：选中该单选钮，则表格的宽度与文档正文的宽度一致。

如果在"表格"下拉列表中选择"绘制表格"选项，鼠标指针会变成 ∮ 形状，此时可自由绘制表格：在文档编辑区按住鼠标左键并拖动，到合适位置后释放鼠标，即可绘制出一个矩形作为表格的外边框（见图 4-59），然后按住鼠标左键在矩形内水平或垂直拖动，可绘制表格的行线或列线，如图 4-60 所示。最后按"Esc"键可结束表格绘制操作。

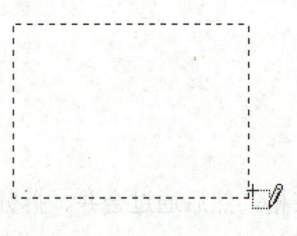
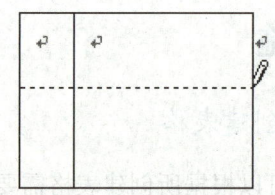

图 4-59　绘制表格的外边框　　　　　图 4-60　绘制表格的行线和列线

二、选择表格和单元格

如果要对表格进行编辑操作，首先需选中要修改的单元格、行、列或整个表格。Word 2016 提供了多种选择方法，如表 4-1 所示。

表 4-1　选择表格、行、列和单元格的方法

选择对象	操作方法
选择整个表格	将鼠标指针移到表格上方，此时表格的左上角会显示⊞控制柄，单击该控制柄即可选中整个表格
选择行	将鼠标指针移到要选择的行的左边界外侧，待指针变成形状后单击，如图 4-61 所示。如果此时按住鼠标左键并上下拖动，可选中多行
选择列	将鼠标指针移到要选择的列的顶端，待指针变成↓形状后单击，如图 4-62 所示。如果此时按住鼠标左键并左右拖动，可选中多列
选择单个单元格	将鼠标指针移到单元格的左边框处，待指针变成形状后单击，可选中该单元格，如图 4-63 所示。此时如果双击，可选中该单元格所在的一整行
选择连续的单元格区域	方法 1：在要选择的单元格区域的第一个单元格中单击，然后在按住"Shift"键的同时单击要选单元格区域的最后一个单元格 方法 2：将鼠标指针移到要选择单元格区域的第一个单元格中，然后按住鼠标左键不放并向其他单元格拖动，则鼠标指针经过的单元格均被选中
选择不连续的单元格或单元格区域	按住"Ctrl"键，然后使用上述方法依次选择单元格或单元格区域

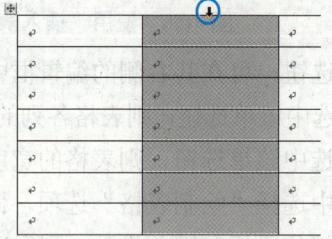
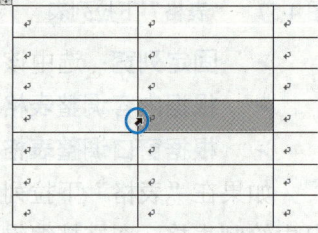

图 4-61　选择行　　　　　图 4-62　选择列　　　　　图 4-63　选择单元格

三、编辑表格

为满足用户在实际工作中的需要，Word 提供了多种方法来修改已创建的表格。例如，插入行、列或单元格，删除多余的行、列或单元格，合并或拆分单元格，以及调整单元格的行高和列宽等。

创建好表格后,单击任意单元格,在 Word 2016 的功能区中会出现"表格工具"选项卡,它包括"设计"和"布局"两个子选项卡,对表格的大多数编辑和美化操作,都是通过这两个子选项卡来实现,如图 4-64 所示。

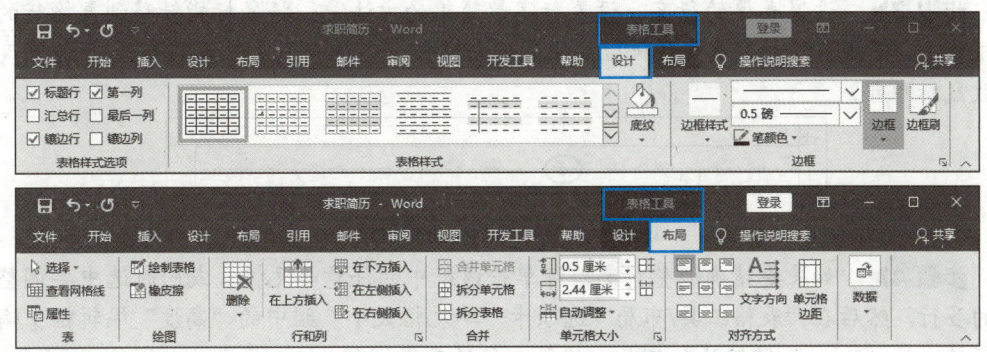

图 4-64 "表格工具"选项卡的两个子选项

下面,通过编辑表格来调整求职简历表的框架,操作步骤如下:

步骤 1 合并单元格。选中表格的第 1 行,然后单击"表格工具/布局"选项卡"合并"组中的"合并单元格"按钮,即可将第 1 行中的所有单元格合并,如图 4-65 所示。

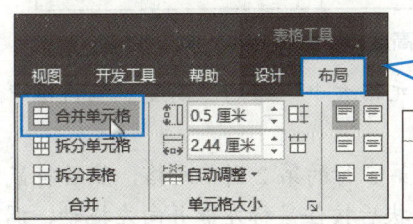

单击"拆分单元格"按钮,可将所选单元格拆分成指定的多个单元格;单击"拆分表格"按钮,可从所选单元格处将表格拆分成上、下两个

图 4-65 合并单元格

步骤 2 对照图 4-66,分别选择其他单元格进行合并,从而获得表格的基本框架。

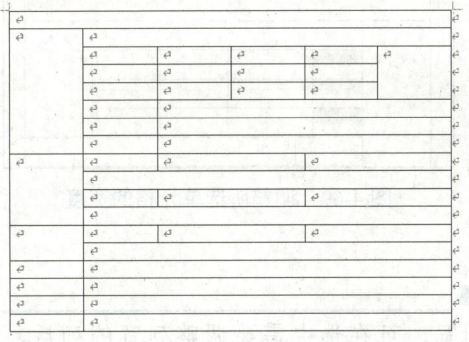

图 4-66 合并其他单元格

提 示

利用删除表格线的方法也可以合并单元格:单击"表格工具/布局"选项卡"绘图"组中的"橡皮擦"按钮,然后在要删除的行线或列线上单击,最后按"Esc"键或

再次单击"橡皮擦"按钮取消其选择。此外，单击"绘制表格"按钮，然后在表格中拖动，可绘制行线或列线，从而拆分单元格。

步骤 3▶ 设置表格的行高。设置行高最简单的方法是：将鼠标指针移到表格行的下边框线上，待鼠标指针变成÷形状后按住鼠标左键并上下拖动（见图 4-67），到合适高度后释放鼠标即可。

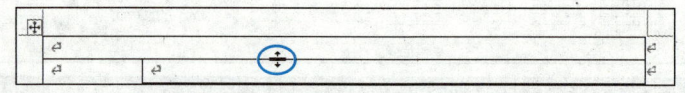

图 4-67 利用拖动方法调整行高

步骤 4▶ 如果要精确调整行高，可单击该行中的任意单元格，或同时选中要调整行高的多行，然后在"表格工具/布局"选项卡"单元格大小"组中的"高度"编辑框中输入行高值，按"Enter"键确认。例如，将第 1 行的高度调整为 1.3 厘米，如图 4-68 所示。

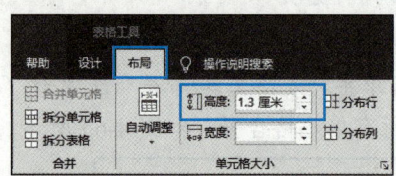 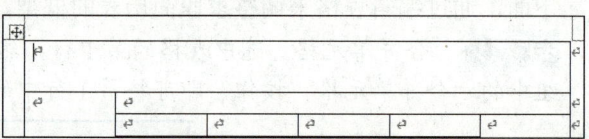

图 4-68 精确调整第 1 行的高度

步骤 5▶ 选中除第 1 行外的其他行，然后在"单元格大小"组的"高度"编辑框中输入"1.2"，将这些行的高度全部设置为 1.2 厘米。

步骤 6▶ 调整列宽。同时选中第 3 行、第 4 行和第 5 行的第 2 列单元格，然后将鼠标指针移到所选列的右边框线上，待鼠标指针变成 ᛫∥᛫ 形状后按住鼠标左键并向左拖动，调整所选单元格的宽度，如图 4-69 所示。

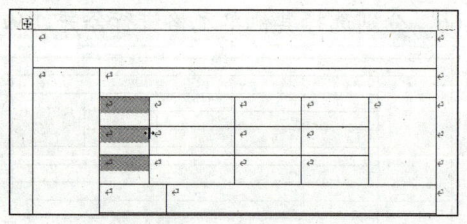

图 4-69 调整所选单元格的宽度

提　示

如果要精确调整列宽，可在选中需要调整列宽的列后，在"单元格大小"组的"宽度"编辑框中输入数值并按"Enter"键确认。

如果不选择单元格，则无论使用哪种方法，都表示调整插入点所在列全部单元格的宽度。

如果希望将多行或多列调整为等高或等宽，可先选中这些行、列或相应的单元格，再单击"单元格大小"组中的"分布行"或"分布列"按钮。

插入或删除行、列也是编辑表格时经常使用的操作，这些操作主要是通过"表格工具/布局"选项卡"行和列"组中的按钮来实现。

➤ **插入行**：在要插入行的位置选中与要插入的行数相同的行，然后单击"在上方插入"按钮或"在下方插入"按钮，即可在所选行的上方或下方插入与所选行数相同的行，如图 4-70 所示。

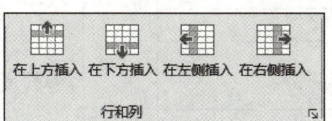 

图 4-70　在下方插入行

➤ **插入列**：在要插入列的位置选中与要插入的列数相同的列，然后单击"在左侧插入"按钮或"在右侧插入"按钮，即可在所选列的左侧或右侧插入与所选列数相同的列。

➤ **删除行、列、单元格或表格**：选中要删除的行、列、单元格或表格，然后单击"删除"按钮，在展开的下拉列表中选择相应选项，如图 4-71 所示。

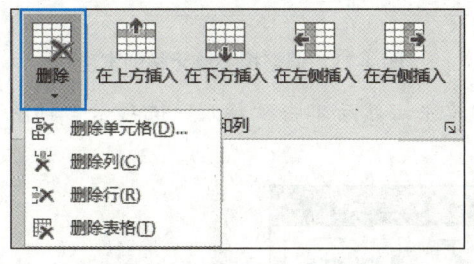

图 4-71　"删除"下拉列表

> **技巧**
>
> 如果要为表格绘制斜线表头，可定位单元格后在"边框"下拉列表中选择"斜下框线"选项，或利用"形状"下拉列表中的"直线"工具在单元格中进行绘制即可。

四、在表格中输入内容并设置格式

创建好表格框架后，就可以根据需要在表格中输入内容了。输入内容后，还可以根据需要调整表格内容在单元格中的对齐方式，以及设置单元格内容的字体、字号等，操作步骤如下：

步骤1▶ 对照图 4-72，分别将插入点置于表格的各单元格中，然后输入内容。

步骤2▶ 适当调整相关单元格的宽度，使单元格中的内容以一行显示，效果大致如图 4-73 所示。

> **技巧**
>
> 调整单个单元格列宽的方法：首先选中要调整宽度的单元格，然后将鼠标指针移到该单元格右侧的边框线上，待鼠标指针变成左右双向箭头形状时，按住鼠标左键不放并左右拖动，到合适宽度后释放鼠标。

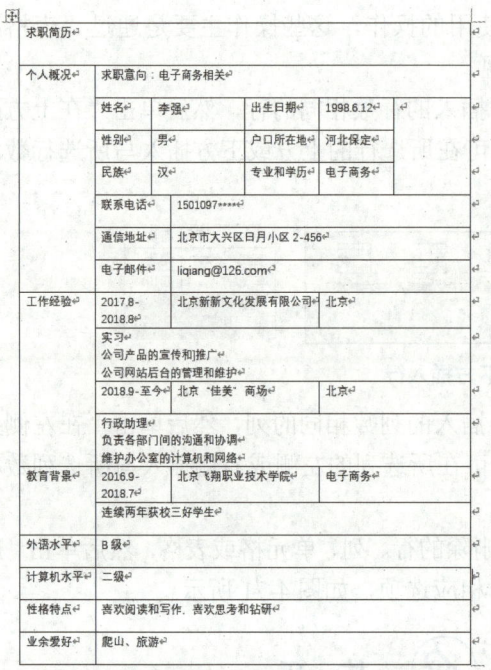
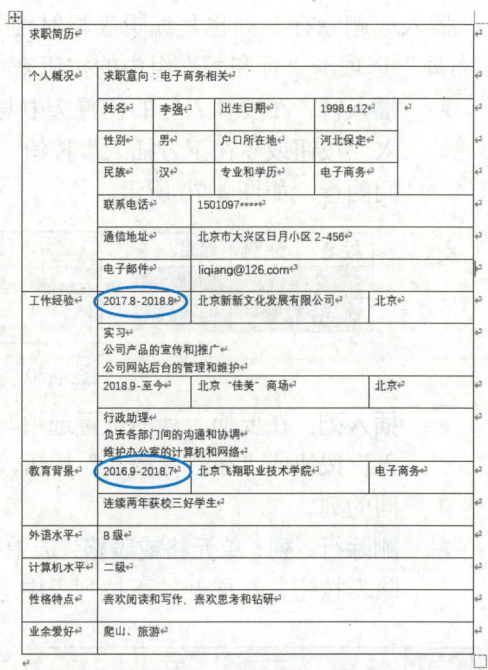

图 4-72 在表格中输入内容　　　　　　　图 4-73 调整相关单元格的宽度

步骤 3▶ 在表格第 3 行最右侧的单元格中单击，然后单击"插入"选项卡"插图"组中的"图片"按钮，如图 4-74 所示。

图 4-74 单击"图片"按钮

步骤 4▶ 打开"插入图片"对话框，在对话框左侧的导航窗格中找到存放图片的文件夹，这里为本书配套素材"项目四"/"任务六"文件夹，选择要插入的"求职"图片文件，单击"插入"按钮，即可将其插入到指定的单元格中，然后在"图片工具/格式"选项卡的"大小"组中调整图片的高度为 2.5 厘米，如图 4-75 所示。

步骤 5▶ 单击表格左上角的控制柄 ⊞ 选中整个表格，然后单击"表格工具/布局"选项卡"对齐方式"组中的"中部左对齐"按钮 ▤（见图 4-76），将各单元格中的内容相对于单元格垂直居中对齐、水平居左对齐。

步骤 6▶ 选中表格的第 1 行，然后利用"开始"选项卡的"字体"组和"段落"组设置该行内容的格式为黑体、三号、居中。表格其他内容的中文字体为宋体，西方字体为 Times New Roman，字号为小四。

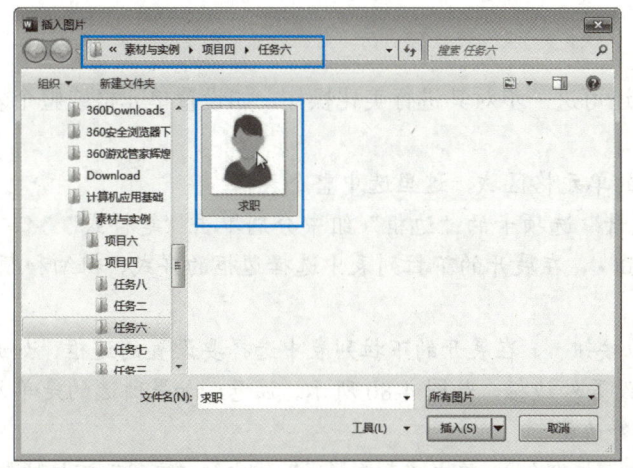
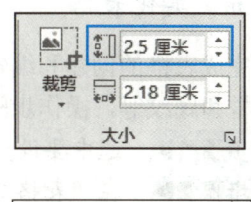
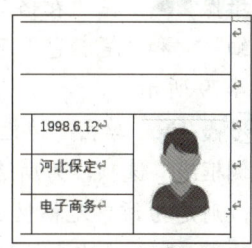

图 4-75 在单元格中插入图片

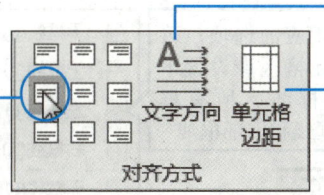

图 4-76 设置单元格对齐方式

要设置整个表格相对于页面的对齐方式、与周围文字的环绕方式，可选中整个表格，然后单击"表格工具/布局"选项卡"表"组中的"属性"按钮，在打开的"表格属性"对话框中进行设置，如图 4-77 所示。如果将该对话框切换到"行""列"或"单元格"选项卡，可设置所选单元格的行高、列宽或单元格中文字的对齐方式等，如图 4-78 所示。

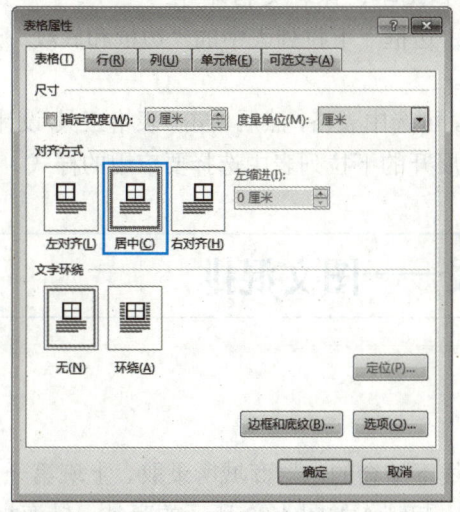
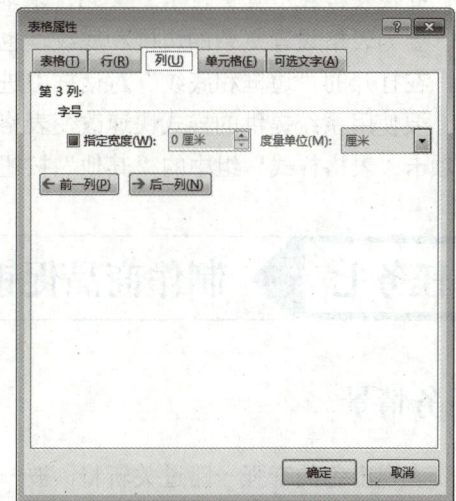

图 4-77 设置表格的对齐和文字环绕方式　　　　图 4-78 设置列宽

五、美化表格

完成表格的创建和编辑后,还可进一步对其进行美化操作,如设置单元格或整个表格的边框和底纹等,操作步骤如下:

步骤1▶ 选中要设置边框的单元格区域,这里选中整个表格。

步骤2▶ 在"表格工具/设计"选项卡的"边框"组中分别单击"笔样式"∨、"笔画粗细"∨和"笔颜色"下拉按钮▼,在展开的下拉列表中选择边框的样式、粗细和颜色,如图 4-79 所示。

步骤3▶ 单击"边框"下拉按钮▼,在展开的下拉列表中选择要设置的边框,如选择"外侧框线"选项,为所选表格设置外边框,如图 4-80 所示。注意:如果所选的是单元格区域,则是为该单元格区域设置外边框。

步骤4▶ 选中表格的第 1 行(标题行),单击"表格样式"组中的"底纹"下拉按钮▼,在展开的下拉列表中选择一种底纹颜色,如选择"金色,个性色 4"选项,如图 4-81 所示。

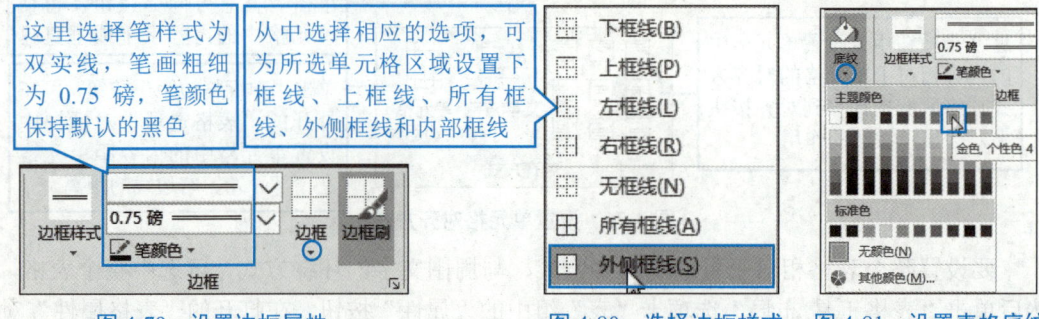

图 4-79　设置边框属性　　图 4-80　选择边框样式　　图 4-81　设置表格底纹

步骤5▶ 调整"工作经验"相关行的高度,使单元格中以多行显示的内容不显得拥挤,并使表格在一页中显示。至此,求职简历制作完毕,保存文档即可。

要为表格设置复杂的边框和底纹,也可选择"边框"下拉列表中的"边框和底纹"选项,在打开的"边框和底纹"对话框中进行设置。

要使用系统提供的样式快速改变表格的外观,可选中表格,然后单击"表格工具/设计"选项卡"表格样式"组中的"其他"按钮 ▽,在展开的下拉列表中选择要应用的样式。

任务七　制作商品促销海报——图文混排

任务情景

表现出色的李强一路过关斩将,被一家线上线下结合的电器商城所录取。上班第一天的任务是制作商品促销海报。下面,我们与李强一起制作如图 4-82 所示的商品促销海报,学习在文档中插入与编辑形状、图片、文本框和艺术字等的方法。

项目四 使用 Word 2016 制作文档

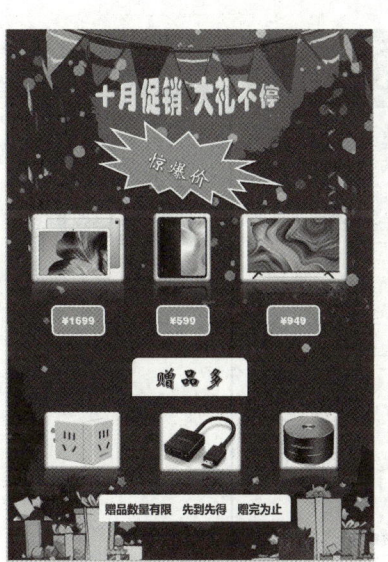

图 4-82 商品促销海报效果

相关知识

➢ **插入形状、图片等对象**：用户可利用 Word 2016 "插入"选项卡中的相应按钮，在文档中插入各种形状、文本框、本机图片、联机图片、艺术字和 SmartArt 图形等对象，以丰富文档内容和方便排版，使文档更加精彩。

➢ **编辑与美化插入的对象**：插入形状和图片等对象后，在 Word 的功能区会自动出现"绘图工具/格式"选项卡或"图片工具/格式"选项卡，利用它们可对插入的对象进行各种编辑与美化操作。在 Word 2016 中，对形状、图片和文本框等对象进行编辑与美化的操作方法基本相同。

任务实施

一、绘制、编辑与美化形状

1. 绘制形状

在文档中绘制形状的操作步骤如下：

步骤 1▶ 新建"商品促销海报"空白文档，将其保存到本书配套素材"项目四"/"任务七"文件夹中。

步骤 2▶ 单击"插入"选项卡"插图"组中的"形状"按钮，在展开的下拉列表中选择要绘制的形状，如选择"星与旗帜"/"爆炸形:14 pt"选项，如图 4-83 所示。

步骤 3▶ 此时鼠标指针会变成十字形 +，将其移到要绘制形状的位置，按住鼠标左键并拖动，即可绘制出所选形状，如图 4-84 所示。

123

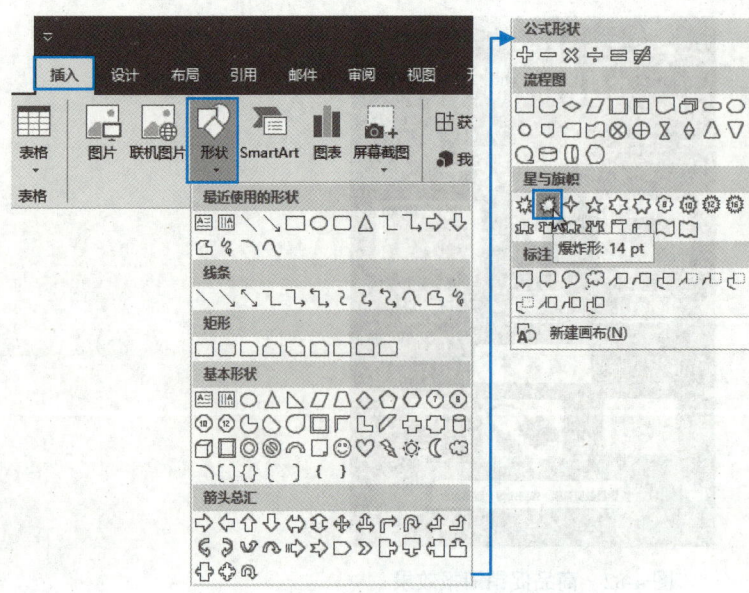

图 4-83 选择要绘制的形状　　　　　图 4-84 绘制爆炸形

 提　示

选择要绘制的形状，然后按住"Shift"键在文档编辑区拖动鼠标，可绘制具有一定规则的图形，例如，绘制正方形或圆，还可绘制与水平线成 0°，15°，30°，……夹角的直线或箭头。

2．选择形状

要选择单个形状，可直接单击该形状。

如果要同时选择多个形状，可在按住"Shift"键的同时单击要选择的形状；也可单击"开始"选项卡"编辑"组中的"选择"按钮，在展开的下拉列表中选择"选择对象"选项，然后在形状周围拖出一个方框，此时方框内的所有形状都会被选中。操作完毕，需按"Esc"键返回正常的文本编辑状态。

3．编辑形状的常用操作

选中形状后，可对其进行移动、复制和删除等操作，方法与操作文本基本相同。此外，还可以改变形状的大小、外观或旋转形状等，操作步骤如下：

 选中要操作的形状，此时形状周围会出现多个圆形控制点○。

 要改变形状的大小，可将鼠标指针移到任意一个圆形控制点上，当鼠标指针变成双向箭头形状时按住鼠标左键并拖动；如果在按住"Shift"键的同时拖动形状 4 个角的控制点之一，可等比例改变形状的大小，如图 4-85 所示。

 要旋转形状，可将鼠标指针移到形状上方的 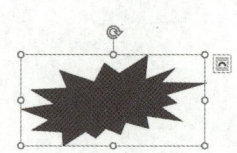 控制点上，当鼠标指针变成形状时按住鼠标左键并拖动，到合适角度后释放鼠标，如图 4-86 所示。

 部分形状上会出现一个或多个黄色的圆形控制点●（见图 4-87），拖动它可改变形状的外观，如改变圆角矩形的圆角大小、改变太阳形和十字箭头的外观等。

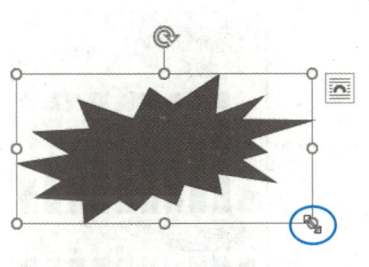 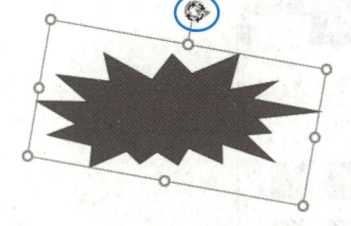 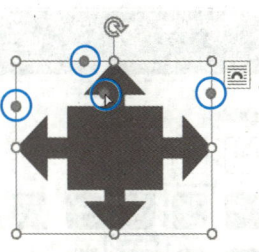

图 4-85　缩放形状　　　　图 4-86　旋转形状　　　　图 4-87　改变形状外观

4. 美化形状

选中形状后，可以改变其边框线型（如边框粗细）、颜色和样式，以及设置其填充颜色、阴影效果和三维效果等，还可利用系统提供的样式快速美化形状。这些操作都是通过选中形状后出现的"绘图工具/格式"选项卡实现的，如图 4-88 所示。

图 4-88　"绘图工具/格式"选项卡

"绘图工具/格式"选项卡各组的作用如下。

➢ "插入形状"组：在该组的形状下拉列表中选择某个形状，然后可在编辑区拖动鼠标绘制该形状。如果单击"编辑形状"按钮，在展开的下拉列表中选择相应选项，可用新的形状替换当前所选的形状，或对形状的顶点进行编辑，以改变形状的外观。

➢ "形状样式"组：在"形状样式"下拉列表中选择系统提供的某个样式，可快速美化所选形状。用户也可自行设置所选形状的填充、轮廓和三维等效果。

➢ "艺术字样式"组：如果所选形状是文本框，可通过该组中的选项设置文本框中文本的艺术效果，制作出漂亮的文字。

➢ "文本"组：设置所选文本框中文字的对齐方式和方向等。

➢ "排列"组：设置所选形状的位置、环绕文字方式（形状与其他对象的位置关系）、叠放次序、旋转及对齐方式等。

➢ "大小"组：精确设置所选形状的大小。

下面对绘制的"爆炸形:14 pt"形状进行美化，操作步骤如下：

步骤 1▶ 选中绘制的爆炸形，然后单击"绘图工具/格式"选项卡"形状样式"组中的"其他"按钮，在展开的下拉列表中选择一种系统提供的样式，快速美化图形，如图 4-89 所示。

步骤 2▶ 保持形状的选中，单击"形状样式"组中的"形状填充"下拉按钮，在展开的下拉列表中选择一种填充颜色，如选择"橙色"选项，如图 4-90 所示。此外，在该下拉列表中选择相应选项，还可为图形填充图片、渐变或纹理等效果。

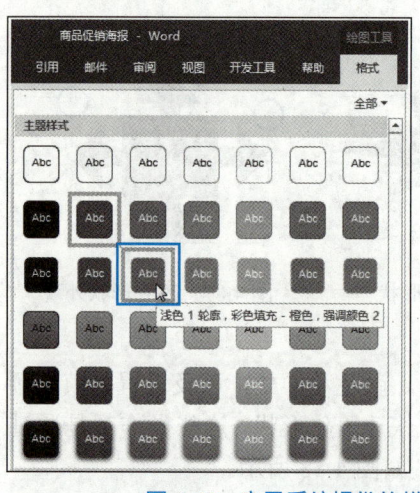 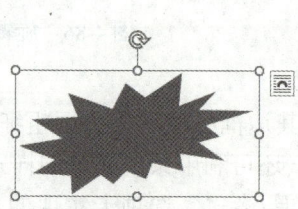 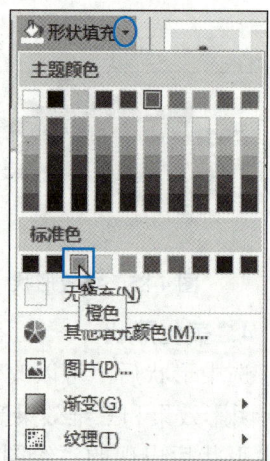

图 4-89 应用系统提供的样式美化爆炸形　　　图 4-90 设置爆炸形的填充颜色

步骤3▶ 单击"形状样式"组中的"形状轮廓"下拉按钮，在展开的下拉列表中选择形状的轮廓颜色、粗细和虚线等，如选择"白色，背景 1"选项和"粗细"/"3 磅"选项，如图 4-91 所示。如果是开放的线条，还可以设置线条两端是否带箭头。

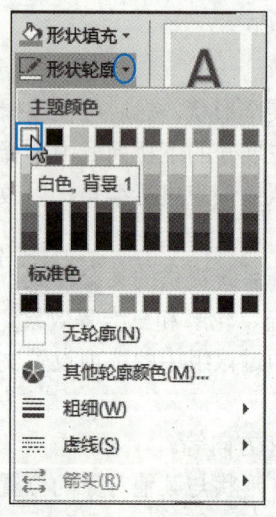 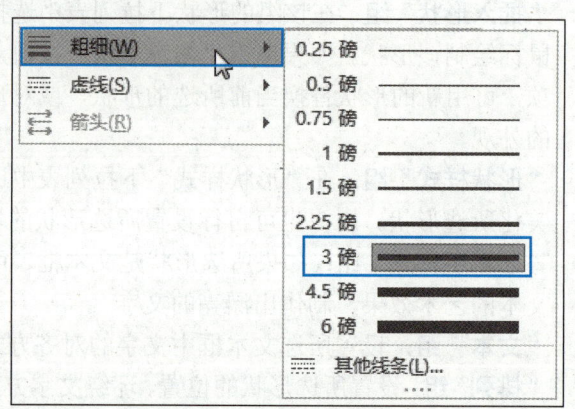

图 4-91 设置爆炸形的轮廓颜色和粗细

步骤4▶ 单击"形状样式"组中的"形状效果"下拉按钮，在展开的下拉列表中选择一种形状效果，如选择"阴影"/"外部"/"偏移：右下"选项，为爆炸形设置外部阴影效果，如图 4-92 所示。

二、插入、编辑与美化图片

在 Word 2016 中可以插入两种类型的图片：一种是保存在计算机中的图片，另一种是联机图片。无论插入什么样的图片，插入后都可对其进行各种编辑与美化操作，方法和编辑与美化形状类似。

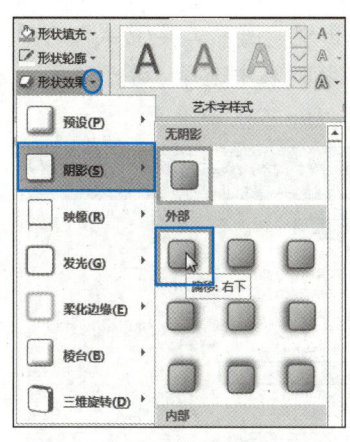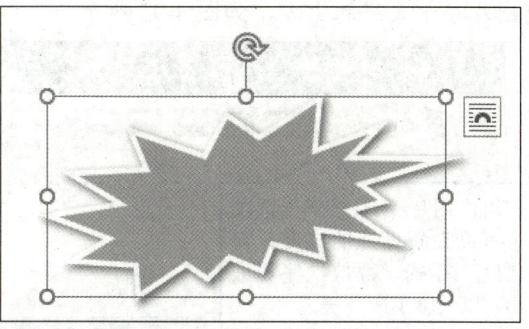

图 4-92　设置爆炸形的阴影效果

1．插入保存在计算机中的图片

要在文档中插入、编辑与美化保存在计算机中的图片，操作步骤如下：

步骤 1 ▶ 继续在打开的文档中操作。单击"插入"选项卡"插图"组中的"图片"按钮，如图 4-93 所示。

图 4-93　单击"图片"按钮

步骤 2 ▶ 打开"插入图片"对话框，找到并同时选中本书配套素材"项目四"/"任务七"文件夹中的"笔记本电脑""手机"和"电视"3 张图片，单击"插入"按钮，将它们插入到文档中，如图 4-94 所示。

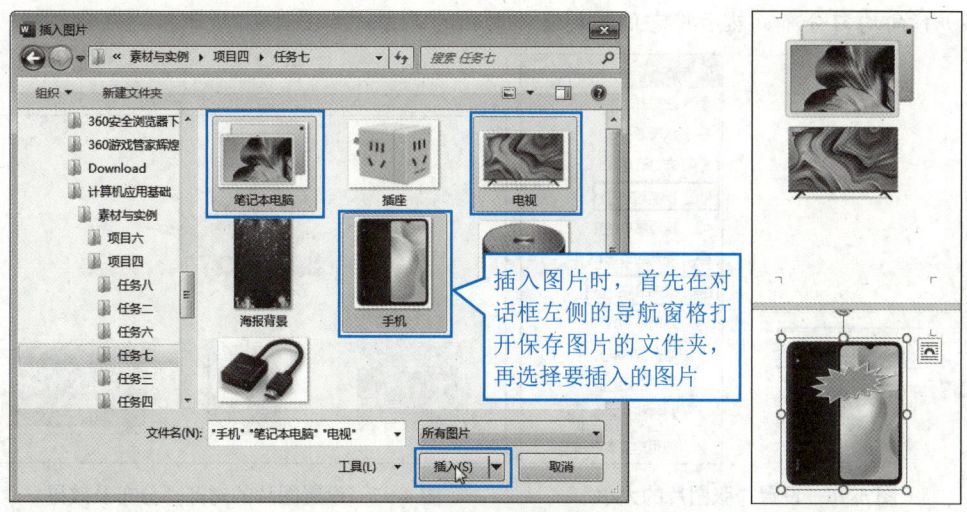

图 4-94　插入图片

步骤 3▶ 单击"笔记本电脑"图片,功能区中会出现"图片工具/格式"选项卡,然后单击"排列"组中的"环绕文字"按钮,在展开的下拉列表中选择"浮于文字上方"选项,将图片浮于文字的上方,如图 4-95 所示。

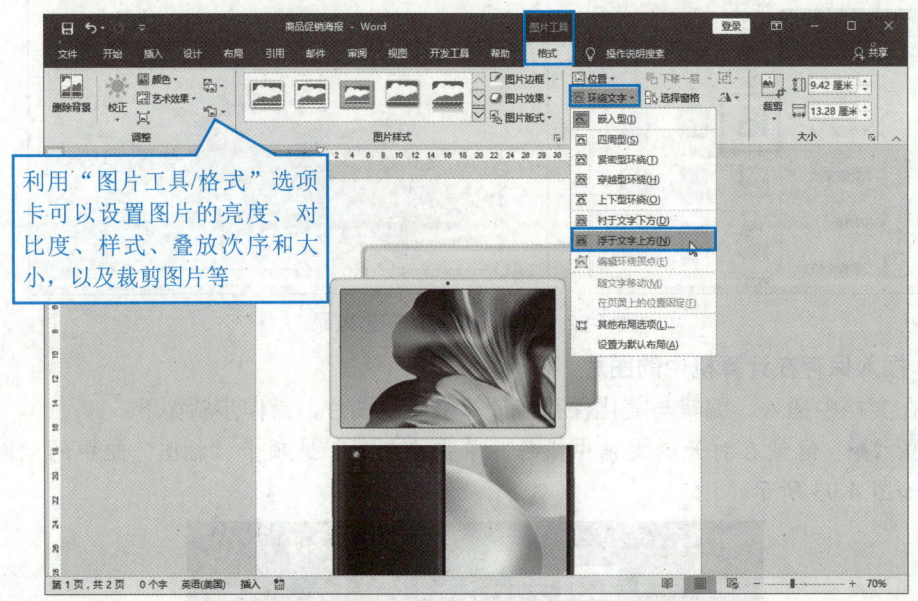

利用"图片工具/格式"选项卡可以设置图片的亮度、对比度、样式、叠放次序和大小,以及裁剪图片等

图 4-95 设置图片的环绕文字方式

步骤 4▶ 使用同样的方法,将其他两张图片的环绕文字方式也设置为浮于文字上方。此时将鼠标指针移至图片上,鼠标指针呈十形状,按住鼠标左键并拖动,可任意移动图片。

步骤 5▶ 同时选中这 3 张图片,然后在"图片工具/格式"选项卡的"大小"组中设置图片的高度都为 3.6 厘米,如图 4-96 所示。

步骤 6▶ 保持 3 张图片的选中,然后单击"图片工具/格式"选项卡"排列"组中的"对齐"按钮,在展开的下拉列表中选择"顶端对齐"和"横向分布"选项,将这 3 张图片顶端对齐并横向均匀分布,然后将它们移到爆炸形状的下方,如图 4-97 所示。

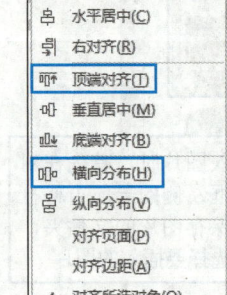

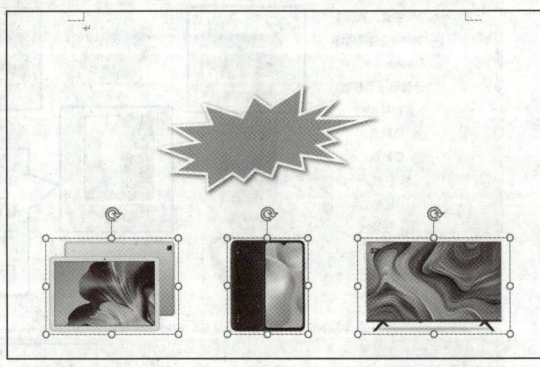

图 4-96 设置 3 张图片的大小　　图 4-97 设置图片的对齐、分布及效果

步骤7▶ 保持3张图片的选中,然后单击"图片工具/格式"选项卡"图片样式"组中的"其他"按钮,在展开的下拉列表中为图片选择一种系统提供的样式,如选择"映像棱台,白色"选项,如图4-98所示。

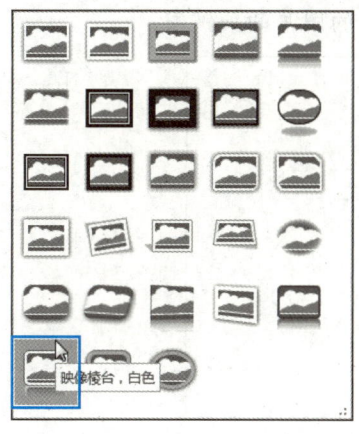
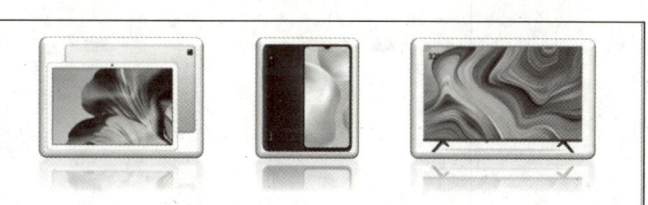

图4-98 为3张图片应用系统提供的样式

设置图片与正文的环绕方式时,如果选择"嵌入型"选项,则图片会像普通文本一样嵌入到页面中;如果选择"四周型"选项,则正文中的文本会环绕在图片的四周,从而达到图文混排效果(见图4-99);如果选择"衬于文字下方"选项,则图片显示在文本的下面,文本在图片上面,即图片被文本遮盖。

在"环绕文字"下拉列表中选择"其他布局选项",会打开"布局"对话框的"文字环绕"选项卡。如果选择"四周型"环绕方式,还可在该对话框中设置图片上、下、左、右四边距正文的距离,如图4-100所示。

形状和文本框的默认环绕方式为浮于文字上方,图片为嵌入型。

图4-99 将图片设置为四周型环绕方式的效果

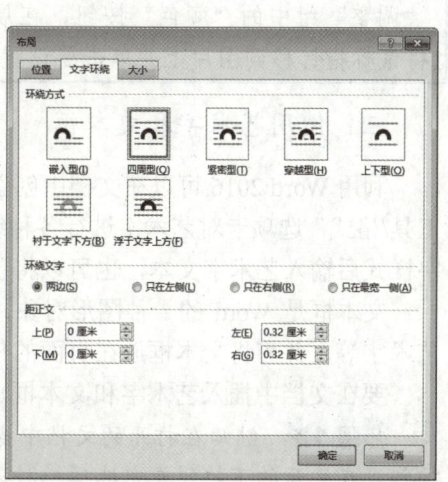

图4-100 对环绕方式进行更多设置

2. 插入联机图片

要在文档中插入联机图片，操作步骤如下：

步骤1▶ 在"插图"组中单击"联机图片"按钮，此时系统自动打开"插入图片"窗口（见图4-101），在"搜索必应"编辑框中输入要插入的图片的关键字。

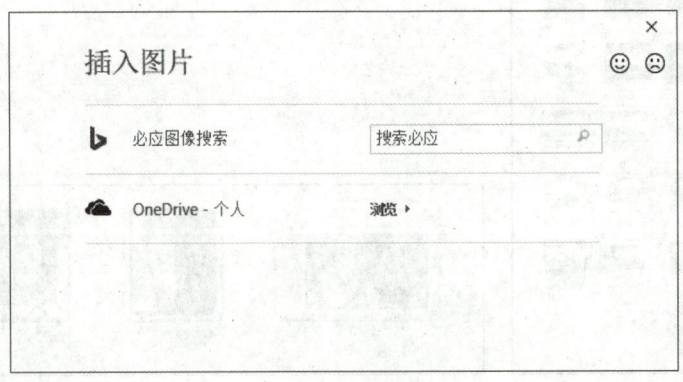

图4-101 "插入图片"窗口

步骤2▶ 单击"搜索"按钮 或按"Enter"键，此时会显示与搜索关键字相关的图片缩略图，单击选择所需图片（可同时选择多张图片），此时图片的右上角会出现选中标记 ，单击"插入"按钮，即可下载选中的图片并将其插入到文档的指定位置。

技 巧

> 如果要将图片中多余的区域裁掉，可选中图片后单击"图片工具/格式"选项卡"大小"组中的"裁剪"按钮 ，此时鼠标指针变成 形状，将鼠标指针移到图片的控制点上，按住鼠标左键并拖动，至合适的位置时释放鼠标即可。
>
> 对于背景色只有一种颜色的图片，可将该图片的纯色背景设置为透明色，从而使图片更好地融入到 Word 文档中。为此，可选中图片后单击"图片工具/格式"选项卡"调整"组中的"颜色"按钮，在展开的下拉列表中选择"设置透明色"选项，然后将鼠标指针移到图片上并单击要设置为透明色的纯色背景位置即可。

三、使用艺术字和文本框

利用 Word 2016 可以在文档中创建漂亮的艺术字。创建艺术字后，还可以利用"绘图工具/格式"选项卡对艺术字进行各种编辑与美化操作。在 Word 2016 中，既可以选择艺术字样式后输入艺术字文本，也可以将现有的文本转换成艺术字。

文本框是 Word 的一种图形对象，用户可以在文本框中输入文本，放置图片、表格和艺术字等，并可将文本框放在页面的任意位置，从而设计出较为特殊的文档版式。

要在文档中插入艺术字和文本框，操作步骤如下：

步骤1▶ 继续在打开的文档中操作。单击"插入"选项卡"文本"组中的"艺术字"按钮，在展开的下拉列表中选择一种艺术字样式，如选择"填充：金色，主题色4；软棱台"选项，如图4-102所示。

步骤 2 此时文档会出现一个没有边框和填充颜色的艺术字占位符，直接输入需要的艺术字，以替代"请在此放置您的文字"文本，接着单击占位符的边框将其选中，然后利用"开始"选项卡的"字体"组设置艺术字的字体为华文琥珀，如图 4-103 所示。

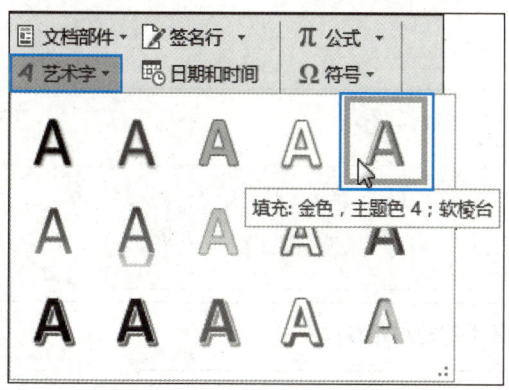

图 4-102　选择艺术字样式　　　　图 4-103　输入艺术字文本并设置其字体

步骤 3 保持艺术字占位符的选中，然后切换到"绘图工具/格式"选项卡，单击"艺术字样式"组中的"文本填充"下拉按钮，在展开的下拉列表中选择艺术字文本的颜色，如选择"白色，背景 1"选项，如图 4-104 所示。

步骤 4 单击"艺术字样式"组中的"文本效果"按钮，在展开的下拉列表中选择一种艺术字文本效果，如选择"转换"/"弯曲"/"停止"选项，如图 4-105 所示。

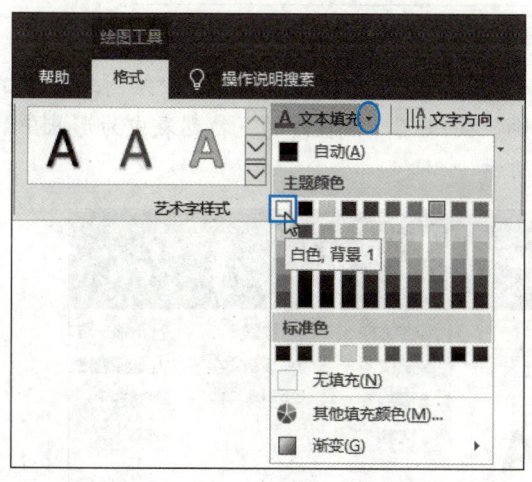
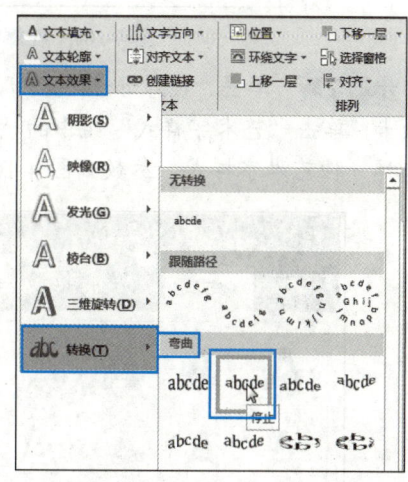

图 4-104　设置艺术字的文本颜色　　　　图 4-105　设置艺术字的文本效果

步骤 5 保持艺术字占位符的选中，然后单击"绘图工具/格式"选项卡"排列"组的"对齐"按钮，在展开的下拉列表中选择"水平居中"选项，设置艺术字相对于页边距居中对齐，如图 4-106 所示。

步骤 6 右击绘制的"爆炸形:14 pt"形状，在弹出的快捷菜单中选择"添加文字"选项，此时该形状中会出现闪烁的插入点，表示形状已变成文本框，可以在其中输入文本。如输入"惊爆价"，然后选中输入的文本，利用"开始"选项卡的"字体"组设置其字符格式为华文新魏、小初。用户可根据需要调整爆炸形状的大小，使其中的文本显示完整，效果大致如图 4-107 所示。

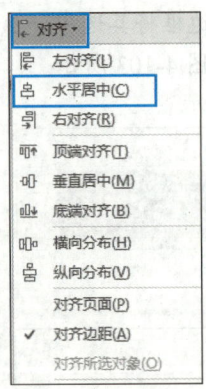
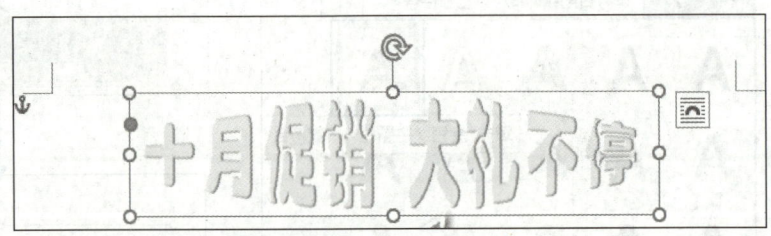

图 4-106　设置艺术字的对齐方式

图 4-107　在爆炸形中输入文本并设置其格式

步骤 7▶ 单击"爆炸形:14 pt"形状的边框将其选中，然后切换到"绘图工具/格式"选项卡，单击"艺术字样式"组中的"其他"按钮，在展开的下拉列表中为形状中的文本选择一种艺术字样式，参数如图 4-108 所示。

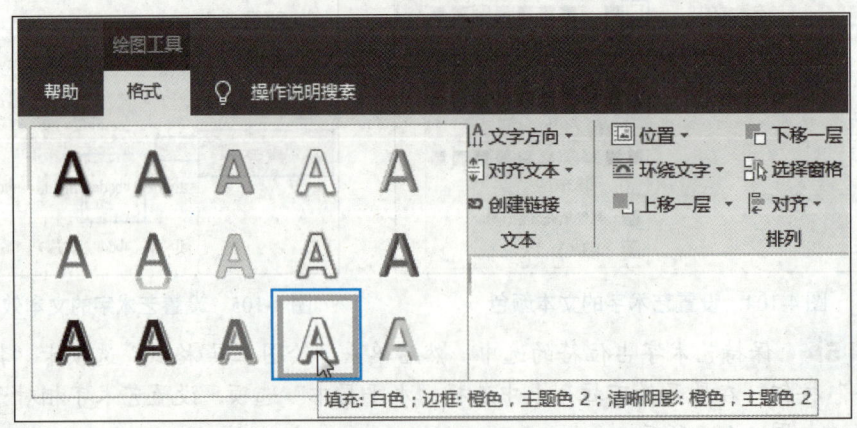

图 4-108　设置爆炸形中文本的艺术字样式

步骤 8▶ 将鼠标指针移到"爆炸形:14 pt"形状上方的旋转控制点上，然后按住鼠标左键并向右拖动，将形状旋转一定角度，或单击"绘图工具/格式"选项卡"大小"组右下角的对话框启动器按钮，打开"布局"对话框的"大小"选项卡，在"旋转"编辑框中精确设置形状的旋转角度为 20°，如图 4-109 所示。

图 4-109　旋转"爆炸形:14pt"形状

步骤 9 ▶　单击"插入"选项卡"文本"组中的"文本框"按钮，在展开的下拉列表中选择"绘制横排文本框"选项，如图 4-110 所示。

步骤 10 ▶　在"笔记本电脑"图片的下方绘制一个横排文本框，并在其中输入"¥1699"，然后利用"开始"选项卡设置文本框中文本的字体（可选择一种西文粗体字体，如 Arial Black）、字号（这里设置为三号），并居中对齐，效果如图 4-111 所示。

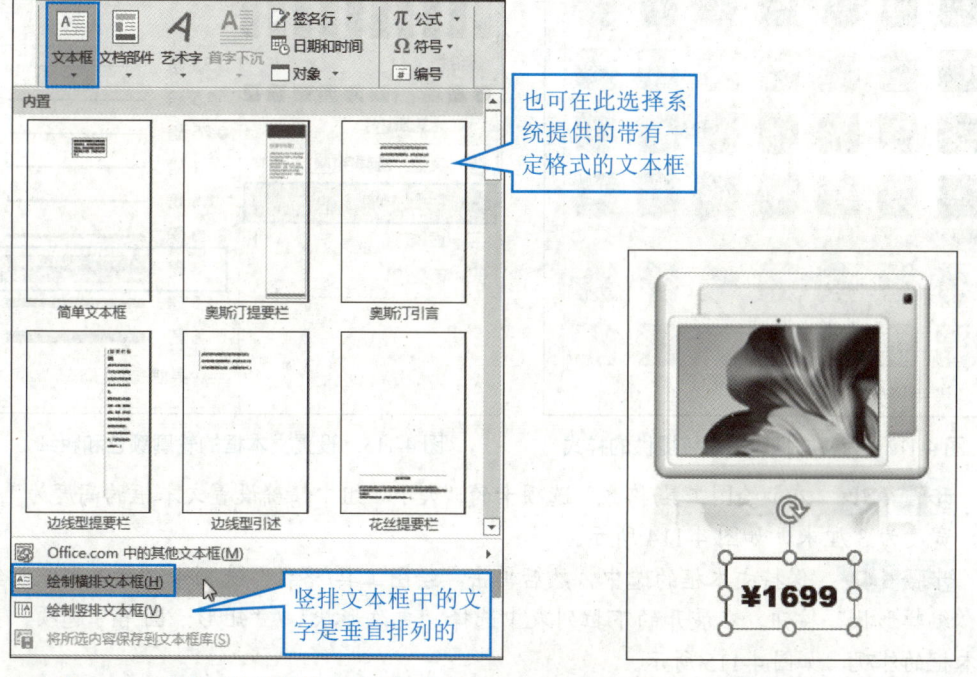

图 4-110　选择"绘制横排文本框"选项　　　图 4-111　绘制文本框并输入文本

> 提示
>
> 此外，也可在"形状"下拉列表的"基本形状"分类中选择"文本框"形状或"竖排文本框"形状，来绘制普通文本框或竖排文本框。如果在该下拉列表中选择"标注"分类中的形状，则可绘制形状后直接在其中输入文本。

步骤 11▶ 单击文本框的边框，以选中绘制的文本框，然后单击"绘图工具/格式"选项卡"形状样式"组中的"其他"按钮，在展开的下拉列表中为其选择一种系统提供的主题样式，如选择"彩色填充-金色，强调颜色 4"选项，如图 4-112 所示。

> 提示
>
> 选择文本框的操作与选择普通形状和图片不同，选择普通形状或图片时，在对象的任意位置单击都可以，而选择文本框时，需要单击其边框。

步骤 12▶ 单击"形状样式"组中的"形状轮廓"下拉按钮，在展开的下拉列表中选择"白色，背景 1"选项和"粗细"/"3 磅"选项，如图 4-113 所示。

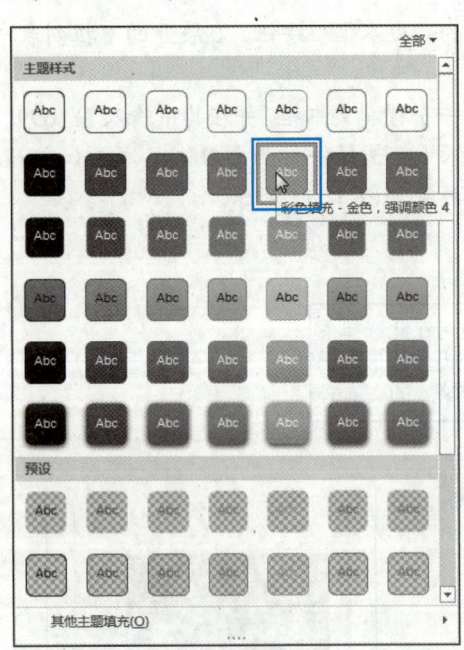

图 4-112　为文本框应用系统提供的样式

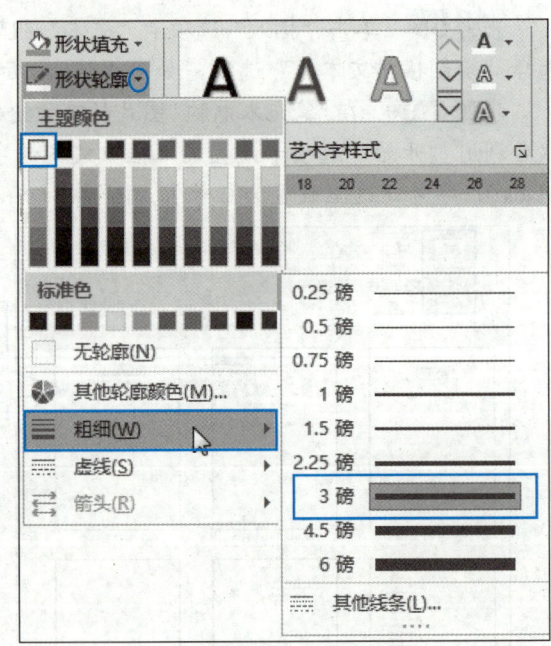

图 4-113　设置文本框的轮廓颜色和粗细

步骤 13▶ 在"绘图工具/格式"选项卡的"大小"组中精确设置文本框的高度为 1.6 厘米，宽度为 3 厘米，如图 4-114 所示。

步骤 14▶ 保持文本框的选中，然后单击"绘图工具/格式"选项卡"插入形状"组中的"编辑形状"按钮，在展开的下拉列表中选择"更改形状"/"矩形：圆角"选项，更改文本框的外观，如图 4-115 所示。

 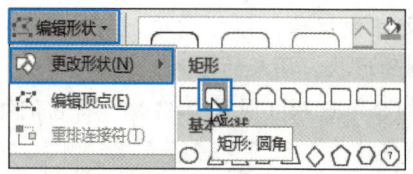 

图 4-114　设置文本框的大小　　　　图 4-115　更改文本框的外观

步骤 15 选中"笔记本电脑"图片和绘制的文本框,然后在"绘图工具/格式"选项卡"排列"组的"对齐"下拉列表中选择"水平居中"选项,将选中的两个对象水平居中对齐,如图 4-116 所示。

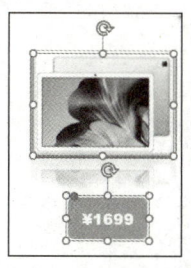 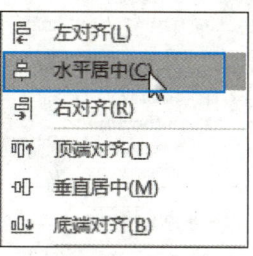 

图 4-116　设置两个对象水平居中对齐

步骤 16 按住"Shift"键和"Ctrl"键的同时向右拖动文本框,将文本框水平向右复制两份,然后修改复制的文本框中的内容,并使用上一步的操作方法设置图片与其对应说明文本所在文本框水平居中对齐,效果大致如图 4-117 所示。

步骤 17 参考前面的操作制作海报的下半部分,效果大致如图 4-118 所示(所用到的素材图片均位于本书配套素材"项目四"/"任务七"文件夹中)。

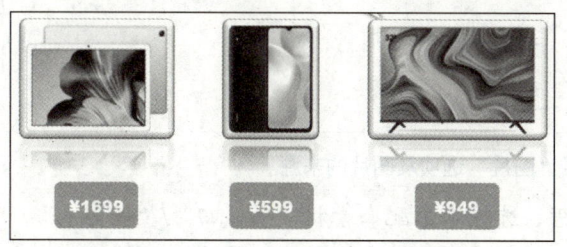　　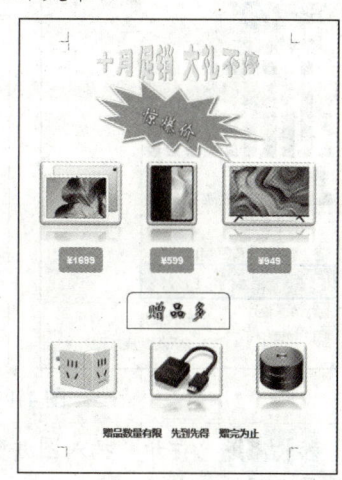

图 4-117　复制文本框并修改其中的内容　　　图 4-118　制作海报的下半部分

四、完善海报

经过前面的操作,海报基本上就制作好了,但发现海报的背景太浅。因此,下面为海报设置一个图片背景,操作步骤如下:

步骤 1▶ 继续在打开的文档中操作。根据需要，可适当调整文档中各对象的位置。按住 "Shift" 键的同时单击绘制的形状，插入的图片、文本框和艺术字，然后右击，在弹出的快捷菜单中选择 "组合" / "组合" 选项（见图 4-119），将它们组合在一起。

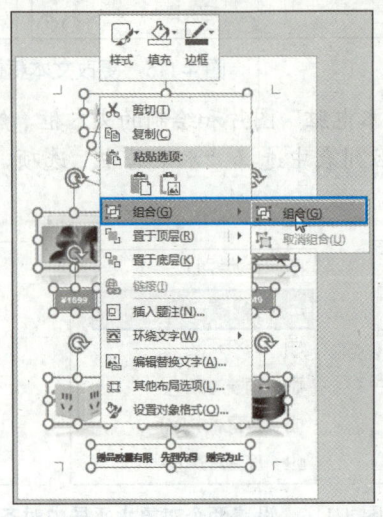

图 4-119 组合图形对象

步骤 2▶ 绘制一个与页面等大的矩形，此时矩形将覆盖其下方的图片、形状等对象。

步骤 3▶ 保持矩形的选中，然后单击 "绘图工具/格式" 选项卡 "形状样式" 组中的 "形状填充" 下拉按钮，在展开的下拉列表中选择 "图片" 选项，打开 "插入图片" 窗口，选择 "从文件浏览" 选项，如图 4-120 所示。

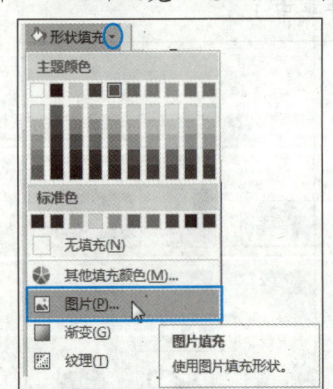 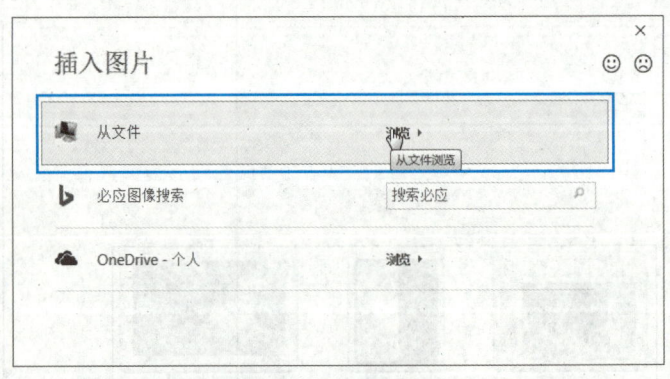

图 4-120 选择 "图片" 选项及图片的来源

步骤 4▶ 打开 "插入图片" 对话框，选择本书配套素材 "项目四" / "任务七" / "海报背景" 图片，单击 "插入" 按钮，即可用所选图片填充矩形，如图 4-121 所示。

步骤 5▶ 保持矩形的选中，然后单击 "图片工具/格式" 选项卡 "调整" 组中的 "艺术效果" 按钮，在展开的下拉列表中选择 "图样" 选项（见图 4-122），为图片设置艺术效果。

步骤 6▶ 单击 "环绕文字" 按钮，在展开的下拉列表中选择 "衬于文字下方" 选项（见图 4-123），将矩形的环绕方式设置为衬于文字下方，此时被矩形遮盖的对象会显示出来。

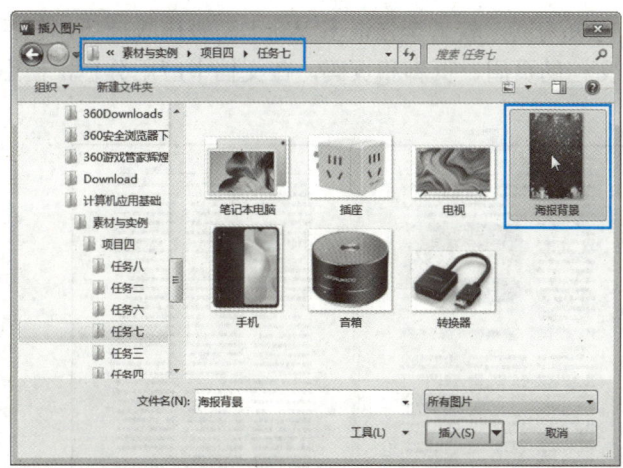

图 4-121　使用素材图片填充矩形

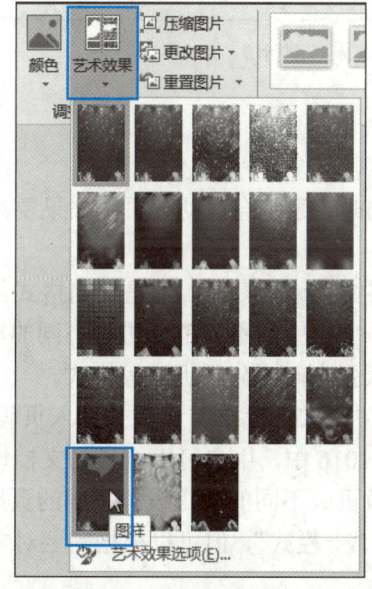

图 4-122　设置图片的艺术效果

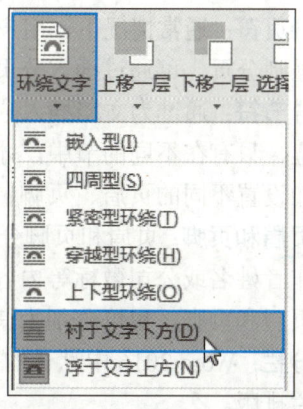

图 4-123　设置矩形的环绕方式

步骤 7 ▶ 至此，商品促销海报制作完毕，保存文档即可。

任务八　编排杂志——高级排版技巧

任务情景

李强的一个朋友小芳在杂志社工作，她比李强懂更多的 Word 排版技巧。有一天，李强去找小芳时，发现她正在排版一期将要出版的杂志，于是向小芳讨教 Word 排版的技巧。

小芳以排版如图 4-124 所示的杂志内页为例，教了李强很多 Word 高级排版技巧，包括在文档中插入分页符和分节符，设置文档的页眉、页脚和页码，在文档中应用分栏，使用样式，插入目录等。

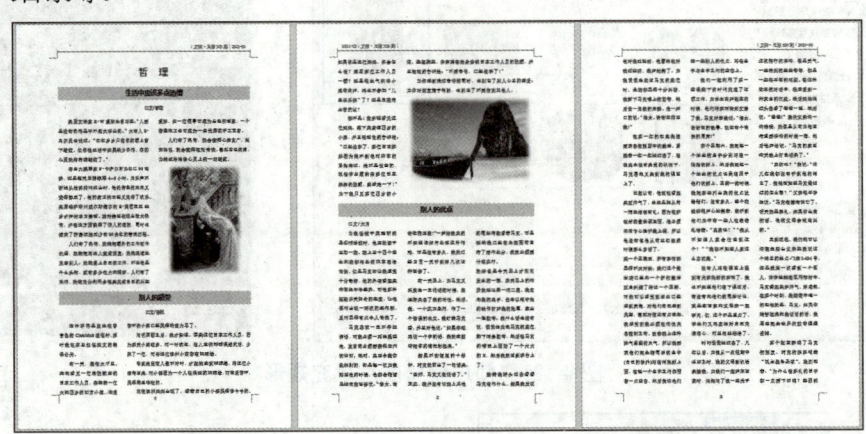

图 4-124　杂志文档效果（部分）

相关知识

> **分页符**：通常情况下，用户在编辑文档时，系统会自动分页。如果要对文档进行强制分页，可通过插入分页符实现。

> **分节符**：通过为文档插入分节符，可将文档分为多节。节是文档格式化的最大单位，只有在不同的节中，才可以对同一文档中的不同部分进行不同的页面设置，如设置不同的页眉、页脚、页边距、纸张方向或分栏版式等格式。

> **页眉和页脚**：页眉和页脚分别位于页面的顶部和底部，常用来插入页码、文章名、作者姓名或公司徽标等内容。在 Word 2016 中，用户可以统一为文档设置相同的页眉和页脚，也可分别为偶数页、奇数页或不同的节等设置不同的页眉和页脚。

> **分栏**：Word 2016 中默认的排版方式是"一栏式"，但可以根据需要对文档进行分栏排版。

> **样式**：是一系列格式的集合，使用它可以快速统一或更新文档的格式。例如，一旦修改了某个样式，所有应用该样式的内容的格式就会自动更新。

> **目录**：作用是列出文档中的各级标题及其所在的页码。一般情况下，所有正式出版物都有一个目录，其中包含书刊中的章、节及各章节的页码位置等信息，方便读者查阅。

> **SmartArt 图形**：主要用于在文档中列示项目、演示流程、表达层次结构或关系，并通过图形结构和文字说明有效地传达作者的观点和信息。Word 2016 提供了多种类型的 SmartArt 图形，用户可根据需要选择适当的类型和样式插入到文档中。

> **公式**：在编辑涉及数学、物理等内容的文档时，经常会用到公式。Word 2016 集成了公式编写和公式编辑的强大功能，在不需要其他软件的支持下即可使用公式编辑器方便地进行各类公式的制作。

> **批注与修订**：编辑文档时，为方便文档在不同人员之间进行传阅、修改，可以利用 Word 2016 提供的审阅功能，对文档添加批注或进行修订。

任务实施

一、插入分页符和分节符

在文档中插入分页符和分节符的操作步骤如下：

步骤 1▶ 打开本书配套素材"项目四"/"任务八"/"杂志（素材）"文档，将其另存为"杂志（编排）"文档。

步骤 2▶ 要插入分页符，可将插入点置于需要分页的位置，如标题文本"别人的感受"左侧，然后单击"布局"选项卡"页面设置"组中的"分隔符"按钮，在展开的下拉列表中选择"分页符"类别中的"分页符"选项，可看到插入点后的内容显示在新页中，如图 4-125 所示。

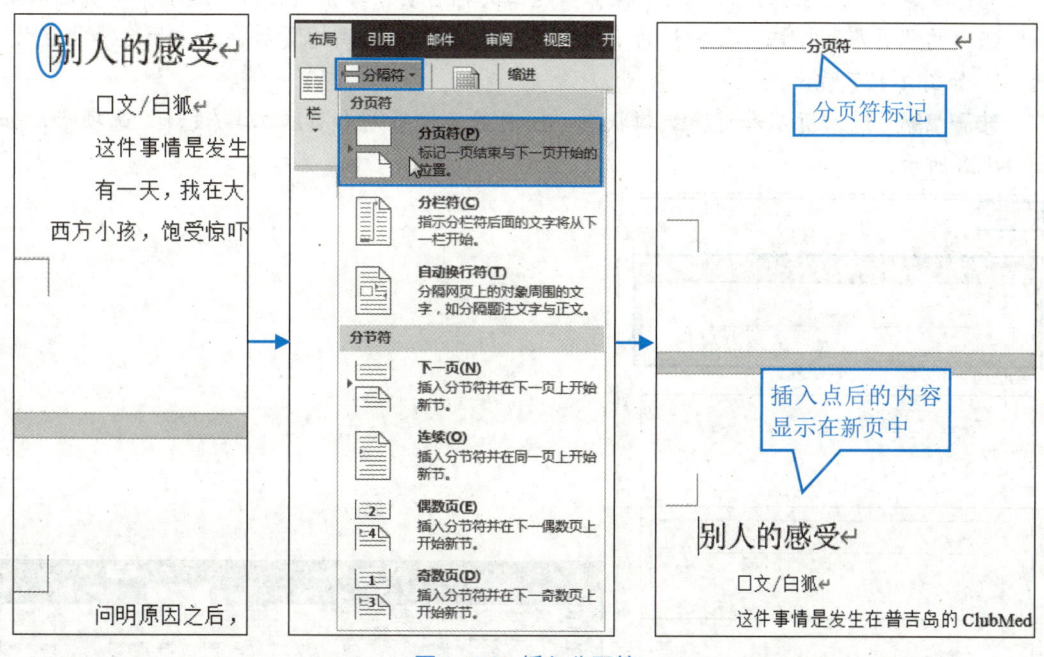

图 4-125　插入分页符

步骤 3▶ 选中插入的分页符标记，然后按"Delete"键将其删除，此时分开的两页又合并为一页了。

步骤 4▶ 要插入分节符，可将插入点置于需要分节的位置，如置于第 1 页"健康"栏目文本的左侧，然后在"分隔符"下拉列表中选择"分节符"类别中的"下一页"（或其他选项），此时在插入点处插入一分节符，并将分节符后的内容显示在下一页中，如图 4-126 所示。使用同样的方法，在"美食"栏目文本的左侧插入一个"下一页"分节符，将杂志内容分为 3 节。

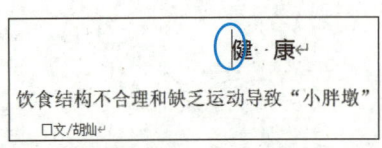
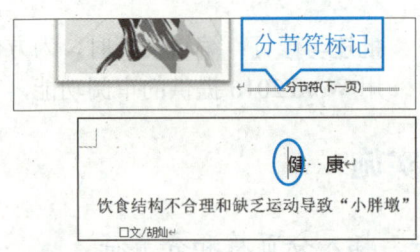

图 4-126 插入分节符

如果在"分节符"类别中选择"连续"选项,表示新节与前一节同处于当前页中;如果选择"偶数页"或"奇数页"选项,表示新节显示在下一偶数页或奇数页上。

二、设置页眉、页脚和页码

在页眉和页脚编辑区中设置的内容一般会自动显示在文档的每一页上。

例如,要为杂志文档设置奇偶页不同的页眉、页脚和页码,操作步骤如下:

步骤1▶ 继续在打开的文档中操作。返回文档首页,单击"插入"选项卡"页眉和页脚"组中的"页眉"按钮,在展开的下拉列表中选择系统提供的页眉样式,如选择"空白"选项,如图 4-127 所示。

步骤2▶ 进入页眉和页脚编辑状态,同时显示"页眉和页脚工具/设计"选项卡,如图 4-128 所示。

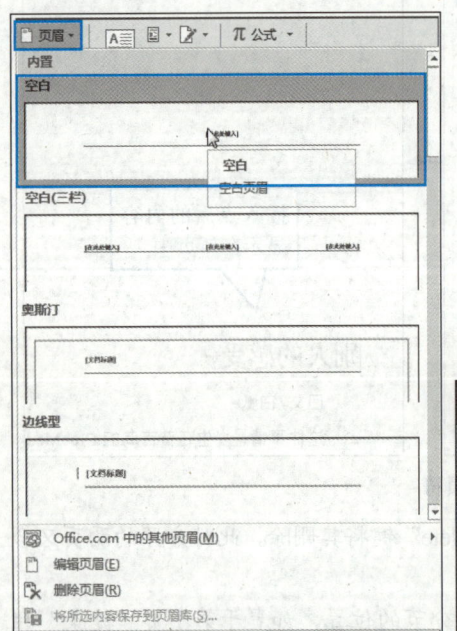
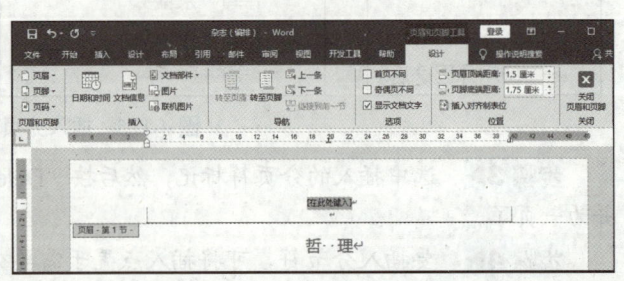

图 4-127 选择系统提供的页眉样式　　图 4-128 进入页眉和页脚编辑状态

步骤3▶ 在"选项"组选中"奇偶页不同"复选框,然后在"在此处键入"编辑框中输入页眉内容并将其下方的空行删除,再将页眉内容右对齐并右缩进 2 个空格,效果如图 4-129 所示。

 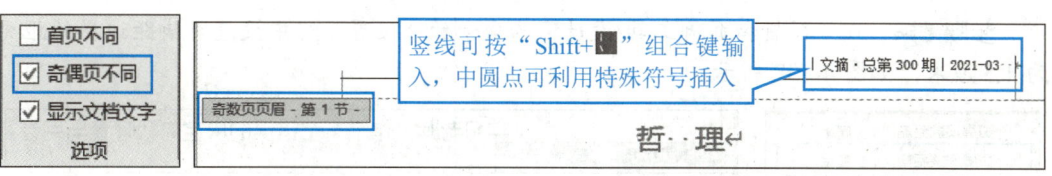

图 4-129 在第 1 节的奇数页中输入页眉文本

提 示

进入页眉和页脚编辑状态后，可像编辑正文一样对页眉和页脚进行任意编辑，如输入文本、插入图片并设置格式等。需要注意的是，页眉和页脚与文档的正文处于不同的层次上，因此，在编辑页眉和页脚时不能编辑文档正文；同样，在编辑文档正文时也不能编辑页眉和页脚。

如果在"页眉"下拉列表中选择"编辑页眉"选项，可直接进入页眉和页脚编辑状态；如果选择"删除页眉"选项，可删除添加的页眉。

步骤 4▶ 在第 1 节的偶数页中输入页眉内容，并将其左对齐、左缩进 2 个空格，效果如图 4-130 所示。

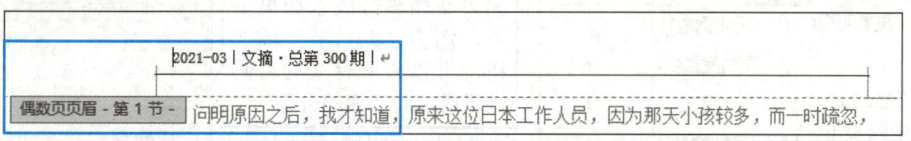

图 4-130 在第 1 节的偶数页中输入页眉内容

步骤 5▶ 单击"页眉和页脚工具/设计"选项卡"导航"组中的"转至页脚"按钮，或直接在页脚区单击，切换到第 1 节偶数页的页脚编辑区，然后输入页脚内容，或单击"页眉和页脚"组中的"页脚"按钮，在展开的下拉列表中选择一种页脚样式。这里在"页码"下拉列表中选择"页面底端"/"普通数字 2"选项，并设置页码的字体为 Arial Black，如图 4-131 所示。

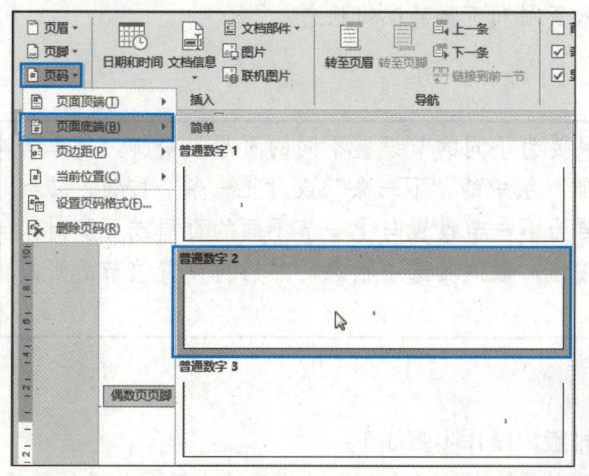 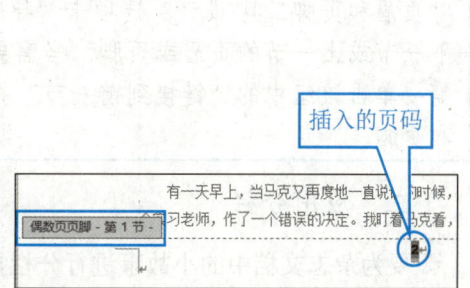

图 4-131 设置第 1 节偶数页的页码

步骤 6▶ 在"页眉和页脚工具/设计"选项卡的"位置"组中设置页脚距边界的距离为 1.5 厘米，如图 4-132 所示。

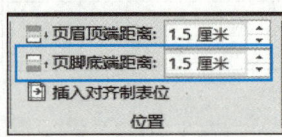 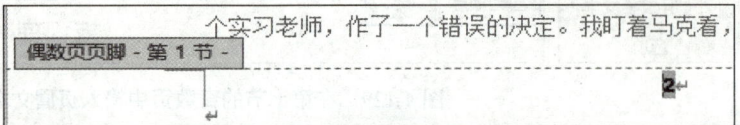

图 4-132 设置页脚距边界面的距离

步骤 7▶ 使用同样的方法，在第 1 节的奇数页中插入同样的页码并设置其格式为 Arial Black。

步骤 8▶ 插入系统提供的页脚后一般会自动插入页码，该页码从第 1 页开始自动进行编号。如果要修改起始页码的格式，可单击"页眉和页脚工具/设计"选项卡"页眉和页脚"组中的"页码"按钮，在展开的下拉列表中选择"设置页码格式"选项，打开"页码格式"对话框，在其中对页码格式进行设置并确定即可，如图 4-133 所示。

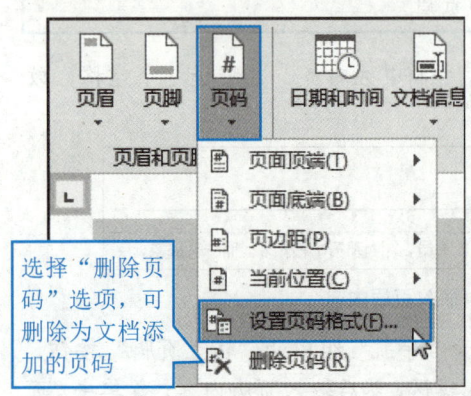 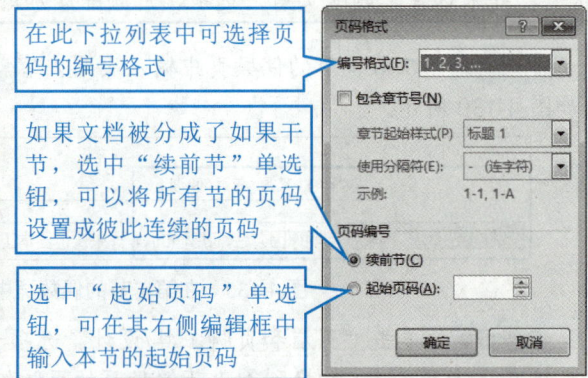

图 4-133 设置页码格式

步骤 9▶ 单击"页眉和页脚工具/设计"选项卡"关闭"组中的"关闭页眉和页脚"按钮，退出页眉和页脚的编辑状态，返回正文的编辑状态。当为文档设置过页眉和页脚后，只需在页眉和页脚区双击鼠标，便可进入页眉和页脚的编辑状态。

 提 示

> 当为文档划分了不同的节时，如果要为不同的节设置不同的页眉或页脚，可单击"页眉和页脚工具/设计"选项卡"导航"组中的"下一条"或"上一条"按钮，转到下一节或上一节的页眉或页脚。当需要为下一节设置与上一节不同的页眉或页脚时，需要单击该组中的"链接到前一节"按钮，取消其选中状态，然后再设置该节的页眉和页脚。

三、应用分栏

要为杂志文档中的小故事进行分栏排版，操作步骤如下：

步骤 1▶ 选中"哲理"栏目中第一则小故事的正文部分（此处选中了图片后的段落

标记)。

步骤2▶ 单击"布局"选项卡"页面设置"组中的"栏"按钮,在展开的下拉列表中选择分栏类型,如选择"两栏"选项,即可看到分栏效果,如图4-134所示。

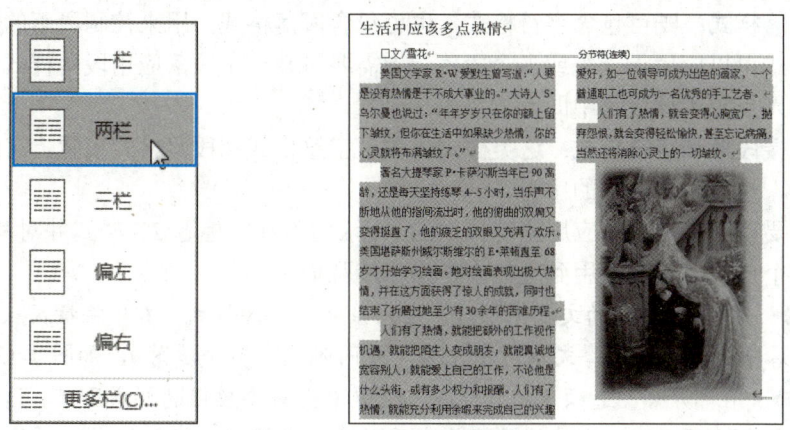

图4-134 为第一则小故事设置分栏

步骤3▶ 使用同样的方法,对文档其他小故事等的正文部分进行分栏操作,如可以将其分为两栏、三栏、偏左或偏右等,美观即可。

要对文档的全部内容设置分栏,只需将插入点放置在文档的任意位置,然后选择分栏方式即可。如果要将文档分为更多的栏或设置分栏选项,可选中内容后在"分栏"下拉列表选择"更多栏"选项,在打开的"栏"对话框进行设置并确定即可,如图4-135所示。

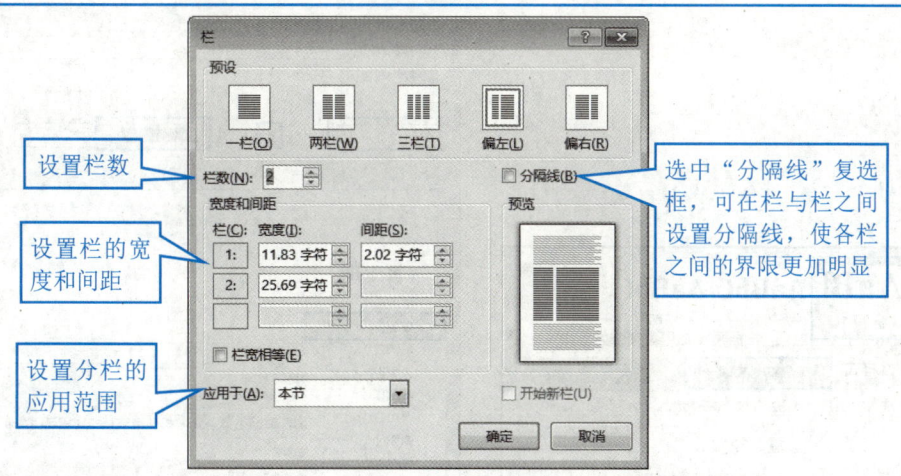

图4-135 设置分栏选项

四、使用样式

Word 2016中的样式有3类:一类是段落样式,一类是字符样式,还有一类是链接段落和字符样式。

> **字符样式**：只包含字符格式，如字体、字号、字形等，用来控制字符的外观。要应用字符样式，需要先选中要应用样式的文本。
> **段落样式**：既可包含字符格式，也可包含段落格式，用来控制段落的外观。段落样式可以应用于一个或多个段落。当需要对某一个段落应用段落样式时，只需将插入点置于该段落中即可。
> **链接段落和字符样式**：这类样式包含了字符格式和段落格式设置，它既可用于段落，也可用于选中的字符。

例如，要在杂志文档中应用系统提供的"标题1"和"标题2"样式并对其进行修改，然后新建一个样式并将其应用到文档中，操作步骤如下：

步骤1▶ 继续在打开的文档中操作。应用系统提供的样式。首先将插入点定位到要应用样式的段落中，如"哲理"文本所在段落（或同时选中多个段落），如图4-136所示。

步骤2▶ 在"开始"选项卡的"样式"组中单击需要应用的样式即可，这里单击"标题1"样式（见图4-137），此时该段落将应用所选样式规定的字符格式和段落格式。

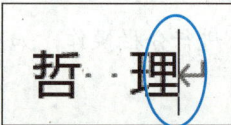

图4-136　定位插入点

图4-137　选择系统提供样式

步骤3▶ 修改样式。右击"标题1"样式，在弹出的快捷菜单中选择"修改"选项，打开"修改样式"对话框，修改样式的字符格式为黑体、无加粗、深红，如图4-138所示。

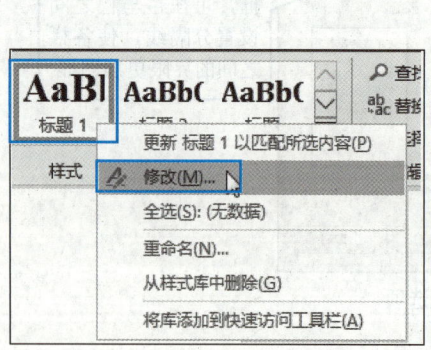
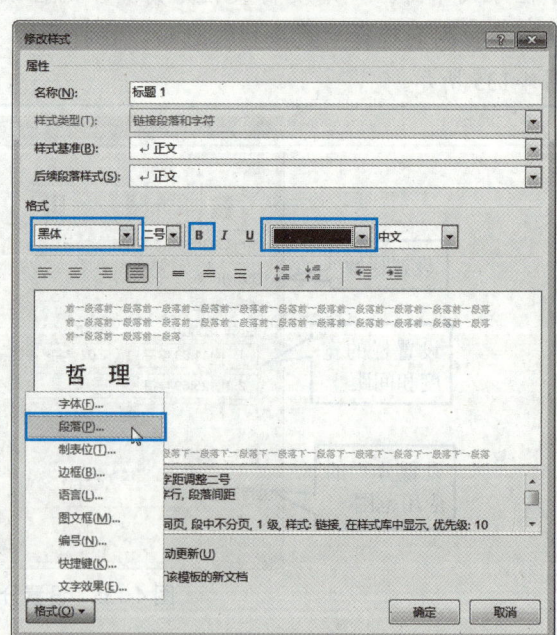

图4-138　修改"标题1"样式的字符格式

步骤 4 单击"格式"按钮,在展开的列表中选择"段落"选项,打开"段落"对话框,在其中修改样式的对齐方式为居中,段前间距和段后间距都为 12 磅,行距为 1.5 倍,如图 4-139 所示。

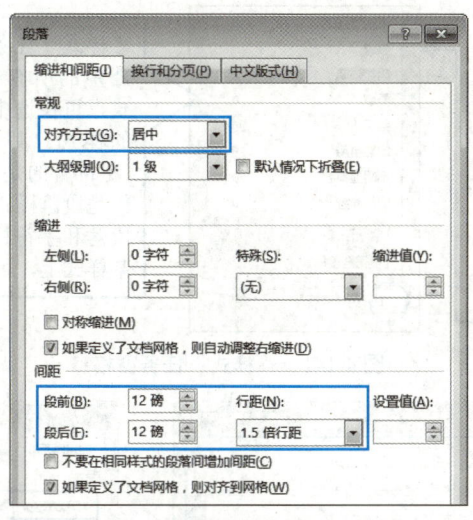

图 4-139 修改"标题 1"样式的段落格式

步骤 5 单击"确定"按钮返回"修改样式"对话框,单击"确定"按钮完成"标题 1"样式的修改操作,可看到应用该样式的所有段落的格式都会自动更新。接下来为文档中"健康"和"美食"文本所在段落应用修改后的"标题 1"样式。

步骤 6 为文档中每则小故事等的标题应用系统提供的"标题 2"样式,然后修改该样式的格式为微软雅黑、四号、深蓝、居中对齐、段前间距和段后间距都为 6 磅、1.5 倍行距、"橙色,个性色 6,淡色 60%"底纹,效果如图 4-140 所示。

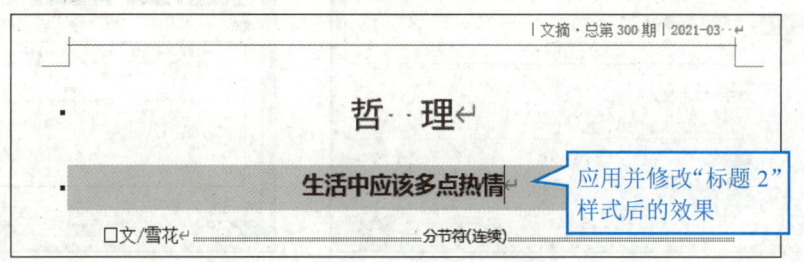

图 4-140 修改样式后的效果

步骤 7 创建样式。将插入点置于要应用所创建样式的任一段落中,如作者所在段落,然后单击"样式"组右下角的对话框启动器按钮,打开"样式"任务窗格,单击窗格左下角的"新建样式"按钮(见图 4-141),打开"根据格式化创建新样式"对话框。

步骤 8 在对话框的"名称"编辑框中输入新样式的名称,如"作者";在"样式类型"下拉列表中选择样式类型,如选择"段落"选项;在"样式基准"下拉列表中选择基准样式(对基准样式进行修改时,基于该样式创建的样式也将被修改),如选择"正文"选项;在"后续段落样式"下拉列表中选择应用新建样式段落的后续段落样式,如选择"正文"选项;在"格式"设置区设置样式的字号为小五,如图 4-142 所示。

步骤 9▶ 单击"格式"按钮，在展开的列表中选择要为样式设置的格式，如选择"段落"选项，打开"段落"对话框。在其中设置样式的格式为居中对齐、无缩进、段前间距和段后间距都为 0.5 行、单倍行距，参数设置如图 4-143 所示。

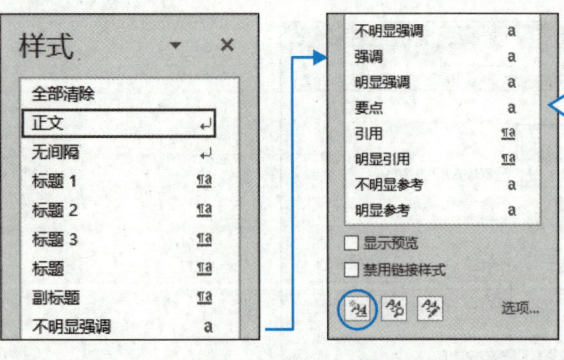

图 4-141 "样式"任务窗格

"样式"任务窗格中显示了当前文档中的所有样式，要应用某个样式，可在选中段落后单击需要应用的样式。其中，样式名称右侧带 a 符号的是字符样式，带 ↵ 符号的是段落样式，带 ↵a 符号的是链接段落和字符样式。将鼠标指针移至某样式上，可查看其包含的格式

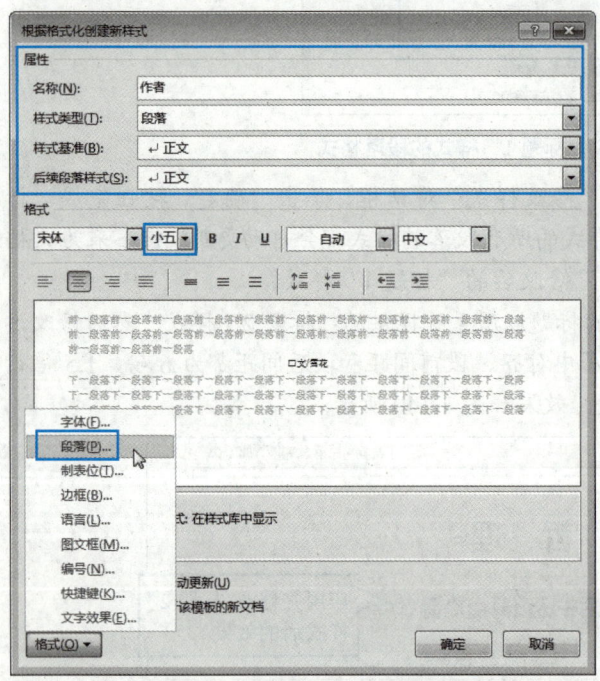

图 4-142 设置新样式的属性和字符格式

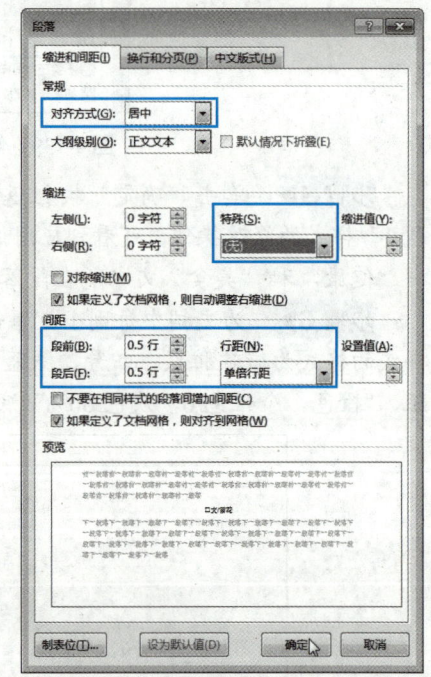

图 4-143 设置新样式的段落格式

步骤 10▶ 依次单击"确定"按钮，完成"作者"样式的创建。此时在"样式"任务窗格和"样式"组中都将显示新创建的样式"作者"，如图 4-144 所示。可参照应用系统内置样式的方法，将其应用于文档中文章作者所在段落。

步骤 11▶ 应用样式后，可根据需要，调整图片的大小，使文档美观即可。如果发现分栏后的栏尾不均匀（见图 4-145），可将插入点置于该栏的末尾，这里为图片所在行，然后在"分隔符"下拉列表中选择"连续"选项，即可调整不均匀的栏尾，使分栏均衡，效果如图 4-146 所示。

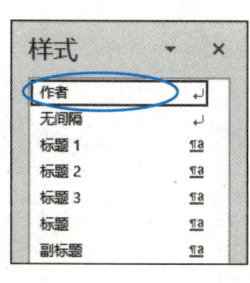 

图 4-144　创建的新样式

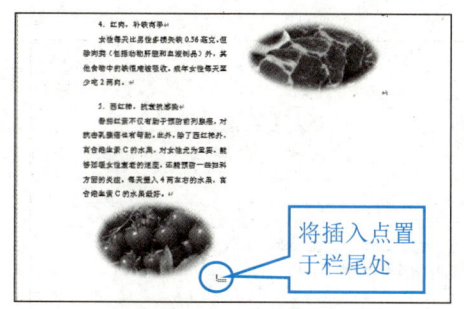 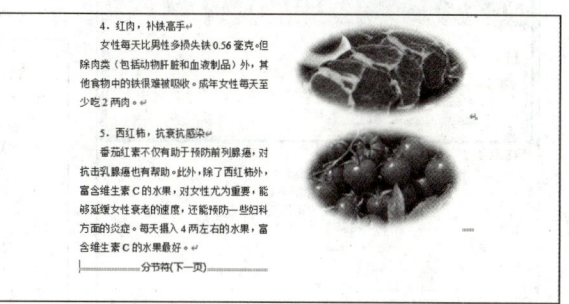

图 4-145　栏尾不均匀现象　　　　　　图 4-146　调整不均匀的栏尾

要删除样式，可在"样式"任务窗格中右击要删除的样式，在弹出的快捷菜单中选择"删除×××"选项（基于正文创建的样式），或"还原为×××"选项（基于标题创建的样式）。需要注意的是，用户只能删除自己创建的样式，而不能删除 Word 2016 提供的样式。

五、插入目录

对于长文档，需要为其创建目录。Word 具有自动创建目录的功能，但在创建目录之前，需要先为要提取为目录的标题设置标题级别（不能设置为正文级别），并且为文档添加页码。在 Word 中主要有 3 种设置标题级别的方法：① 利用大纲视图设置；② 应用系统提供的标题样式（或基于标题样式创建的样式）；③ 在"段落"对话框的"大纲级别"下拉列表中选择。

1. 插入目录

例如，要在新节中为杂志文档提取目录并设置目录及其所在页的页眉和页脚格式，操作步骤如下：

步骤 1▶ 继续在打开的文档中操作。在文档的最后插入一个"下一页"分节符，然后单击"开始"选项卡"字体"组中的"清除所有格式"按钮，并在"栏"下拉列表中选择"一栏"选项，取消新节的格式和分栏版式。

步骤 2▶ 将插入点置于要插入目录的位置，即新节的新页中。

步骤 3▶ 单击"引用"选项卡"目录"组中的"目录"按钮，在展开的下拉列表中选择一种系统提供的目录样式，如选择"自动目录 1"选项，如图 4-147 所示。

步骤 4▶ 此时 Word 会搜索整个文档中 3 级及以上级别的标题，以及标题所在的页码，并把它们编制为目录，如图 4-148 所示。这里只设置了 2 级标题，所以只提取了两级目录。

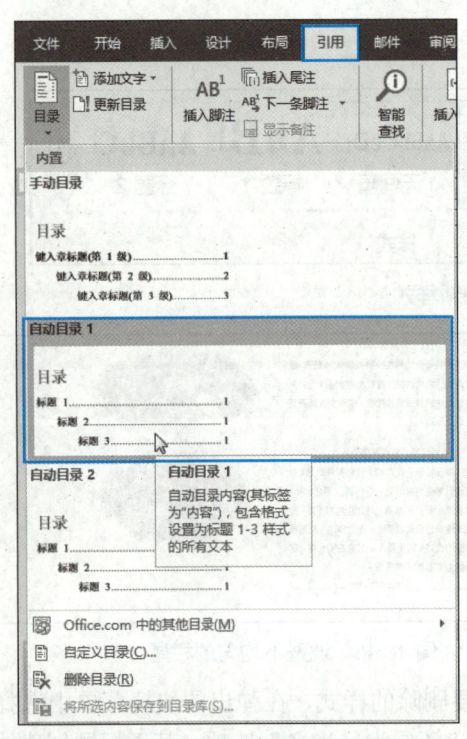

图 4-147　选择目录样式

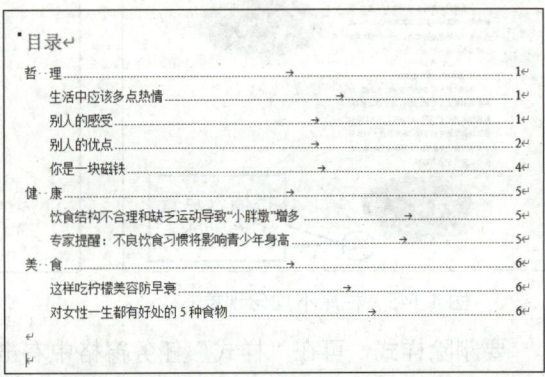

图 4-148　插入的目录效果

步骤 5▶ 设置"目录"文本的格式为楷体、加粗、居中对齐、段后间距为 0.5 行。

如果选择目录下拉列表中的"自定义目录"选项,可打开如图 4-149 所示的"目录"对话框,在其中可自定义目录的样式。

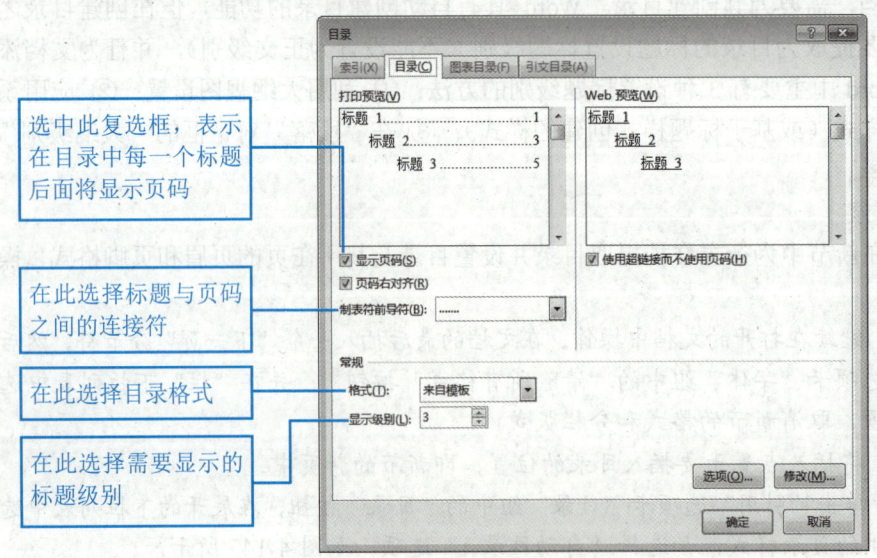

图 4-149　"目录"对话框

步骤 6▶ 设置目录页的页眉和页脚。在目录页的页眉位置双击,进入页眉和页脚的编辑状态,然后单击"页眉和页脚工具/设计"选项卡"导航"组中的"链接到前一节"按钮（见图 4-150），取消它与前一节页眉的链接。

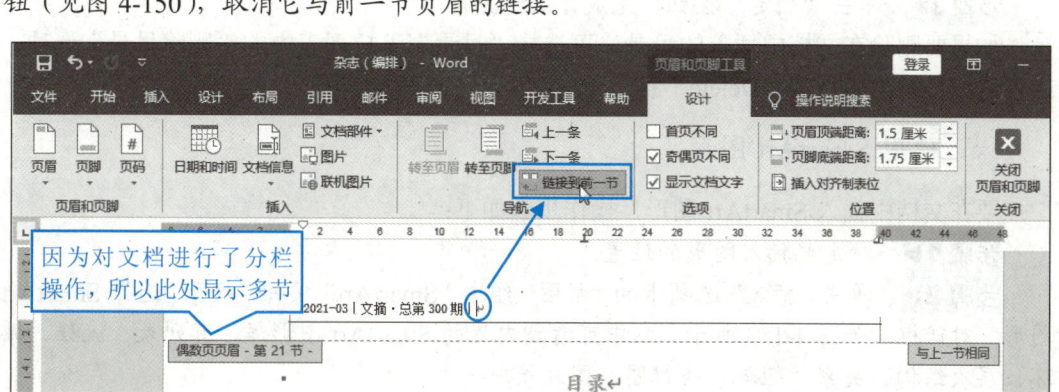

图 4-150　单击"链接到前一节"按钮

步骤 7▶ 将页眉内容修改为"目录"，并设置其字体为黑体、无缩进、居中对齐，此时目录偶数页的页眉效果如图 4-151 所示。

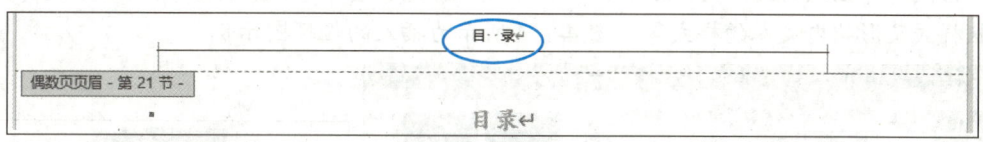

图 4-151　更改目录页的页眉

步骤 8▶ 切换到目录页的页脚，同样单击"导航"组中的"链接到前一节"按钮取消它与前一节页脚的链接，然后在"页码"下拉列表中选择"设置页码格式"选项，在打开的对话框中设置目录页的起始页码为 1。

步骤 9▶ 退出页眉和页脚的编辑状态，会发现奇数页的页眉内容还是原来的，为此需要再次进入页眉和页脚的编辑状态，重复步骤 6 和步骤 7 的操作，将奇数页的页眉修改为与偶数页的相同。

步骤 10▶ 退出页眉和页脚的编辑状态，可看到设置的目录页的页眉内容"目录"，并且目录页的页码从"1"开始。

2. 更新与删除目录

Word 所创建的目录是以文档的内容为依据的，如果文档的内容发生了变化，如页码或者标题发生了变化，就要更新目录，使它与文档的内容保持一致，操作步骤如下：

步骤 1▶ 单击需更新的目录的任意位置，此时在目录的左上角将显示"更新目录"字样，单击它或按"F9"键，或单击"引用"选项卡"目录"组中的"更新目录"按钮。

步骤 2▶ 打开"更新目录"对话框（见图 4-152），选择要更新的方式。选中"只更新页码"单选钮，表示只更新目录中的页码，保留目录格式；选中"更新整个目录"单选钮，表示重新编辑更新后的目录，包括目录格式和页码。

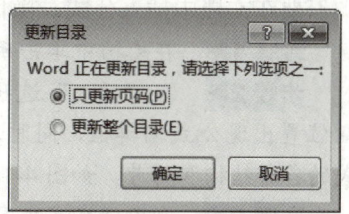

图 4-152　更新目录

步骤 3▶ 单击"确定"按钮，完成目录的更新。

如果要删除在文档中插入的目录，可选择"目录"下拉列表中的"删除目录"选项，或者选中目录内容后按"Delete"键。

六、使用 SmartArt 图形

要在文档中插入 SmartArt 图形，操作步骤如下：

步骤 1▶ 确定要插入图形的位置。

步骤 2▶ 单击"插入"选项卡的"插图"组中"SmartArt"按钮，打开"选择 SmartArt 图形"对话框，如图 4-153 所示。从中可看到内置的 SmartArt 图形库，有列表、流程、循环、层次结构、关系、矩阵、棱锥图、图片等。

步骤 3▶ 选择所需的类型和布局，单击"确定"按钮即可。根据需要在形状中输入文本。

步骤 4▶ 插入 SmartArt 图形后，可以利用"SmartArt 工具"选项卡的子选项"设计"和"格式"对插入的图形进行编辑操作，如更改布局，套用样式，添加或删除形状，设置形状样式及形状内文本的样式等。图 4-154 所示为插入的循环图示例。

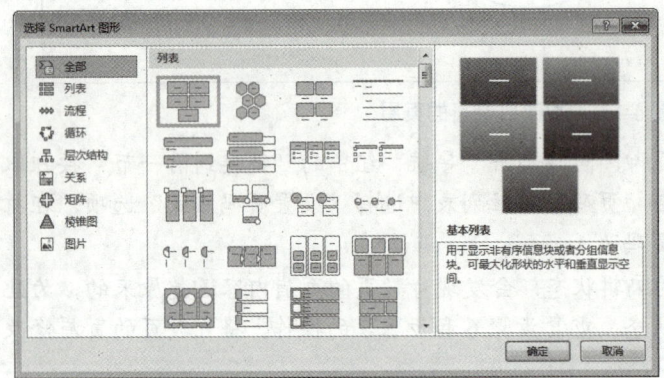

图 4-153 "选择 SmartArt 图形"对话框

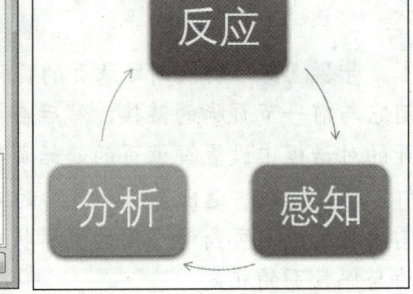

图 4-154 循环图示例

七、使用公式

公式在日常生活中应用非常广泛，Word 2016 集成了公式编写和公式编辑的强大功能，在不需要其他软件的支持下即可使用公式编辑器方便地进行各类公式的制作。

要在文档中插入公式，操作步骤如下：

步骤 1▶ 在文档中单击确定要插入公式的位置。

步骤 2▶ 在"插入"选项卡的"符号"组中单击"公式"按钮 π 公式，在插入点所在位置出现公式编辑框，同时在功能区出现"公式工具/设计"选项卡，其中包含设计公式的各种结构和符号，如图 4-155 所示。

步骤 3▶ 利用"公式工具/设计"选项卡中的"结构"组和"符号"组，配合键盘输入，即可完成公式的制作。

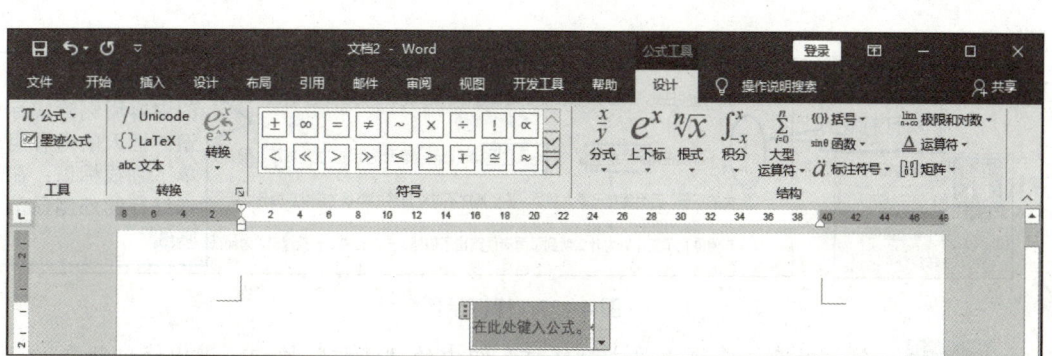

图 4-155　公式设计工具

Word 2016 的公式功能中内置了常用的公式，可以在"符号"组中单击"公式"下拉按钮，在展开的下拉列表中选择即可调用。

八、文档批注和修订

在对文档进行阅读或审阅时，可以对文档中的特定内容加以辅助说明或提出修改意见，使得文档在传阅或交流中进行共同研究。批注是文档作者或审阅者为文档添加的注释说明，而修订则是对文档内容修改前后作上修改标记，等待进行修改确认。

要为文档添加批注，操作步骤如下：

步骤 1▶ 选中要添加批注的内容，或直接将插入点置于要添加批注的位置。

步骤 2▶ 单击"审阅"选项卡"批注"组中的"新建批注"按钮，此时在文档页面的右侧出现批注框，在其中输入批注内容即可，如图 4-156 所示。

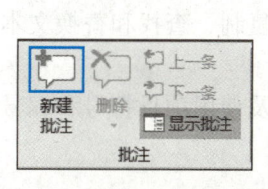 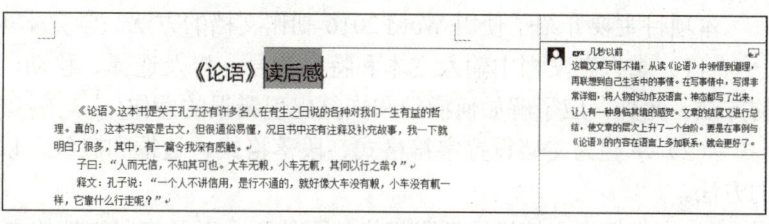

图 4-156　批注示例

步骤 3▶ 要修改批注，只需将插入点定位到批注标记区，然后修改批注内容即可。

步骤 4▶ 要删除批注，可单击批注原文或批注说明内容，然后在"审阅"选项卡的"批注"组中单击"删除"按钮，即可删除当前批注。

修订功能既可以对文本内容进行增、删、改，也可以对排版的格式进行更改等。

要修订文档，操作步骤如下：

步骤 1▶ 打开要进行修订的文档，然后在"审阅"选项卡的"修订"组中单击"修订"按钮，进入修订状态。

步骤 2▶ 对文档进行修改操作，系统会根据修改操作的不同类型出现不同的修订标记，如图 4-157 所示。

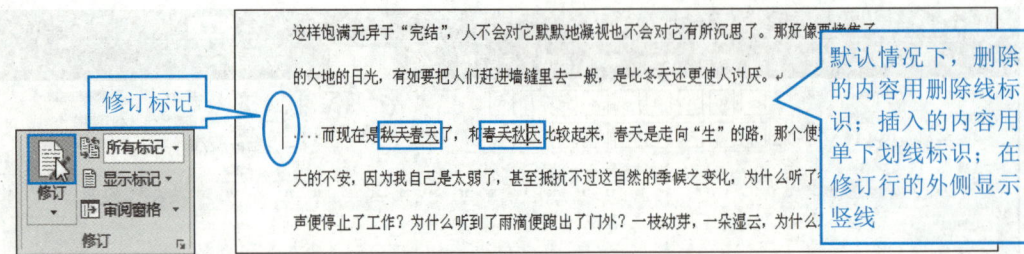

图 4-157 修订示例

步骤3▶ 修订结束，需再次单击"修订"组中的"修订"按钮，退出修订状态。

步骤4▶ 用户对文档的所有修订操作，系统自动进行了修订标记，用户可对修订进行审阅操作，如同意修订，则单击"审阅"选项卡"更改"组中的"接受"按钮（见图 4-158），该修订有效，文档进行修改；如果不同意修订，则单击"更改"组中的"拒绝"按钮，该修订无效，文档未进行修改。

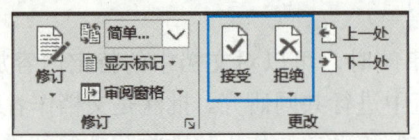

图 4-158 "更改"组

项目总结

本项目主要介绍了使用 Word 2016 制作文档的方法。学完本项目内容后，读者应：

（1）掌握在文档中输入文本和特殊符号，以及选择、移动、复制、查找和替换文本的方法。此外，应了解如何撤销和恢复出现错误的操作。

（2）掌握为文档设置字符格式、段落格式、边框和底纹，以及使用项目符号和编号的方法。

（3）掌握为文档设置纸张规格、页边距，以及打印文档的方法。

（4）掌握在文档中插入、编辑与美化表格、形状、图片、艺术字、文本框等的方法。

（5）掌握文档的高级排版技巧，如分页、分节，设置页眉、页脚和页码，使用样式，插入目录等。

（6）掌握在文档中插入 SmartArt 图形和简单公式的方法。

（7）掌握为文档添加批注和修订文档的方法。

项目实训

实训一　制作请示文档

打开本书配套素材"项目四"/"项目实训"/"请示（素材）"文档，按以下要求编排文档，最后将文档另存为"增加名额请示"。

（1）设置文档的纸张大小为 B5（JIS），左、右页边距都为 2.50 厘米。

（2）设置第 1 段文本（标题）的格式为华文楷体、三号、加粗、居中对齐、段前间距和段后间距均为 1.5 行。

（3）设置其他段落的字符格式为中文字体为楷体，西文字体为 Times New Roman，字号为四号，行距为 2.5 倍。

（4）设置其他段落的格式。第 2 段无缩进，第 3 段和第 4 段首行缩进 2 字符，第 5 段无缩进并右对齐，最后一段右对齐并右缩进 2 字符。

实训二　制作课程表

按以下要求制作如表 4-2 所示的课程表。

表 4-2　课程表内容

小学三年级（1）班课程表

星期 节数	星期一	星期二	星期三	星期四	星期五
1	数学	语文	数学	外语	外语
2	外语	数学	语文	语文	数学
3	自习	历史	生物	地理	自习
4	语文	外语	外语	数学	语文
5	美术	政治	体育	自习	语文

（1）设置标题的格式为宋体、三号、蓝色（标准色）、居中对齐。

（2）设置表格第 1 行的底纹为"橙色，个性色 2，淡色 60%"，第 1 列的底纹为"金色，个性色 4，淡色 60%"。

（3）设置表格内容中部居中对齐。

（4）设置表格外边框为红色（标准色）双实线，内框线为蓝色（标准色）单实线。

（5）在表格的第 1 个单元格中插入斜线表头，然后在其中输入分类文本。

（6）将文档以"课程表"为名保存到本书配套素材"项目四"/"项目实训"文件夹中。

实训三　制作泰山旅游简介文档

按以下要求制作泰山旅游简介文档。

（1）新建一个空白文档，以"泰山旅游简介"为名保存到本书配套素材"项目四"/"项目实训"文件夹。

（2）用"记事本"打开本书配套素材"项目四"/"项目实训"/"泰山"文本文档，将其中的文本复制到"泰山旅游简介"文档中，然后将文档中所有的"秦山"文本替换为"泰山"。

(3) 设置文档标题的格式为华文中宋、二号、居中对齐，并为标题文本应用艺术字样式（可自由选择样式并设置）；设置正文文本的格式为小四、首行缩进2字符、1.5倍行距。

(4) 插入本书配套素材"项目四"/"项目实训"文件夹中的图片，分别设置各图片的环绕方式为"四周型"，并调整各图片大小和位置，使其位置与正文中的讲解对应（如可将图片放在页面的左侧或右侧，形成图文混排效果），再为各图片应用合适的图片样式。

(5) 绘制一个"卷形:垂直"形状，设置其环绕方式为"四周型"，为其应用合适的图形样式，在其中输入文本"岱宗夫如何？齐鲁青未了。造化钟神秀，阴阳割昏晓。荡胸生曾云，决眦入归鸟。会当凌绝顶，一览众山小。"（各诗句之间分段），并设置文本的字符格式为华文新魏、五号、居中对齐，然后将形状移到文档的合适位置，可根据需要调整形状的大小，使其中的文本显示完整。

(6) 检查、完善文档版面并将文档保存。

项目考核

一、选择题

(1) 假设当前正在编辑一个新建的文档"文档1"，当执行"保存"命令后，（　　）。
　　A. 该文档采用系统给定的文件名存盘
　　B. 该文档以"文档1"为名存盘
　　C. 打开"另存为"窗口，供进一步操作
　　D. 不能将该文档存盘

(2) 假设已经打开了一个文档，编辑后进行"保存"操作，该文档（　　）。
　　A. 被保存在原文件夹下　　　　　　B. 被保存在其他文件夹下
　　C. 被保存在新建文件夹下　　　　　D. 保存后文档被关闭

(3) 删除一个段落标记后，前后两段文本将合并成一段，则（　　）。
　　A. 没有变化　　　　　　　　　　　B. 后一段将采用前一段的格式
　　C. 后一段格式未定　　　　　　　　D. 前一段将采用后一段的格式

(4) 下列操作中，执行（　　）不能在Word文档中插入图片。
　　A. 单击"插入"选项卡"插图"组中的"图片"按钮
　　B. 使用剪贴板粘贴其他文件中的图片
　　C. 单击"插入"选项卡"插图"组中的"联机图片"按钮
　　D. 单击"插入"选项卡"插图"组中的"形状"按钮

(5) 对于插入的图片，不能进行的操作是（　　）。
　　A. 放大或缩小　　　　　　　　　　B. 在图片中添加文本
　　C. 移动位置　　　　　　　　　　　D. 裁剪图片

(6) 下列操作中，（　　）不能在Word文档中生成表格。
　　A. 单击"插入"选项卡"表格"组中的"表格"按钮，然后在网格中移动鼠标指针并单击

  B．使用绘图工具画出所需的表格

  C．选中某部分按规则生成的文本，在"表格"下拉列表中选择"文本转换成表格"选项

  D．在"表格"下拉列表中选择"插入表格"选项

二、简答题

（1）常用的选择文本的方法有哪几种？

（2）如何利用拖动方式复制文档中的文本、图片等对象？

（3）假设有两个文档 A 和 B，现需要将 A 文档中的第 2 段、第 3 段内容复制到 B 文档的第 3 段后，并清除复制过来的内容的格式，该如何操作？

（4）要将某文档中的"英语"文本统一替换为"英文"，该如何操作？

（5）要将某文档中的中文字体统一设置为楷体，西文字体统一设置为 Times New Roman，该如何操作？

（6）要将某文档中所有正文段落的首行缩进设置为 2 字符，该如何操作？

（7）某文档共有 30 页，现在需要将其中的第 3 页～第 10 页打印 5 份，该如何操作？

（8）要绘制一个心形形状，并设置形状的边框为 1.5 磅红色虚线，然后填充为蓝色，该如何操作？

（9）要选择并移动文本框，该如何操作？可以为文本框设置边框和填充颜色吗？

（10）要在文档中插入一张联机风景图片，并调整图片大小，以及让文档中的文本环绕在图片的周围，该如何操作？

项目五　使用 Excel 2016 制作电子表格

项目导读

Excel 2016 是 Office 2016 办公套装软件的另一个重要成员，它是一款优秀的电子表格制作软件，利用它可以快速制作出各种美观、实用的电子表格，以及对表格中的数据进行计算、统计、分析和预测等，并可按需要将电子表格打印出来。

学习目标

- 了解工作簿、工作表和单元格的概念，能够用正确的地址标识单元格和单元格区域；掌握工作簿和工作表的基本操作。
- 掌握在工作表中输入和编辑数据的方法和技巧，如选择单元格、自动填充数据、输入序列数据等；掌握编辑工作表的方法，如调整行高和列宽、合并单元格等。
- 掌握美化工作表的方法，如设置表格内容的字符格式、对齐方式、边框和底纹等。
- 掌握公式和函数的使用方法，了解常用函数的作用，了解单元格引用的类型。
- 掌握对工作表数据进行处理与分析的方法。
- 掌握设置工作表页面和打印工作表的方法。

　创建学生成绩表——Excel 2016 使用基础

任务情景

李强的邻居吴老师是九年级（1）班的班主任，其德高望重，深受学生的喜爱。某天，李强到吴老师家拜访时，发现吴老师正在纸上画表格统计他们班学生的成绩。李强告诉吴老师，可以使用 Excel 快速制作学生成绩表，自动统计出学生的平均分、总分和排名等。于是吴老师请李强教他 Excel 的使用方法。李强告诉吴老师，要使用 Excel，首先需要熟悉其工作界面，并了解工作簿、工作表和单元格的概念，这样才能更好地掌握工作簿和工作表的基本操作。

相关知识

一、Excel 2016 的工作界面

选择"开始"/"所有程序"/"Excel 2016"选项，在打开的界面中选择"空白工作簿"选项，可启动 Excel 2016 新建一个名为"工作簿 1"的空白工作簿，并进入其工作界面，如图 5-1 所示。可以看出，Excel 2016 的工作界面与 Word 2016 类似。不同之处在于，在 Excel 2016 中，用户所进行的所有工作都是在工作簿、工作表和单元格中完成的。

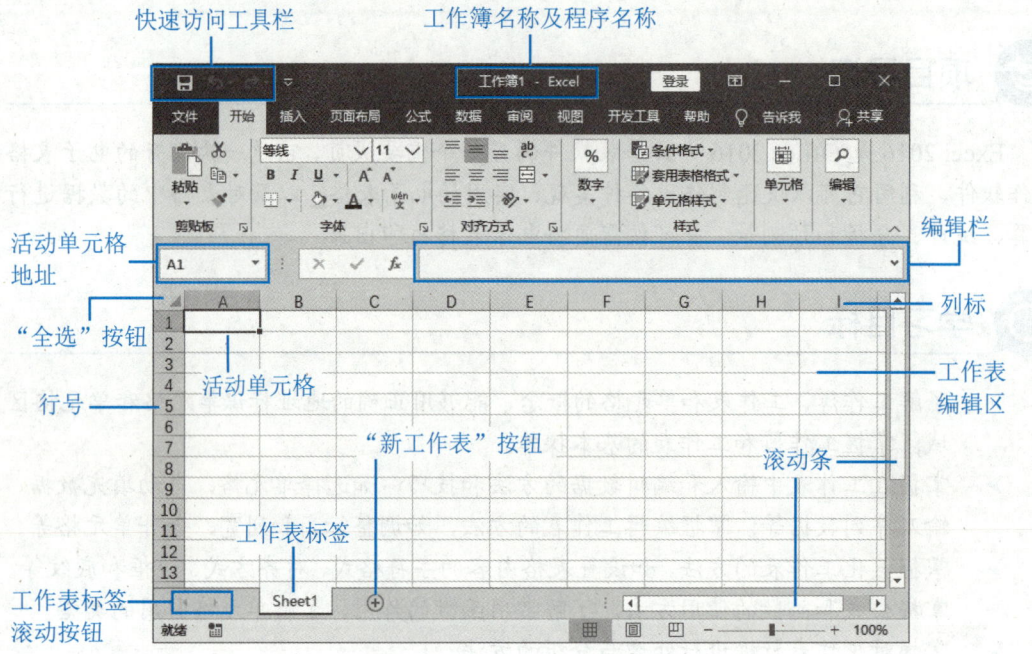

图 5-1 Excel 2016 的工作界面

二、工作簿、工作表和单元格的概念

1. 工作簿

在 Excel 中生成的文件叫做工作簿，即一个 Excel 文件就是一个工作簿。Excel 2016 工作簿的文件扩展名是 xlsx。

2. 工作表

工作表包含在工作簿中，由单元格、行号、列标和工作表标签组成。行号显示在工作表的左侧，依次用数字 1、2、3、…表示；列标显示在工作表上方，依次用字母 A、B、C、…表示。默认情况下，新建的 Excel 2016 工作簿只包含 1 个工作表，但用户可以根据需要添加或删除工作表。

工作表标签显示在工作表的底部，当工作簿中包含有多张工作表时，单击某张工作表标签，可切换到该工作表。

如果将工作簿比作一本书，那么书中的每一页就是一张工作表。

3. 单元格

单元格是 Excel 工作簿的最小组成单位,所有的数据都存储在单元格中。工作表编辑区中每一个长方形的小格就是一个单元格,每一个单元格都可用其所在的列标和行号标识,如 A1 单元格表示位于第 A 列第 1 行的单元格。

任务实施

一、工作簿基本操作

工作簿的基本操作包括新建、保存、打开和关闭工作簿,操作步骤如下:

步骤 1▶ 启动 Excel 2016 并选择"空白工作簿"选项时,系统会自动新建一个空白工作簿。如果要新建其他工作簿,可在"文件"下拉列表中选择"新建"选项,打开"新建"界面,如图 5-2 所示。在该界面中选择相应选项,如选择"空白工作簿"选项,可创建一个空白工作簿。

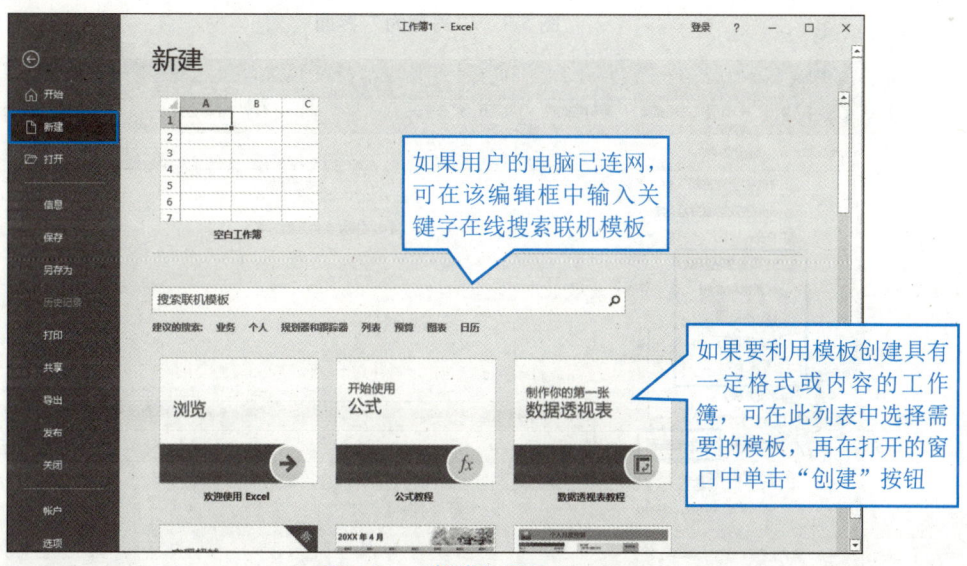

图 5-2 "新建"界面

提 示

> 启动 Excel 2016 后直接按"Ctrl+N"组合键,可快速创建一个空白工作簿。

步骤 2▶ 要保存新建的工作簿,可在"文件"下拉列表中选择"保存"选项,或按"Ctrl+S"组合键,打开"另存为"界面,如图 5-3 所示。在界面中部默认显示"最近"选项,窗口右侧显示最近访问过的文件夹,从中选择某个文件夹,可直接将工作簿保存在该文件夹中。

步骤 3▶ 如果希望将工作簿保存到其他位置,可单击界面中部下方的"浏览"按钮,打开"另存为"对话框。在对话框左侧的导航窗格中选择保存工作簿的文件夹,在"文件名"编辑框中输入工作簿名称(如"学生成绩表"),然后单击"保存"按钮,如图 5-4 所示。

计算机应用基础

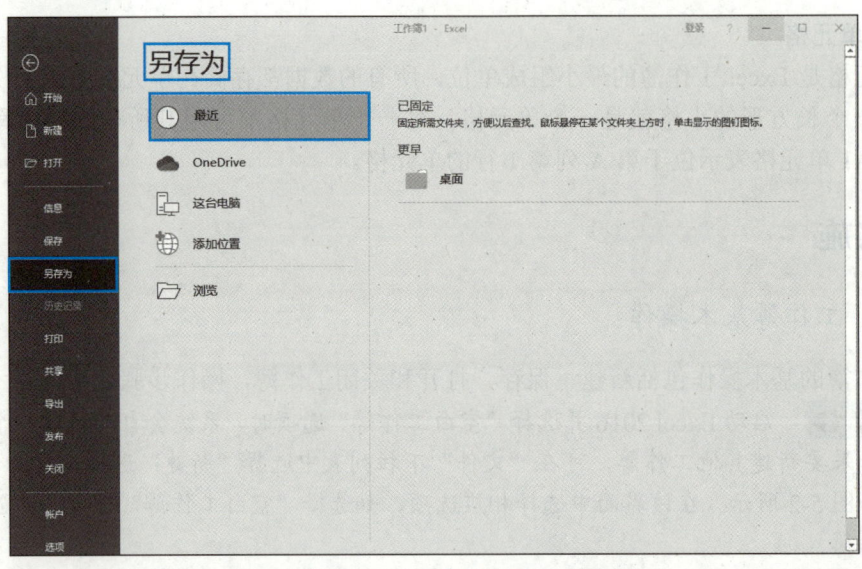

图 5-3 "另存为"界面

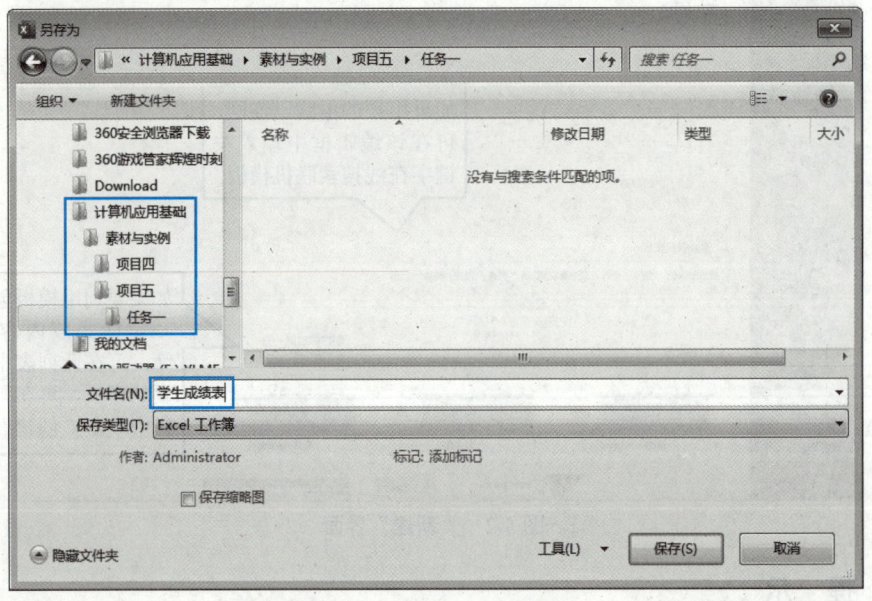

图 5-4 "另存为"对话框

步骤 4▶ 如果要打开一个已建立的工作簿进行查看或编辑，可在"文件"下拉列表中选择"打开"选项，打开"打开"界面，如图 5-5 所示。在该界面的中部默认显示"最近"选项，窗口右侧显示最近打开过的工作簿的名称。单击某个工作簿名称，可打开该工作簿。

步骤 5▶ 如果工作簿不在"最近"列表中，可单击"浏览"按钮，打开"打开"对话框。选择要打开的工作簿所在的文件夹，再选择要打开的工作簿，然后单击"打开"按钮，如图 5-6 所示。

项目五 使用 Excel 2016 制作电子表格

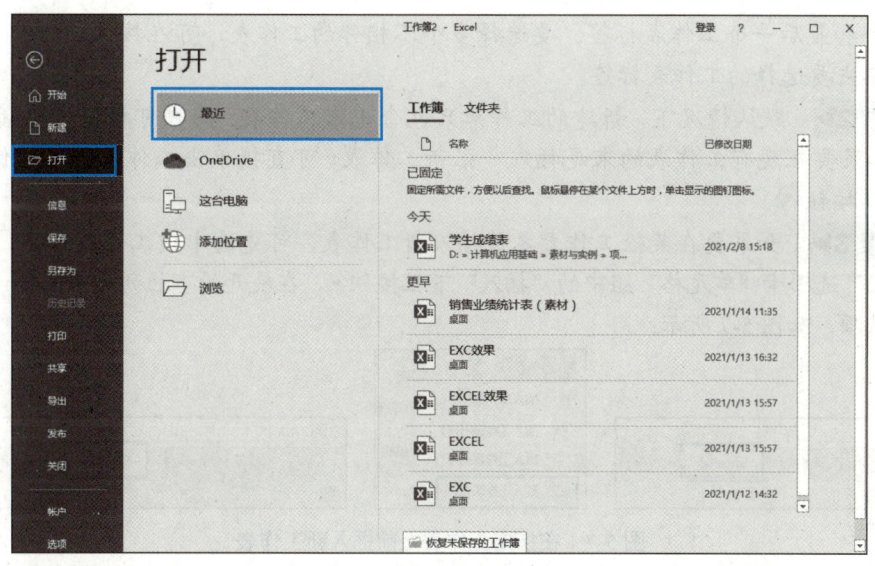

图 5-5 "打开"界面

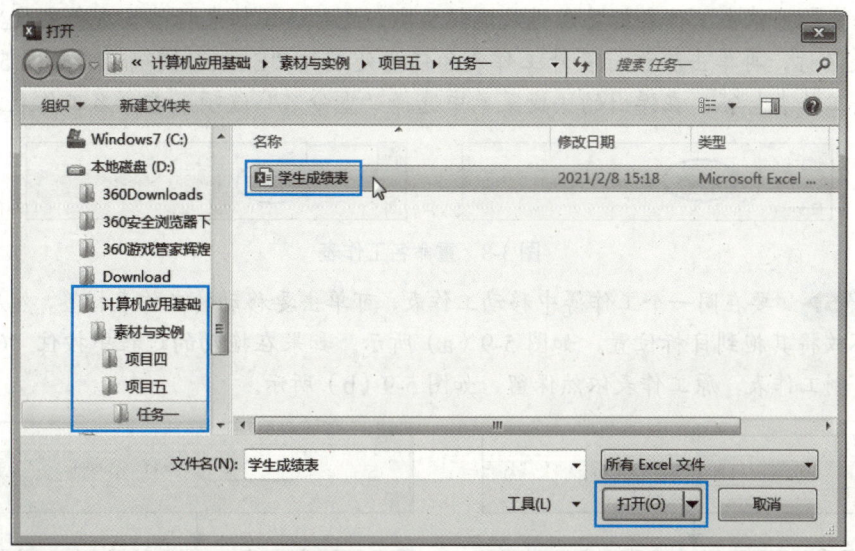

图 5-6 "打开"对话框

步骤 6▶ 要关闭当前打开的工作簿，可在"文件"下拉列表中选择"关闭"选项。与关闭 Word 文档一样，关闭工作簿时，如果工作簿被修改过且未执行保存操作，将弹出一个对话框，提示是否保存所做的更改，用户可根据需要单击相应的按钮。

二、工作表常用操作

工作表是工作簿中用来分类存储和处理数据的场所。使用 Excel 制作电子表格时，经常需要选择、插入、重命名、移动和复制工作表，操作步骤如下：

步骤 1▶ 要选择单个工作表，可直接单击程序窗口左下角的工作表标签。当工作簿中包含多个工作表时，要选择多个相邻的工作表，可在按住"Shift"键的同时单击要选择的第一个和最后一个工作表标签；要选择多个不相邻的工作表，可在按住"Ctrl"键的同时逐个单击要选择的工作表标签。

步骤 2▶ 默认情况下，新建的工作簿只包含 1 张工作表，用户可根据需要插入新工作表。如果要在现有工作表的末尾插入一张新工作表，可直接单击工作表标签右侧的"新工作表"按钮 ⊕。

步骤 3▶ 如果要在某张工作表之前插入新工作表，可先选中该工作表标签，然后单击"开始"选项卡"单元格"组中的"插入"下拉按钮，在展开的下拉列表中选择"插入工作表"选项，如图 5-7 所示。

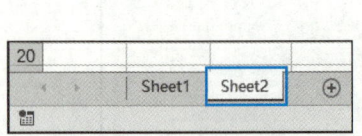 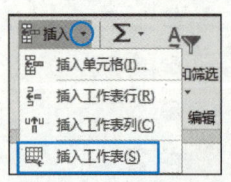 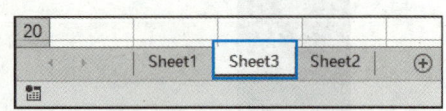

图 5-7 在指定工作表之前插入新工作表

步骤 4▶ 为方便管理工作表，可以为工作表取一个与其保存的内容相关的名称。要重命名工作表，可双击工作表标签以进入编辑状态，此时该工作表标签呈灰色底纹显示，输入工作表名称，再单击除该标签外工作表的任意处或按"Enter"键确认，如图 5-8 所示。也可右击工作表标签，在弹出的快捷菜单中选择"重命名"选项来重命名工作表。

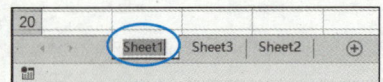 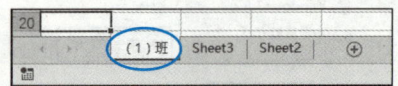

图 5-8 重命名工作表

步骤 5▶ 要在同一个工作簿中移动工作表，可单击要移动的工作表标签，然后按住鼠标左键不放将其拖到目标位置，如图 5-9（a）所示。如果在拖动的过程中按住"Ctrl"键，则表示复制工作表，原工作表依然保留，如图 5-9（b）所示。

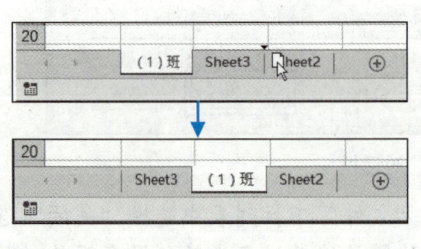 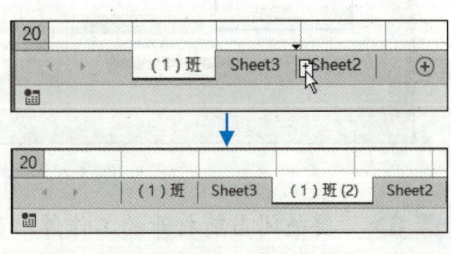

（a） （b）

图 5-9 在同一个工作簿中移动和复制工作表

步骤 6▶ 如果要在不同的工作簿中移动或复制工作表，可先打开源工作簿和目标工作簿，然后在源工作簿选中要移动或复制的工作表，单击"开始"选项卡"单元格"组中的"格式"按钮，在展开的下拉列表中选择"移动或复制工作表"选项，打开"移动或复制工作表"对话框，如图 5-10 所示。

步骤 7▶ 在"将选定工作表移至工作簿"下拉列表中选择目标工作簿；在"下列选定工作表之前"列表框中设置工作表要移动到的目标位置，然后单击"确定"按钮，即可将所选工作表移动到目标工作簿的指定位置。如果选中对话框中的"建立副本"复选框，则可将工作表复制到目标工作簿的指定位置。

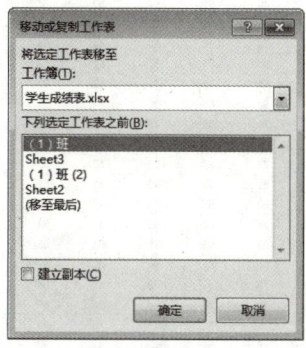

图 5-10 "移动或复制工作表"对话框

步骤 8▶ 如果要删除某张工作表，可单击要删除的工作表标签，这里选中新建和复制的 3 张工作表，然后单击"开始"选项卡"单元格"组中的"删除"下拉按钮▼，在展开的下拉列表中选择"删除工作表"选项即可，如图 5-11 所示。如果工作表中有数据，会弹出一个提示对话框，单击"删除"按钮即可。

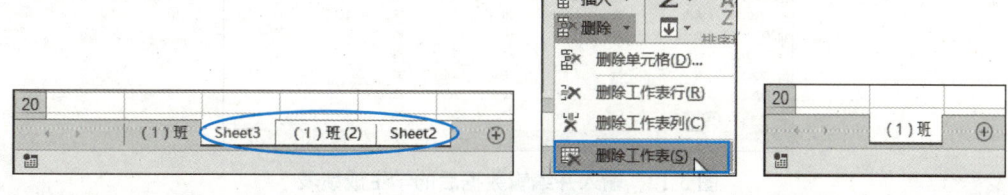

图 5-11 删除工作表

> **提 示**
>
> 对工作表进行的大部分操作，包括插入、重命名、移动、复制、删除等，都可以通过右击要操作的工作表标签，在弹出的快捷菜单中选择相应选项来实现。

任务二 制作学生成绩表——数据输入和工作表编辑

任务情景

在 Excel 中创建好学生成绩表工作簿，并将"Sheet1"工作表重命名为吴老师所带的"(1) 班"后，李强和吴老师一起，将九年级（1）班学生的学号、姓名、各科成绩等输入到工作表中并编辑，效果如图 5-12 所示。在此过程中，我们将了解 Excel 中的数据类型，掌握在工作表中输入和编辑数据的常用方法，掌握选择单元格、合并单元格、调整行高和列宽，以及插入、删除行、列和单元格的常用操作。

计算机应用基础

	A	B	C	D	E	F	G	H	I	J
1	九年级期中考试成绩表									
2	考号	姓名	语文	数学	英语	物理	化学	总分	平均分	排名
3	TK90101	黄庆儿	80	81	97	50	74			
4	TK90102	陈俊明	81	64	99	58	72			
5	TK90103	卢海玲	79	84	96	42	64			
6	TK90104	陈敏	80	67	51	51	84			
7	TK90105	余文卿	75	72	71	58	67			
8	TK90106	周烨	82	60	85	57	51			
9	TK90107	江庆国	74	76	73	50	68			
10	TK90108	肖泽涛	66	72	69.5	56	66			
11	TK90109	廖敏	77	80	93.5	37	55			
12	TK90110	陈小玉	81	71	88.5	42	51			
13	TK90111	何琳燕	80	65	79	43	49			
14	TK90112	谭慧	74	54	90	47	54			
15	TK90113	肖露	69	53	79.5	54	65			
16	TK90114	刘权	64	57	64	61	67			
17	TK90115	肖奕	78	51	79	49	58			
18	TK90116	陈晟	78	49	85.5	38	68			
19	TK90117	陈芳	75	50	80.5	48	67			
20	TK90118	董君秋	78	52	74.5	42	43			
21	TK90119	彭骏	70	49	86.5	54	39			
22	TK90120	黄乐萍	80	44	70.5	39	60			
23	TK90121	谭文清	78	53	50	60	44			
24	TK90122	刘晶	54	62	61	49	62			
25	TK90123	陈帆	67	58	41	46	73			
26	TK90124	刘强	69	52	64	45	43			
27	TK90125	宋夏雨	66	28	86.5	37	45			
28	TK90126	肖磊	72	65	45	38	42			
29	TK90127	朱裕秀	80	33	63.5	25	45			
30	TK90128	何慧星	70	36	42.5	42	52			
31	TK90129	陈小华	45	53	52.5	51	43			
32	TK90130	廖福翔	72	52	48	43	60			
33	TK90131	李满满	71	38	68	30	18			
34	TK90132	卢杰	53	33	68	38	25			
35	TK90133	吴明亮	27	33	84	34	43			
36	TK90134	阳倩	74	47	42	33	33			
37	TK90135	李鄹	48	42	49	28	52			
38	TK90136	黄诗涛	58	50	58	34	26			

图 5-12 输入并编辑数据后的学生成绩表

相关知识

一、Excel 中的数据类型

Excel 中经常使用的数据类型有文本型数据、数值型数据、日期和时间数据等。

➢ **文本型数据**：是指汉字、英文，或由汉字、英文、数字组成的字符串，如"第一季度""AK47"等。文本型数据不能进行数学运算。

➢ **数值型数据**：在 Excel 中，数值型数据是使用最多，也是最为复杂的数据类型。它由数字 0~9、正号"+"、负号"-"、小数点"."、分数号"/"、百分号"%"、指数符号"E"或"e"、货币符号"¥"或"$"及千位分隔号","等组成。

➢ **日期和时间数据**：属于数值型数据，用来表示一个日期或时间。在 Excel 中，可以使用"/"或"-"分隔日期中的年、月、日部分，使用冒号":"分隔时间中的时、分、秒部分。

二、输入数据的常用方法

输入数据的一般方法为：单击要输入数据的单元格，然后输入数据即可。此外，还可以使用技巧来快速输入数据，如自动填充序列数据或相同数据。

输入数据后,用户可以像编辑 Word 文档中的文本一样,对输入的数据进行各种编辑操作,如选择单元格区域、查找与替换数据、移动与复制数据等。

三、调整表格布局的常用方法

用户可对工作表中的单元格、行和列进行各种编辑操作,如插入单元格、行或列,调整行高或列宽以适应单元格中的数据等,这些操作都可通过选中单元格、行或列后,单击"开始"选项卡"单元格"组中的相应按钮实现。

任务实施

一、选择单元格

在 Excel 中进行的大多数操作,都需要先选中要操作的单元格或单元格区域。选择单元格、行和列等的操作步骤如下:

步骤 1▶ 将鼠标指针移到要选择的单元格上方后单击,即可选中该单元格。此外,还可使用键盘上的方向键选择位于当前单元格的上、下、左、右的单元格。

步骤 2▶ 如果要选择相邻的单元格区域,可按住鼠标左键拖过希望选择的单元格,然后释放鼠标即可;或单击要选择区域的第 1 个单元格,然后在按住"Shift"键的同时单击最后一个要选择的单元格,此时即可选中它们之间的所有单元格,如图 5-13 所示。

步骤 3▶ 如果要选择不相邻的多个单元格或单元格区域,可首先选中第 1 个单元格或单元格区域,然后按住"Ctrl"键再选择其他单元格或单元格区域,如图 5-14 所示。

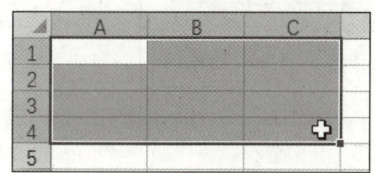

图 5-13　选择相邻的单元格区域

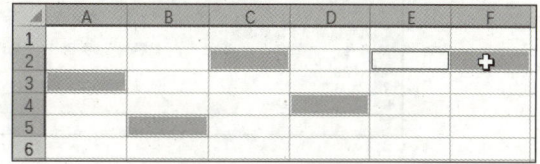

图 5-14　选择不相邻的多个单元格

步骤 4▶ 要选择工作表中的一整行或一整列,可将鼠标指针移到该行左侧的行号上或该列顶端的列标上,当鼠标指针变成➡或⬇形状时单击即可,如图 5-15 所示。如果要选择连续的多行或多列,可在行号上或列标上按住鼠标左键并拖动;如果要选择不相邻的多行或多列,可配合"Ctrl"键进行选择。

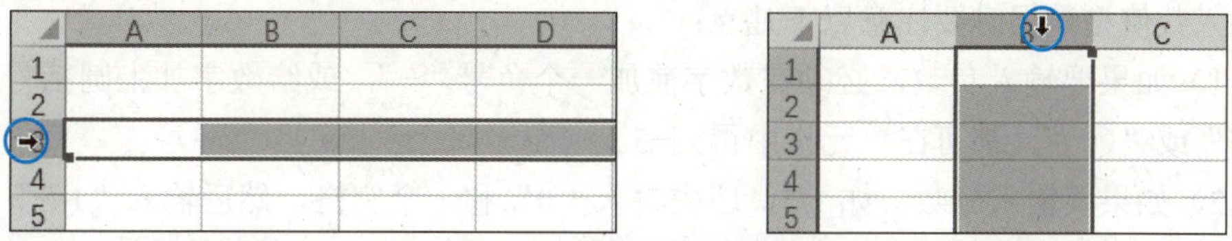

图 5-15　选择整行或整列

步骤 5▶ 如果要选择工作表中的所有单元格,可按"Ctrl+A"组合键或单击工作表左上角行号与列标交叉处的"全选"按钮　。

二、输入基本数据

下面在学生成绩表的"(1)班"工作表中输入基础数据,操作步骤如下:

步骤1▶ 打开"任务一"创建的"学生成绩表"工作簿,将其以"学生成绩表(输入与编辑数据)"为名另存到本书配套素材"项目五"/"任务二"文件夹中。

步骤2▶ 在"(1)班"工作表中单击A1单元格,输入表格标题文本"九年级期中考试成绩表",输入的内容会同时显示在编辑栏中(也可直接在编辑栏中输入数据),如图5-16所示。如果发现输入错误,可按"Backspace"键删除并重新输入。

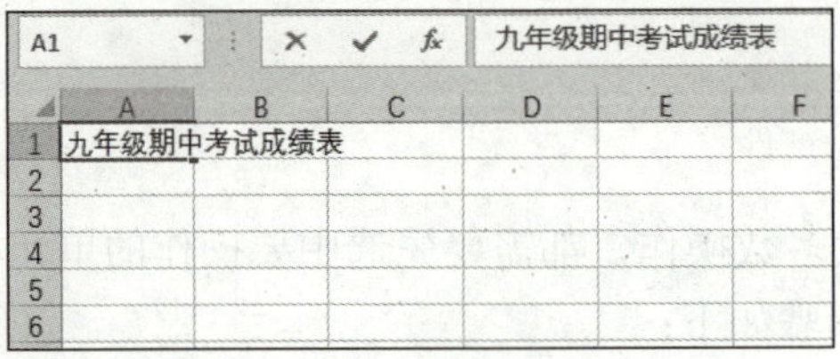

图5-16 在单元格中输入表格标题

步骤3▶ 按"Enter"键、"Tab"键,或单击编辑栏左侧的"√"按钮确认输入。其中,按"Enter"键时,默认当前单元格下方的单元格被选中;按"Tab"键时,当前单元格右侧的单元格被选中;单击"√"按钮时,当前单元格不变。

步骤4▶ 在A2至J2单元格中输入各列的列标题,如图5-17所示。

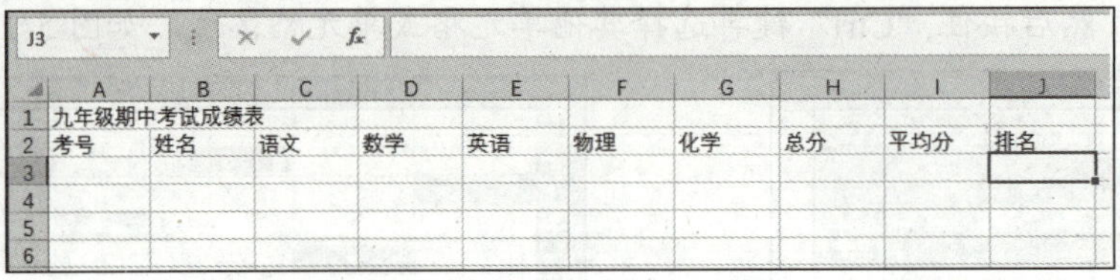

图5-17 在单元格中输入列标题

步骤5▶ 在"姓名"列和各科成绩列中输入数据,效果如图5-18所示。可以看到,默认情况下,输入的数值型数据沿单元格右侧对齐,文本型数据沿单元格左侧对齐。如果输入的数据超出了单元格的宽度,导致数据不能在单元格中正常显示时,可选中该单元格,然后通过编辑栏查看和编辑数据。

输入数值型数据时要注意以下几点:

(1)如果要输入负数,必须在数字前加一个负号"-",或给数字加上圆括号。如输入"-5"或"(5)",都可在单元格中得到-5。

(2)如果要输入分数,如1/5,应先输入"0"和一个空格,然后输入"1/5",否则,Excel会把该数据作为日期格式处理,单元格中会显示"1月5日"。

(3)如果要输入日期和时间,可按前面介绍的日期和时间格式输入。按"Ctrl+;"组合键,可在单元格中输入系统当前日期;按"Ctrl+Shift+;"组合键,可在单元格中输入系统当前时间。

	A	B	C	D	E	F	G	H	I	J
1	九年级期中考试成绩表									
2	考号	姓名	语文	数学	英语	物理	化学	总分	平均分	排名
3		黄庆儿	80	81	97	50	74			
4		陈俊名	81	64	99	58	72			
5		卢海玲	79	84	96	42	64			
6		陈敏	80	67	51	51	84			
7		余文卿	75	72	71	58	67			
8		周烨	82	60	85	57	51			
9		江庆国	74	76	73	50	68			
10		肖泽涛	66	72	69.5	56	66			
11		廖敏	77	80	93.5	37	55			
12		陈小玉	81	71	88.5	42	51			
13		何琳燕	80	65	79	43	49			
14		谭慧	74	54	90	47	54			
15		肖路	69	53	79.5	54	65			
16		刘权	64	57	64	61	67			
17		肖奕	78	51	79	49	58			
18		陈晟	78	49	85.5	38	68			
19		陈芳	75	50	80.5	48	67			
20		董君秋	78	52	74.5	42	43			
21		彭骏	70	49	86.5	54	39			
22		黄乐萍	80	44	70.5	39	60			
23		谭文清	78	53	50	60	44			
24		刘晶	54	62	61	49	62			
25		陈帆	67	58	41	46	73			
26		刘强	69	52	64	45	43			
27		宋夏雨	66	28	86.5	37	45			
28		肖磊	72	65	45	38	42			
29		朱裕秀	80	33	63.5	25	45			
30		何慧星	70	36	42.5	42	52			
31		陈小华	45	53	52.5	51	43			
32		廖福翔	72	52	48	43	60			
33		李满满	71	38	68	30	18			
34		卢杰	53	33	68	38	25			
35		吴明亮	27	33	84	34	43			
36		阳倩	74	47	42	33	33			
37		李娜	48	42	49	28	52			
38		黄诗涛	58	50	58	34	26			

(1)班

图 5-18　输入“姓名”列和各科成绩数据

（4）电话号码、身份证号码、邮政编码和以 0001 等全由数字组成的文本数据，如果直接在单元格中输入，系统会自动按数字类型的数据进行存储。要正确输入这类数据，可在英文输入状态下先输入一个单撇号“'”，然后再输入数字，按“Enter”键后系统会将该数据处理成文本类型。

三、自动填充数据

在 Excel 工作表活动单元格的右下角有一个小绿方块■，称为填充柄。通过拖动填充柄可以自动在其他单元格填充与活动单元格内容相关的数据，如序列数据或相同数据。其中，序列数据是指有规律变化的数据，如日期、时间、月份、等差或等比序列。

例如，要在学生成绩表的“考号”列中输入数据，可利用自动填充方式输入，操作步骤如下：

步骤 1▶ 继续在打开的工作表中操作。单击“考号”列中的 A3 单元格，输入数据“TK90101”。

步骤 2▶ 将鼠标指针移到 A3 单元格右下角的填充柄上，此时鼠标指针变成实心的十字形✚，按住鼠标左键并向下拖动，到 A38 单元格后释放鼠标，然后单击右下角的“自动填充选项”按钮，在展开的列表中选中“填充序列”单选钮，系统会自动以升序方式填充选中的单元格，如图 5-19 所示。

图 5-19　使用填充柄填充数据

> **提　示**
>
> 当在"自动填充选项"列表中选中"复制单元格"单选钮时，表示填充相同数据及格式；当选中"仅填充格式"单选钮或"不带格式填充"单选钮时，表示只填充相同格式或数据。初始数据不同，该列表中的选项也不相同。
>
> 要填充指定步长的等差或等比序列，可在前两个单元格中输入序列的前两个数据，然后选中这两个单元格，并拖动所选单元格区域的填充柄到要填充的区域后释放鼠标即可。
>
> 单击"开始"选项卡"编辑"组中的"填充"按钮，在展开的下拉列表中选择相应的选项也可填充数据。但利用该方式填充数据时需要提前选中要填充数据的单元格区域，如图 5-20 所示。

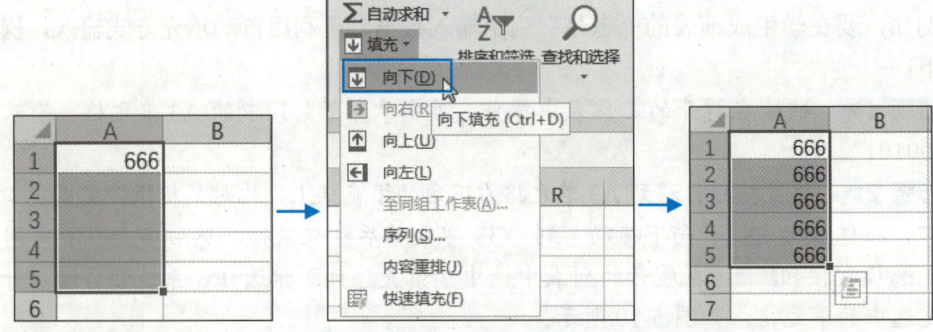

图 5-20　利用"填充"下拉列表填充数据

如果要一次性在所选单元格或单元格区域填充相同的数据,可先选中要填充数据的单元格或单元格区域,然后输入要填充的数据,输入完毕按"Ctrl+Enter"组合键即可,如图 5-21 所示。

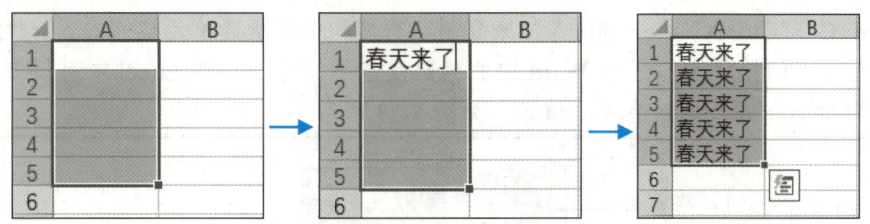

图 5-21　使用快捷键填充相同数据

此外,Excel 还内置了许多自定义序列,在"文件"下拉列表中选择"选项"选项,打开"Excel 选项"对话框,在"高级"选项的"常规"设置区中单击"编辑自定义列表"按钮,打开"自定义序列"对话框,在"自定义序列"列表框中可看到系统提供的序列。当在单元格中输入序列的第一个数据后,利用填充柄就可以输入其余的数据。

四、编辑数据

编辑工作表时,用户可以修改单元格中的数据,将单元格或单元格区域中的数据移动或复制到其他单元格或单元格区域,还可以清除单元格或单元格区域中的数据,以及在工作表中查找和替换数据等。

要编辑工作表中的数据,操作步骤如下:

步骤 1▶ 继续在打开的工作表中操作。双击工作表中要编辑数据的单元格,将插入点定位到单元格中,然后修改其中的数据即可,如图 5-22 所示。也可单击要修改数据的单元格,然后在编辑栏中进行修改。

图 5-22　修改数据

步骤 2▶ 如果要移动单元格中的数据,可选中要移动数据的单元格或单元格区域,然后将鼠标指针移到所选单元格区域的边框线上,待鼠标指针变成形状后按住鼠标左键并拖动,到目标位置后释放鼠标即可。如果在拖动的过程中按住"Ctrl"键,则移动数据变为复制数据。

提　示

使用拖动法移动或复制数据时,如果将数据移动到有内容的单元格区域,会弹出对话框提示用户是否替换目标单元格区域中的内容。如果是复制数据，则不会弹出任何提示。

选中单元格后，也可以使用"开始"选项卡"剪贴板"组中的按钮，或利用快捷键"Ctrl+C""Ctrl+X"和"Ctrl+V"来复制、剪切和粘贴所选单元格的内容，操作方法与在 Word 中的操作类似。与 Word 中的粘贴操作不同的是，在 Excel 中可以有选择地粘贴全部内容，或只粘贴公式、值等，如图 5-23 所示。

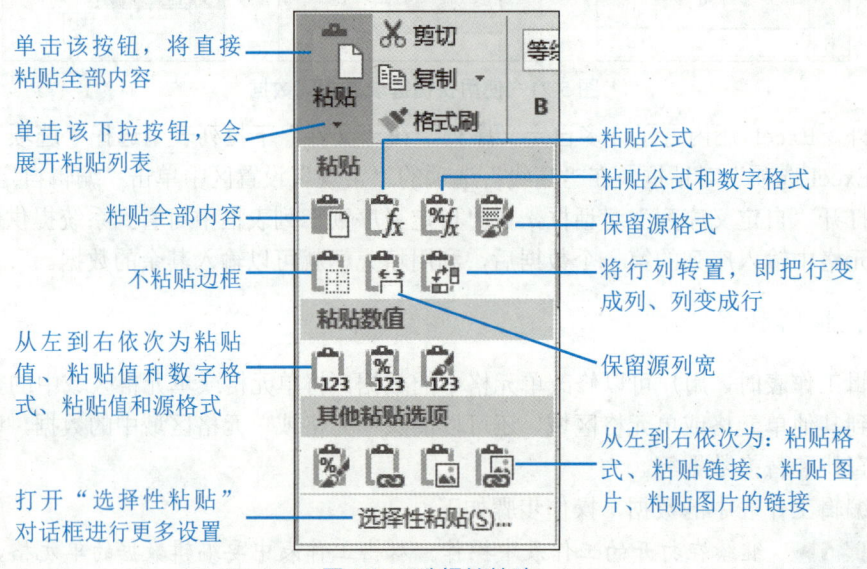

图 5-23　选择性粘贴

步骤 3▶ 对于一些大型的表格，如果需要查找或替换表格中的指定内容，可利用 Excel 的查找和替换功能实现。操作方法与在 Word 中查找和替换文档中的指定内容类似。

步骤 4▶ 如果要删除单元格中的数据或格式，可选中要删除数据或格式的单元格或单元格区域，然后单击"开始"选项卡"编辑"组中的"清除"按钮，在展开的下拉列表中选择相应选项，可清除单元格中的数据、格式或批注等，如图 5-24 所示。

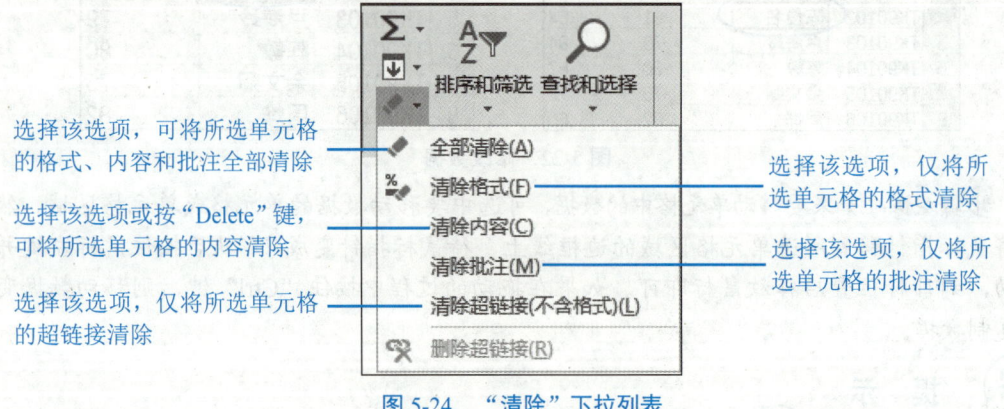

图 5-24　"清除"下拉列表

五、合并单元格

合并单元格是指将相邻的多个单元格合并为一个单元格。执行合并操作后,将只保留所选单元格区域左上角单元格中的内容。合并单元格的操作步骤如下:

步骤1▶ 继续在打开的工作表中操作。选中要合并的单元格区域 A1:J1。

步骤2▶ 单击"开始"选项卡"对齐方式"组中的"合并后居中"按钮，或单击该按钮右侧的下拉按钮，在展开的下拉列表中选择"合并后居中"选项,即可将该单元格区域合并为一个单元格且单元格数据居中对齐,如图 5-25 所示。

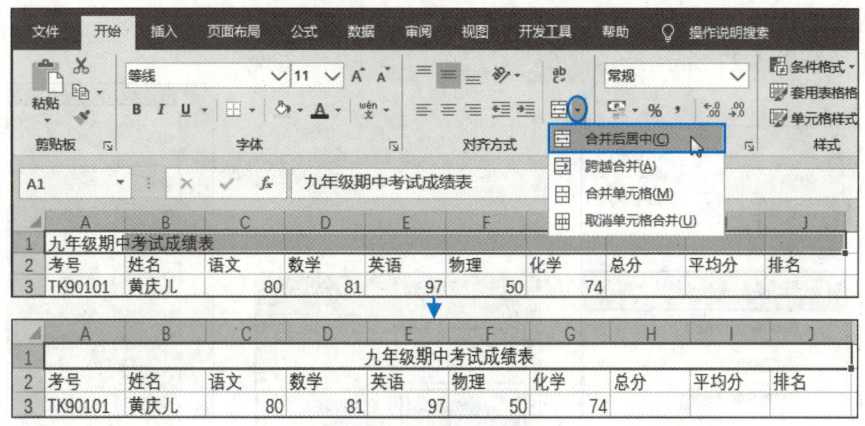

图 5-25 合并单元格

合并单元格时,如果在该下拉列表中选择"合并单元格"选项,则合并后单元格中的数据不会居中对齐;如果选择"跨越合并"选项,则会将所选单元格按行合并。

如果要将合并后的单元格拆分开,只需选中该单元格,然后单击"合并后居中"按钮即可。

六、调整行高和列宽

默认情况下,Excel 中所有行的高度和所有列的宽度都是相等的。用户可以利用鼠标拖动方式和"格式"下拉列表中的选项来调整行高和列宽,操作步骤如下:

步骤1▶ 继续在打开的工作表中操作。将鼠标指针移到要调整行高的行号的下边框线上,如第 1 行的下边框线上,此时鼠标指针变成 ✚ 形状,按住鼠标左键并上下拖动(此时在工作表中将显示一个提示行高的信息框),到合适高度后释放鼠标,即可调整所选行的高度,如图 5-26 所示。

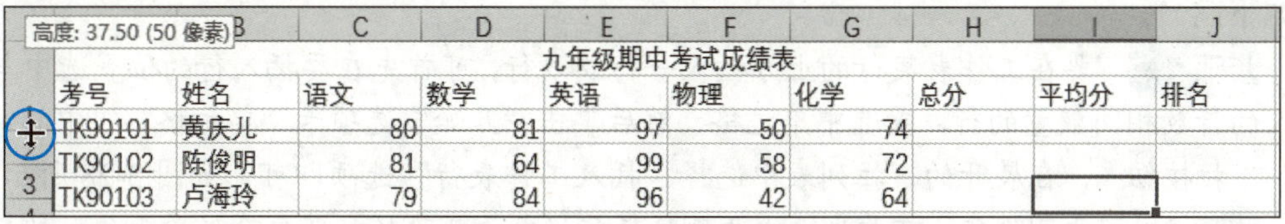

图 5-26 利用拖动法调整行高

提　示

　　如果要调整多行的高度，可同时选中多行，然后使用以上方法调整。此外，如果要调整单列或多列单元格的宽度，只需将鼠标指针移到要调整列宽的列标右边框线上，待鼠标指针变成 ╂ 形状后按住鼠标左键并左右拖动，到合适宽度后释放鼠标即可。

步骤2▶ 要精确调整行高，可先选中要调整行高的单元格或单元格区域，这里同时选中第 2 行至第 38 行，然后单击"开始"选项卡"单元格"组中的"格式"按钮，在展开的下拉列表中选择"行高"选项，在打开的"行高"对话框中输入行高值，单击"确定"按钮即可，如图 5-27 所示。

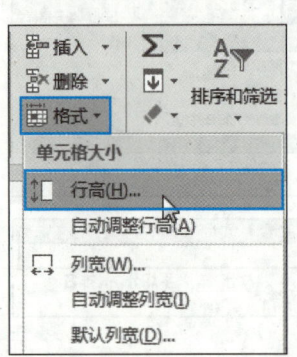 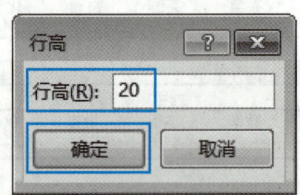 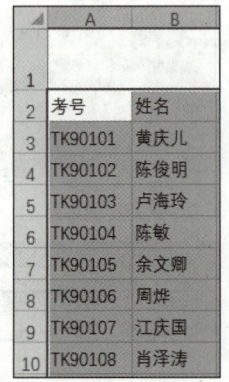

图 5-27　精确调整多行的高度

 提　示

　　要精确调整列宽，可选中要调整列宽的列（可选择多列），然后在"格式"下拉列表中选择"列宽"选项，再在打开的对话框中输入列宽值并确定即可。
　　此外，将鼠标指针移到行号下方的边框线上或列标右侧的边框线上，待鼠标指针变成 ╂ 或 ╂ 形状后双击，系统会根据单元格中数据的高度和宽度自动调整行高和列宽。也可在选中要调整的行或列后，在"格式"下拉列表中选择"自动调整行高"选项或"自动调整列宽"选项，自动调整所选行的高度或所选列的宽度。

七、插入与删除行、列或单元格

　　在制作表格时，有时需要在有数据的单元格区域插入或删除行、列、单元格，操作步骤如下：

步骤1▶ 要在工作表某行的上方插入一行或多行，可首先在要插入行的位置选中与要插入的行数相同数量的行，或选中单元格，然后单击"开始"选项卡"单元格"组中的"插入"下拉按钮，在展开的下拉列表中选择"插入工作表行"选项即可，如图 5-28 所示。

步骤2▶ 要删除行，可首先选中要删除的行，或要删除的行所包含的单元格，然后单击"单元格"组中的"删除"下拉按钮，在展开的下拉列表中选择"删除工作表行"选项即可，如图 5-29 所示。如果选中的是整行，则直接单击"删除"按钮即可。

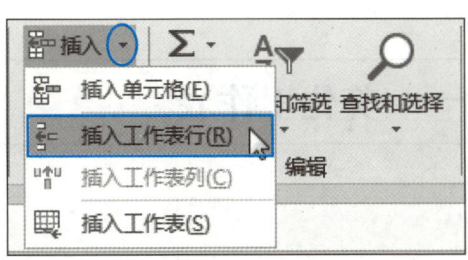 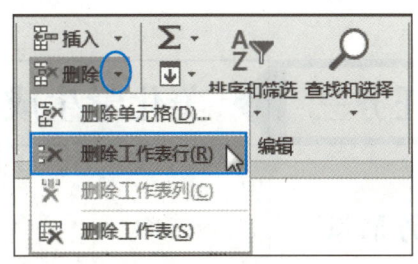

图 5-28　插入工作表行　　　　　　图 5-29　删除工作表行

步骤 3 如果要在工作表某列的左侧插入一列或多列,可在要插入列的位置选中与要插入的列数相同数量的列,或选中单元格,然后在"插入"下拉列表中选择"插入工作表列"选项即可。

步骤 4 如果要删除列,可先选中要删除的列,或要删除的列所包含的单元格,然后在"删除"下拉列表中选择"删除工作表列"选项即可。

步骤 5 如果要插入单元格,可在要插入单元格的位置选中与要插入的单元格数量相同的单元格,然后在"插入"下拉列表中选择"插入单元格"选项,打开"插入"对话框,在其中选择一种插入方式,最后单击"确定"按钮,如图 5-30 所示。

- **活动单元格右移**:在当前所选单元格处插入单元格,当前所选单元格右移。
- **活动单元格下移**:在当前所选单元格处插入单元格,当前所选单元格下移。
- **整行**:插入与当前所选单元格行数相同的整行,当前所选单元格所在的行下移。
- **整列**:插入与当前所选单元格列数相同的整列,当前所选单元格所在的列右移。

步骤 6 如果要删除单元格,可选中要删除的单元格或单元格区域,然后在"单元格"组的"删除"下拉列表中选择"删除单元格"选项,打开"删除"对话框,在其中选择一种删除方式,最后单击"确定"按钮,如图 5-31 所示。

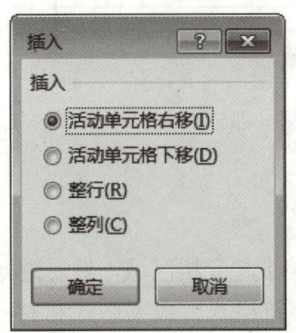 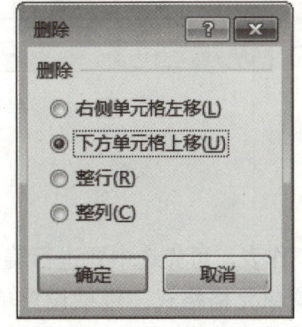

图 5-30　"插入"对话框　　　　　　图 5-31　"删除"对话框

- **右侧单元格左移**:删除所选单元格,所选单元格右侧的单元格左移。
- **下方单元格上移**:删除所选单元格,所选单元格下方的单元格上移。
- **整行**:删除所选单元格所在的整行。
- **整列**:删除所选单元格所在的整列。

任务三 美化学生成绩表——美化工作表

任务情景

输入学生成绩表数据并调整工作表结构后，吴老师提出工作表还不够美观，于是李强和吴老师一起对学生成绩表进行了美化，美化后的表格效果如图 5-32 所示。

九年级期中考试成绩表

考号	姓名	语文	数学	英语	物理	化学	总分	平均分	排名
TK90101	黄庆儿	80	81	97	50	74			
TK90102	陈俊明	81	64	99	58	72			
TK90103	卢海玲	79	84	96	42	64			
TK90104	陈敏	80	67	51	51	84			
TK90105	余文卿	75	72	71	58	67			
TK90106	周烨	82	60	85	57	51			
TK90107	江庆国	74	76	73	50	68			
TK90108	肖泽涛	66	72	69.5	56	66			
TK90109	廖敏	77	80	93.5	37	55			
TK90110	陈小玉	81	71	88.5	42	51			
TK90111	何琳燕	80	65	79	43	49			
TK90112	谭慧	74	54	90	47	54			
TK90113	肖路	69	53	79.5	54	65			
TK90114	刘权	64	57	64	61	67			
TK90115	肖奕	78	51	79	49	58			
TK90116	陈晟	78	49	85.5	38	68			
TK90117	陈芳	75	50	80.5	48	67			
TK90118	董君秋	78	52	74.5	42	43			
TK90119	彭骏	70	49	86.5	54	39			
TK90120	黄乐萍	80	44	70.5	39	60			
TK90121	谭文清	78	53	50	60	44			
TK90122	刘晶	54	62	61	49	62			

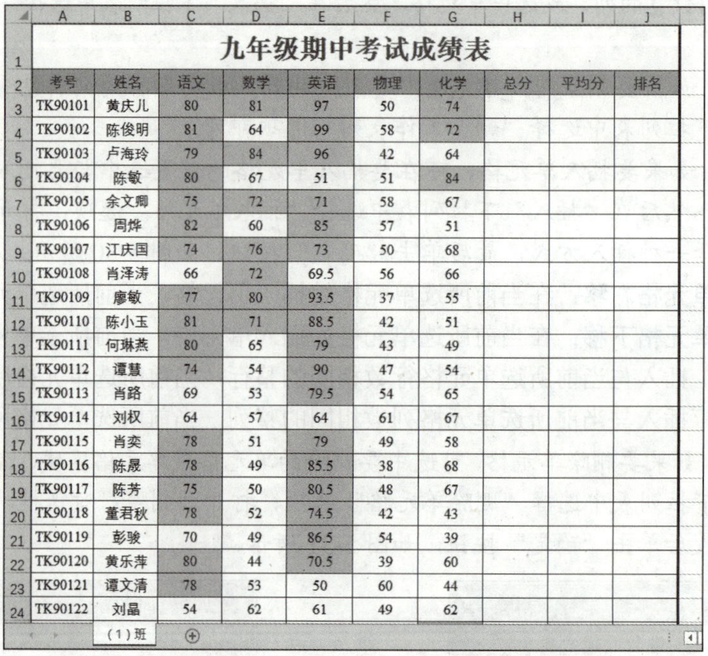

图 5-32　学生成绩表美化效果（部分）

相关知识

要美化工作表，可先选中要进行美化操作的单元格或单元格区域，然后进行相关操作。

- **设置单元格格式**：包括设置单元格内容的字符格式、数字格式和对齐方式，以及设置单元格的边框和底纹等。可利用“开始”选项卡“字体”组、“对齐方式”组和“数字”组中的按钮，或“设置单元格格式”对话框来实现。
- **设置条件格式**：在 Excel 中应用条件格式，可以让符合特定条件的单元格数据以醒目的方式突出显示，便于人们更好地对工作表数据进行分析。
- **套用表格样式**：Excel 2016 为用户提供了许多预定义的表格样式，套用这些样式，可以迅速建立适合不同专业需求、外观精美的工作表。用户可利用“开始”选项卡的“样式”组来设置条件格式或套用表格样式。

项目五 使用 Excel 2016 制作电子表格

任务实施

一、设置字符格式和对齐方式

在 Excel 中设置单元格内容的字符格式和对齐方式的操作与在 Word 中相似。

例如，要为编辑数据后的学生成绩表设置字符格式和对齐方式，操作步骤如下：

步骤 1▶ 打开本书配套素材"项目五"/"任务二"/"学生成绩表（输入与编辑数据）"工作簿，将其以"学生成绩表（美化）"为名另存到"项目五"/"任务三"文件夹中。

步骤 2▶ 选中 A1 单元格，然后在"开始"选项卡"字体"组的"字体"下拉列表中选择"华文中宋"选项，在"字号"下拉列表中选择"22"选项，在"字体颜色"下拉列表中选择"蓝色"选项，再单击"加粗"按钮，如图 5-33 所示。

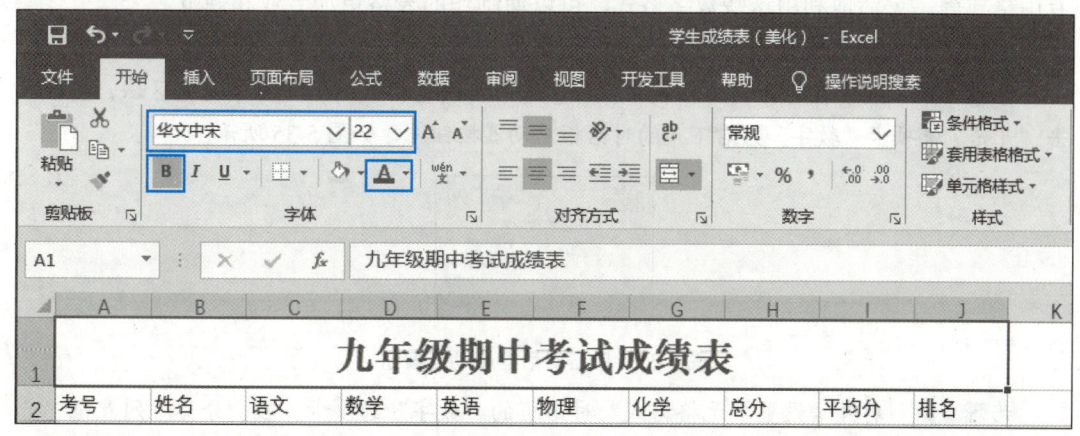

图 5-33 设置 A1 单元格的字符格式

步骤 3▶ 选中 A2:J38 单元格区域，在"开始"选项卡的"字体"组中设置其字体为 Times New Roman，字号为 12 磅；在"对齐方式"组中单击"居中"按钮（见图 5-34），使所选单元格中的数据在单元格中居中对齐。

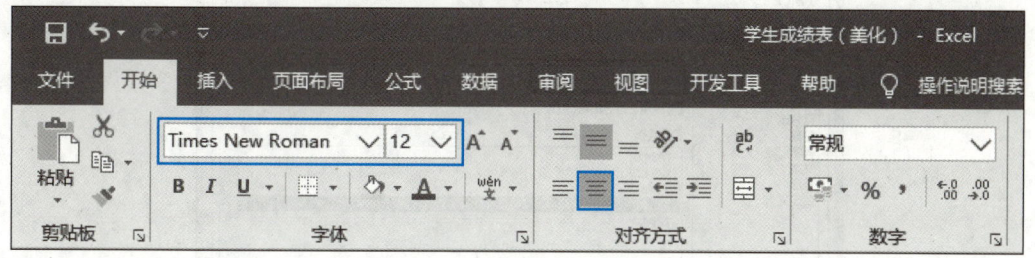

图 5-34 设置 A2:J38 单元格区域的字符格式和对齐方式

也可选中单元格或单元格区域，然后单击"字体"组或"对齐方式"组右下角的对话框启动器按钮，在打开的"设置单元格格式"对话框中设置其字符格式和对齐方式。

步骤 4▶ 选中 A2:J2 单元格区域，设置其字体为黑体，字体颜色为紫色。

提示

在 Excel 2016 中，相邻的一组单元格构成的矩形区域称为单元格区域。连续的单元格区域的地址用其对角的两个单元格地址来表示，中间用冒号分隔，如"A1:D3"；不连续的单元格区域之间用逗号分隔，如"A1:B3,D2:E4"。此外，还可以用冒号分隔的行号表示整行，如"2:2"；用冒号分隔的列标表示整列，如"B:E"。

二、设置数字格式

Excel 提供了多种数字格式，如数值格式、货币格式、日期格式、百分比格式、会计专用格式等，灵活地利用这些数字格式，可以使制作的表格更加专业和规范。

例如，要为学生成绩表的"平均分"列数据设置 1 位小数位数，操作步骤如下：

步骤 1▶ 继续在打开的工作表中操作。选中要设置格式的 I3:I38 单元格区域，然后单击"开始"选项卡"数字"组右下角的对话框启动器按钮，如图 5-35 所示。

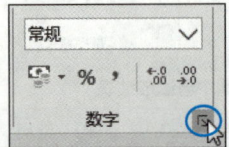

图 5-35 单击对话框启动器按钮

步骤 2▶ 打开"设置单元格格式"对话框的"数字"选项卡，在"分类"列表框中选择数字类型"数值"，然后在右侧设置相关格式，如设置小数位数为"1"，单击"确定"按钮，如图 5-36 所示。由于本例还没有计算出"平均分"，因此暂时看不到设置效果。

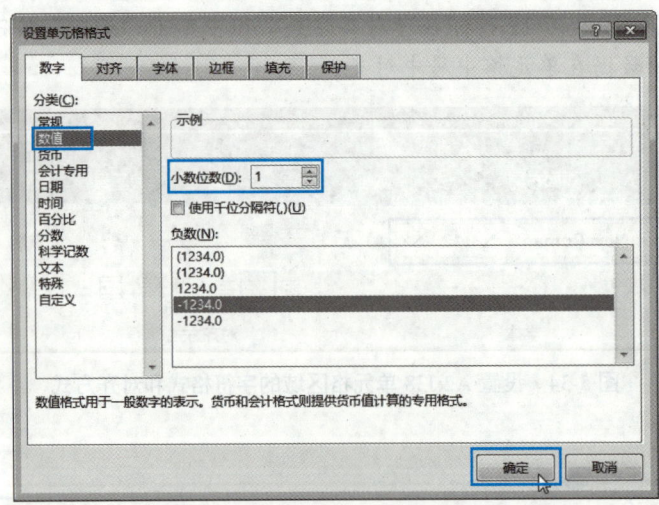

图 5-36 使用对话框设置数字格式

用户也可直接在"开始"选项卡"数字"组的"数字格式"下拉列表中选择数字类型，以及单击相关按钮 来设置数字格式，如图 5-37 所示。

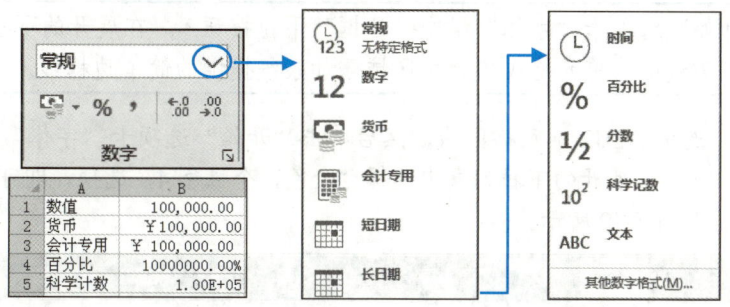

图 5-37 使用"数字"组设置数字格式

三、设置边框和底纹

在 Excel 工作表中，虽然从屏幕上看到每个单元格都带有浅灰色的边框线，但是实际打印时不会出现任何线条。为了使表格内容更清晰明了，可以为表格添加边框。此外，为某些单元格添加底纹，可以衬托或强调这些单元格中的数据，同时使表格更美观。

例如，要为学生成绩表设置边框并为相关单元格设置底纹，操作步骤如下：

步骤 1▶ 继续在打开的工作表中操作。选中要添加边框的 A1:J38 单元格区域，然后打开"设置单元格格式"对话框。

步骤 2▶ 在"边框"选项卡的"样式"列表框中选择一种线条样式，如粗线条；在"颜色"下拉列表框中选择边框线的颜色，如深红，然后单击"外边框"按钮，可为所选单元格区域添加外边框，如图 5-38 所示。

步骤 3▶ 选择一种细线条样式，边框颜色保持不变，然后单击"内部"按钮，可为所选单元格区域添加内边框，最后单击"确定"按钮，如图 5-39 所示。

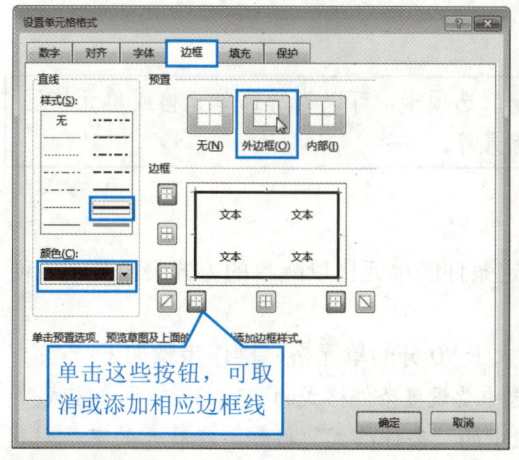

图 5-38 为单元格区域设置外边框

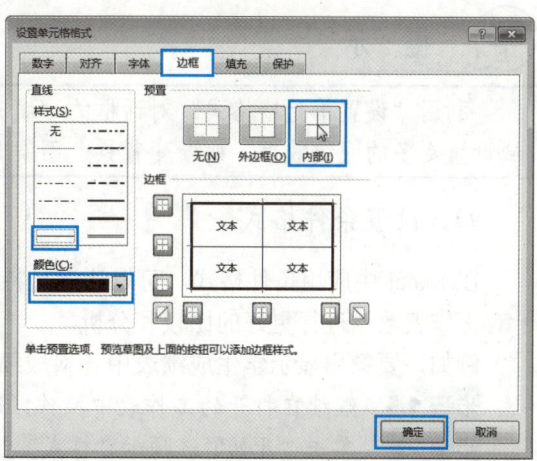

图 5-39 为单元格区域设置内边框

> **提示**
>
> 单击"开始"选项卡"字体"组中"边框"下拉按钮▼，在展开的下拉列表中选择相应选项，可为选中的单元格或单元格区域添加系统提供的简单边框线。

步骤 4▶ 选中 A2:J2 单元格区域，然后单击"开始"选项卡"字体"组中的"填充颜色"下拉按钮▼，在展开的下拉列表中选择"金色，个性色 4"选项，即可为所选单元格区域设置底纹，如图 5-40 所示。

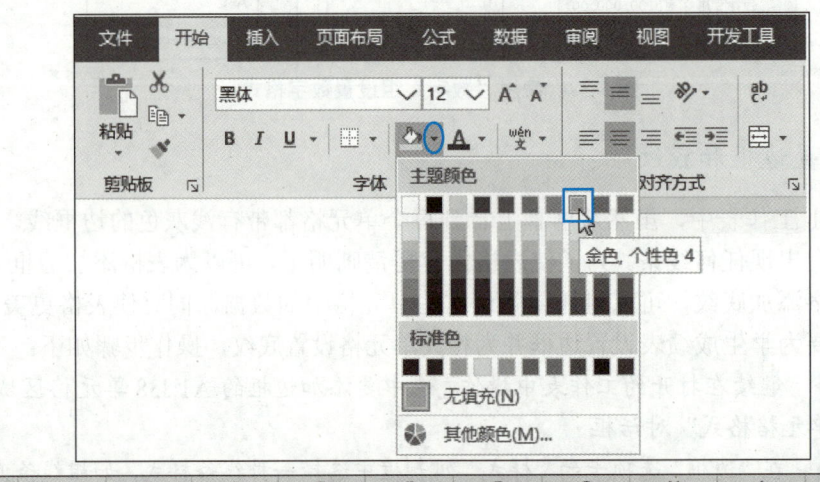

图 5-40　为单元格区域设置底纹

> **提示**
>
> 利用"设置单元格格式"对话框的"填充"选项卡，可以为所选单元格或单元格区域设置更多的底纹效果，如渐变背景、图案背景等。

四、设置条件格式

在 Excel 中应用条件格式，可以让满足特定条件的单元格以醒目的方式突出显示，便于对工作表数据进行更好的比较和分析。

例如，要突出显示学生成绩表中各科成绩大于 70 分的单元格，操作步骤如下：

步骤 1▶ 继续在打开的工作表中操作。选中要设置条件格式的 C3:G38 单元格区域。

步骤 2▶ 单击"开始"选项卡"样式"组中的"条件格式"按钮，在展开的下拉列表中选择"突出显示单元格规则"选项，再在展开的子列表中选择一种具体的条件，如选择"大于"选项，如图 5-41 所示。

步骤 3▶ 打开"大于"对话框，参照图 5-42 设置参数。

项目五 使用 Excel 2016 制作电子表格

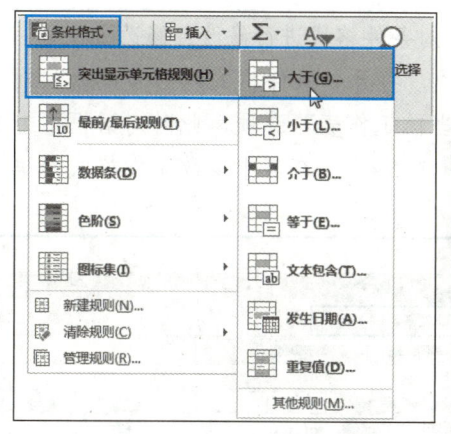

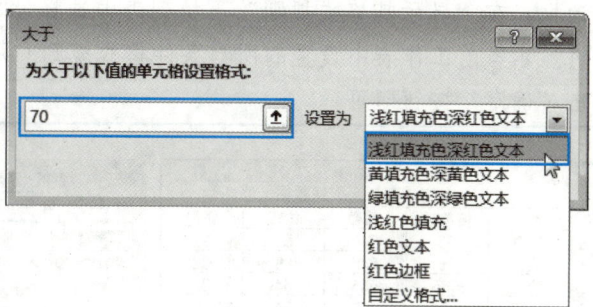

图 5-41 选择"大于"选项　　　　　　　图 5-42 设置条件格式

步骤 4 单击"确定"按钮。此时，各科成绩大于 70 分的单元格，以浅红色背景、深红色文本突出显示，如图 5-43 所示。

图 5-43 设置条件格式后的学生成绩表效果（部分）

从图 5-41 可以看出，Excel 2016 提供了 5 种条件规则，各规则的含义如下。

➢ **突出显示单元格规则**：突出显示所选单元格区域中符合特定条件的单元格。
➢ **最前/最后规则**：其作用与突出显示单元格规则相同，只是设置条件的方式不同。
➢ **数据条、色阶和图标集**：使用数据条、色阶（颜色的种类或深浅）和图标来标识各单元格中数值的大小，从而方便查看和比较数据，效果如图 5-44 所示。设置时，只需在相应的子列表中选择需要的图标即可。

提 示

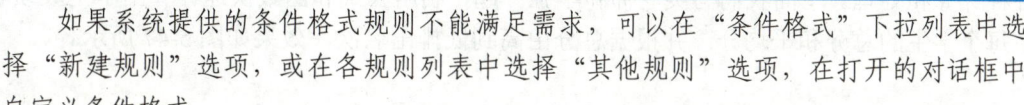

如果系统提供的条件格式规则不能满足需求，可以在"条件格式"下拉列表中选择"新建规则"选项，或在各规则列表中选择"其他规则"选项，在打开的对话框中自定义条件格式。

此外，对于已应用了条件格式的单元格，还可对条件格式进行修改。修改方法是：在"条件格式"下拉列表中选择"管理规则"选项，打开"条件格式规则管理器"对话框，在"显示其格式规则"下拉列表中选择"当前工作表"选项，此时对话框下方将显示当前工作表中设置的所有条件格式规则（见图5-45），在其中修改条件格式并单击"确定"按钮即可。

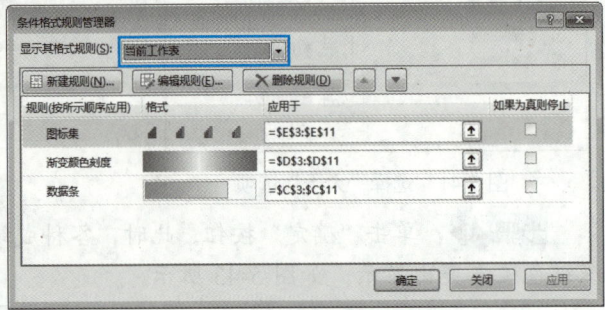

图 5-44　利用数据条、色阶和图标集标识数据　　图 5-45　"条件格式规则管理器"对话框

当不需要应用条件格式时，可以将其删除，方法是：打开设置了条件格式的工作表，然后在"条件格式"下拉列表中选择"清除规则"选项中相应的子项，如图5-46所示。

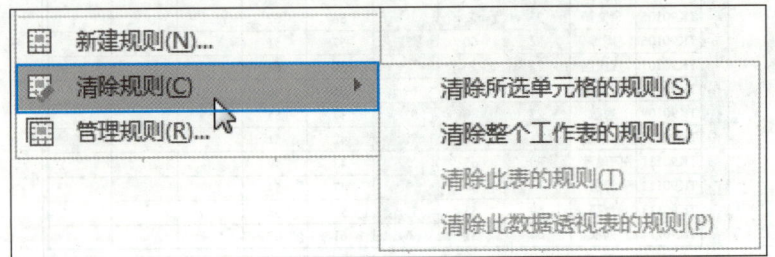

图 5-46　清除条件格式

任务四　计算学生成绩表数据——使用公式和函数

任务情景

Excel 强大的计算功能主要依赖于其公式和函数，利用它们可以对表格中的数据进行各种计算和处理。下面我们与吴老师和李强一起，利用公式和函数快速计算出学生成绩表中每个学生的总分和平均分，并根据总分由高到低排出名次，效果如图5-47所示。

项目五　使用Excel 2016制作电子表格

	A	B	C	D	E	F	G	H	I	J
1	九年级期中考试成绩表									
2	考号	姓名	语文	数学	英语	物理	化学	总分	平均分	排名
3	TK90101	黄庆儿	80	81	97	50	74	382	76.4	1
4	TK90102	陈俊明	81	64	99	58	72	374	74.8	2
5	TK90103	卢海玲	79	84	96	42	64	365	73.0	3
6	TK90104	陈敏	80	67	51	51	84	333	66.6	9
7	TK90105	余文卿	75	72	71	58	67	343	68.6	4
8	TK90106	周烨	82	60	85	57	51	335	67.0	7
9	TK90107	江庆国	74	76	73	50	68	341	68.2	6
10	TK90108	肖泽涛	66	72	69.5	56	66	329.5	65.9	10
11	TK90109	廖敏	77	80	93.5	37	55	342.5	68.5	5
12	TK90110	陈小玉	81	71	88.5	42	51	333.5	66.7	8
13	TK90111	何琳燕	80	65	79	43	49	316	63.2	15
14	TK90112	谭慧	74	54	90	47	54	319	63.8	13
15	TK90113	肖路	69	53	79.5	54	65	320.5	64.1	11
16	TK90114	刘权	64	57	64	61	67	313	62.6	17
17	TK90115	肖奕	78	51	79	49	58	315	63.0	16
18	TK90116	陈晟	78	49	85.5	38	68	318.5	63.7	14
19	TK90117	陈芳	75	50	80.5	48	67	320.5	64.1	11
20	TK90118	董君秋	78	52	74.5	42	43	289.5	57.9	20
21	TK90119	彭骏	70	49	86.5	54	39	298.5	59.7	18
22	TK90120	黄乐萍	80	44	70.5	39	60	293.5	58.7	19
23	TK90121	谭文清	78	53	50	60	44	285	57.0	22
24	TK90122	刘晶	54	62	61	49	62	288	57.6	21
25	TK90123	陈帆	67	58	41	46	73	285	57.0	22
26	TK90124	刘强	69	52	64	45	43	273	54.6	25

图5-47　计算学生成绩表数据后的效果（部分）

相关知识

一、公式和函数

公式由运算符和参与运算的操作数组成。运算符可以是算术运算符、比较运算符、文本运算符和引用运算符；操作数可以是常量、单元格引用和函数等。要输入公式必须先输入等号"="，然后在其后输入运算符和操作数，否则Excel会将输入的内容作为文本型数据处理。图5-48所示分别是在某个单元格中输入的未使用函数和使用函数的公式。

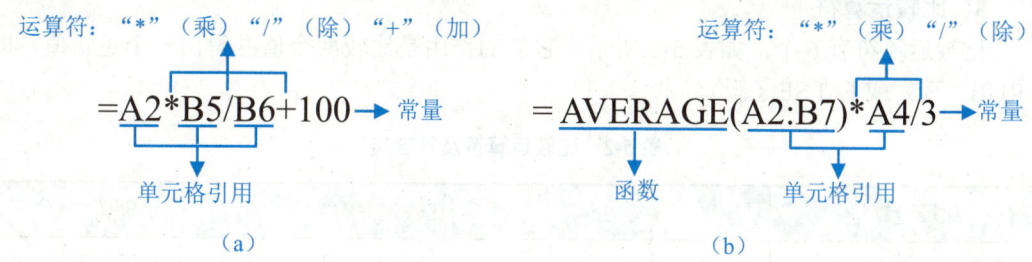

图5-48　公式组成元素

图5-48（a）所示公式的意义是：求A2单元格与B5单元格之积再除以B6单元格后加100的值；图5-48（b）所示公式的意义是：使用函数AVERAGE求A2:B7单元格区域的平均值，并将求出的平均值乘以A4单元格后再除以3。计算结果将显示在输入公式的

单元格中。

函数是预先定义好的表达式,它必须包含在公式中。每个函数都由函数名和参数组成,其中函数名表示将执行的操作(如求平均值函数 AVERAGE),参数表示函数将使用的值的单元格地址,通常是一个单元格区域,也可以是更为复杂的内容。在公式中合理地使用函数,可以完成诸如求和、求平均值、逻辑判断等数据处理操作。

二、公式中的运算符

运算符是用来对公式中的元素进行运算而规定的特殊符号。Excel 包含 4 种类型的运算符:文本运算符、算术运算符、比较运算符和引用运算符。

1. 文本运算符

使用文本运算符"&"(与号)可将两个或多个文本值串起来产生一个连续的文本值。例如,输入:"秋风起兮"&"白云飞",会生成"秋风起兮白云飞"。

2. 算术运算符

算术运算符有 6 个,如表 5-1 所示。它们的作用是完成基本的数学运算,并产生数字结果。

表 5-1　算术运算符及其含义

算术运算符	含义	实例
+(加号)	加法运算	A1+A2
-(减号)	减法运算或负号	A1-A2
*(星号)	乘法运算	A1*2
/(正斜杠)	除法运算	A1/3
%(百分号)	百分比	50%
^(脱字符)	乘方运算	2^3

3. 比较运算符

比较运算符有 6 个,如表 5-2 所示。它们的作用是比较两个值并得出一个逻辑值,即 TRUE(真)或 FALSE(假)。

表 5-2　比较运算符及其含义

比较运算符	含义	比较运算符	含义
>(大于号)	大于	>=(大于等于号)	大于等于
<(小于号)	小于	<=(小于等于号)	小于等于
=(等号)	等于	<>(不等号)	不等于

4. 引用运算符

引用运算符有 3 个，如表 5-3 所示。它们的作用是对单元格区域中的数据进行合并计算。

表 5-3　引用运算符及其含义

引用运算符	含义	实例
：（冒号）	区域运算符，用于引用连续的单元格区域	B5:D15
，（逗号）	联合运算符，用于引用多个单元格区域	B5:D15,F5:I15
（空格）	交叉运算符（单个空格），用于引用不连续的两个单元格区域的重叠部分	B7:D7 C6:C8

三、单元格引用

单元格引用用来指明公式中所使用的数据的位置，它可以是一个单元格地址，也可以是单元格区域。通过单元格引用，可以在一个公式中使用当前工作表中不同单元格的数据，或者在多个公式中使用同一个单元格的数据。此外，还可以引用同一个工作簿中不同工作表中的单元格，或其他工作簿中的单元格。当公式中引用的单元格的数据发生变化时，公式会自动更新其所在单元格中的内容，即自动更新计算结果。

1. 相同或不同工作簿、工作表中的引用

对于同一个工作表中的单元格引用，直接输入单元格或单元格区域地址即可。

在当前工作表中引用同一个工作簿不同工作表中的单元格的表示方法为

工作表名称!单元格或单元格区域地址

例如，Sheet2!F8:F16，表示引用 Sheet2 工作表 F8:F16 单元格区域中的数据。

在当前工作表中引用不同工作簿中的单元格或单元格区域的表示方法为

[工作簿名称.xlsx]工作表名称!单元格或单元格区域地址

注意：引用某个单元格区域时，应先输入单元格区域起始位置的单元格地址，然后输入引用运算符，再输入单元格区域结束位置的单元格地址。

2. 相对引用、绝对引用和混合引用

公式中的引用分为相对引用、绝对引用和混合引用，下面分别说明。

> **相对引用**：指的是当复制公式到其他单元格时，Excel 保持从属单元格与引用单元格的相对位置不变。其引用形式为直接用列标和行号表示单元格，如 B5；或用引用运算符表示单元格区域，如 B5:D15。默认情况下，在公式中对单元格的引用都是相对引用，如果公式所在单元格的位置改变，那么引用也会随之改变。

> **绝对引用**：指的是当复制公式到其他单元格时，Excel 保持公式所引用的单元格绝对位置不变。也就是说，它与包含公式的单元格的位置无关。其引用形式为在列标和行号的前面都加上"$"符号。例如，在公式中引用$B$5 单元格，则不论将公式复制或移动到什么位置，引用的单元格地址的行和列都不会改变。

➢ 混合引用：指的是引用中既包含绝对引用又包含相对引用，如$A1 或 A$1 等，用于表示行变列不变或列变行不变的引用。如果公式所在单元格的位置改变，则相对引用改变，绝对引用不变。

任务实施

一、使用公式计算学生的总分

使用公式计算每个学生总分的操作步骤如下：

步骤 1▶ 打开本书配套素材“项目五”/“任务三”/“学生成绩表（美化）”工作簿，将其以“学生成绩表（计算）”为名另存到“项目五”/“任务四”文件夹中。

步骤 2▶ 单击要输入公式的单元格 H3，输入等号“=”，然后输入要参与运算的单元格和运算符“C3+D3+E3+F3+G3”，如图 5-49 所示。也可以直接单击要参与运算的单元格，将其添加到公式中。

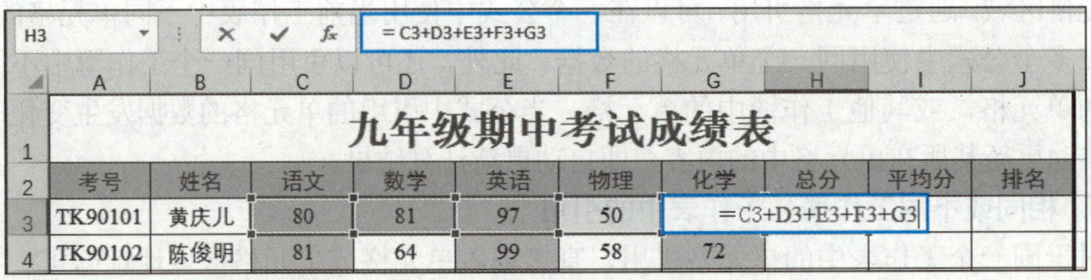
H3 | =C3+D3+E3+F3+G3

	A	B	C	D	E	F	G	H	I	J
1	九年级期中考试成绩表									
2	考号	姓名	语文	数学	英语	物理	化学	总分	平均分	排名
3	TK90101	黄庆儿	80	81	97	50		=C3+D3+E3+F3+G3		
4	TK90102	陈俊明	81	64	99	58	72			

图 5-49 输入公式

步骤 3▶ 按“Enter”键或单击编辑栏中的“输入”按钮✔，结束公式输入，得到计算结果，即第 1 个学生的总分，如图 5-50 所示。

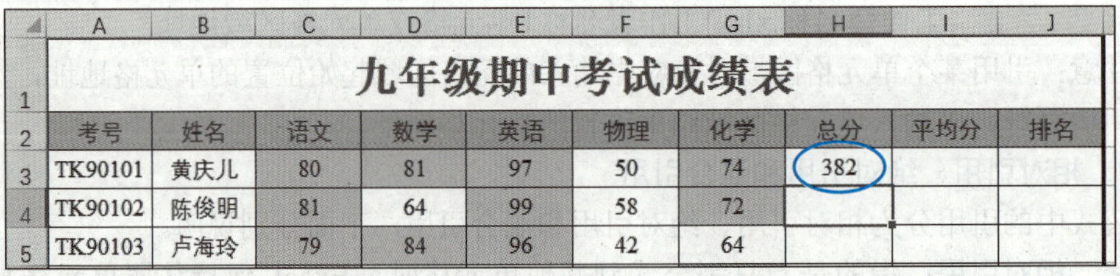

	A	B	C	D	E	F	G	H	I	J
1	九年级期中考试成绩表									
2	考号	姓名	语文	数学	英语	物理	化学	总分	平均分	排名
3	TK90101	黄庆儿	80	81	97	50	74	382		
4	TK90102	陈俊明	81	64	99	58	72			
5	TK90103	卢海玲	79	84	96	42	64			

图 5-50 计算第 1 个学生的总分

步骤 4▶ 将鼠标指针移到 H3 单元格右下角的填充柄上，此时鼠标指针由✚形变成＋形，按住鼠标左键并向下拖动，至目标单元格 H38 后释放鼠标，将求和公式复制到同列的其他单元格中，计算出其他学生的总分，如图 5-51 所示。

项目五 使用 Excel 2016 制作电子表格

图 5-51 复制公式计算其他学生的总分（部分）

 提 示

创建公式后，如果需要修改公式，可以双击包含公式的单元格，然后修改公式中引用的单元格地址或运算符等，也可以单击包含公式的单元格，再通过编辑栏修改公式。

除了利用拖动填充柄的方式复制公式外，也可以利用复制、剪切和粘贴命令来复制和移动公式，具体操作与前面介绍的复制和移动数据相同，在此不再赘述。

二、使用"自动求和"中的选项计算学生的平均分

使用"自动求和"下拉列表中的"平均值"选项，可以快速计算学生各科目的平均分，操作步骤如下：

步骤 1▶ 继续在打开的工作表中操作。单击 I3 单元格，然后单击"开始"选项卡"编辑"组中的"自动求和"下拉按钮 ▼，在展开的下拉列表中选择"平均值"选项，如图 5-52 所示。

步骤 2▶ 系统会在所选单元格中显示选择的函数，并自动选择求平均值的单元格区域 C3:H3，如图 5-53 所示。

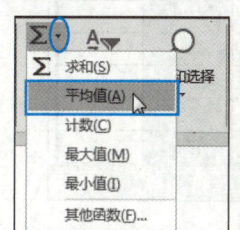

图 5-52 选择"平均值"选项　　图 5-53 系统自动选择的求平均值的单元格区域

提 示

利用“自动求和”下拉列表中的“求和”函数（函数名为 SUM），可以计算所引用的单元格区域中的数据之和。求和、计数、最大值和最小值函数的用法与求平均值函数（AVERAGE）相同。

步骤 3▶ 这里拖动鼠标重新在工作表中选择要计算平均分的 C3:G3 单元格区域（见图 5-54），按“Enter”键计算出该单元格区域数字的平均值，即计算出第 1 个学生的平均分。

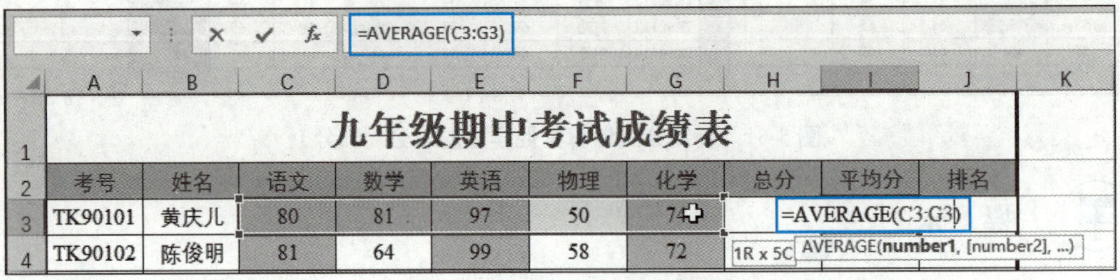

	A	B	C	D	E	F	G	H	I	J
1	九年级期中考试成绩表									
2	考号	姓名	语文	数学	英语	物理	化学	总分	平均分	排名
3	TK90101	黄庆儿	80	81	97	50	74		=AVERAGE(C3:G3)	
4	TK90102	陈俊明	81	64	99	58	72			

图 5-54　计算第 1 个学生的平均分

步骤 4▶ 拖动 I3 单元格的填充柄到 I38 单元格后释放鼠标，计算出其他学生的平均分，如图 5-55 所示。从中可以看到设置的数字格式效果，即小数位数为 1 位。

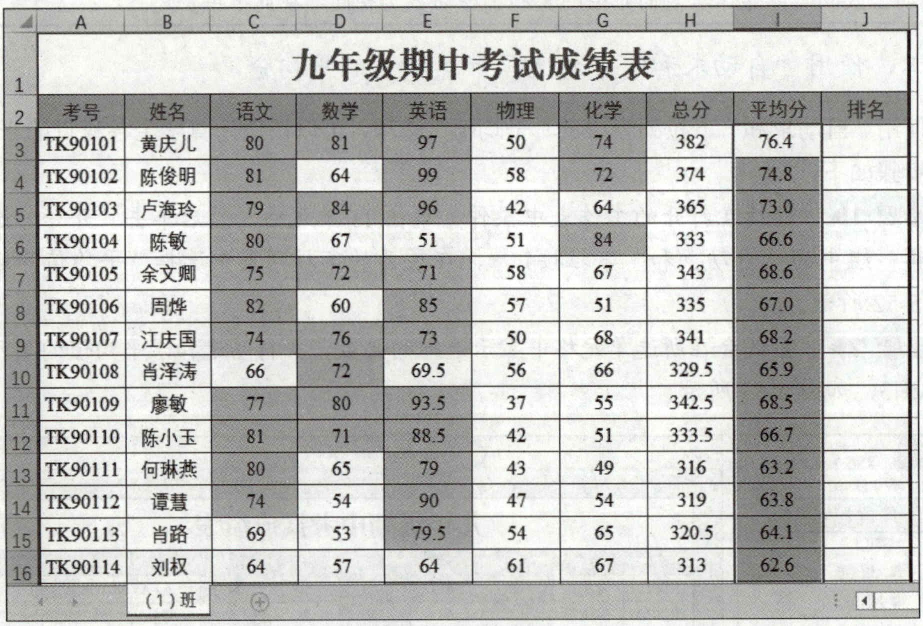

	A	B	C	D	E	F	G	H	I	J
1	九年级期中考试成绩表									
2	考号	姓名	语文	数学	英语	物理	化学	总分	平均分	排名
3	TK90101	黄庆儿	80	81	97	50	74	382	76.4	
4	TK90102	陈俊明	81	64	99	58	72	374	74.8	
5	TK90103	卢海玲	79	84	96	42	64	365	73.0	
6	TK90104	陈敏	80	67	51	51	84	333	66.6	
7	TK90105	余文卿	75	72	71	58	67	343	68.6	
8	TK90106	周烨	82	60	85	57	51	335	67.0	
9	TK90107	江庆国	74	76	73	50	68	341	68.2	
10	TK90108	肖泽涛	66	72	69.5	56	66	329.5	65.9	
11	TK90109	廖敏	77	80	93.5	37	55	342.5	68.5	
12	TK90110	陈小玉	81	71	88.5	42	51	333.5	66.7	
13	TK90111	何琳燕	80	65	79	43	49	316	63.2	
14	TK90112	谭慧	74	54	90	47	54	319	63.8	
15	TK90113	肖路	69	53	79.5	54	65	320.5	64.1	
16	TK90114	刘权	64	57	64	61	67	313	62.6	

图 5-55　复制公式计算其他学生的平均分（部分）

三、使用函数计算学生的排名

Excel 提供了大量的函数，表 5-4 列出了常用的函数类型及使用范例。

表 5-4 常用的函数类型及使用范例

函数类型	函数	使用范例
常用函数	SUM（求和）、AVERAGE（求平均值）、MAX（求最大值）、MIN（求最小值）等	=AVERAGE(F2:F7) 表示求 F2:F7 单元格区域中数字的平均值
统计函数	COUNT（求含有数字的单元格的个数）、COUNTA（求非空单元格的个数）、COUNTIF（求满足给定条件的单元格的个数）、SUMIF（对符合指定条件的值求和）、RANK.EQ（求排名）等	=COUNT(A1:A5) 表示求 A1:A5 单元格区域中含有数字的单元格的个数
逻辑函数	AND（与）、OR（或）、FALSE（假）、TRUE（真）、IF（如果）、NOT（非）等	=IF(A3>=B5,A3*2,A3/B5) 表示使用条件测试 A3 是否大于等于 B5，为真则返回 A3*2，否则返回 A3/B5
日期与时间函数	DATE（日期）、HOUR（小时数）、SECOND（秒数）、TIME（时间）等	=DATE(2021,2,15) 表示返回 2021 年 2 月 15 日的序列值
数学与三角函数	ABS（求绝对值）、EXP（求指数）、SIN（求正弦值）、COS（求余弦值）、MOD（求余数）、ROUND（四舍五入）、RAND（产生随机数）、LOG（求对数）、INT（求整数）等	=ABS(E4) 表示求 E4 单元格中数值的绝对值
查找与引用函数	ADDRESS（单元格地址）、AREAS（区域个数）、COLUMN（返回列标）、LOOKUP（从向量或数组中查找值）、ROW（返回行号）等	=ROW(C10) 表示返回引用单元格所在行的行号
财务函数	DB（资产的折旧值）、IRR（现金流的内部报酬率）、PMT（分期偿还额）等	=PMT(B4,B5,B6) 表示在输入利率、周期和本金作为变量时，计算周期支付值

除了使用"自动求和"下拉列表中的选项输入函数外，还可以使用函数向导输入函数。例如，要使用 RANK.EQ 函数根据总分计算每个学生的排名，操作步骤如下：

步骤 1▶ 继续在打开的工作表中操作。单击"排名"列中的 J3 单元格，然后单击编辑栏左侧的"插入函数"按钮 *fx*，打开"插入函数"对话框。在"或选择类别"下拉列表中选择"统计"选项，在"选择函数"列表框中选择"RANK.EQ"选项，如图 5-56 所示。

图 5-56 选择 RANK.EQ 函数

步骤 2▶ 单击"确定"按钮,打开"函数参数"对话框,单击第 1 个参数编辑框,然后在工作表中单击 H3 单元格,可看到该单元格地址出现在第 1 个参数编辑框中,如图 5-57 所示。

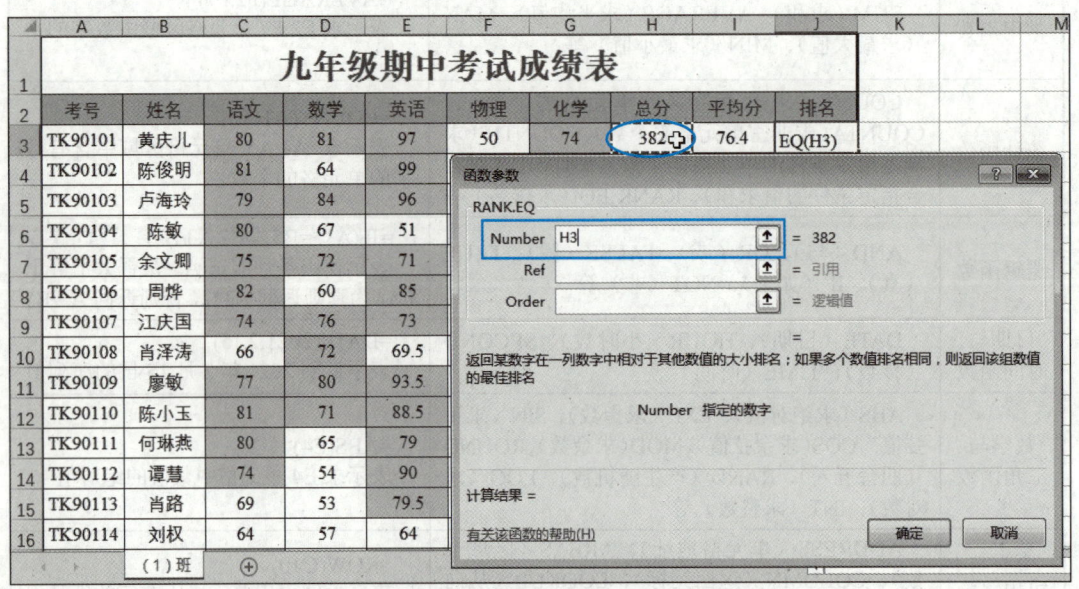

图 5-57 设置第 1 个函数参数

 提 示

RANK.EQ 函数的作用是返回一个数字在数字列表中的排位,其语法为:RANK.EQ(number,ref,order)。其中,

number: 要进行排位的数字。

ref: 参与排位的数字列表或单元格区域。ref 中的非数值型数据将被忽略。

order: 设置数字列表中数字的排位方式。如果 order 为 0(零)或省略,系统将基于 ref 按降序对数字进行排位;如果 order 不为零,系统将基于 ref 按升序对数字进行排位。

函数 RANK.EQ 对重复数的排位相同,但重复数的存在将影响后续数值的排位。例如,在一列按升序排位的整数中,如果数字 10 出现两次,其排位为 5,则 11 的排位为 7(没有排位为 6 的数值)。

步骤 3▶ 单击第 2 个参数编辑框,然后在工作表中拖动鼠标选择要参与排位的单元格区域 H3:H38,释放鼠标,在参数编辑框中会显示选择的单元格区域地址,如图 5-58 所示。

步骤 4▶ 选中第 2 个参数编辑框中的单元格地址,然后按"F4"键,即可在所选单元格区域的列标和行号前都加上"$"符号(在列标和行号前加"$"符号,表示使用绝对单元格地址,这样可以保证后面复制排名公式时,公式内容不变,返回的排名准确),如图 5-59 所示。

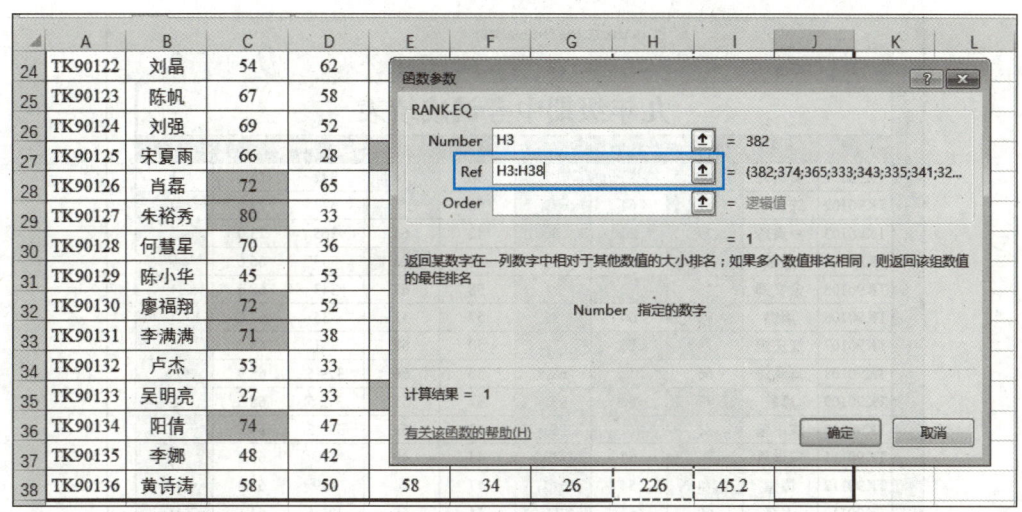

图 5-58 设置第 2 个函数参数

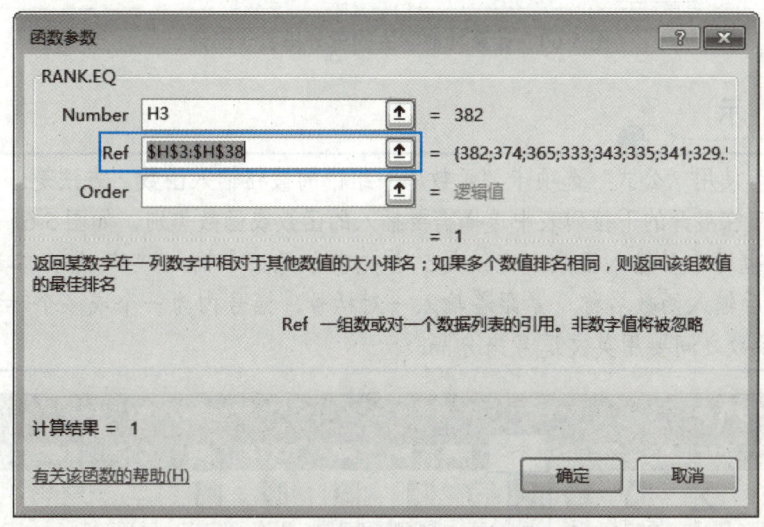

图 5-59 将单元格引用改为绝对引用

技 巧

选中输入的单元格引用地址,然后按"F4"键,可将单元格引用依次变为绝对引用,绝对引用列,绝对引用行,相对引用。

步骤5▶ 单击"确定"按钮,计算出第 1 个学生的总分排名,即 H3 单元格在 H3:H38 单元格区域中的排名。

步骤6▶ 拖动 H3 单元格的填充柄到 H38 单元格后释放鼠标,或双击 H3 单元格的填充柄,计算出其他学生的排名,如图 5-60 所示。至此,学生成绩表数据计算完毕。

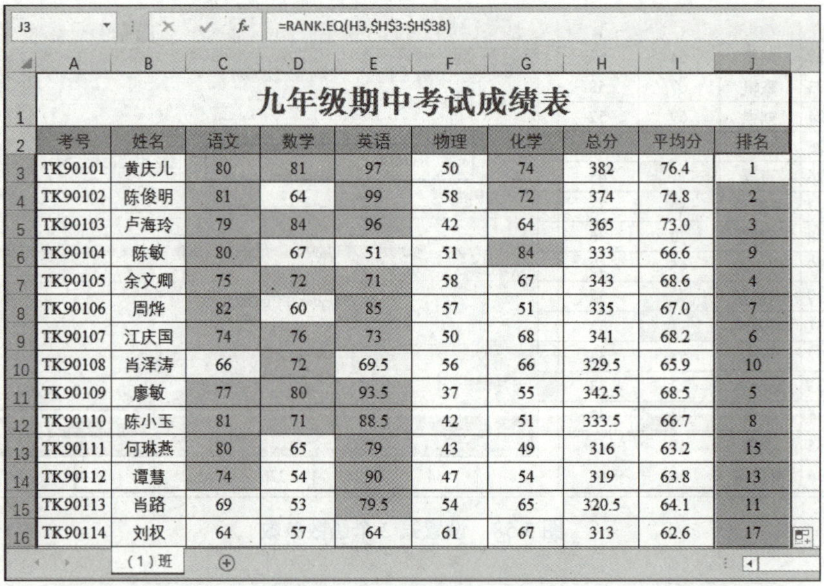

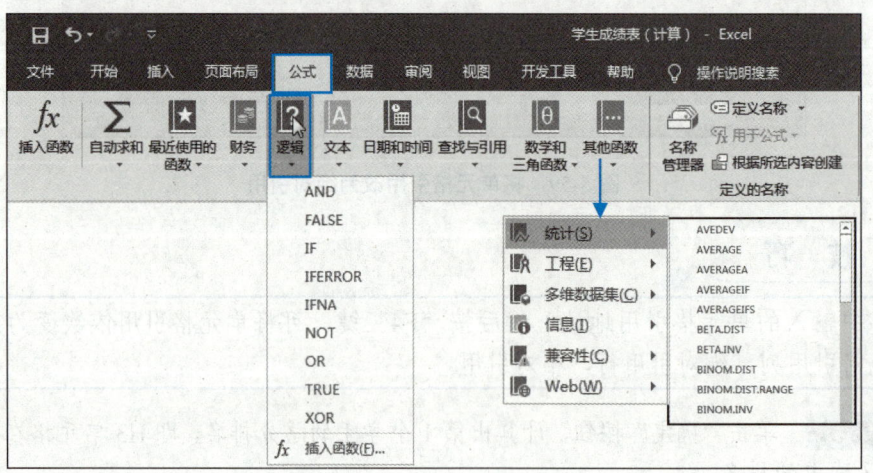

图 5-60 计算其他学生的总分排名（部分）

提 示

用户也可使用"公式"选项卡"函数库"组中的按钮输入函数，方法是：单击相应函数类别按钮，在展开的下拉列表中选择需要插入的函数或函数类别，如图 5-61 所示。

此外，也可手动输入函数，方法是：首先在单元格中输入"="号，即进入公式编辑状态，然后输入函数名称，紧跟着输入一对括号，括号内为一个或多个参数（如单元格引用），参数之间要用英文逗号来分隔。

图 5-61 利用"公式"选项卡插入函数

任务五　管理销售表数据

任务情景

李强在电器商城工作已有一段时间了，这天，他的上级让他统计一下二季度的空调销售情况，包括筛选出销售数量大于 20 的记录，以及分类汇总各销售员的销售金额等。下面我们与李强一起完成这项任务。

相关知识

除了可以利用公式和函数对工作表中的数据进行计算和处理外，还可以利用 Excel 提供的数据排序、筛选、分类汇总等功能来管理和分析工作表中的数据。

- **数据排序**：Excel 可以对整个数据表或选中的单元格区域中的数据按文本、数字或日期和时间等进行升序或降序排列。
- **数据筛选**：使用筛选可使数据表中仅显示满足条件的行，不符合条件的行将被隐藏。Excel 提供了两种数据筛选方式：自动筛选和高级筛选。无论使用哪种方式，要进行筛选操作，数据表中必须有列标签。
- **分类汇总**：使用分类汇总可以把数据表中的数据分门别类地进行统计处理，不需要建立公式，Excel 会自动对各类别的数据进行求和、求平均值等多种计算。

任务实施

一、制作空调销售统计表

制作空调销售统计表的操作步骤如下：

步骤 1　新建"空调销售统计表"空白工作簿，将其保存到本书配套素材"项目五"/"任务五"文件夹中。

步骤 2　将"Sheet1"工作表重命名为"二季度"，然后在其中输入某商场二季度的空调销售统计数据。其中"销售金额"列中的数据通过公式计算得出，如图 5-62 所示。

销售员	品牌	型号	销售价格	销售数量	销售金额
张平	海尔	KFR-72LW/06DNA81U1	8999	18	161982
李玉	美的	KFR-26GW/WPAD3	1899	26	49374
胡婷	格力	KFR-35GW/(35592)FNhAe-B3	3950	30	118500
张平	松下	YE13KK1	4298	20	85960
吴玲	海信	KFR-35GW/H610-A1	3199	35	111965
胡婷	海尔	KFR-72LW/06DNA81U1	8999	33	296967
李玉	美的	KFR-26GW/WPAD3	1899	25	47475
张平	松下	YE13KK1	4298	19	81662
李玉	海尔	KFR-72LW/06DNA81U1	8999	26	233974
吴玲	美的	KFR-26GW/WPAD3	1899	19	36081
胡婷	格力	KFR-35GW/(35592)FNhAe-B3	3950	30	118500
胡婷	海信	KFR-35GW/H610-A1	3199	28	89572
张平	三菱电机	MSD-CE09VD	3080	10	30800
张平	格力	KFR-35GW/(35592)FNhAe-B3	3950	13	51350
李玉	海尔	KFR-72LW/06DNA81U1	8999	14	125986
胡婷	三菱电机	MSD-CE09VD	3080	15	46200

图 5-62　输入空调销售统计表数据

步骤 3▶ 对工作表进行简单的格式设置,如设置表格边框和单元格内容的对齐方式等。读者也直接打开本书配套素材"项目五"/"任务五"/"空调销售统计表(素材)"工作簿,将其另存为"空调销售统计表(管理)"工作簿后进行后面的操作。

二、排序数据

如果要对工作表中的数据进行简单排序,即按某列数据以 Excel 默认的升序或降序方式排列,可直接单击"数据"选项卡"排序和筛选"组中的"升序"按钮 或"降序"按钮 。

例如,要对空调销售统计表中的数据按销售数量从高到低的方式排列,操作步骤如下:

步骤 1▶ 将"二季度"工作表复制一份,然后将复制的工作表重命名为"简单排序"。

步骤 2▶ 单击"销售数量"列中的任意单元格,如 E2 单元格,然后单击"数据"选项卡"排序和筛选"组中的"降序"按钮 。此时,可看到"销售数量"列中的数据按照从高到低的顺序排列,如图 5-63 所示。

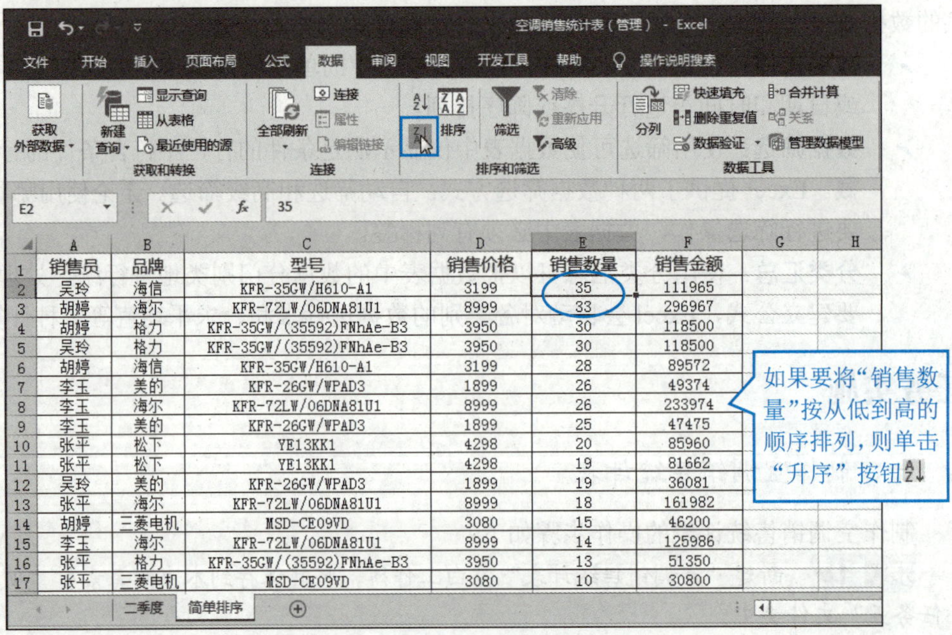

图 5-63 对"销售数量"列数据降序排列

如果要对工作表中的数据进行多关键字排序,即按两个或两个以上的关键字进行排序,则在主要关键字完全相同的情况下,会根据指定的次要关键字进行排序;在次要关键字完全相同的情况下,会根据指定的下一个次要关键字进行排序,依次类推。

例如,要对空调销售统计表中的数据按"品牌"为第一关键字、"销售数量"为第二关键字升序排列,操作步骤如下:

步骤 1▶ 将"二季度"工作表复制一份,然后将复制的工作表重命名为"多关键字排序"。

步骤 2▶ 单击数据区域的任意单元格,然后单击"数据"选项卡"排序和筛选"组中的"排序"按钮,打开"排序"对话框。

步骤 3▶ 选择主要关键字为"品牌",排序依据为"单元格值",排序次序为"升序",如图 5-64 所示。

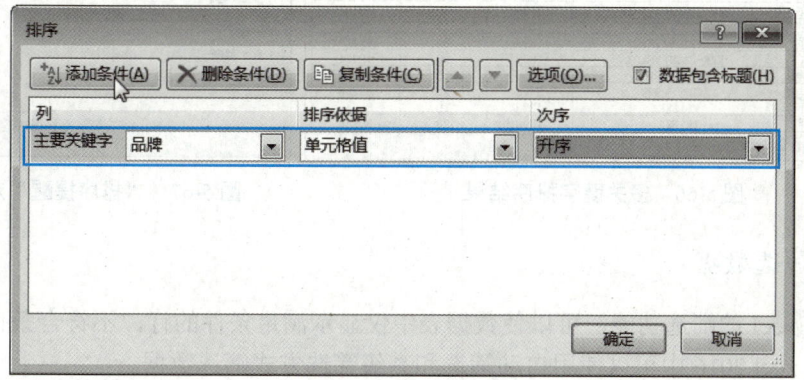

图 5-64　设置排序的主要关键字条件

步骤 4▶ 单击对话框中的"添加条件"按钮,添加一个次要条件,然后设置次要关键字条件,如图 5-65 所示。

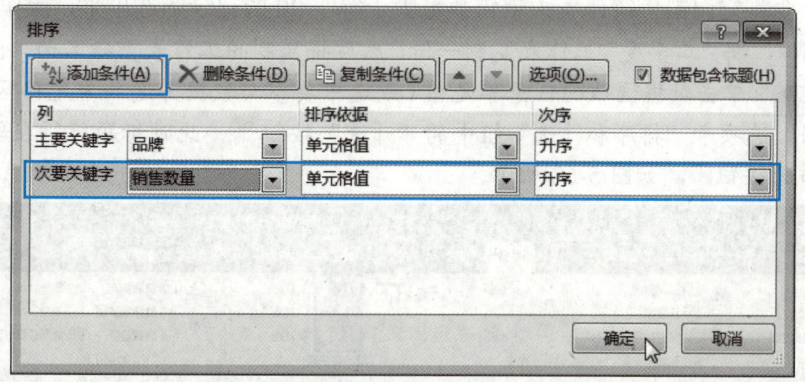

图 5-65　设置排序的次要关键字条件

步骤 5▶ 如果需要,可参照步骤 4 为排序添加多个次要关键字。这里单击"确定"按钮完成排序。此时,系统先按照主要关键字条件对工作表中的各行进行排序;如果数据相同,则将数据相同的行再按照次要关键字条件进行排序,结果如图 5-66 所示。

> 如果选中工作表中的某一列数据后单击"升序"或"降序"按钮,会弹出如图 5-67 所示的"排序提醒"对话框。当选中"以当前选定区域排序"单选钮时,系统只对当前单元格区域的数据进行排序,同一行其他单元格的位置不发生变化。

	A	B	C	D	E	F
1	销售员	品牌	型号	销售价格	销售数量	销售金额
2	张平	格力	KFR-35GW/(35592)FNhAe-B3	3950	13	51350
3	胡婷	格力	KFR-35GW/(35592)FNhAe-B3	3950	30	118500
4	吴玲	格力	KFR-35GW/(35592)FNhAe-B3	3950	30	118500
5	李玉	海尔	KFR-72LW/06DNA81U1	8999	14	125986
6	张平	海尔	KFR-72LW/06DNA81U1	8999	18	161982
7	李玉	海尔	KFR-72LW/06DNA81U1	8999	26	233974
8	胡婷	海尔	KFR-72LW/06DNA81U1	8999	33	296967
9	胡婷	海信	KFR-35GW/H610-A1	3199	28	89572
10	吴玲	海信	KFR-35GW/H610-A1	3199	35	111965
11	吴玲	美的	KFR-26GW/WPAD3	1899	19	36081
12	李玉	美的	KFR-26GW/WPAD3	1899	25	47475
13	李玉	美的	KFR-26GW/WPAD3	1899	26	49374
14	张平	三菱电机	MSD-CE09VD	3080	10	30800
15	胡婷	三菱电机	MSD-CE09VD	3080	15	46200
16	张平	松下	YE13KK1	4298	19	81662
17	张平	松下	YE13KK1	4298	20	85960

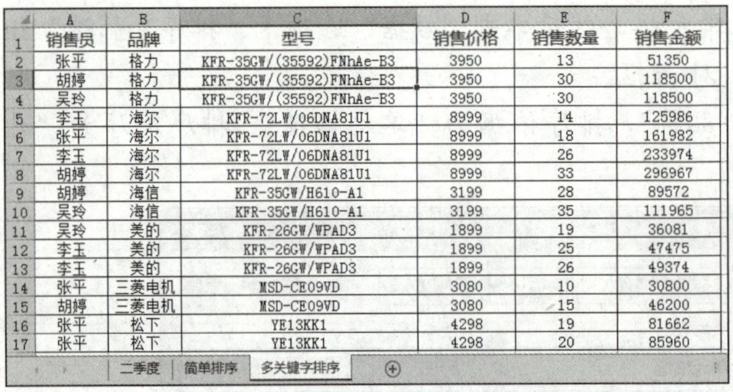

图 5-66　多关键字排序结果

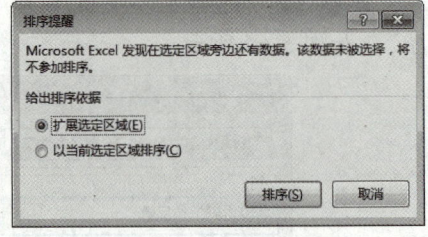

图 5-67　“排序提醒”对话框

三、筛选数据

使用 Excel 的筛选功能，可以使数据表中仅显示满足条件的行，不符合条件的行将被隐藏。在 Excel 2016 中可以使用自动筛选和高级筛选方式筛选数据。

1. 自动筛选

自动筛选方式可以轻松地显示出工作表中满足条件的记录行，适用于简单条件的筛选，筛选时将不需要显示的记录暂时隐藏起来，只显示符合条件的记录。

例如，要将空调销售统计表中销售数量大于等于 20 的记录筛选出来，操作步骤如下：

步骤 1▶ 将“二季度”工作表复制一份，然后将复制的工作表重命名为“自动筛选”。

步骤 2▶ 单击数据区域的任意单元格（或选中要参与数据筛选的单元格区域），然后单击“数据”选项卡“排序和筛选”组中的“筛选”按钮，此时标题行所在单元格的右侧会出现筛选按钮，如图 5-68 所示。

	A	B	C	D	E	F
1	销售员	品牌	型号	销售价格	销售数量	销售金额
2	张平	海尔	KFR-72LW/06DNA81U1	8999	18	161982
3	李玉	美的	KFR-26GW/WPAD3	1899	26	49374
4	胡婷	格力	KFR-35GW/(35592)FNhAe-B3	3950	30	118500
5	张平	松下	YE13KK1	4298	20	85960
6	吴玲	海信	KFR-35GW/H610-A1	3199	35	111965
7	胡婷	海尔	KFR-72LW/06DNA81U1	8999	33	296967
8	李玉	美的	KFR-26GW/WPAD3	1899	25	47475
9	张平	松下	YE13KK1	4298	19	81662
10	李玉	海尔	KFR-72LW/06DNA81U1	8999	26	233974
11	吴玲	美的	KFR-26GW/WPAD3	1899	19	36081
12	吴玲	格力	KFR-35GW/(35592)FNhAe-B3	3950	30	118500
13	胡婷	海信	KFR-35GW/H610-A1	3199	28	89572
14	张平	三菱电机	MSD-CE09VD	3080	10	30800
15	张平	格力	KFR-35GW/(35592)FNhAe-B3	3950	13	51350
16	李玉	海尔	KFR-72LW/06DNA81U1	8999	14	125986
17	胡婷	三菱电机	MSD-CE09VD	3080	15	46200

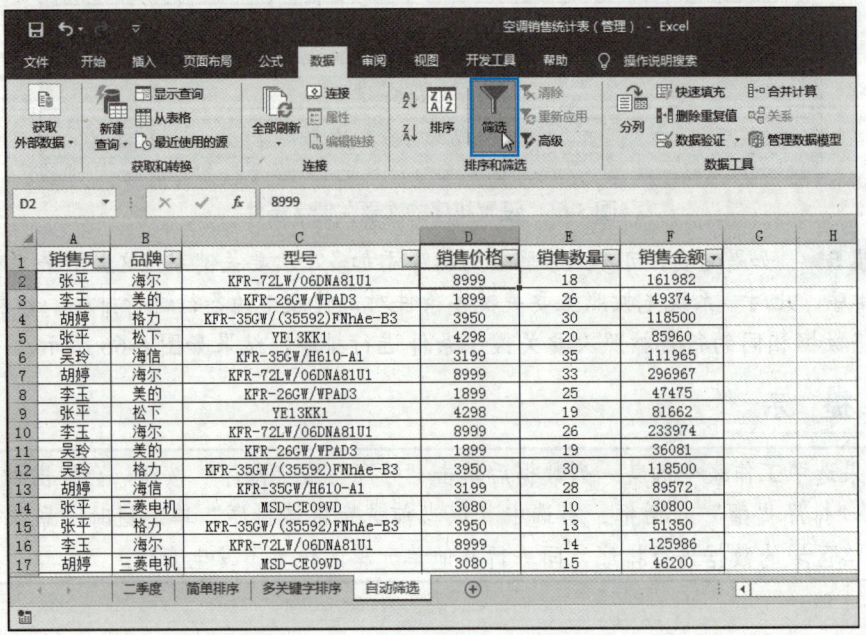

图 5-68　单击“筛选”按钮进行自动筛选

步骤 3▶ 单击"销售数量"列标题右侧的筛选按钮,在展开的下拉列表中选择"数字筛选"选项,再在展开的子列表中选择一种筛选条件,如选择"大于或等于"选项,如图 5-69 所示。

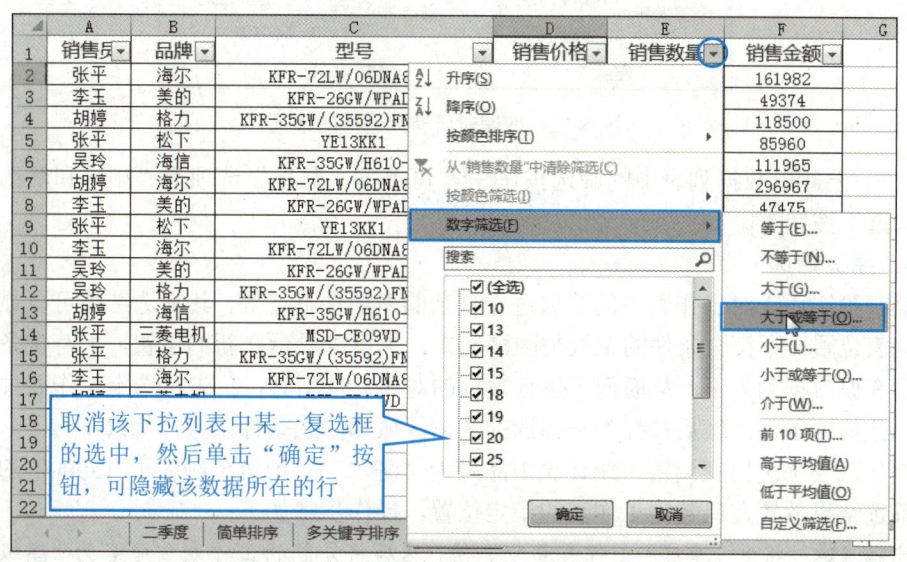

图 5-69 选择"大于或等于"选项

步骤 4▶ 打开"自定义自动筛选方式"对话框,在"大于或等于"右侧的编辑框中输入"20",如图 5-70 所示。

步骤 5▶ 单击"确定"按钮,此时,销售数量小于 20 的记录将被隐藏,如图 5-71 所示。

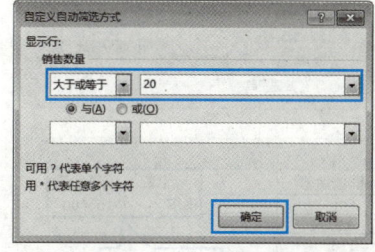

图 5-70 设置自动筛选条件　　　　图 5-71 自动筛选结果

2. 取消筛选

对于不再需要的筛选操作可以按如下方法将其取消。

(1)要取消在数据列表中对某一列进行的筛选,可单击该列列标题右侧的筛选按钮,在展开的下拉列表中选择"从'×××'中清除筛选"选项,或选中"全选"复选框后单击"确定"按钮。此时筛选按钮上的筛选标记消失,工作表中的所有数据会显示出来。

(2)要取消在数据列表中对所有列进行的筛选,可单击"数据"选项卡"排序和筛选"组中的"清除"按钮(见图 5-72),此时筛选标记消失,工作表中的所有数据会显示出来。

图 5-72 取消对所有列进行的筛选

（3）要删除数据列表中的筛选按钮，可单击"数据"选项卡"排序和筛选"组中的"筛选"按钮。

3. 高级筛选

高级筛选用于对工作表中的数据进行复杂的多条件筛选等，其筛选结果可以显示在原数据列表位置，不符合条件的记录被隐藏起来；也可以显示在新的位置，不符合条件的记录保留在原数据列表中，从而便于进行数据的对比。使用时，首先在选定工作表中的指定区域创建筛选条件，然后选择参与筛选的数据区域和筛选条件来进行筛选。

例如，要筛选出空调销售统计表中品牌为"海尔"且销售金额大于 150000 的记录，并将筛选结果放置在原数据工作表的指定位置，操作步骤如下：

步骤1▶ 将"二季度"工作表复制一份，然后将复制的工作表重命名为"高级筛选"。

步骤2▶ 在工作表的空白单元格中输入列标题和对应的筛选条件，然后单击数据区域的任意单元格（或选中要进行高级筛选的数据区域），再单击"数据"选项卡"排序和筛选"组中的"高级"按钮，如图 5-73 所示。

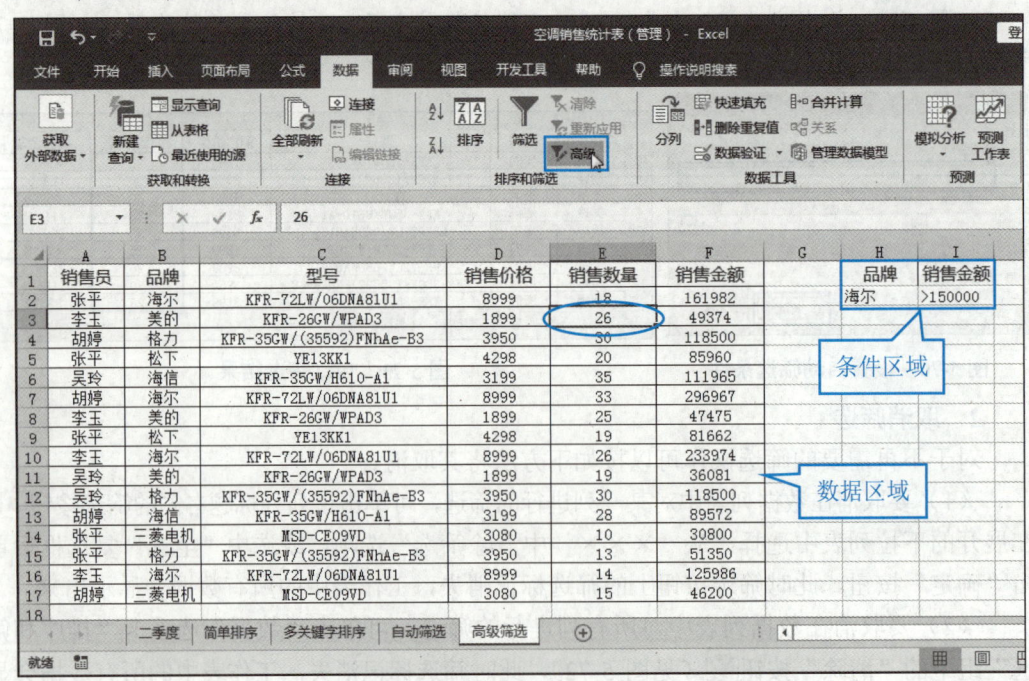

图 5-73 输入列标题和筛选条件后单击"高级"按钮

> **提 示**
>
> 条件区域与数据区域之间至少要有一个空列或空行,而且条件可以是两列或两列以上,也可以是单列中的多个条件。另外,筛选条件中的字符一定要与数据表中的字符相匹配,否则筛选时会出错。

步骤 3▶ 打开"高级筛选"对话框,确认"列表区域"(即数据区域)中显示的单元格区域是否正确(如果不正确,可选中"列表区域"编辑框中的单元格地址,然后在工作表中重新选择要进行筛选操作的单元格区域),然后设置筛选结果的显示方式,这里保持默认的数据区域并选中"将筛选结果复制到其他位置"单选钮,如图 5-74 所示。

步骤 4▶ 单击"条件区域"编辑框,然后在工作表中拖动鼠标选择步骤 2 设置的条件区域,可看到选择的单元格区域地址及其所在的工作表名称会显示在该编辑框中,如图 5-75 所示。

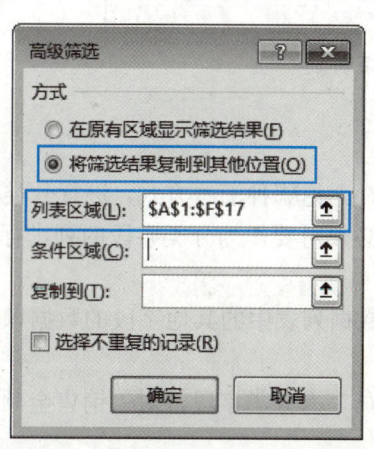

图 5-74 设置筛选结果的放置方式

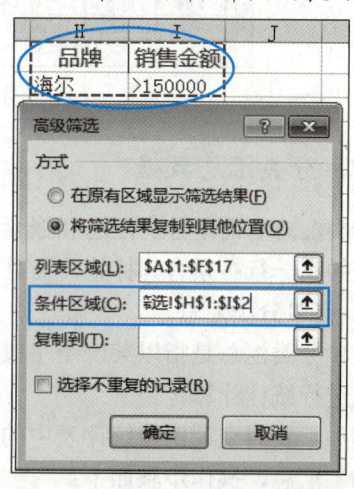

图 5-75 设置高级筛选的条件区域

步骤 5▶ 单击"复制到"编辑框,然后在工作表中单击某一单元格,如 A28,将其设置为筛选结果放置区左上角的单元格,如图 5-76 所示。

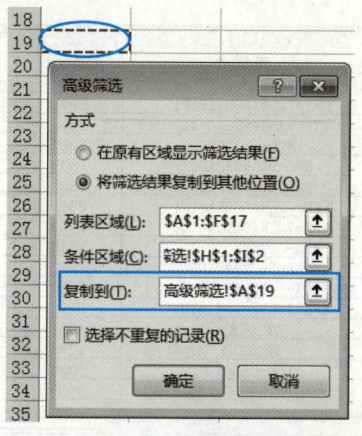

图 5-76 设置筛选结果的放置位置

步骤 6▶ 单击"确定"按钮，系统会根据设置的条件对工作表进行筛选，即筛选出海尔空调销售金额大于 150000 的记录，并将筛选结果放在指定区域，如图 5-77 所示。

图 5-77 高级筛选结果

四、分类汇总数据

分类汇总有简单分类汇总和嵌套分类汇总之分，无论哪种汇总方式，进行分类汇总的数据表的第一行必须有列标签，而且在分类汇总前必须对要作为分类字段的列进行排序。

1. 简单分类汇总

简单分类汇总是指以某一个字段为分类项，对数据列表中的其他字段的数据以一种汇总方式进行统计计算。

例如，要对空调销售统计表中的数据以"销售员"为分类字段，对"销售金额"进行"求和"汇总，操作步骤如下：

步骤 1▶ 将"二季度"工作表复制一份，然后将复制的工作表重命名为"简单分类汇总"。

步骤 2▶ 对"销售员"列数据进行升序排列，效果如图 5-78 所示。

图 5-78 对"销售员"列数据进行升序排列

步骤 3▶ 单击数据区域的任意单元格，然后单击"数据"选项卡"分级显示"组中的"分类汇总"按钮，打开"分类汇总"对话框。在"分类字段"下拉列表中选择要分类的字段"销售员"，在"汇总方式"下拉列表中选择汇总方式"求和"，在"选定汇总项"列表中选择要汇总的项目"销售金额"，如图 5-79 所示。

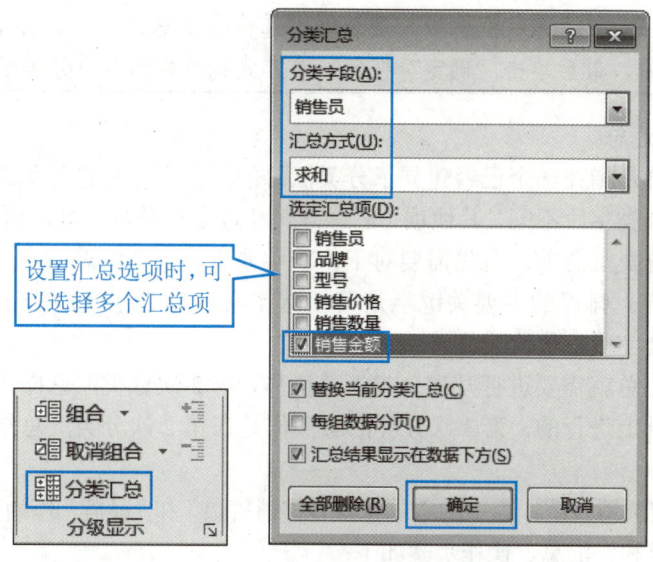

图 5-79 设置简单分类汇总选项

步骤 4▶ 设置完毕，单击"确定"按钮，即可将工作表中的数据按"销售员"对"销售金额"进行"求和"汇总，效果如图 5-80 所示。

	A	B	C	D	E	F	G
1	销售员	品牌	型号	销售价格	销售数量	销售金额	
2	胡婷	格力	KFR-35GW/(35592)FNhAe-B3	3950	30	118500	
3	胡婷	海尔	KFR-72LW/06DNA81U1	8999	33	296967	
4	胡婷	海信	KFR-35GW/H610-A1	3199	28	89572	
5	胡婷	三菱电机	MSD-CE09VD	3080	15	46200	
6	胡婷 汇总					551239	
7	李玉	美的	KFR-26GW/WPAD3	1899	26	49374	
8	李玉	美的	KFR-26GW/WPAD3	1899	25	47475	
9	李玉	海尔	KFR-72LW/06DNA81U1	8999	26	233974	
10	李玉	海尔	KFR-72LW/06DNA81U1	8999	14	125986	
11	李玉 汇总					456809	
12	吴玲	海信	KFR-35GW/H610-A1	3199	35	111965	
13	吴玲	美的	KFR-26GW/WPAD3	1899	19	36081	
14	吴玲	格力	KFR-35GW/(35592)FNhAe-B3	3950	30	118500	
15	吴玲 汇总					266546	
16	张平	海尔	KFR-72LW/06DNA81U1	8999	18	161982	
17	张平	松下	YE13KK1	4298	20	85960	
18	张平	松下	YE13KK1	4298	19	81662	
19	张平	三菱电机	MSD-CE09VD	3080	10	30800	
20	张平	格力	KFR-35GW/(35592)FNhAe-B3	3950	13	51350	
21	张平 汇总					411754	
22	总计					1686348	

图 5-80 简单分类汇总结果

> **提示**
>
> 如果希望对该数据表继续以"销售员"作为分类字段，选择其他汇总方式或汇总项进行分类汇总，可再次打开"分类汇总"对话框，然后在"汇总方式"下拉列表中选择其他汇总方式，在"选定汇总项"列表框中选择要汇总的选项，并取消"替换当前分类汇总"复选框，最后单击"确定"按钮。该方式也被称为多重分类汇总。

2. 嵌套分类汇总

嵌套分类汇总是指在一个已经建立了分类汇总的工作表中再进行另外一种分类汇总，两次分类汇总的分类字段不同，其他项（汇总方式和选定汇总项）可以相同，也可以不同。

在进行嵌套分类汇总前，首先需要对工作表中要进行分类汇总的字段（即分类字段）进行多关键字排序。排序的主要关键字是第 1 级汇总的分类字段，排序的次要关键字是第 2 级汇总的分类字段，依次类推。

有几级分类汇总就需要进行几次分类汇总操作，第 2 次分类汇总操作总是在第 1 次分类汇总结果的基础上进行的，第 3 次分类汇总操作是在第 2 次分类汇总结果的基础上进行的，依次类推。

例如，要对空调销售统计表中的数据依次以"销售员"和"品牌"作为分类字段，对"销售金额"进行"求和"汇总，操作步骤如下：

步骤 1▶ 将"二季度"工作表复制一份，然后将复制的工作表重命名为"嵌套分类汇总"。对工作表数据进行多关键字排序。其中，主要关键字为"销售员"，按升序排列；次要关键字为"品牌"，按降序排列。

步骤 2▶ 参考简单分类汇总的操作，以"销售员"作为分类字段，对工作表数据进行第一次分类汇总（参数设置与前面的操作相同）。

步骤 3▶ 再次打开"分类汇总"对话框，设置"分类字段"为"品牌"，"汇总方式"为"求和"，"选定汇总项"为"销售金额"，并取消"替换当前分类汇总"复选框，如图 5-81 所示。

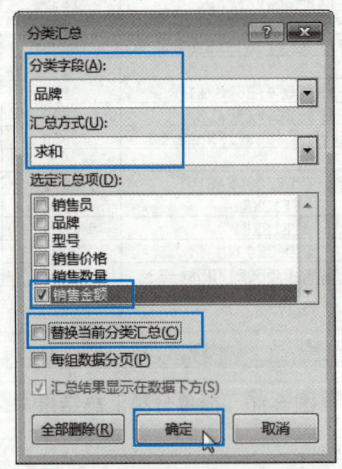

图 5-81　设置第 2 次分类汇总参数

步骤 4▶ 单击“确定”按钮，得到嵌套分类汇总结果，再单击数据列表左侧的分级数字“3”，此时的工作表如图 5-82 所示。

	A	B	C	D	E	F
1	销售员	品牌	型号	销售价格	销售数量	销售金额
3		三菱电机 汇总				46200
5		海信 汇总				89572
7		海尔 汇总				296967
9		格力 汇总				118500
10	胡婷 汇总					551239
13		美的 汇总				96849
16		海尔 汇总				359960
17	李玉 汇总					456809
19		美的 汇总				36081
21		海信 汇总				111965
23		格力 汇总				118500
24	吴玲 汇总					266546
27		松下 汇总				167622
29		三菱电机 汇总				30800
31		海尔 汇总				161982
33		格力 汇总				51350
34	张平 汇总					411754
35	总计					1686348
36						

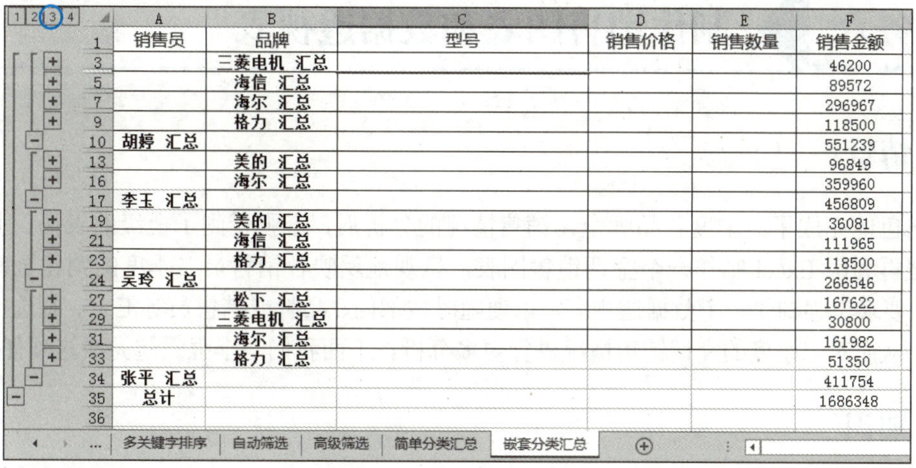

图 5-82 嵌套分类汇总结果

3. 分级显示数据

对工作表中的数据进行分类汇总后，Excel 2016 会自动按汇总时的分类分级显示数据，以便快速显示摘要行或摘要列，以及显示每组的明细数据。

（1）分级显示明细数据。

对工作表中的数据进行分类汇总后，在数据列表的左侧会出现分级显示符号，如 1 2 3 4，数字越大，级别越低。

在分级显示符号中，单击所需级别的数字，较低级别的明细数据会隐藏起来。例如，单击分级显示符号中的“2”，此时会隐藏第 3 级别和第 4 级别中的明细数据。单击分级显示符号中的最低级别，将显示所有明细数据；要隐藏所有明细数据，可单击分级显示符号中的“1”。

（2）隐藏与显示组中的明细数据。

单击数据列表左侧的折叠按钮 [-]，可以隐藏对应组中的明细数据。此时按钮变为展开按钮 [+]，单击该按钮可重新显示组中的明细数据。

4. 删除分类汇总

当工作表中的数据不再需要分级显示时，可以根据实际情况将其部分或全部分级显示删除。

（1）删除部分分级显示。选中分类汇总工作表中要取消分级显示的行，然后单击“数据”选项卡“分级显示”组中的“取消组合”下拉按钮 ▾，在展开的下拉列表中选择“清除分级显示”选项，如图 5-83 所示。

图 5-83 “取消组合”下拉列表

（2）删除全部分级显示。单击分类汇总工作表中的任意单元格，然后单击“数据”选项卡“分级

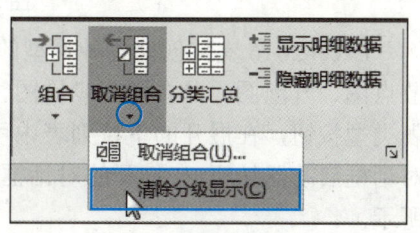

显示"组中的"取消组合"下拉按钮▼,在展开的下拉列表中选择"清除分级显示"选项。

任务六 制作销售图表和数据透视表

任务情景

出色地完成了二季度各品牌空调销售情况的分析后,李强受到了上级的表扬。上级要求李强再利用 Excel 制作一个空调销售图表,直观地反映各销售员二季度的销售金额。同时,还要求李强制作一个数据透视表,以便随时按部门、品牌或销售员等汇总、筛选需要的数据,从而对二季度的空调销售情况进行更多分析。下面我们与李强一起完成这项任务。

相关知识

一、图表

利用 Excel 图表可以直观地反映工作表中的数据,方便用户进行数据的比较和预测。

创建和编辑图表之前,首先需要认识图表的组成元素(称为图表项)。以柱形图为例,它主要由图表区、标题、绘图区、坐标轴、图例、数据系列等组成,如图 5-84 所示。

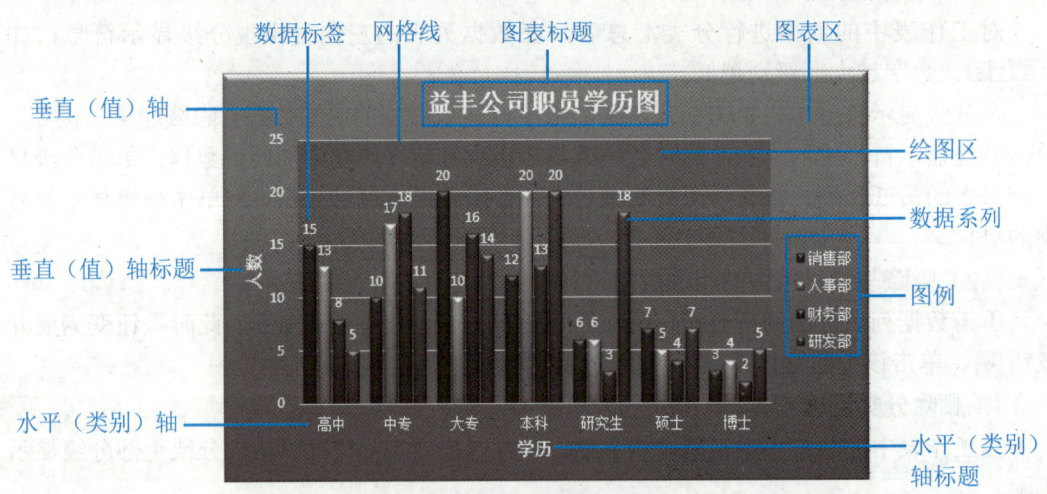

图 5-84 图表的组成元素

Excel 2016 支持创建各种类型的图表,如柱形图、折线图、饼图、条形图、面积图、散点图、气泡图、瀑布图、股价图、组合图等。单击"插入"选项卡"图表"组中的图表类型按钮,在展开的下拉列表中可看到该图表类型包含的图表。若单击该组右下角的对话框启动器按钮,在打开的对话框中可看到 Excel 2016 提供的所有图表类型,如图 5-85 所示。

项目五　使用 Excel 2016 制作电子表格

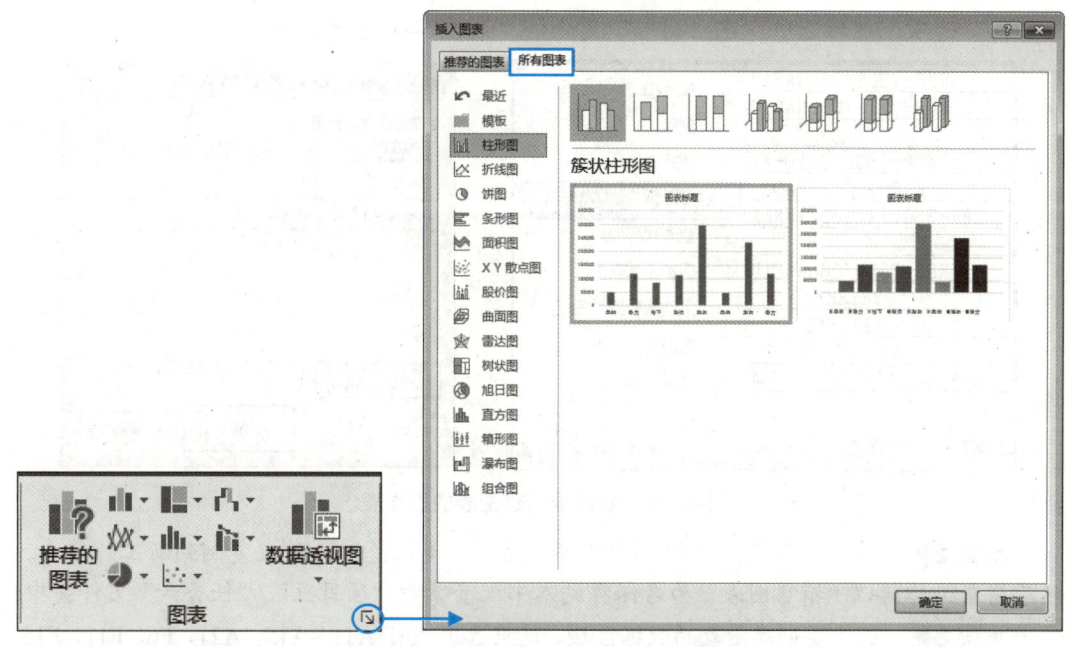

图 5-85　Excel 2016 提供的图表类型

二、数据透视表

数据透视表是一种能够对大量数据进行快速分类汇总的交互式表格，用户可以通过调整其行或列的位置来查看对数据源的不同汇总，还可以利用筛选器或通过显示不同的行、列标签来筛选数据。也就是说，它能够将数据筛选、排序和分类汇总等操作依次完成（不需要使用公式和函数），并生成汇总表格。这是 Excel 强大的数据处理能力的具体体现。

与创建普通图表一样，要创建数据透视表，首先要有数据源，数据源可以是现有的工作表数据或外部数据，然后在工作簿中指定放置数据透视表的位置，最后布局字段即可。

为确保数据可用于数据透视表，在创建数据源时需要做到如下几个方面：

（1）数据源中没有空行和空列。
（2）数据源中没有自动小计。
（3）数据源的第 1 行中包含列标签。
（4）数据源每列中只包含一种类型的数据，而不是文本与数字的混合。

任务实施

一、创建图表

例如，要创建销售员二季度销售金额汇总三维簇状柱形图，操作步骤如下：

步骤 1▶ 打开本书配套素材"项目五"/"任务五"/"空调销售统计表（管理）"工作簿，右击"简单分类汇总"工作表标签，在弹出的快捷菜单中选择"移动或复制"选项，打开"移动或复制工作表"对话框。在"将选定工作表移至工作簿"下拉列表中选择"新工作簿"选项,然后选中"建立副本"复选框,如图5-86所示。

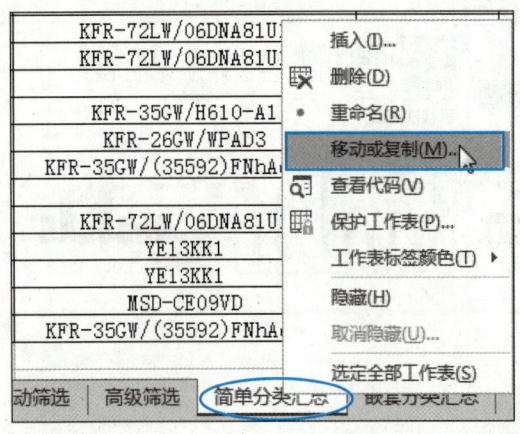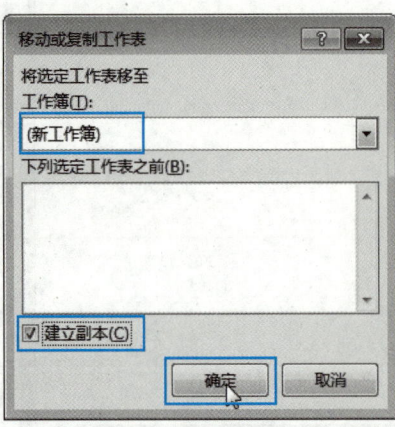

图5-86 复制要创建图表的工作表

步骤2▶ 单击"确定"按钮,即可将"简单分类汇总"工作表复制到新工作簿中,然后将新工作簿以"销售图表"为名保存到本书配套素材"项目五"/"任务六"文件夹中。

步骤3▶ 选中要创建图表的数据区域,这里选中A6、A11、A15、A21、F6、F11、F15、F21单元格,如图5-87所示。

	A	B	C	D	E	F
1	销售员	品牌	型号	销售价格	销售数量	销售金额
2	胡婷	格力	KFR-35GW/(35592)FNhAe-B3	3950	30	118500
3	胡婷	海尔	KFR-72LW/06DNA81U1	8999	33	296967
4	胡婷	海信	KFR-35GW/H610-A1	3199	28	89572
5	胡婷	三菱电机	MSD-CE09VD	3080	15	46200
6	胡婷 汇总					551239
7	李玉	美的	KFR-26GW/WPAD3	1899	26	49374
8	李玉	美的	KFR-26GW/WPAD3	1899	25	47475
9	李玉	海尔	KFR-72LW/06DNA81U1	8999	26	233974
10	李玉	海尔	KFR-72LW/06DNA81U1	8999	14	125986
11	李玉 汇总					456809
12	吴玲	海信	KFR-35GW/H610-A1	3199	35	111965
13	吴玲	美的	KFR-26GW/WPAD3	1899	19	36081
14	吴玲	格力	KFR-35GW/(35592)FNhAe-B3	3950	30	118500
15	吴玲 汇总					266546
16	张平	海尔	KFR-72LW/06DNA81U1	8999	18	161982
17	张平	松下	YE13KK1	4298	20	85960
18	张平	松下	YE13KK1	4298	19	81662
19	张平	三菱电机	MSD-CE09VD	3080	10	30800
20	张平	格力	KFR-35GW/(35592)FNhAe-B3	3950	13	51350
21	张平 汇总					411754
22	总计					1686348

图5-87 选中要创建图表的数据区域

步骤4▶ 单击"插入"选项卡"图表"组中的"柱形图"按钮,在展开的下拉列表中选择"三维簇状柱形图"选项。此时,系统会在工作表中插入一张嵌入式三维簇状柱形图表,如图5-88所示。

项目五　使用 Excel 2016 制作电子表格

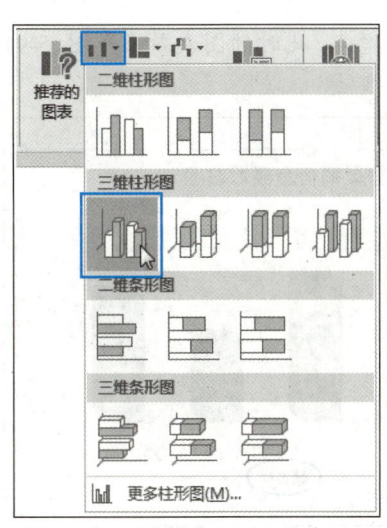
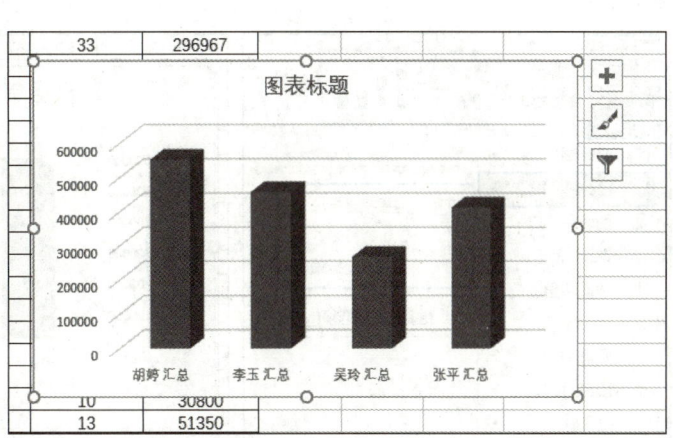

图 5-88　创建图表

二、编辑图表

选中创建的图表，此时在 Excel 2016 的功能区会显示"图表工具"选项卡，它包括"设计"和"格式"两个子选项卡，用户可以使用这些选项卡中的命令修改图表，以使图表按照用户所需的方式显示数据。

例如，要为创建的图表修改图表标题内容，并添加主要横、纵坐标轴标题，操作步骤如下：

步骤 1▶　单击图表将其激活，然后将"图表标题"文本改为"各销售员销售金额汇总图"，如图 5-89 所示。

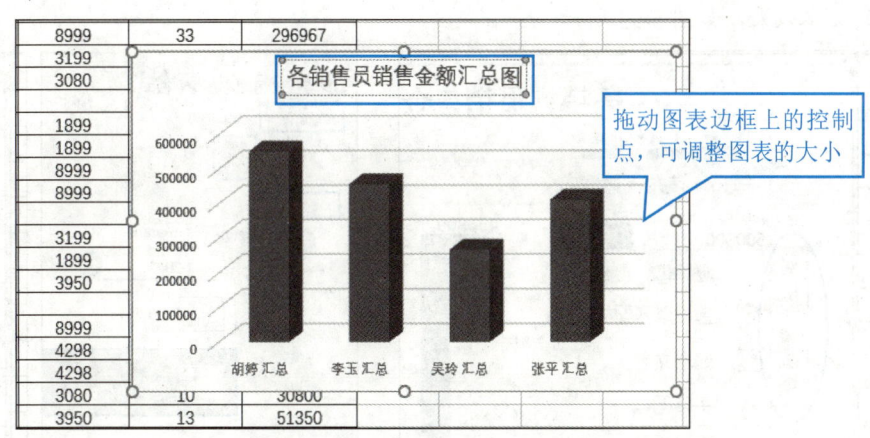

图 5-89　修改图表标题内容

步骤 2▶　在"图表工具/设计"选项卡的"图表布局"组中单击"添加图表元素"按钮，在展开的下拉列表中选择"坐标轴标题"/"主要横坐标轴"选项（见图 5-90），然后将主要横坐标轴标题改为"销售员"。

步骤 3▶　再次打开"添加图表元素"下拉列表，从中选择"坐标轴标题"/"主要纵坐标轴"选项,然后将主要纵坐标轴标题改为"销售金额汇总",此时的图表效果如图 5-91 所示。

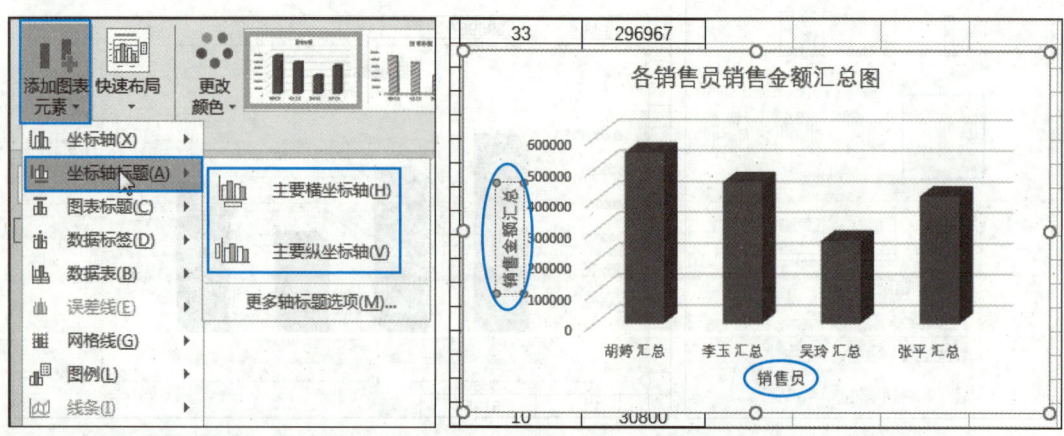

图 5-90 "添加图表元素"下拉列表　　图 5-91 为图表添加横、纵坐标轴标题效果

> **提 示**
>
> 用户也可单击图表右上角的"图表元素"按钮,在展开的下拉列表中选中"坐标轴标题"复选框,然后将图表中显示的两处"坐标轴标题"文本改为相应的标题文本即可。

步骤 4▶ 右击纵坐标轴标题,在弹出的快捷菜单中选择"设置坐标轴标题格式"选项(见图 5-92),打开"设置坐标轴标题格式"任务窗格。

步骤 5▶ 切换到"标题选项"/"大小与属性"选项卡,然后单击"对齐方式"设置区中的"文字方向"下拉按钮,在展开的下拉列表中选择"竖排"选项,即可看到更改方向后的文本效果,如图 5-93 所示。

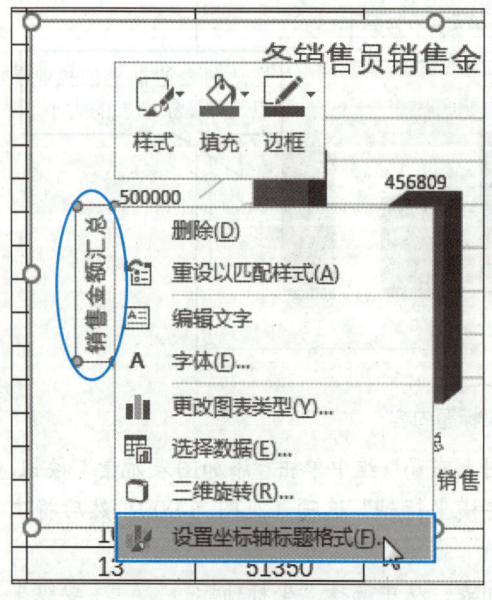 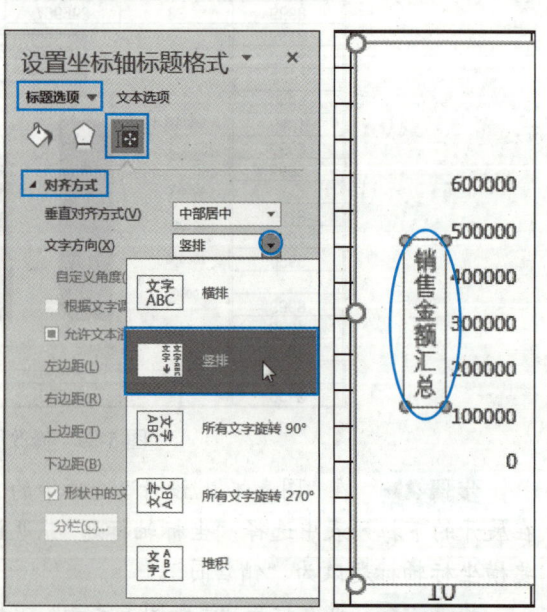

图 5-92 选择"设置坐标轴标题格式"选项　　图 5-93 设置纵坐标轴标题文本的方向

步骤 6 单击图表右上角的"图表元素"按钮，在展开的下拉列表中选中"数据标签"复选框，即可在图表的数据系列上显示数据，如图 5-94 所示。

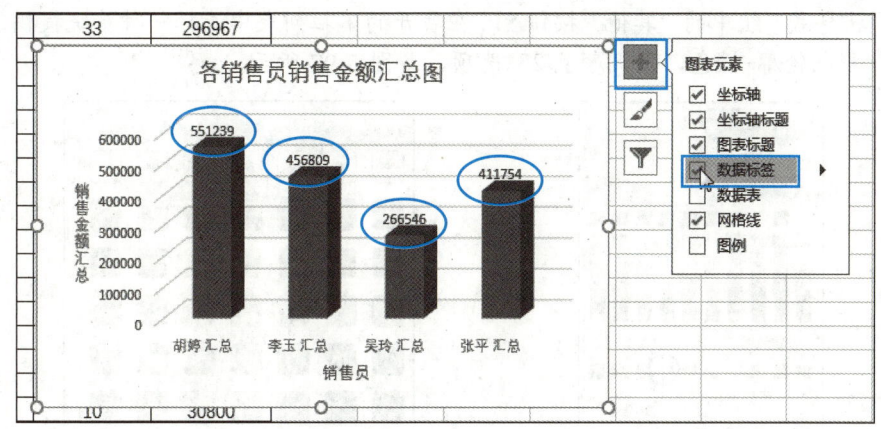

图 5-94 为图表添加数据标签

如果要快速设置图表布局，可在"图表工具/设计"选项卡的"图表布局"组中单击"快速布局"按钮，在展开的下拉列表中选择一种系统提供的布局样式即可。

三、美化图表

利用"图表工具/格式"选项卡可分别对图表的图表区、绘图区、图表标题、坐标轴标题、图例项、数据系列等组成元素进行格式设置，如使用系统提供的形状样式快速设置，或单独设置填充颜色、边框颜色和字体等，从而美化图表。

例如，要设置图表区、绘图区的填充颜色，数据系列的样式，以及图表的位置和图表中文本的字符格式，操作步骤如下：

步骤 1 保持图表的选中，然后将鼠标指针移到图表的空白处，待显示"图表区"字样时单击，选中图表区，或在"图表工具/格式"选项卡"当前所选内容"组的"图表元素"下拉列表中选择"图表区"选项，如图 5-95 所示。在对图表的各组成元素进行设置时，都需要选中要设置的元素，用户可参考选择图表区的方法选择图表的其他组成元素。

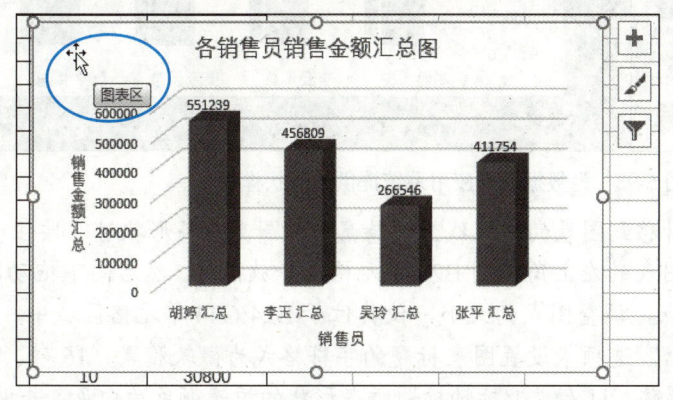 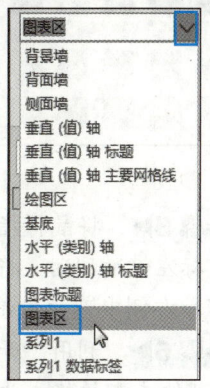

图 5-95 选择图表元素"图表区"

步骤 2 单击"图表工具/格式"选项卡"形状样式"组中的"形状填充"下拉按钮，

在展开的下拉列表中选择"浅蓝"选项（见图 5-96），为图表区设置填充浅蓝色。

步骤 3▶ 在"图表元素"下拉列表中选择"绘图区"选项，选中图表的绘图区，然后单击"形状样式"组中的"其他"按钮 ⌄，在展开的下拉列表中选择一种系统提供的样式，如选择"彩色轮廓-橙色，强调颜色 2"选项，如图 5-97 所示。

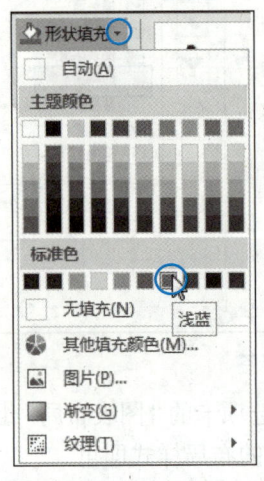

图 5-96　为图表区设置填充颜色　　图 5-97　为绘图区应用系统提供的形状样式

步骤 4▶ 同样地，在"图表元素"下拉列表中选择"系列 1"选项，为其应用系统提供的形状样式"浅色 1 轮廓，彩色填充-蓝色，强调颜色 1"，如图 5-98 所示。

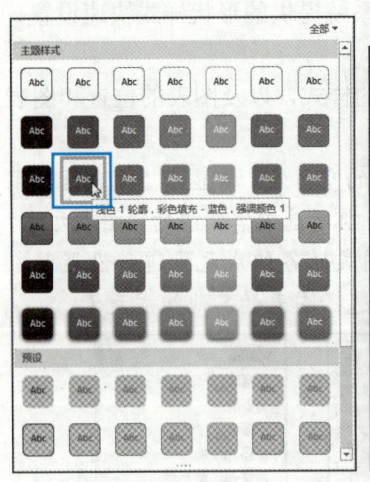 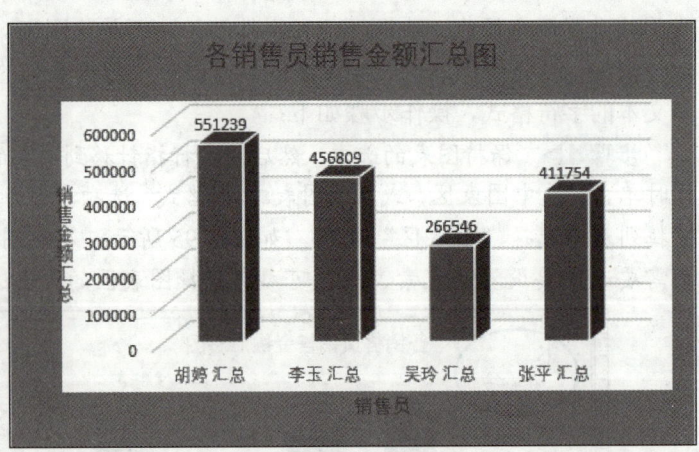

图 5-98　为数据系列应用系统提供的形状样式

步骤 5▶ 将鼠标指针移到图表的边框线上，待鼠标指针变成形状时，按住"Alt"键和鼠标左键的同时，将图表的左上角拖到 B24 单元格后释放鼠标，然后向下拖动图表下方中部和右侧中部的控制点，调整图表的大小，使其位于 B24:G44 单元格区域中。

步骤 6▶ 利用"开始"选项卡设置图表标题的字符格式为微软雅黑、16 磅、加粗、白色；其他文本的格式为黑体、11 磅，坐标轴标题所在形状的填充颜色为白色，并调整横、纵坐标轴标题和数据标签的位置，使其美观即可，此时的图表效果大致如图 5-99 所示。

项目五　使用 Excel 2016 制作电子表格

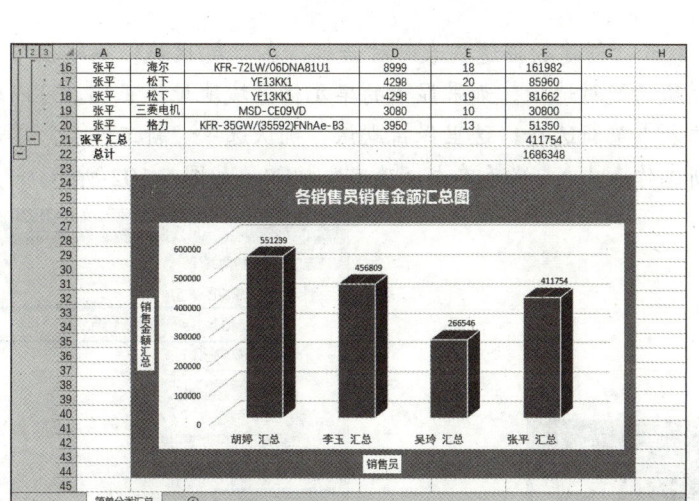

图 5-99　设置格式后的图表效果

如果要快速美化图表，可在"图表工具/设计"选项卡的"图表样式"组中选择一种系统提供的图表样式。利用该选项卡还可以移动图表（可将图表单独放在一个工作表中）、更改图表类型、更改图表的数据源等。

四、创建数据透视表

创建数据透视表的操作比较简单，读者要重点掌握的是如何利用它筛选和分类汇总数据，并对数据进行立体化分析。

例如，要创建按品牌查看各销售员的销售金额的数据透视表，操作步骤如下：

步骤 1▶ 打开本书配套素材"项目五"/"任务六"/"空调销售统计表（数据透视表素材）"工作簿，将其另存为"空调销售统计表（数据透视表）"工作簿。为了更好地说明数据透视表的应用，这里在原"空调销售统计表"中添加了"销售部"列，如图 5-100 所示。

图 5-100　素材工作表

步骤 2▶ 单击数据区域的任意单元格，然后单击"插入"选项卡"表格"组中的"数据透视表"按钮，如图 5-101 所示。

209

步骤 3 打开"创建数据透视表"对话框,在"表/区域"编辑框中自动显示工作表名称和单元格区域的绝对地址。如果显示的单元格区域地址不正确,可以选中该单元格地址,然后在工作表中重新选择,这里保持默认。确认选中"新工作表"单选钮(表示将数据透视表放在新工作表中),然后单击"确定"按钮,如图 5-102 所示。

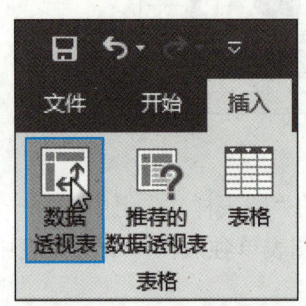

图 5-101 单击"数据透视表"按钮

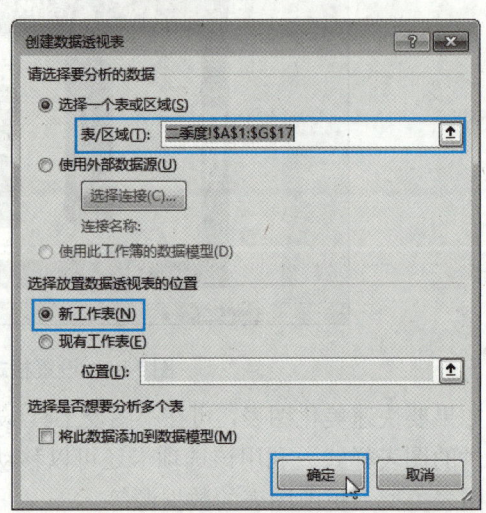

图 5-102 打开"创建数据透视表"对话框

步骤 4 系统自动创建一个新工作表并在其中添加了一个空的数据透视表。此时,Excel 2016 的功能区自动显示"数据透视表工具"选项卡(包括两个子选项),工作表编辑区的右侧会显示"数据透视表字段"任务窗格,以便用户添加字段、创建布局和自定义数据透视表,如图 5-103 所示。

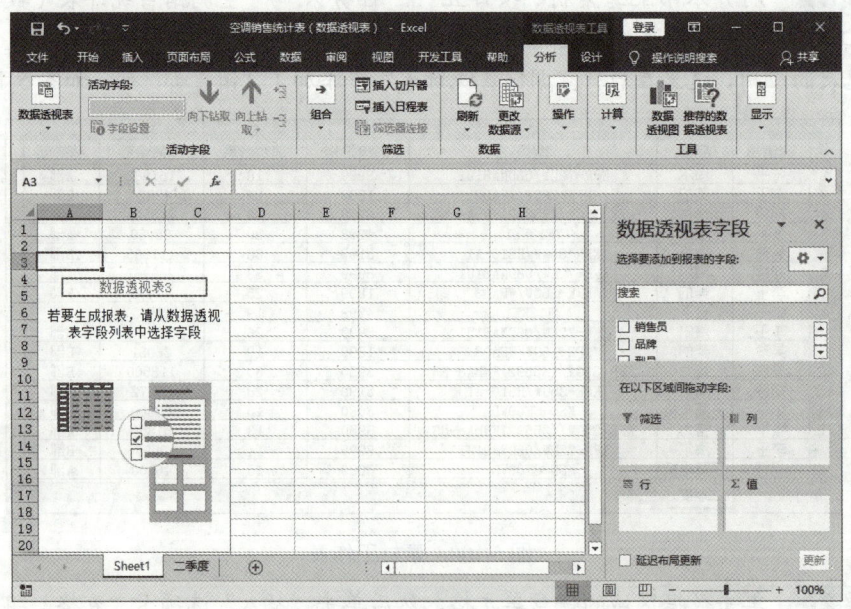

图 5-103 创建的空数据透视表

项目五　使用 Excel 2016 制作电子表格

> 提　示
>
> 　　默认情况下,"数据透视表字段"任务窗格显示两部分:上方的字段列表区是源数据表中包含的字段(列标签),将其拖入下方字段布局区域的"筛选""列""行"和"值"区域,即可在报表区域(工作表编辑区)显示相应的字段和汇总结果。
> 　　"数据透视表字段"任务窗格下方各选项的含义如下。
> 　　**筛选**:基于数据透视表进行分页的字段,可对整个透视表进行筛选。
> 　　**列**:用于将字段显示为数据透视表顶部的列。
> 　　**行**:用于将字段显示为数据透视表左侧的行。
> 　　**值**:用于显示需要汇总的数值数据。

步骤 5▶ 在"数据透视表字段"任务窗格中将所需字段拖到字段布局区域的相应位置。这里将"销售部"字段拖到"筛选"区域,将"销售员"字段拖到"列"区域,将"品牌"字段拖到"行"区域,将"销售金额"字段拖到"值"区域,如图 5-104 所示。

步骤 6▶ 在数据透视表外单击,完成数据透视表的创建,效果如图 5-105 所示。

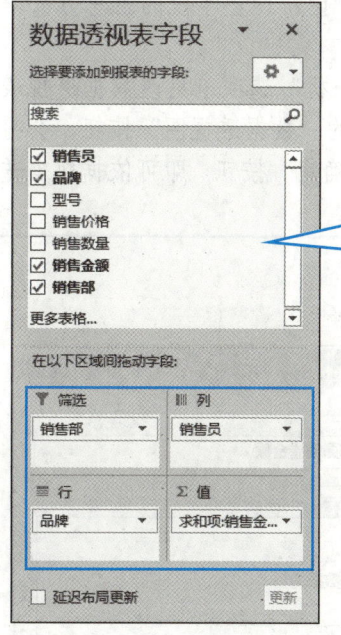

> 如果直接选中字段左侧的复选框,则默认情况下,非数值字段会被添加到"行"区域,数值字段会被添加到"值"区域。也可以右击字段名,在弹出的快捷菜单中选择要添加到的位置

图 5-104　布局字段　　　　图 5-105　创建的数据透视表效果

步骤 7▶ 如果要分别查看各销售部门的汇总数据,可单击"销售部"字段右侧的筛选按钮 ▼,在展开的下拉列表中选中要查看的部门,如"A 部",然后单击"确定"按钮,如图 5-106 所示。

步骤 8▶ 还可分别单击"行标签"或"列标签"右侧的筛选按钮 ▼,在展开的下拉列表中选中或取消需要单独汇总的记录并确定,以筛选出相应品牌或相应销售员的汇总记录。

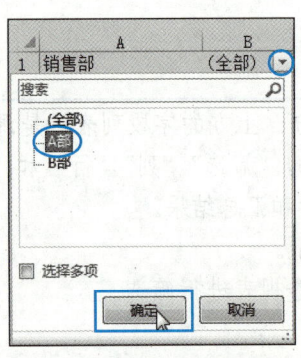

图 5-106 筛选汇总数据

 提 示

创建数据透视表后,单击数据透视表中的任意单元格,将显示"数据透视表字段"任务窗格,用户可在其中更改字段。其中,在字段布局区单击已添加的字段,在展开的下拉列表中选择"删除字段"选项,可删除该字段;对于添加到"值"列表中的字段,还可选择"值字段设置"选项,在打开的对话框中重新设置字段的汇总方式,如将"求和"改为"平均值",如图 5-107 所示。

创建数据透视表后,还可以利用"数据透视表工具/分析"选项卡更改数据透视表的数据源、添加数据透视图等。例如,单击"工具"组中的"数据透视图"按钮,会打开"插入图表"对话框,从中选择一种图表类型并单击"确定"按钮,即可依据数据透视表中的数据插入数据透视图。

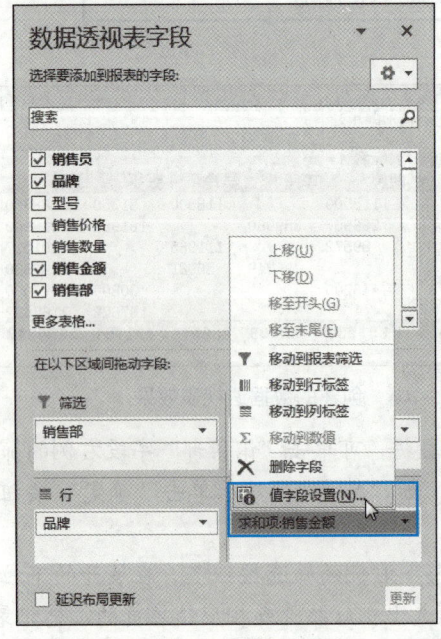 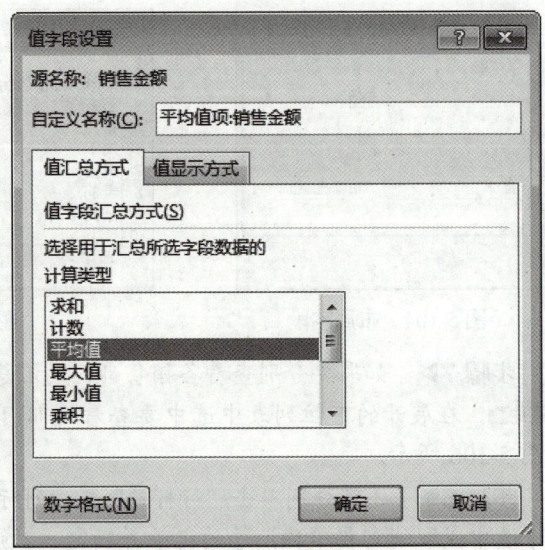

图 5-107 更改数据透视表的汇总方式

任务七　查看并打印产品目录与价格表

任务情景

由于经营得当,李强所在的电器商城线上顾客越来越多,在行业内有了一定的名气。这天,一家仪器生产企业找到他们杨总,请杨总在线上帮助推广他们的产品。杨总将该企业发来的 Excel 版产品目录转发给李强,请李强为该产品目录设置页面、页眉和页脚,并将指定区域的数据打印出来。下面我们与李强一起完成这项任务。

相关知识

- **冻结窗格**:在查看大型报表时,往往因为行、列数太多,数据内容与行、列标题无法对照,此时可使用"冻结窗格"命令解决此问题。
- **页面设置**:在打印工作表前,需要对要打印的工作表进行页面设置,如打印纸张的大小、页边距、打印方向、页眉、页脚和打印区域等。
- **分页预览**:如果需要打印的工作表内容不止一页,Excel 会自动在工作表中插入分页符将工作表分成多页打印。用户可在打印前查看分页情况,并对分页符进行调整,或重新插入分页符,从而使分页打印符合要求。
- **预览和打印工作表**:设置好页面和分页符后,便可预览工作表的打印效果并打印。

任务实施

一、冻结窗格

利用 Excel 的冻结窗格功能,可以保持工作表的某一部分数据在其他部分数据滚动时始终可见。例如,在查看过长的表格时保持首行可见,在查看过宽的表格时保持首列可见,或保持某部分内容始终可见。

例如,要将产品目录与价格表中第 5 行以上的内容冻结,操作步骤如下:

步骤 1 ▶ 打开本书配套素材"项目五"/"任务七"/"产品目录与价格表(素材)"工作簿,将其另存为"产品目录与价格表(设置)"工作簿。

步骤 2 ▶ 将"目录价格表"工作表复制一份,并将复制的工作表重命名为"冻结窗格"。

步骤 3 ▶ 单击"产品目录与价格表"第 5 行中的任意单元格,或选中表格的第 5 行,然后单击"视图"选项卡"窗口"组中的"冻结窗格"按钮,在展开的下拉列表中选择"冻结窗格"选项,如图 5-108 所示。此时,所选单元格以上的行被冻结,当滚动鼠标滚轮或拖动垂直滚动条向下查看工作表内容时,这些行始终显示。

步骤 4 ▶ 要取消冻结窗格,可单击工作表中的任意单元格,然后在"冻结窗格"下拉列表中选择"取消冻结窗格"选项即可。

提示

如果选择"冻结窗格"下拉列表中的"冻结首行"或"冻结首列"选项,则无论当前选择的是哪个单元格,都将冻结工作表首行或首列。

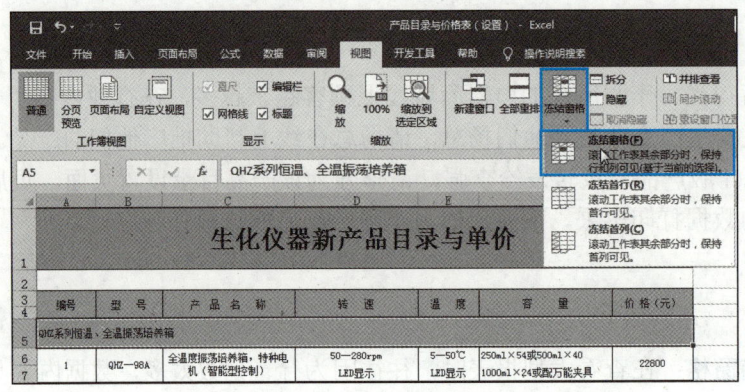

图 5-108 冻结窗格

二、设置页面

工作表的页面设置包括设置打印纸张大小、纸张方向、页边距、页眉和页脚等。

例如,要设置产品目录与价格表的页面,操作步骤如下。

步骤1▶ 将"目录价格表"工作表复制一份,并将复制的工作表重命名为"设置页面"。

步骤2▶ 设置纸张大小、方向和页边距。用户可利用"页面布局"选项卡"页面设置"组中的相应按钮或"页面设置"对话框来设置这些参数。这里单击"页面布局"选项卡"页面设置"组右下角的对话框启动器按钮 ,打开"页面设置"对话框。在"页面"选项卡中设置纸张方向和纸张大小,这里均保持默认;在"页边距"选项卡中设置页边距及表格在纸张上的位置,参数设置如图 5-109 所示。

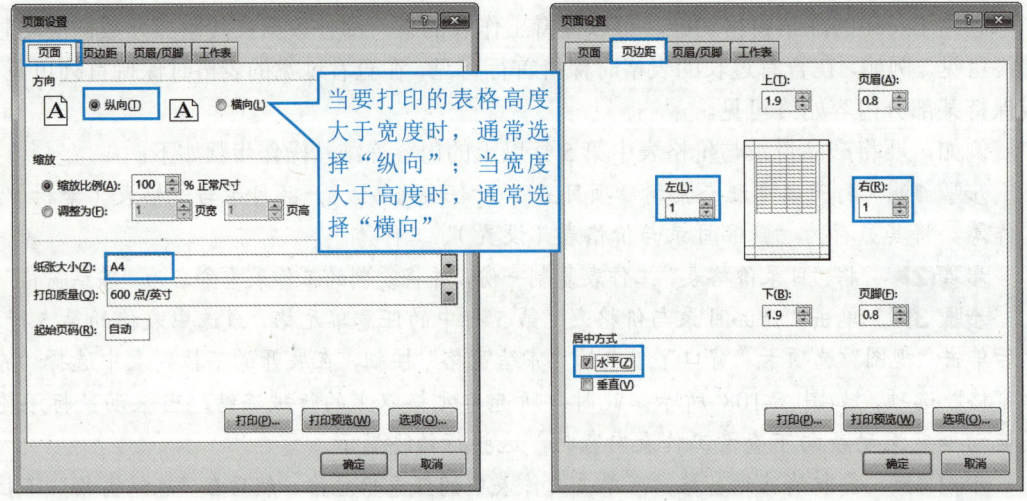

图 5-109 设置工作表的纸张大小、纸张方向和页边距

项目五　使用 Excel 2016 制作电子表格

步骤 3▶ 设置页眉和页脚。将"页面设置"对话框切换到"页眉/页脚"选项卡，在"页脚"下拉列表中选择 Excel 提供的页脚，如选择"第 1 页，共?页"选项，然后单击"自定义页眉"按钮（图 5-110），打开"页眉"对话框。

步骤 4▶ 在"页眉"对话框的各编辑框中输入页眉文本，如在"中部"编辑框中输入"金鑫生物科技有限公司"，在"右部"编辑框中输入"小李"（见图 5-111），依次单击"确定"按钮，完成工作表的页面设置。

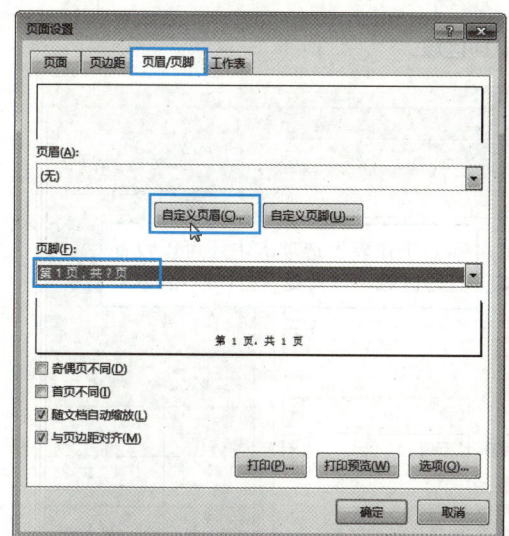

图 5-110　设置页脚

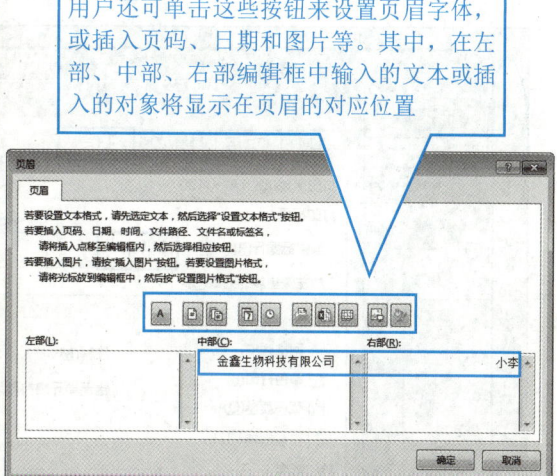

用户还可单击这些按钮来设置页眉字体，或插入页码、日期和图片等。其中，在左部、中部、右部编辑框中输入的文本或插入的对象将显示在页眉的对应位置

图 5-111　自定义页眉

三、设置打印区域和打印标题

默认情况下，Excel 会自动选择有文字的最大行和列作为打印区域，而通过设置打印区域可以只打印工作表中的部分数据。此外，如果工作表有多页，正常情况下，只有第 1 页能打印出标题行或标题列。因此，为方便查看表格，通常需要为工作表的每页都加上标题行或标题列。

例如，要设置产品目录与价格表的打印区域和打印标题，操作步骤如下：

步骤 1▶ 设置打印区域。继续在打开的工作表中操作。选中 A1:G100 单元格区域，然后在"页面布局"选项卡的"页面设置"组中单击"打印区域"按钮，在展开的下拉列表中选择"设置打印区域"选项（见图 5-112），将所选单元格区域设置为打印区域。

步骤 2▶ 设置打印标题。参考前面的操作打开"页面设置"对话框，切换到"工作表"选项卡，单击"顶端标题行"编辑框，然后在工作表中拖动鼠标选中要在每页打印的标题行，这里选中第 1 行～第 4 行，释放鼠标，返回"页面设置"对话框，可看到选择的标题行，如图 5-113 所示。单击"确定"按钮，完成设置。

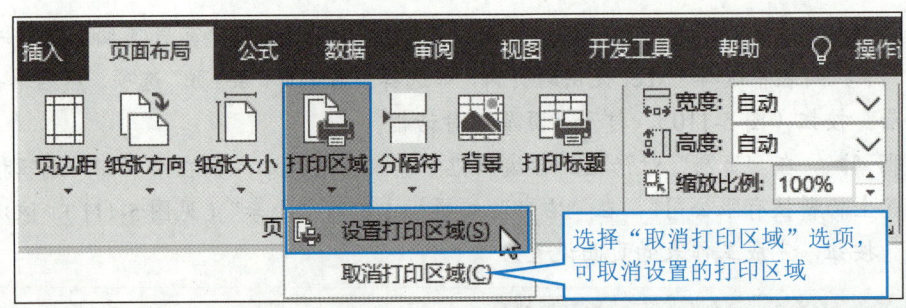

图 5-112 设置打印区域

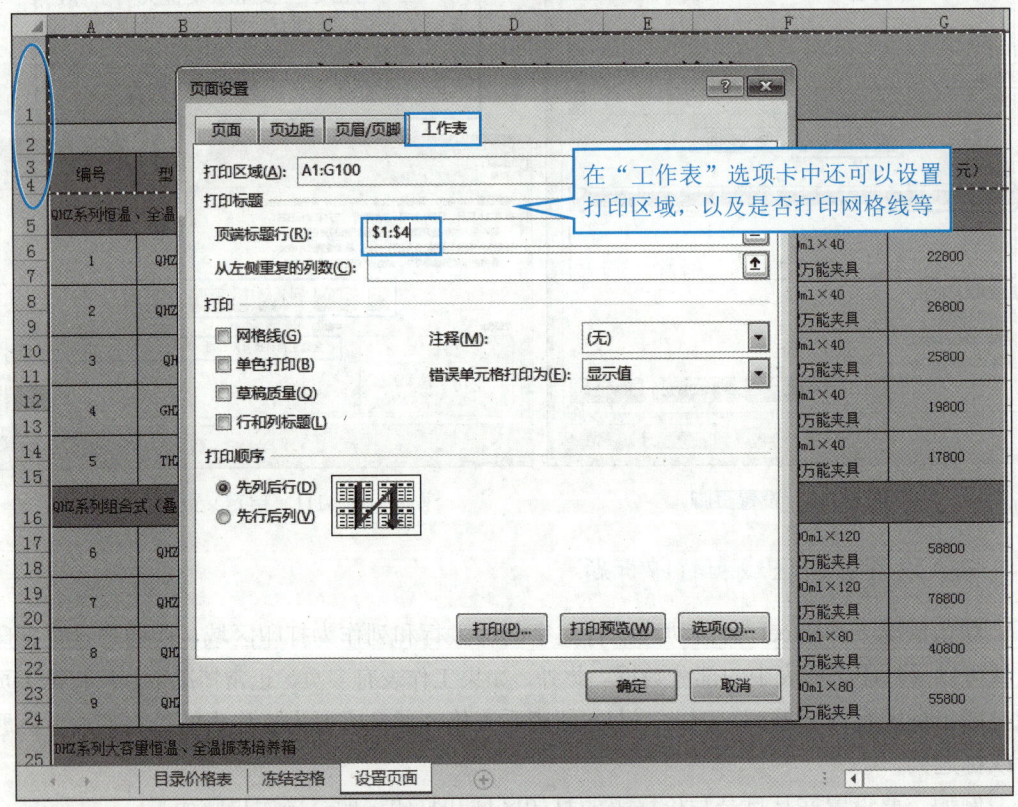

图 5-113 设置打印标题

步骤 3▶ 单击"确定"按钮,完成设置。

四、分页预览与设置分页符

如果需要打印的工作表内容不止一页,Excel 会自动在工作表中插入分页符,将工作表分成多页进行打印。但是,这种自动分页常常不是用户所需要的。因此,用户最好在打印前查看分页情况,并对分页符进行调整,或重新插入分页符,从而使分页打印符合实际要求。

例如,要在分页预览视图中查看并调整产品目录与价格表的分页情况,操作步骤如下:

步骤 1▶ 继续在打开的工作表中操作。单击"视图"选项卡"工作簿视图"组中的"分页预览"按钮,或单击状态栏中的"分页预览"按钮,可以将工作表从普通视图切换到分页预览视图,如图 5-114 所示。

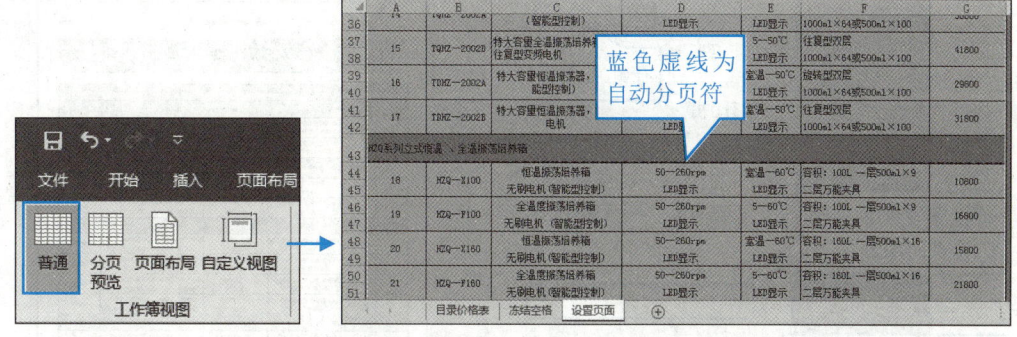

图 5-114 进入分页预览视图

步骤2▶ 因为打开的工作表的内容不止一页,所以 Excel 自动在其中插入了分页符,将工作表分成了多页,在分页预览视图中可以看到分页情况。用户也可以在分页预览视图中改变默认分页符的位置,或插入、删除分页符,从而使表格的分页情况符合打印要求。要调整分页符的位置,只需将鼠标指针移到分页符上,然后按住鼠标左键并拖动即可。这里将第 43 行中的自动分页符向上拖动到第 42 行后释放鼠标,使得第 43 行中的分类标题打印在下一页中,即与其第 1 条分类内容打印在一起,如图 5-115 所示。

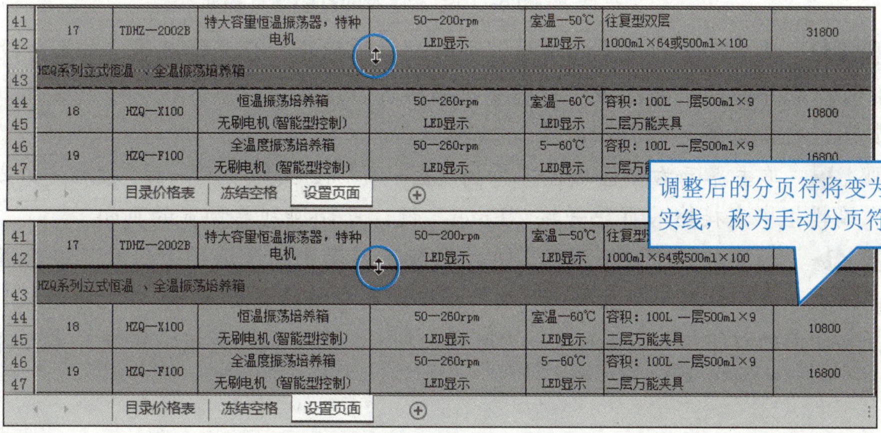

图 5-115 调整分页符的位置

步骤3▶ 单击"视图"选项卡"工作簿视图"组中的"普通"按钮,返回普通视图,最后保存工作簿。

五、打印预览与打印工作表

对工作表进行页面、打印区域及分页符等设置后,便可以将其打印出来了。在打印之前,用户还可以对工作表进行打印预览。

例如,要打印预览与打印调整分页符后的产品目录与价格表,操作步骤如下:

步骤1▶ 在"文件"下拉列表中选择"打印"选项,进入工作表的打印预览界面,如图 5-116 所示。

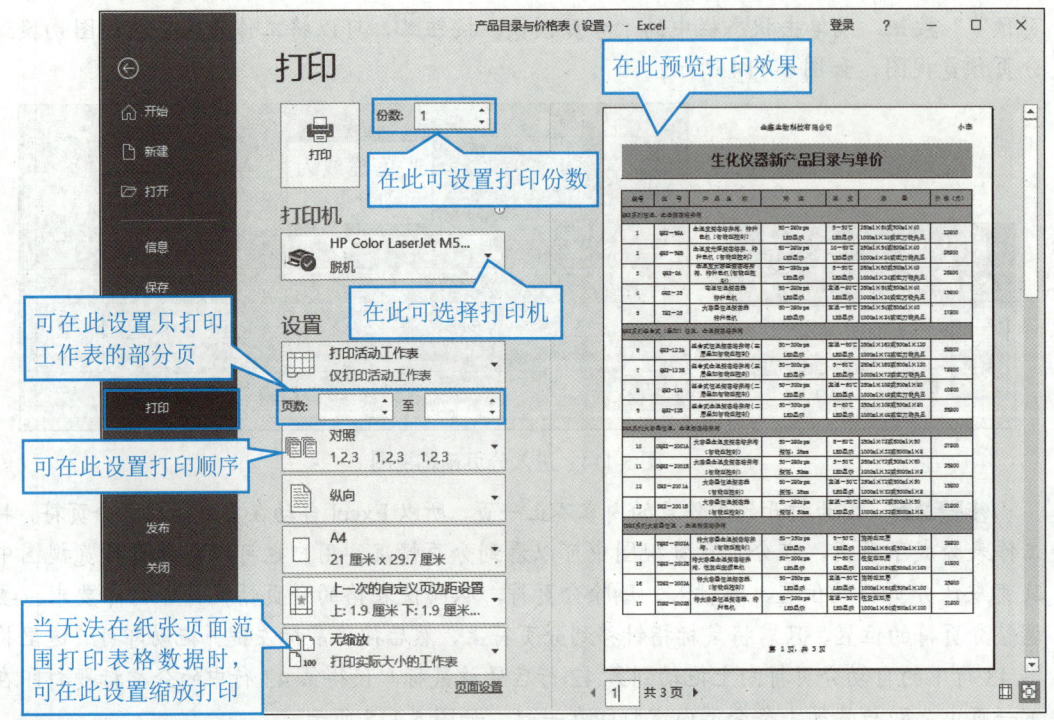

图 5-116　工作表的打印预览界面

步骤 2 从中可看到设置的页眉、页脚、打印标题、分页情况等。如果对设置效果不满意，可以在界面的中间区域对打印参数重新进行设置，右侧区域是对当前页面打印内容的预览图，也就是实际的打印效果。

步骤 3 单击界面右侧区域左下方的"上一页"按钮、"下一页"按钮，或在"当前页面"编辑框中直接输入页码并按"Enter"键，可切换到要预览的页面。

步骤 4 如果对打印效果满意，在打印预览界面中间区域的"份数"编辑框中输入要打印的份数；在"页数……至……"编辑框中设置打印的页面范围；在"打印机"下拉列表中选择要使用的打印机（如果只有一台可用打印机，则不必进行该步操作），最后单击"打印"按钮，即可按照设置打印工作表。

项目总结

本项目主要介绍了使用 Excel 制作电子表格的方法。学完本项目内容后，读者应：
（1）掌握工作簿和工作表的基本操作。
（2）掌握在工作表中输入与编辑数据的方法。
（3）掌握设置字符格式、数字格式、边框和底纹等的方法。
（4）掌握使用公式和函数计算工作表数据的方法。
（5）掌握使用排序、筛选和分类汇总功能对工作表数据进行管理的方法。
（6）掌握对工作表数据制作图表和数据透视表，并对其进行编辑和美化的方法。

（7）掌握按要求设置工作表页面并打印工作表的方法。

其中，读者需要重点掌握使用公式和函数计算工作表数据，对工作表数据进行排序、筛选和分类汇总，以及制作图表和数据透视表的方法。

实训一　制作成绩评定表

按要求制作如图 5-117 所示的表格，并将工作簿以"成绩评定表"为名保存到本书配套素材"项目五"/"项目实训"文件夹中。

图 5-117　成绩评定表效果

（1）参考图 5-117，在工作表中输入成绩评定表的基础数据（"学号"列数据可用拖动填充柄的方式输入，"平均分""排名"和"级别"列数据暂不输入）。读者也可直接打开本书配套素材"项目五"/"项目实训"/"成绩评定表（素材）"工作簿，将其另存后进行后面的操作。

（2）设置所有单元格内容的字号为 12 磅，设置除最后一行外的单元格内容居中对齐；设置 A1:K1 单元格内容的字形为加粗；合并 A25:K25 单元格区域并左对齐单元格内容；调整所有行的高度为 18，调整相关列的宽度为最合适。

（3）为 A1:K24 单元格区域设置边框，分别为 A1:K1，A2:A24，B2:B24 和 A25:K25 单元格区域设置不同的底纹。

（4）使用函数计算"平均分"和"排名"列数据。其中，在 J2 单元格中输入公式"=RANK.EQ(I2,$I$2:$I$24)"。

（5）使用函数根据平均分判断级别。在 K2 单元格中输入公式"=IF(I2>90,"优",IF(I2>80,"良",IF(I2>60,"中","不及格")))"（注意：所有符号在英文状态下输入），然后通过拖动填充柄复制公式的方式判断出其他学生的成绩级别。

实训二　制作进货表并筛选与汇总数据

制作如图 5-118 所示的进货表，读者也可直接打开本书配套素材“项目五”/“项目实训”/“进货表”工作簿，然后按要求分别在新工作表“筛选”和“汇总”中筛选和汇总数据。

进货表

编号	进货日期	进货地点	货物名称	单位	单价	数量	金额	经手人
1	2020/9/1	甲批发部	星期六靴子	双	560	100	56000	吴小姐
2	2020/9/1	甲批发部	百丽靴子	双	710	150	106500	吴小姐
3	2020/9/1	甲批发部	红蜻蜓靴子	双	680	80	54400	吴小姐
4	2020/9/1	甲批发部	森达靴子	双	450	200	90000	吴小姐
5	2020/9/5	乙批发部	秋鹿睡衣（男款）	件	80	100	8000	李先生
6	2020/9/5	乙批发部	秋鹿睡衣（女款）	件	100	90	9000	李先生
7	2020/9/5	乙批发部	鄂尔多斯羊毛衫	件	300	150	45000	李先生
8	2020/9/5	乙批发部	达芙妮单鞋	双	150	80	12000	李先生
9	2020/9/5	乙批发部	曼可妮单鞋	双	160	80	12800	吴小姐
10	2020/9/5	乙批发部	361°运动鞋	双	180	50	9000	吴小姐
11	2020/9/5	乙批发部	红蜻蜓靴子	双	680	50	34000	吴小姐
12	2020/9/12	丙批发部	夏克露斯	件	200	50	10000	李先生
13	2020/9/12	丙批发部	Voca外套	件	450	50	22500	李先生
14	2020/9/12	丙批发部	木真了外套	件	350	50	17500	李先生
15	2020/9/12	丙批发部	圣诺兰外套	件	520	50	26000	吴小姐
16	2020/9/15	丙批发部	爱神外套	件	450	50	22500	吴小姐
17	2020/9/15	乙批发部	秋水伊人外套	件	120	100	12000	吴小姐
18	2020/9/15	乙批发部	红袖坊外套	件	260	80	20800	吴小姐
19	2020/9/15	乙批发部	蒂爱纳外套	件	220	100	22000	李先生
20	2020/9/23	甲批发部	达芙妮单鞋	双	150	100	15000	李先生
21	2020/9/23	甲批发部	曼可妮单鞋	双	160	80	12800	李先生
22	2020/9/23	甲批发部	361运动鞋	双	180	50	9000	吴小姐
23	2020/9/23	乙批发部	李宁运动鞋	双	240	120	28800	吴小姐
24	2020/9/23	乙批发部	运动外套	件	150	100	15000	吴小姐

Sheet1

图 5-118　进货表基础数据

（1）筛选出进货地点为“乙批发部”，且金额高于 20000 的数据。

（2）利用分类汇总功能，汇总不同进货地点所进货物的数量和金额总计（先以“进货地点”作为关键字对表格进行排序，然后将其作为分类字段进行汇总）。

实训三　制作家庭开支比例饼图

按以下操作制作家庭开支比例饼图，并将工作簿保存为“家庭开支比例饼图”。

（1）参考图 5-119（a），在工作表中输入相关数据。

（2）选中 A1:D2 单元格区域，然后插入三维饼图，并在“图表工具/设计”选项卡“图表布局”组的“快速布局”下拉列表中选择“布局 2”选项，接着输入图表标题，可根据需要设置标题文本和图例文本的字符格式，美观即可，并将图表移到 B5:H20 单元格区域，本例图表效果如图 5-119（b）所示。

住房	饮食	衣服	其他	总支出
1600	800	200	1000	3600

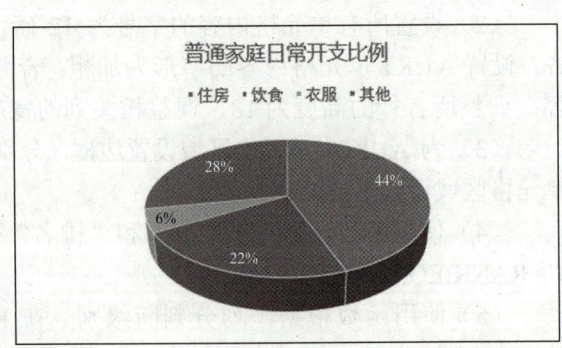

（a）

（b）

图 5-119　普通家庭日常开支比例饼图

项目考核

一、选择题

（1）在 Excel 工作表中，每个单元格都有其固定的地址，如"A5"表示（   ）。
   A．"A"代表"A"列，"5"代表第"5"行
   B．"A"代表"A"行，"5"代表第"5"列
   C．"A5"代表单元格的数据
   D．以上都不是

（2）引用单元格时，"A1:F5"表示（   ）。
   A．"A1"和"F5"单元格
   B．"A1"或"F5"单元格
   C．"A1"和"F5"单元格及它们之间的所有单元格
   D．以上都不是

（3）如果要对单元格进行绝对引用，需要在单元格的列标和行号前加上（   ）符号。
   A．$ B．?   C．!   D．^

（4）以下不能用于选择单元格的操作是（   ）。
   A．单击单元格
   B．在要选择的单元格区域拖动鼠标
   C．配合"Ctrl"键可同时选中多个单元格区域
   D．在编辑栏中输入单元格地址并按"Enter"键

（5）下列函数中，用于求平均值的是（   ）。
   A．SUM   B．AVERAGE   C．MIN   D．COUNT

（6）下列关于函数和公式的说法，错误的是（   ）。
   A．要输入公式，必须先输入"="，然后输入操作数和运算符
   B．函数必须包含在公式中
   C．函数和公式是相互独立的，没有任何关系
   D．公式中的操作数可以是常量、单元格引用和函数等

（7）在 Excel 表格中，对数据表进行分类汇总前必须做的操作是（   ）。
   A．排序   B．筛选   C．合并计算   D．指定单元格

（8）Excel 工作表中的最基本单位是（   ）。
   A．单元格   B．工作表   C．工作簿   D．Excel 文件

（9）数值格式包括（   ）。
   A．货币   B．会计专用   C．分数   D．以上皆是

（10）Excel 中对指定区域（C1:C5）求和的函数是（   ）。
   A．SUM(C1:C5)   B．SUM(C1:C2)
   C．MAX(C1:C5)   D．MIN(C1:C5)

二、简答题

（1）对工作表重命名的作用是什么？如何重命名工作表？

（2）如何将一张工作表中的指定数据复制到另一张工作表中？

（3）对于相同或有序数据，有哪些快捷输入方法？

（4）要将某个单元格区域的数字格式设置为数值，小数位数为 2，该如何操作？

（5）要将工作表中 D 列的列宽增大，可以使用哪几种方法？

（6）要删除工作表中的第 2~3 行，可以使用哪几种方法？

（7）公式和函数的作用是什么？如何在工作表中输入公式？如何复制公式？

（8）假设有一个工资表，现在需要将"基本工资"列中大于 4000 的数据筛选出来，该如何操作？要清除筛选，该如何操作？如果希望按"部门"对"基本工资"进行"求平均值"和"求和"汇总，该如何操作？

项目六　使用 PowerPoint 2016 制作演示文稿

项目导读

PowerPoint 2016 是 Office 2016 办公套装软件的另一个重要组件，它是一款专业的演示文稿制作工具，可以制作各种用途的演示文稿，如讲义、课件、公司宣传、产品介绍等。制作者可以在演示文稿中设置各种引人入胜的视觉、听觉效果。

利用 PowerPoint 2016 设置演示文稿内容的操作与利用 Word 2016 处理文档有许多相通之处。因此，对于前面已经学习过的知识，本项目将不再具体讲解。本项目将以演示文稿的制作流程和应用为主线，介绍演示文稿的制作方法。

学习目标

- 了解演示文稿的基本概念，掌握制作演示文稿的基本操作和内容设置，如在幻灯片中插入与设置文本框、图片、形状、艺术字、音频和视频等对象。
- 掌握管理幻灯片和修饰演示文稿的操作，如选择、插入、复制与移动幻灯片，为演示文稿应用主题、设置背景，以及使用母版统一设置幻灯片的内容和格式等。
- 掌握为幻灯片及幻灯片中的对象设置动画，以及放映和打包演示文稿的操作。

任务一　创建摩卡时光小镇演示文稿——PowerPoint 2016 使用基础

任务情景

小潘是李强的朋友，她在一家房地产公司上班。日前，摩卡时光小镇项目已经完工，公司张经理要求小潘就该项目的相关内容制作一个演示文稿，方便在即将召开的房展会上进行宣传。

由于小潘对 PowerPoint 2016 不是很精通，因此接到任务后心里很着急，于是她找到了李强，请李强帮她制作该演示文稿。李强告诉小潘，要制作演示文稿，首先需要了解演示文稿的组成和制作原则，熟悉 PowerPoint 2016 的工作界面，并掌握新建演示文稿的方法。

相关知识

一、演示文稿的组成和制作原则

演示文稿由一张或多张幻灯片组成，每张幻灯片一般包括两部分内容：幻灯片标题（用来表明主题）、若干文本条目（用来论述主题）。另外，还可以包括图片、形状、艺术字、表格等其他对于论述主题有帮助的内容。

如果是由多张幻灯片组成的演示文稿，通常在第 1 张幻灯片上单独显示演示文稿的主标题和副标题，在其余幻灯片上分别列出与主标题有关的子标题和文本条目。

制作演示文稿的最终目的是向观众演示，能否给观众留下深刻的印象是评价演示文稿效果的主要标准。因此，在制作演示文稿时一般应遵循以下 3 条原则：

（1）重点突出。
（2）简洁明了。
（3）形象直观。

在演示文稿中应尽量减少纯文字的使用，因为大量的文字说明往往会使观众感到乏味，应尽可能地使用其他更直观的表达形式，如图片、形状和图表等。如果可能的话，还可以加入音频、视频等，以加强演示文稿的表达效果。

二、PowerPoint 2016 的工作界面

单击"开始"按钮，然后依次选择"所有程序"/"PowerPoint 2016"选项，在打开的界面中选择"空白演示文稿"选项，即可创建一个空白演示文稿并进入 PowerPoint 2016 的工作界面。其中会有一张包含标题占位符和副标题占位符的空白幻灯片，如图 6-1 所示。

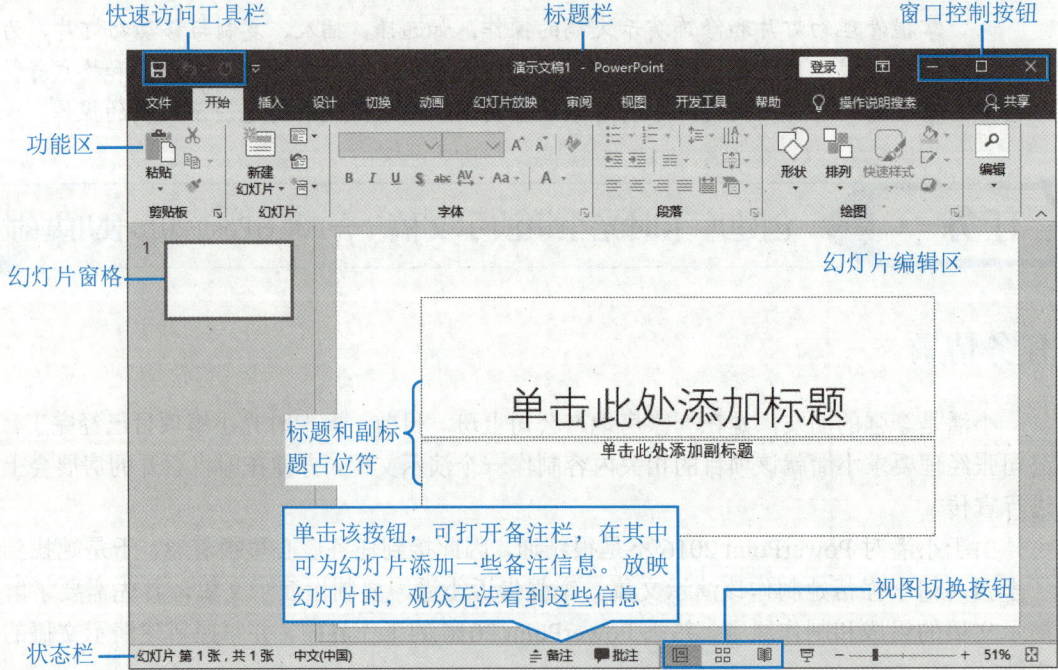

图 6-1 PowerPoint 2016 的工作界面

➢ **幻灯片窗格**：该窗格显示了幻灯片的缩略图。单击某张幻灯片的缩略图可选中该幻灯片，此时即可在右侧的幻灯片编辑区编辑该幻灯片内容。
➢ **幻灯片编辑区**：编辑幻灯片的主要区域，在其中可以为当前幻灯片添加文本、图片、形状、音频和视频等，还可以为幻灯片中的对象创建超链接或设置动画。
➢ **视图切换按钮**：单击不同的按钮，可切换到不同的视图模式。

> **提示**
>
> 幻灯片编辑区中有一些带有虚线边框的编辑框，称为占位符，用于指示可在其中输入标题文本（标题占位符，单击即可输入文本）、正文文本（文本占位符），或者插入图表、表格和图片（内容占位符）等对象。幻灯片的版式不同，占位符的类型和位置也不同。
>
> PowerPoint 2016 提供了普通视图、大纲视图、幻灯片浏览视图、备注页视图和阅读视图 5 种视图模式。其中，普通视图是 PowerPoint 2016 默认的视图模式，主要用于制作演示文稿；在幻灯片浏览视图中，幻灯片以缩略图的形式显示，方便用户浏览所有幻灯片的整体效果；阅读视图以窗口的形式查看演示文稿的放映效果。

三、新建演示文稿

在 PowerPoint 2016 中，可以创建空白演示文稿，也可以根据模板或主题创建演示文稿，操作方法与 Word 2016 相似。

在"文件"下拉列表中选择"新建"选项，进入"新建"界面，然后选择要创建的演示文稿类型，如图 6-2 所示。如果要根据主题或模板创建演示文稿，可在该界面下方选择需要的主题或模板，再在打开的窗口中选择具体的主题或模板样式，最后单击"创建"按钮。

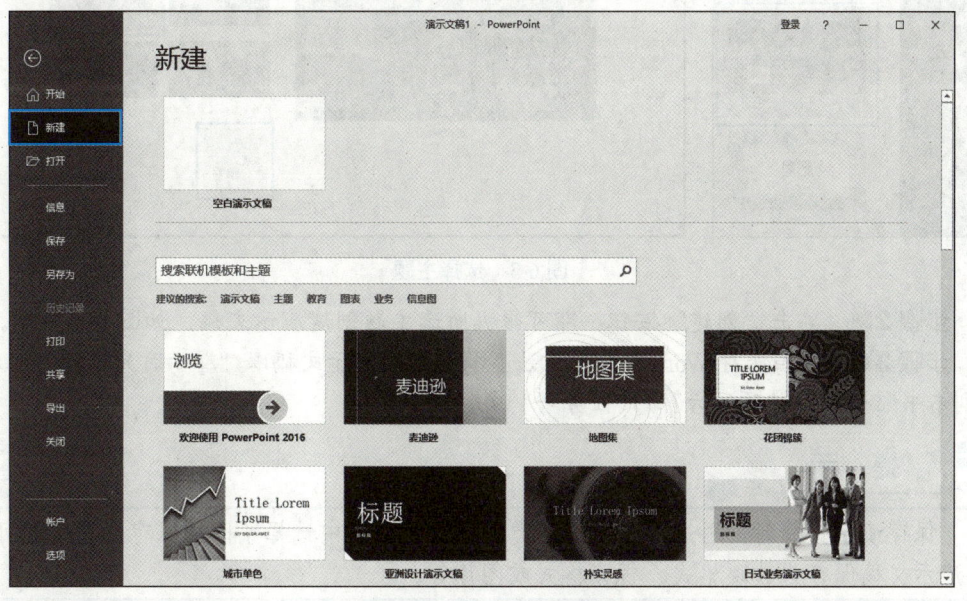

图 6-2 "新建"界面

> **提示**
>
> 利用主题可以创建具有特定版面、格式,但无内容的演示文稿;利用模板可以创建具有特定内容和格式的演示文稿。利用模板创建演示文稿后,只需修改相关内容,就可以快速制作出各种专业的演示文稿。
>
> 用户也可从网站下载微软提供的演示文稿模板,方法是:在"新建"界面的"搜索联机模板和主题"编辑框中输入模板或主题关键字,然后按"Enter"键或单击"搜索"按钮 🔍,此时系统会从网上搜索有关该分类的所有模板。搜索完毕,选择所需的模板,会打开一个新窗口,从中可查看模板的效果,单击"创建"按钮,即可在线下载该模板并应用它创建演示文稿。
>
> 此外,用户也可以从其他网站下载演示文稿模板,此时只需使用 PowerPoint 打开该模板并将其另存,然后进行编辑即可。

任务实施——创建并保存摩卡时光小镇演示文稿

下面根据主题创建并保存名为"摩卡时光小镇"的演示文稿,操作步骤如下:

步骤 1▶ 启动 PowerPoint 2016,然后选择"文件"/"新建"选项,在"新建"界面下方的主题列表框中选择"柏林"选项,再在打开的界面中选择具体的主题样式,如右上角的样式,如图 6-3 所示。

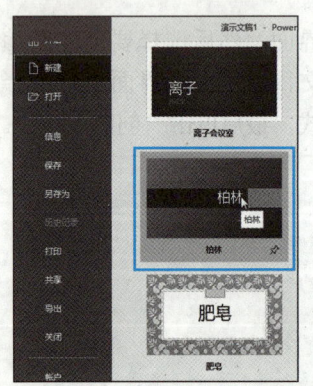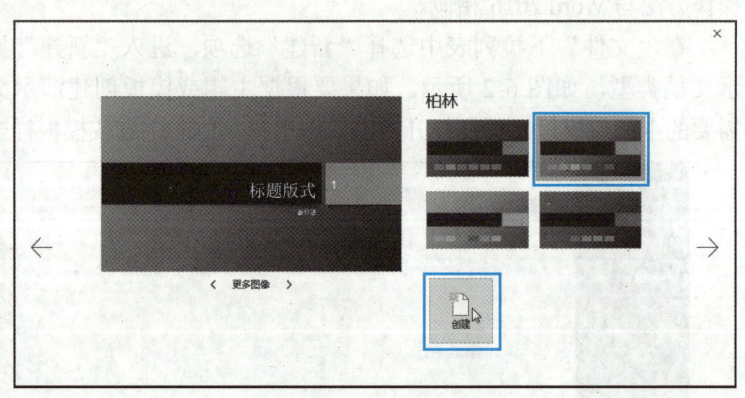

图 6-3 选择主题

步骤 2▶ 单击"创建"按钮,即可根据所选主题创建演示文稿,如图 6-4 所示。

步骤 3▶ 按照保存 Word 文档的方法,将创建的演示文稿以"摩卡时光小镇"为名保存到本书配套素材"项目六"/"任务一"文件夹中。

> **提示**
>
> 保存演示文稿时,用户可在"保存类型"下拉列表中选择不同的保存类型,如可以将演示文稿保存为放映格式、视频格式或图片等。

项目六　使用 PowerPoint 2016 制作演示文稿

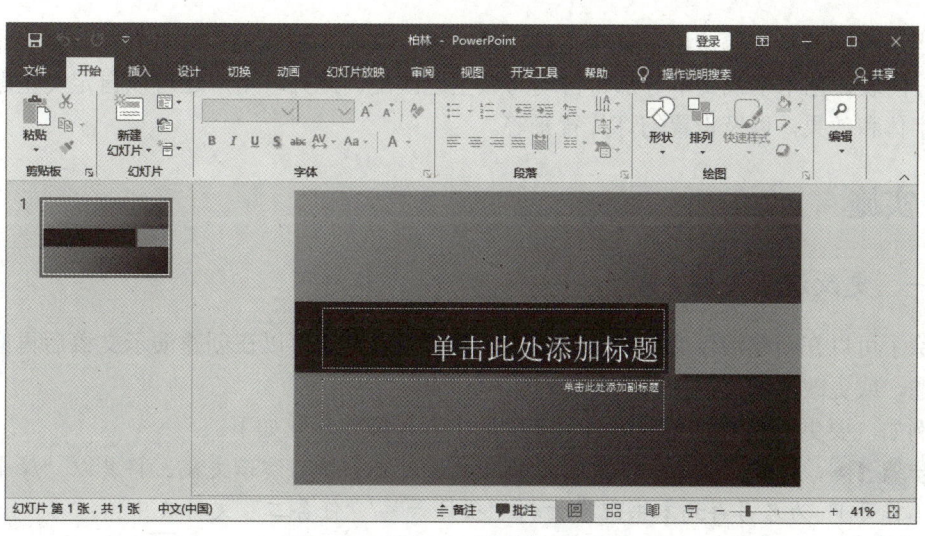

图 6-4　根据主题创建的演示文稿

任务二　制作摩卡时光小镇演示文稿的第 1 张幻灯片

任务情景

新建并保存"摩卡时光小镇"演示文稿后,接下来李强开始制作第 1 张幻灯片。李强首先为演示文稿另选了一个主题,然后又为演示文稿设置了背景,最后才在第 1 张幻灯片中输入文本并设置其格式。第 1 张幻灯片效果如图 6-5 所示。

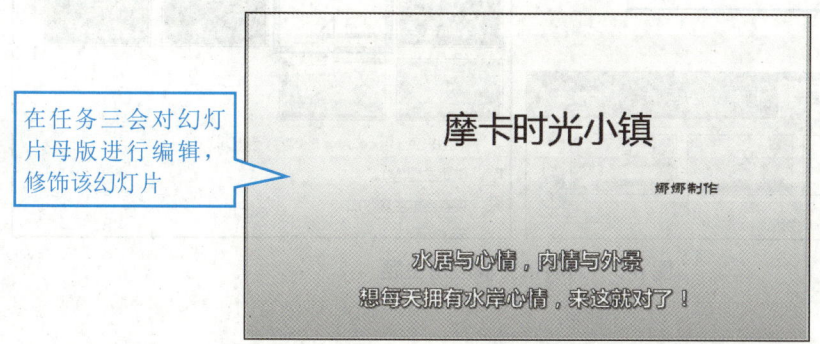

在任务三会对幻灯片母版进行编辑,修饰该幻灯片

图 6-5　摩卡时光小镇演示文稿的第 1 张幻灯片效果

相关知识

主题是主题颜色、主题字体和主题效果等格式的集合。PowerPoint 2016 提供了许多主题,这些主题不仅造型精美,而且颜色搭配非常合理,灵活地使用主题可以快速制作出具有专业品质的演示文稿。

227

当用户为演示文稿应用了某个主题之后，演示文稿中默认的幻灯片背景，以及图形、表格、图表、艺术字或文本等都将自动与该主题匹配。此外，用户还可以自定义主题的颜色、字体和效果，以及设置幻灯片背景等。

任务实施

一、更改演示文稿主题

除了可以在新建演示文稿时选用某个主题外，用户还可以在创建演示文稿后再应用某个主题，或更改演示文稿的背景等。

例如，要更改摩卡时光小镇演示文稿的主题，操作步骤如下：

步骤 1▶ 打开"任务一"中新建的"摩卡时光小镇"演示文稿，将其以"摩卡时光小镇（首页）"为名另存到本书配套素材"项目六"/"任务二"文件夹中。

步骤 2▶ 单击"设计"选项卡"主题"组右侧的"其他"按钮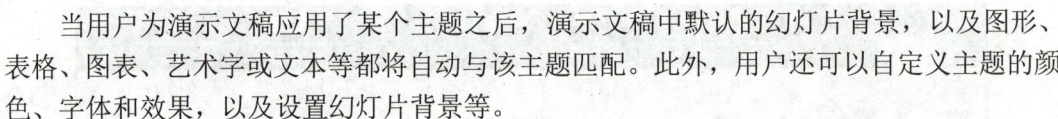，在展开的下拉列表中选择要应用的主题，如选择"丝状"选项（见图 6-6），即可为演示文稿中的所有幻灯片应用该主题。

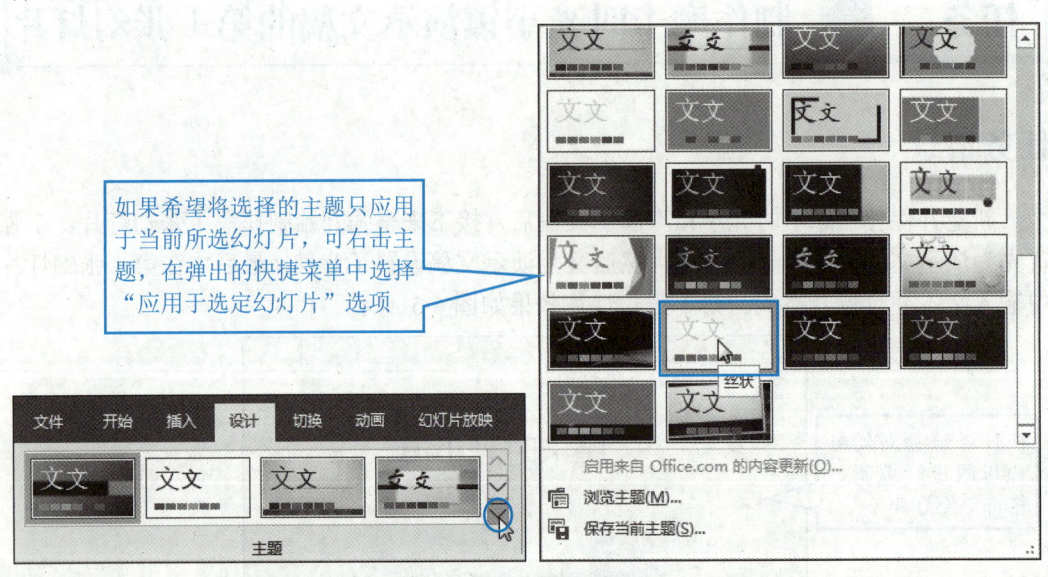

如果希望将选择的主题只应用于当前所选幻灯片，可右击主题，在弹出的快捷菜单中选择"应用于选定幻灯片"选项

图 6-6　为演示文稿应用主题

> **提示**
>
> 应用某个主题后，如果对主题不满意，还可自行设置主题的颜色、字体和效果。方法是：单击"设计"选项卡"变体"组右侧的"其他"按钮，在展开的下拉列表中分别选择"颜色""字体""效果"选项，再在展开的子列表中进行选择，如图 6-7 所示。"变体"组下拉列表中部分选项的含义如下。
>
> **颜色：** PowerPoint 提供的一套颜色控制机制，它以预设的方式控制着演示文稿的一些基本颜色特征，如幻灯片背景、标题文本和所绘图形等对象的默认颜色。

> **字体**：演示文稿中所有标题文本和正文文本的默认字体。
> **效果**：幻灯片中图形的轮廓和填充效果的设置组合，其中包含了多种常用的阴影和三维设置组合。

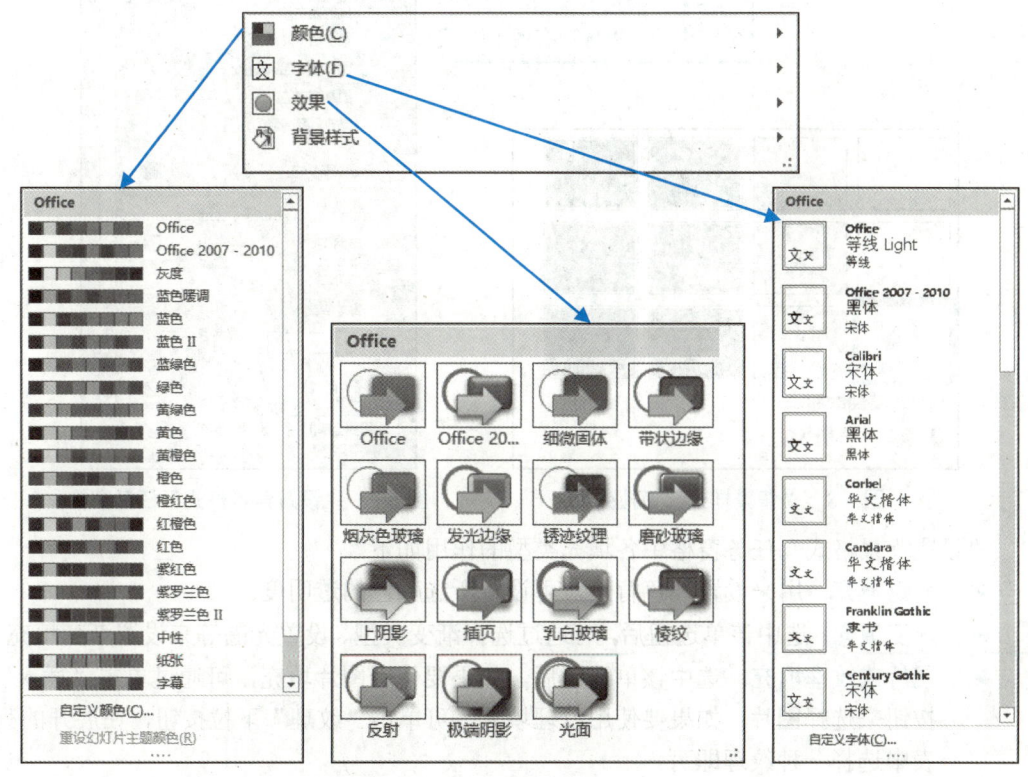

图 6-7 "颜色""效果""字体"下拉列表

二、设置演示文稿背景

默认情况下，演示文稿中的幻灯片使用主题规定的背景。用户也可以重新为幻灯片设置纯色、渐变、图案、纹理和图片等背景，使制作的演示文稿更加美观。

例如，要更改摩卡时光小镇演示文稿的背景，操作步骤如下：

步骤1▶ 继续在打开的演示文稿中操作。单击"设计"选项卡"变体"组右侧的"其他"按钮，在展开的下下拉列表中选择"背景样式"选项，在展开的下拉列表中选择要更换的背景样式，如选择"样式9"选项（见图6-8），此时所有幻灯片的背景都会应用该样式。

步骤2▶ 如果对系统提供的背景样式都不满意，可以在"背景样式"下拉列表中选择"设置背景格式"选项，打开"设置背景格式"任务窗格（见图6-9），然后在"填充"设置区选择一种填充类型（纯色填充、渐变填充、图片或纹理填充等），再进行相关设置即可。设置完毕，如果单击"应用到全部"按钮，可将设置的背景应用于演示文稿中的所有幻灯片，否则，只将设置的背景应用于当前幻灯片。

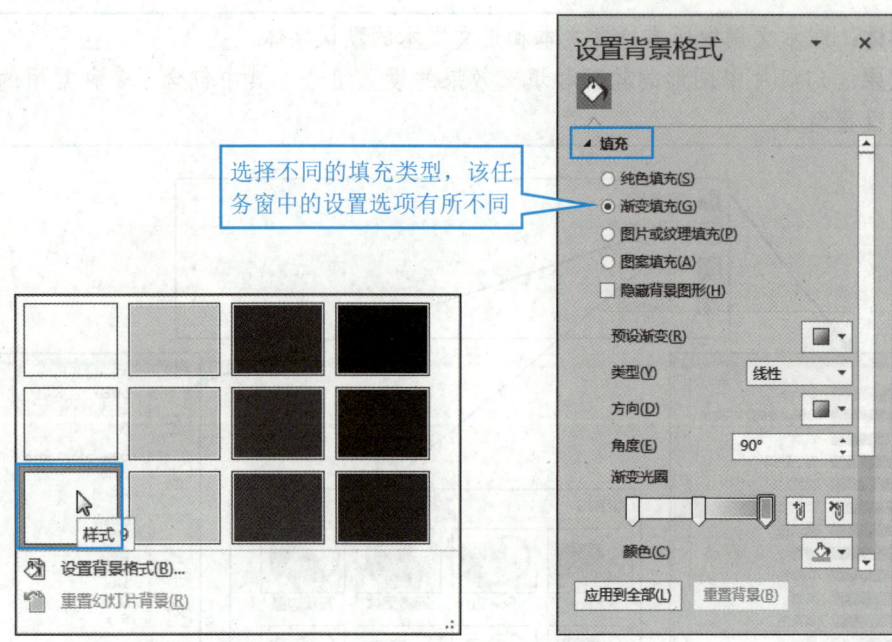

图 6-8 "背景样式"下拉列表　　图 6-9 "设置背景格式"任务窗格

"设置背景格式"任务窗格中各填充类型的作用如下。

➤ **纯色填充**：用来设置纯色背景，可设置所选颜色的透明度。

➤ **渐变填充**：选中该单选钮后，可通过选择渐变类型、设置光圈等来设置渐变填充。

➤ **图片或纹理填充**：选中该单选钮后，如果要使用图片填充，可通过单击"插入"按钮来选择图片；如果要使用纹理填充，可单击"纹理"下拉按钮，在展开的列表中选择一种纹理即可。

➤ **图案填充**：用来设置图案填充。设置时，只需选择需要的图案，并设置图案的前景色、背景色即可。

如果选中任务窗格中的"隐藏背景图形"复选框，则设置的背景将覆盖幻灯片母版中的图形、图像和文本等对象，也将覆盖主题中自带的背景。

三、输入文本并设置格式

在 PowerPoint 中，可以使用占位符或文本框在幻灯片中输入文本。下面利用这两种方法在摩卡时光小镇演示文稿的第 1 张幻灯片中输入文本，操作步骤如下：

步骤 1▶ 在第 1 张幻灯片的标题占位符中单击，输入标题文本"摩卡时光小镇"，选中输入的文本，利用"开始"选项卡的"字体"组设置标题的字体为微软雅黑。

步骤 2▶ 单击副标题占位符，然后输入副标题文本"娜娜制作"，并利用"开始"选项卡设置其格式为华文隶书、28 磅、右对齐。

步骤 3▶ 右击标题占位符，在弹出的快捷菜单中选择"大小和位置"选项，打开"设置形状格式"任务窗格，在"大小与属性"选项的"大小"和"位置"设置区中按图 6-10 精确设置标题占位符的大小和位置。

步骤 4▶ 使用同样的方法，按图 6-11 精确设置副标题占位符的大小和位置。

也可以利用鼠标拖动法设置标题占位符和副标题占位符的大小和位置，方法与在 Word 文档中操作图形的方法相同

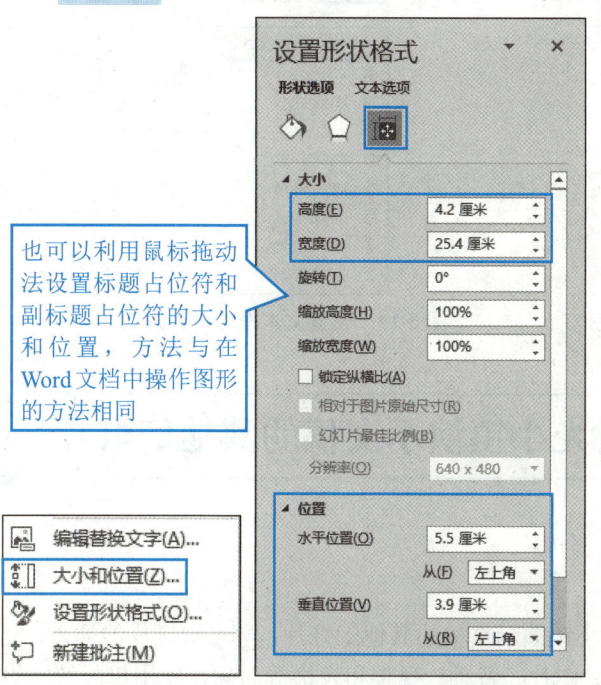
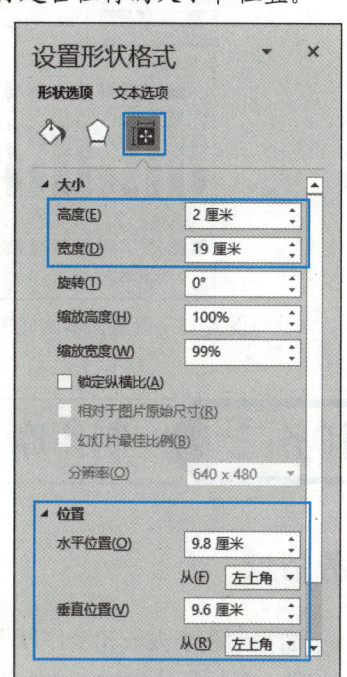

图 6-10 设置标题占位符的大小和位置　　图 6-11 设置副标题占位符的大小和位置

步骤 5▶ 单击"开始"选项卡"绘图"组中的"文本框"按钮，或在"插入"选项卡"插图"组的"形状"下拉列表中选择"文本框"工具，然后在幻灯片的下方位置单击，插入一个单行横排文本框，再在其中输入分段文本"水居与心情，内情与外景""想每天拥有水岸心情，来这就对了!"。

步骤 6▶ 单击文本框的边框线将其选中，或选中文本框中需要设置格式的文本，然后利用"开始"选项卡设置文本框中文本的格式为微软雅黑、36 磅、加粗、阴影、白色、居中对齐、1.5 倍行距，如图 6-12 所示。

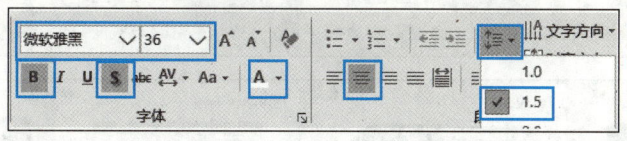

图 6-12 设置文本框中文本的格式

步骤 7▶ 保持文本框的选中，单击"绘图工具/格式"选项卡"艺术字样式"组中的"文本轮廓"下拉按钮，在展开的下拉列表中选择"紫色"选项（见图 6-13），将文本的轮廓线颜色设置为紫色。

步骤 8▶ 保持文本框的选中，单击"绘图工具/格式"选项卡"排列"组中的"对齐"按钮，在展开的下拉列表中选择"水平居中"选项（见图 6-14），设置文本框相对于幻灯片水平居中对齐。至此，演示文稿的第 1 张幻灯片制作完毕。

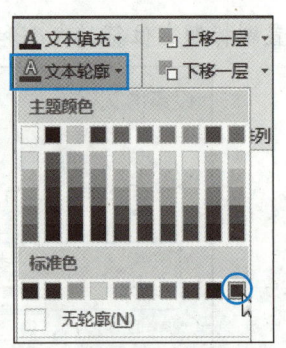

图 6-13 设置文本的轮廓线颜色

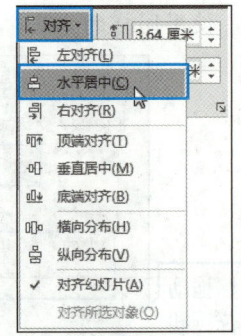

图 6-14 设置文本框的对齐方式

任务三　制作摩卡时光小镇演示文稿的其他幻灯片

任务情景

下面我们和李强一起制作摩卡时光小镇演示文稿的其他幻灯片，学习幻灯片的插入、复制与移动，在幻灯片中插入和编辑形状、图片、音频、视频和表格等对象，使用母版统一设置幻灯片内容，以及设置超链接与创建动作按钮等的操作。任务完成效果如图 6-15 所示。

图 6-15 摩卡时光小镇演示文稿的其他幻灯片效果

相关知识

➢ **插入、复制与移动幻灯片**：默认情况下，新建演示文稿时只包含一张幻灯片，但演示文稿通常都是由多张幻灯片组成的，所以在制作演示文稿时经常需要进行插入、复制、移动与删除幻灯片的操作。

➢ **在幻灯片中插入与编辑图形、图片、表格、艺术字等对象**：操作方法与在 Word 文档中相同。
➢ **在幻灯片中插入与编辑音频和视频**：可以根据需要在演示文稿中插入音频和视频，还可以对插入的音频和视频进行编辑，如设置其播放方式。
➢ **使用幻灯片母版**：利用幻灯片母版可以统一设置演示文稿中各张幻灯片的内容和格式。
➢ **设置超链接和创建动作按钮**：放映幻灯片时，通过单击超链接和动作按钮可以切换幻灯片、打开网页或文档、发送电子邮件等。

任务实施

一、幻灯片基本操作

幻灯片的基本操作包括选择、插入、复制、移动与删除等。

例如，要在摩卡时光小镇演示文稿插入新幻灯片，操作步骤如下：

步骤1▶ 将"摩卡时光小镇（首页）"演示文稿以"摩卡时光小镇（其他页）"为名另存到本书配套素材"项目六"/"任务三"文件夹中。

步骤2▶ 要在演示文稿某张幻灯片的后面添加一张新幻灯片，可先在幻灯片窗格中单击该幻灯片将其选中，如单击第 1 张幻灯片（当演示文稿中只有一张幻灯片时，也可不进行选择）。

步骤3▶ 单击"开始"选项卡"幻灯片"组中的"新建幻灯片"按钮，即可在所选幻灯片的后面新建一张幻灯片，如图 6-16 所示。

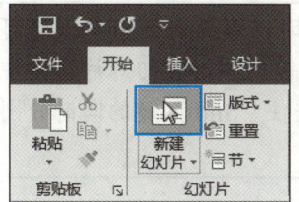

图 6-16　插入新幻灯片

 技　巧

选中幻灯片后按"Enter"键或按"Ctrl+M"组合键，也可按默认版式在所选幻灯片的后面插入一张新幻灯片。

步骤 4 要复制幻灯片，可在幻灯片窗格中右击要复制的幻灯片，在弹出的快捷菜单中选择"复制"选项，然后在幻灯片窗格中要插入复制的幻灯片的位置右击，在弹出的快捷菜单中选择一种粘贴方式，如选择"使用目标主题"选项，即可将复制的幻灯片粘贴到该位置，如图6-17所示。

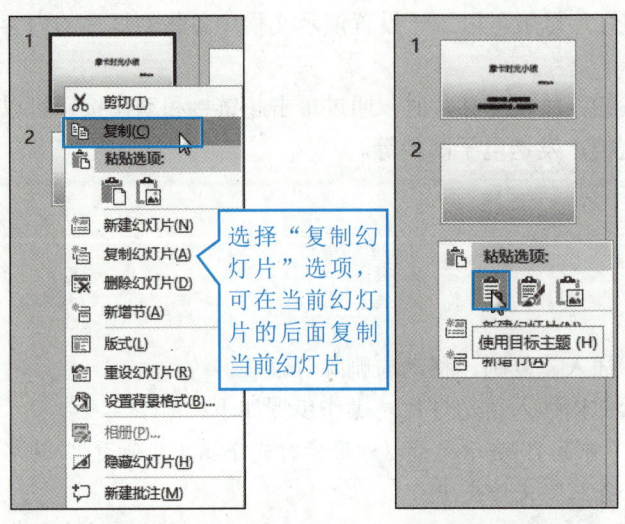
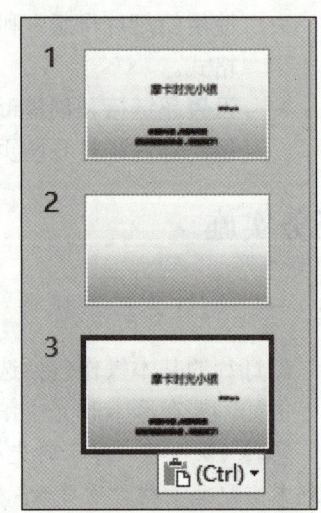

图 6-17 复制幻灯片

步骤 5 播放演示文稿时，将按照幻灯片在幻灯片窗格中的排列顺序进行播放。如果要调整幻灯片的排列顺序，可在幻灯片窗格中选中要调整顺序的幻灯片，然后按住鼠标左键将其拖到目标位置后释放鼠标即可，如图6-18所示。

步骤 6 要删除幻灯片，可先在幻灯片窗格中选中要删除的幻灯片，然后按"Delete"键，或右击要删除的幻灯片，在弹出的快捷菜单中选择"删除幻灯片"选项。这里将复制过来的幻灯片删除。

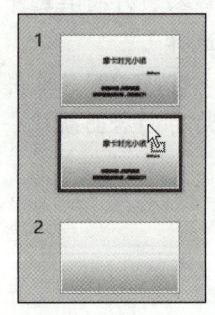

图 6-18 移动幻灯片

提 示

在复制幻灯片、调整幻灯片的排列顺序和删除幻灯片时，可同时选中多张幻灯片进行操作。要选中不连续的多张幻灯片，可在按住"Ctrl"键的同时在幻灯片窗格中依次单击要选择的幻灯片；要选中连续的多张幻灯片，可在按住"Shift"键的同时分别单击要选择的开始位置和结束位置的幻灯片。

二、设置幻灯片版式

幻灯片版式是PowerPoint中一个非常实用的功能，它通过占位符的方式为用户规划好幻灯片中内容的布局，用户只需选择一个符合需要的版式，然后在其规划好的占位符中输入或插入内容，便可快速制作出符合要求的幻灯片。

默认情况下，添加的新幻灯片的版式为"标题和内容"，用户可以根据需要改变其版式。方法是：在幻灯片窗格中选择要更改版式的幻灯片，然后单击"开始"选项卡"幻灯片"组中的"幻灯片版式"按钮，在展开的下拉列表中选择一种版式（见图 6-19），即可为所选幻灯片应用该版式。

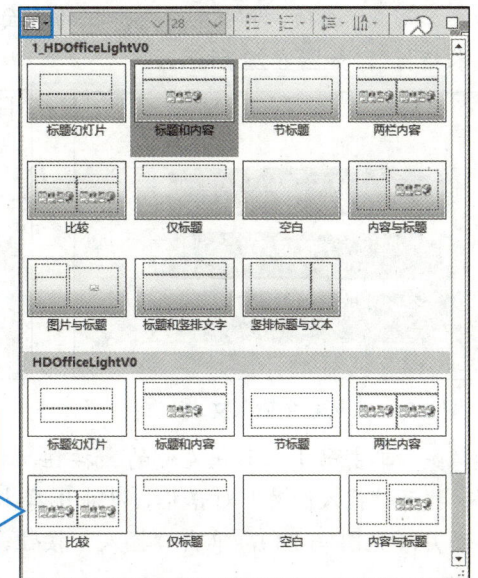

> 除了可以在创建好幻灯片后更改幻灯片版式外，也可以在新建幻灯片时应用版式。方法是：单击"新建幻灯片"下拉按钮，在展开的下拉列表中选择一种版式即可

图 6-19 "幻灯片版式"下拉列表

三、在幻灯片中插入与美化对象

在演示文稿中绘制形状，或插入 SmartArt 图形、与主题有关的图片或艺术字等，可以使制作的演示文稿更加生动形象，更富有吸引力。

1. 插入与编辑 SmartArt 图形

在幻灯片中插入与编辑 SmartArt 图形的操作步骤如下：

步骤 1 在第 2 张幻灯片的标题占位符中输入标题文本"目录"，然后单击文本占位符中的"插入 SmartArt 图形"图标，打开"选择 SmartArt 图形"对话框，在"列表"分类中选择"垂直图片重点列表"选项，如图 6-20 所示。

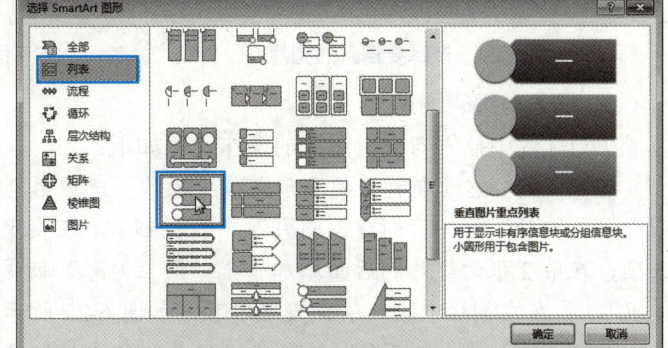

图 6-20 利用占位符插入 SmartArt 图形

步骤 2▶ 单击"确定"按钮,所选 SmartArt 图形即可插入到幻灯片中,然后依次在 SmartArt 图形的各形状中输入文本,如图 6-21 所示。

步骤 3▶ 右击"周边配套"文本所在形状,在弹出的快捷菜单中选择"添加形状"/ "在后面添加形状"选项,即可在所选形状的后面添加一个形状,然后在其中输入文本"主要经济技术指标",如图 6-22 所示。

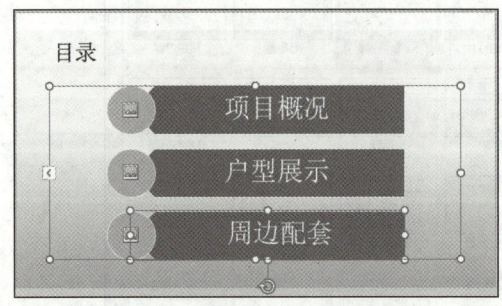

图 6-21 在形状中输入文本

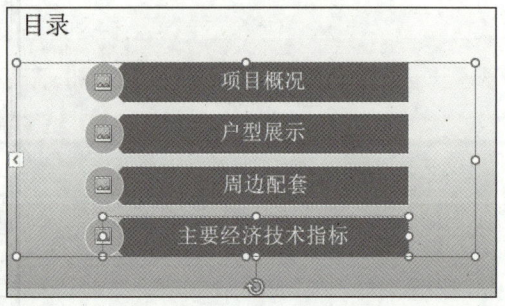

图 6-22 添加形状并输入文本

步骤 4▶ 单击第 1 个形状左侧的 按钮,打开"插入图片"窗口,选择"从文件浏览"选项,打开"插入图片"对话框,从中选择本书配套素材"项目六"/"任务三"/"项目符号"图片(见图 6-23),单击"插入"按钮,即可将选中的图片插入到形状左侧的图片占位符中。

步骤 5▶ 使用同样的方法,在其他 3 个形状的左侧插入相同的图片。至此,第 2 张幻灯片制作完毕,如图 6-24 所示。

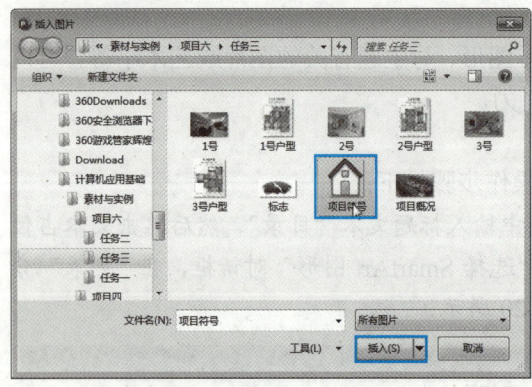

图 6-23 选择要插入的图片

图 6-24 第 2 张幻灯片效果

2. 插入与编辑图片

在幻灯片中插入与编辑图片的操作步骤如下:

步骤 1▶ 继续在打开的演示文稿中操作。选中第 2 张幻灯片,然后单击"开始"选项卡"幻灯片"组中"新建幻灯片"下拉按钮,在展开的下拉列表中选择"两栏内容"选项,在第 2 张幻灯片的后面添加一张"两栏内容"版式的幻灯片。输入标题文本"项目概况",再在左侧栏中输入项目概况内容,如图 6-25 所示。

步骤 2▶ 单击"开始"选项卡"段落"组中的"项目符号"按钮,取消项目概况内容的项目符号格式,然后利用"开始"选项卡设置其格式为微软雅黑、26 磅、首行缩进

1.27 厘米、1.5 倍行距，效果如图 6-26 所示。

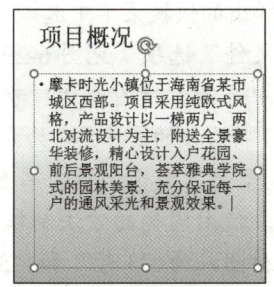
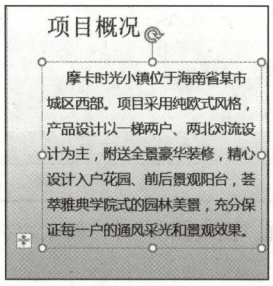

图 6-25　输入项目概况内容　　　　　图 6-26　项目概况内容效果

步骤 3▶ 单击右侧栏中的"图片"图标，在打开的"插入图片"对话框中选择本书配套素材"项目六"/"任务三"/"项目概况"图片，将其插入到幻灯片中，然后利用"图片工具/格式"选项卡为图片应用"简单框架，白色"图片样式。至此，第 3 张幻灯片制作完毕，如图 6-27 所示。

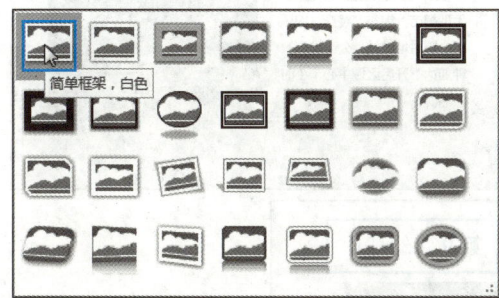

图 6-27　设置图片样式及第 3 张幻灯片效果

步骤 4▶ 在第 3 张幻灯片的后面插入一张"两栏内容"版式的幻灯片，输入标题文本"户型展示"，利用步骤 3 的方法分别在左侧栏和右侧栏中插入素材图片"1 号"和"1 号户型"，调整图片的大小和位置，并为其应用图片样式。至此，第 4 张幻灯片制作完毕，效果如图 6-28 所示（其中所用到的图片均在本书配套素材"项目六"/"任务三"文件夹中）。

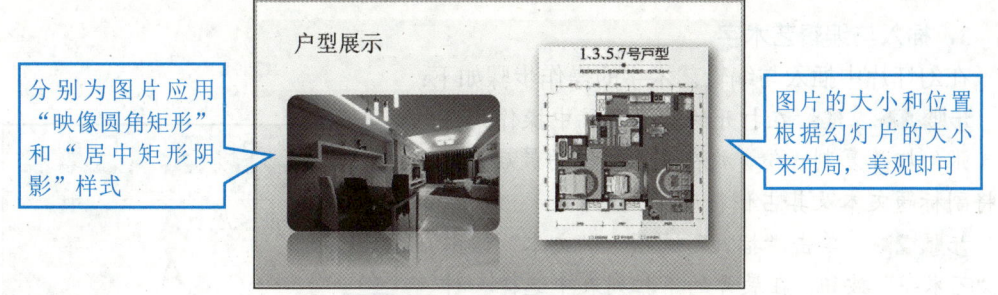

图 6-28　第 4 张幻灯片效果

步骤 5▶ 右击第 4 张幻灯片，在弹出的快捷菜单中选择"复制幻灯片"选项，将第 4 张幻灯片复制一份，作为第 5 张幻灯片。

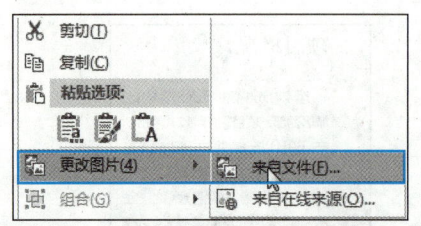

图 6-29 选择"更改图片"/"来自文件"选项

步骤 6▶ 右击第 5 张幻灯片左侧的图片,在弹出的快捷菜单中选择"更改图片"/"来自文件"选项(见图 6-29),在打开的对话框中选择素材图片"2 号"。使用同样的方法,将右侧的图片更改为素材图片"2 号户型"。至此,演示文稿的第 5 张幻灯片制作完毕。使用同样的方法制作第 6 张幻灯片,素材图片为"3 号"和"3 号户型"。

步骤 7▶ 利用复制第 3 张幻灯片并更改其他内容、图片及图片样式的方法制作演示文稿的第 7 张幻灯片。利用复制第 7 张幻灯片并更改其他内容和图片的方法制作第 8 张和第 9 张幻灯片。各幻灯片效果如图 6-30 所示。

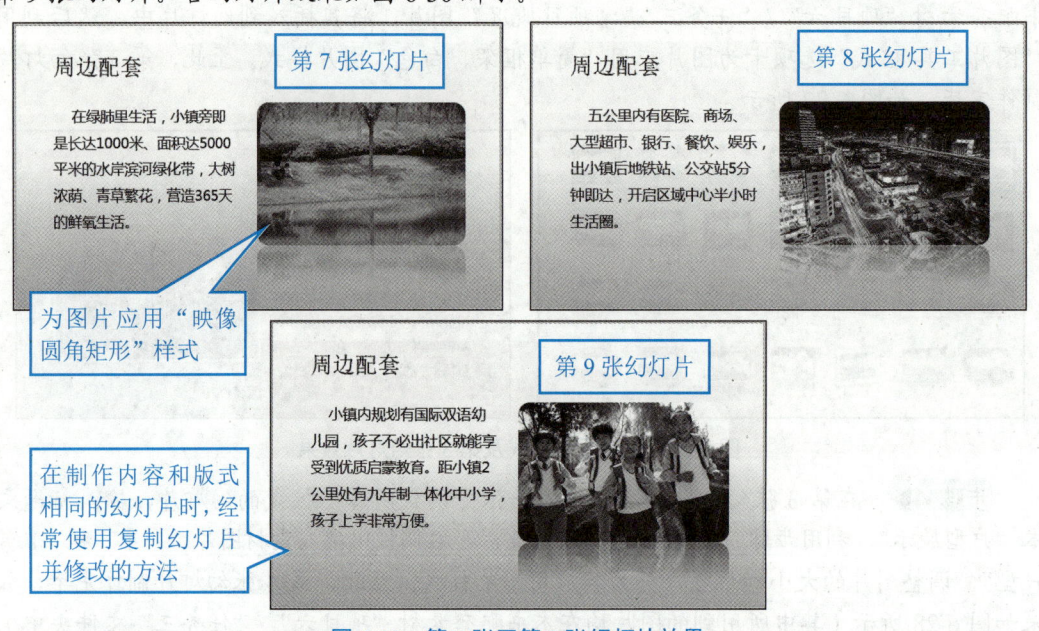

图 6-30 第 7 张至第 9 张幻灯片效果

3. 插入与编辑艺术字

在幻灯片中插入与编辑艺术字的操作步骤如下:

步骤 1▶ 继续在打开的演示文稿中操作。将第 1 张幻灯片复制一份,放在演示文稿的最后,然后将副标题文本及其占位符删除。

步骤 2▶ 单击"插入"选项卡"文本"组中的"艺术字"按钮,在展开的下拉列表中选择一种艺术字样式(见图 6-31),然后在出现的艺术字占位符中输入分段文本"谢谢欣赏!""摩卡时光小镇等你哦"。

步骤 3▶ 选中输入的文本,利用"开始"选

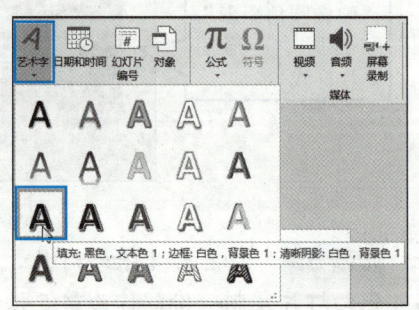

图 6-31 选择艺术字样式

项卡设置其格式为华文隶书、60磅、1.5倍行距,再设置"等你"文本的字号为80磅。

步骤 4▶ 选中输入的文本,然后单击"绘图工具/格式"选项卡"艺术字样式"组中的"文本填充"下拉按钮,在展开的下拉列表中选择"其他填充颜色"选项,打开"颜色"对话框,在其中设置颜色的 RGB 值(见图 6-32);单击"文本轮廓"下拉按钮,在展开的下拉列表中设置文本的轮廓颜色为"白色,背景1,深色5%",轮廓粗细为1.5磅,如图 6-33 所示。

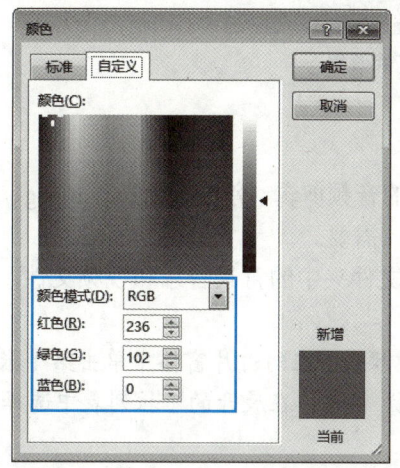

图 6-32 设置艺术字文本的填充颜色

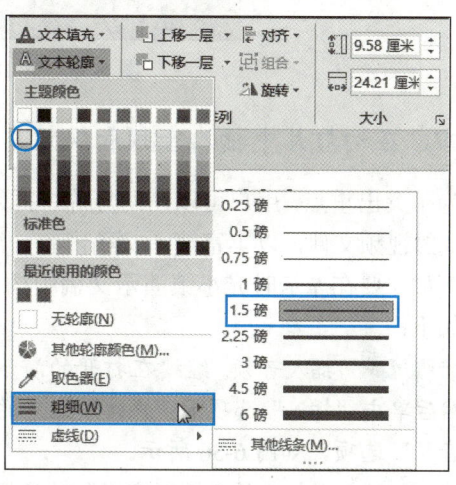

图 6-33 设置艺术字文本的轮廓

步骤 5▶ 保持文本的选中,单击"文本效果"下拉按钮,在展开的下拉列表中分别选择"阴影"/"外部"/"偏移:上"和"三维旋转"/"角度"/"透视:适度宽松"选项(见图 6-34),设置艺术字的外部阴影和三维透视效果,并将艺术字移到幻灯片的下方。至此,第 10 张幻灯片制作完毕,效果如图 6-35 所示。

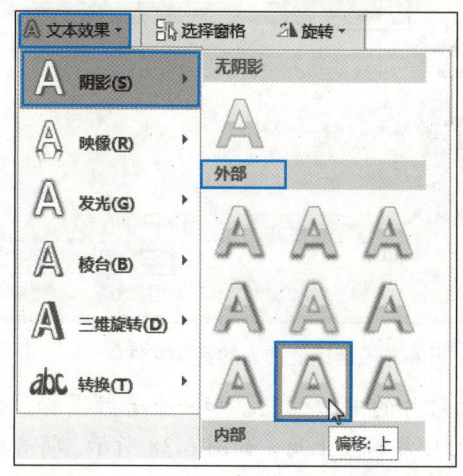

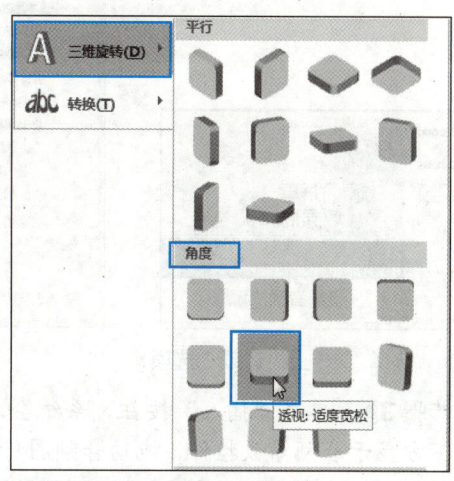

图 6-34 设置艺术字的外部阴影和三维透视效果

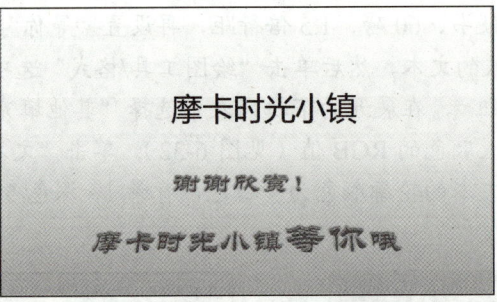

图 6-35　第 10 张幻灯片效果

四、在幻灯片中插入音频和视频

为了突出重点，用户可以在幻灯片中插入简短的音频剪辑、旁白，或 .avi、.mpeg、.wmv 等格式的视频文件，以丰富演示文稿内容，满足设计需要。

例如，要在摩卡时光小镇演示文稿中插入素材文件夹中的背景音乐和视频文件，操作步骤如下：

步骤 1▶ 插入音频。继续在打开的演示文稿中操作。在幻灯片窗格中单击第 1 张幻灯片，然后单击"插入"选项卡"媒体"组中的"音频"按钮，在展开的下拉列表中选择"PC 上的音频"选项，如图 6-36 所示。

步骤 2▶ 在打开的"插入音频"对话框中选择音频文件所在的文件夹，然后选择所需的音频文件，这里为本书配套素材"项目六"/"任务三"/"纯音乐"文件，如图 6-37 所示。

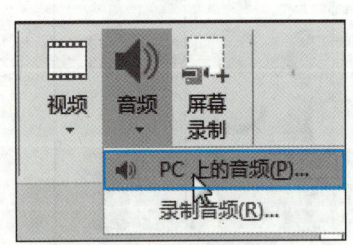

图 6-36　选择"PC 上的音频"选项

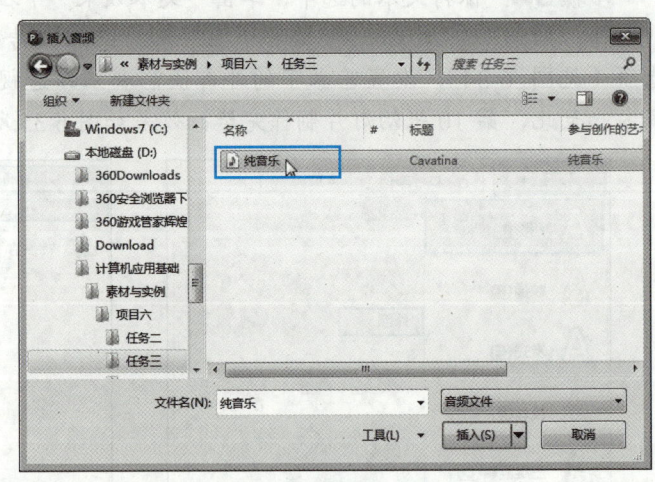

图 6-37　选择要插入的音频文件

步骤 3▶ 单击"插入"按钮，系统会在幻灯片的中心位置添加一个音频图标，并在图标下方显示音频播放控件，拖动音频图标到幻灯片的左上角，如图 6-38 所示。将音频文件插入到幻灯片中后，用户可以像编辑图片一样调整音频图标的大小、位置和效果，设置方法与设置图片类似。

 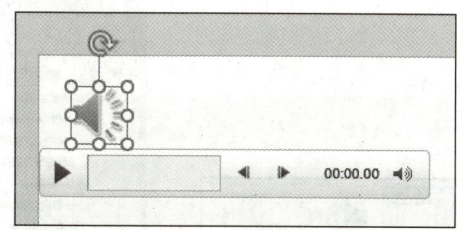

图 6-38　插入音频文件并调整其位置

步骤 4▶ 选择音频图标后，功能区中会出现"音频工具"选项卡，它包括"格式"和"播放"两个子选项。单击"播放"选项卡"预览"组中的"播放"按钮，可以试听音频；在"音频选项"组中可设置放映幻灯片时音频的开始播放方式，播放时的音量高低及是否循环播放音频等，这里在"开始"下拉列表中选择"自动"选项，并选中"跨幻灯片播放""循环播放，直到停止"和"放映时隐藏"复选框，如图 6-39 所示。这样，插入的音频文件会自动伴随演示文稿的整个放映过程播放，并且在放映时隐藏音频图标。

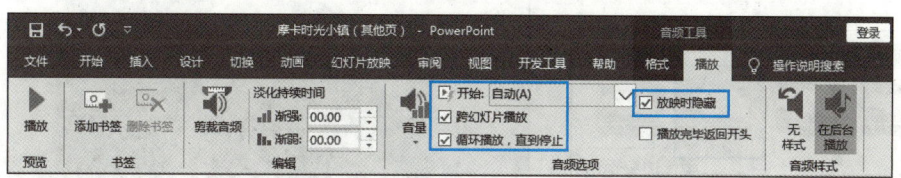

图 6-39　设置音频播放选项

提　示

在"开始"下拉列表中选择"自动"选项，表示放映幻灯片时会自动播放音频；选择"单击时"选项，表示单击音频图标才能开始播放音频。选择这两项，都只能在音频图标所在的幻灯片中播放音频，只有选中"跨幻灯片播放"选项，音频才能跨多张幻灯片自动播放。

步骤 5▶ 插入视频。在演示文稿第 3 张幻灯片的后面插入一张"空白"版式的幻灯片。

步骤 6▶ 单击"插入"选项卡"媒体"组中的"视频"按钮，在展开的下拉列表中选择"PC 上的视频"选项，打开"插入视频文件"对话框。选择视频文件所在的文件夹，然后选择要插入的视频文件，这里为本书配套素材"项目六"/"任务三"/"摩卡时光小镇"视频文件，如图 6-40 所示。

步骤 7▶ 单击"插入"按钮，即可将所选的视频文件插入到幻灯片的中心位置，并在其下方显示视频播放控件，通过它可以预览视频的播放效果。将视频文件插入到幻灯片中后，可以像编辑图片一样调整视频播放画面的大小和位置，还可利用"视频工具/格式"选项卡设置视频播放画面的亮度、颜色、样式、形状、边框和效果等，设置方法与设置图片类似。这里为视频播放画面套用"柔化边缘矩形"视频样式，如图 6-41 所示。

241

计算机应用基础

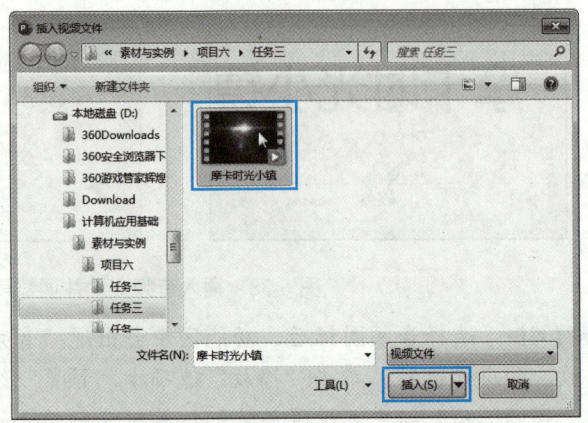

图 6-40　选择要插入的视频文件

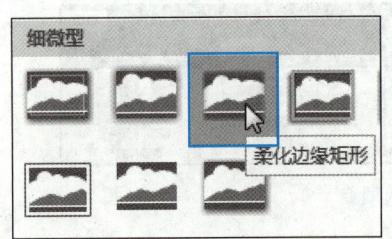

图 6-41　设置视频播放画面的样式

五、在幻灯片中插入表格

表格主要用来组织数据，它由水平的行和垂直的列组成，行与列交叉形成的方框称为单元格，可以在单元格中输入各种数据，从而使数据和事例更加清晰，便于读者理解。插入表格后，可以根据需要对其进行编辑和美化操作。

例如，要在摩卡时光小镇演示文稿中插入"主要经济技术指标"表格，操作步骤如下：

步骤 1▶ 继续在打开的演示文稿中操作。在演示文稿最后一张幻灯片的前面插入一张"标题和内容"版式的幻灯片，输入标题文本"主要经济技术指标"。

步骤 2▶ 单击内容占位符中的"插入表格"图标，在打开的"插入表格"对话框中输入表格的列数和行数，如图 6-42 所示。

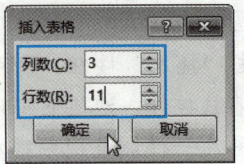

图 6-42　设置表格的列数和行数

步骤 3▶ 单击"确定"按钮，在幻灯片中插入一个 3 列 11 行的表格，然后依次在表格的各单元格中单击，输入所需数据，如图 6-43 所示。

项目六　使用 PowerPoint 2016 制作演示文稿

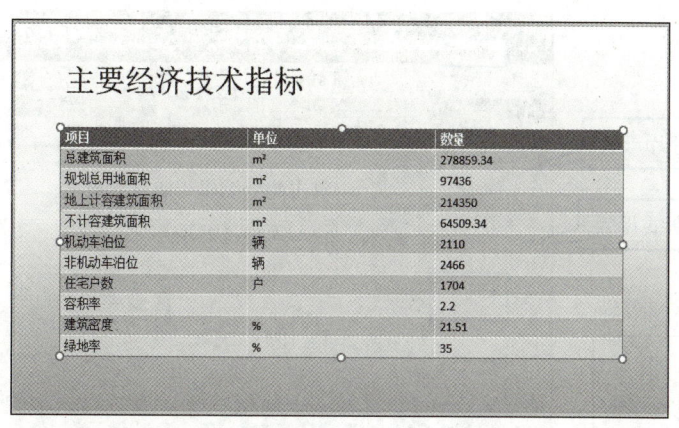

图 6-43　在表格中输入数据

步骤 4▶ 利用"表格工具/布局"选项卡设置表格内容的对齐方式为水平对齐和垂直居中对齐，将表格的宽度缩小，并设置表格与幻灯片水平居中对齐，最后设置表格内容的字体为微软雅黑，如图 6-44 所示。

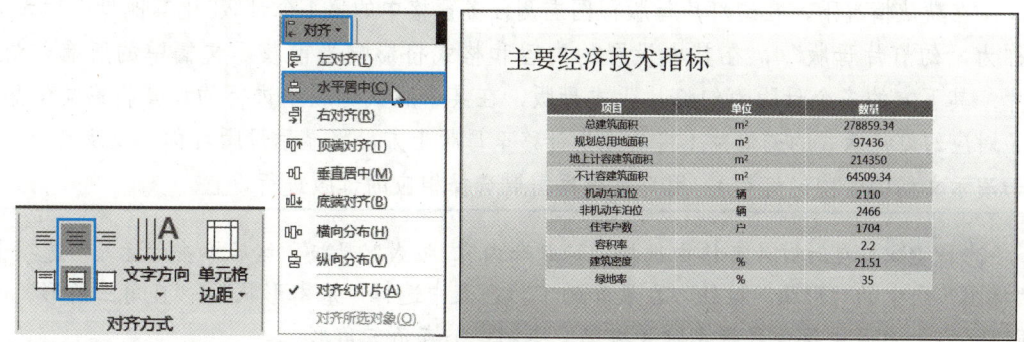

图 6-44　设置表格内容、表格相对于幻灯片的对齐方式及效果

六、编辑幻灯片母版

制作演示文稿时，通常需要为指定幻灯片设置相同的内容或格式。例如，在每张幻灯片中都加入公司的徽标（Logo），且每张幻灯片标题占位符和文本占位符的字符格式和段落格式都保持一致。如果在每张幻灯片中重复设置这些内容，无疑会浪费时间，此时可在 PowerPoint 的母版中设置这些内容。

例如，要在摩卡时光小镇演示文稿的第 2 张至第 11 张幻灯片的左下角绘制一个三角形，在右上角添加一个标志图形，然后在"标题幻灯片 版式"母版的标题占位符上绘制一个矩形，以修饰幻灯片，操作步骤如下：

步骤 1▶ 继续在打开的演示文稿中操作。单击"视图"选项卡"母版视图"组中的"幻灯片母版"按钮，进入母版视图，此时系统自动打开"幻灯片母版"选项卡，如图 6-45 所示。

243

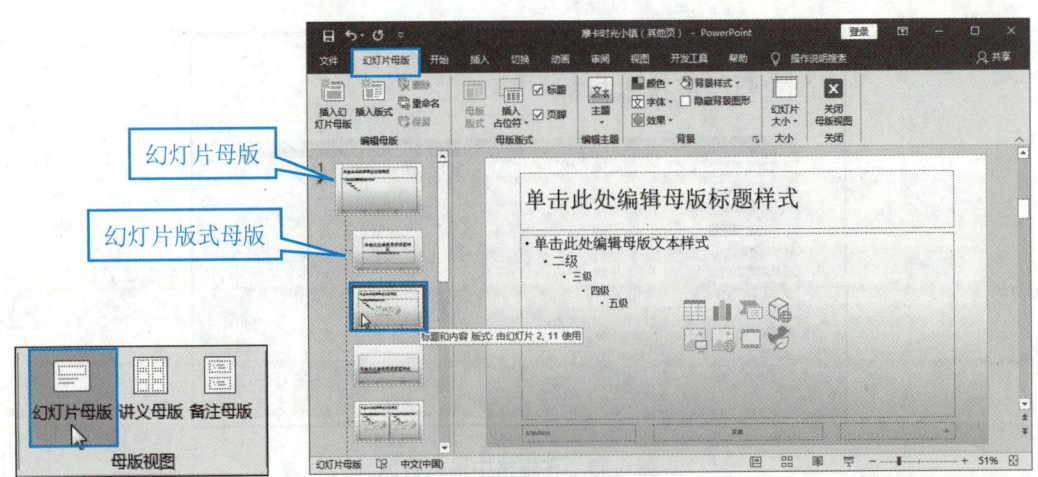

图 6-45 进入幻灯片母版视图

> **提 示**
>
> 在默认情况下,在幻灯片母版视图左侧任务窗格中的第1个母版(比其他母版稍大)称为"幻灯片母版",在其中设置的内容和格式将影响当前演示文稿中的所有幻灯片;其下方的多个母版为幻灯片版式母版,在某个版式母版中进行的设置将影响使用了对应幻灯片版式的幻灯片(将鼠标指针移至母版上方,将显示母版名称,以及其应用于演示文稿的哪些幻灯片)。用户可根据需要选择相应的母版进行设置。

步骤2▶ 在幻灯片窗格中选择"标题和内容 版式"母版,然后单击"插入"选项卡"插图"组中的"形状"按钮,在展开的下拉列表中选择"基本形状"/"直角三角形"选项,在幻灯片中按住鼠标左键并拖动,绘制一个直角三角形。

步骤3▶ 利用"绘图工具/格式"选项卡设置直角三角的高度为7.6厘米,宽度为4厘米;形状轮廓为无轮廓,叠放次序为置于底层,并将直角三角形相对于幻灯片左侧、底端对齐,各参数设置及效果如图6-46所示。

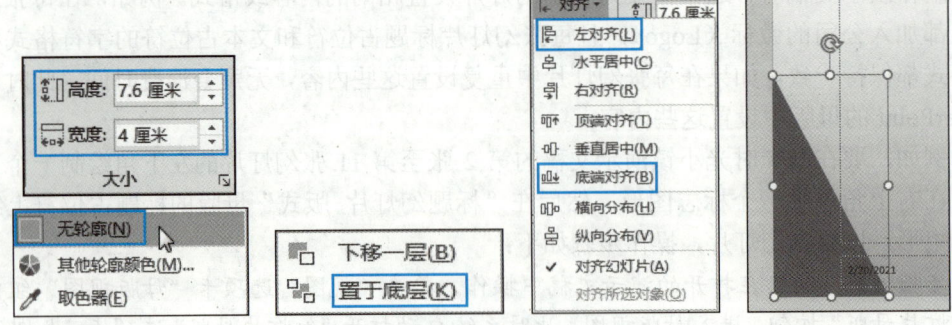

图 6-46 设置直角三角形的格式

步骤4▶ 单击"插入"选项卡"图像"组中的"图片"按钮,在打开的"插入图片"对话框中找到本书配套素材"项目六"/"任务三"/"标志"图片,单击"插入"按钮,将所选图片插入到幻灯片中。

步骤5▶ 保持图片的选中，在"图片工具/格式"选项卡的"调整"组中单击"颜色"按钮，在展开的下拉列表中选择"设置透明色"选项，然后将鼠标指针移到图片的白色区域并单击，去掉图片的背景颜色，如图6-47所示。

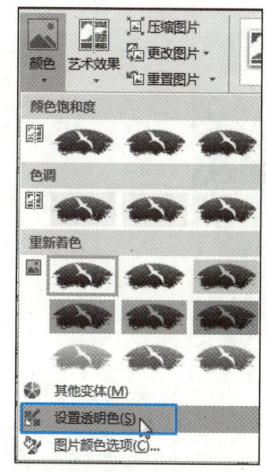 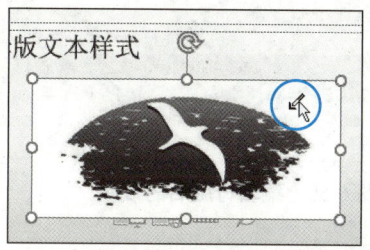 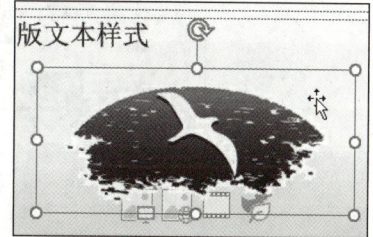

图6-47　去掉图片的背景颜色

步骤6▶ 右击图片，在弹出的快捷菜单中选择"大小和位置"选项，打开"设置图片格式"任务窗格，在"大小与属性"选项卡的"大小"设置区取消"锁定纵横比"和"相对于图片的原始大小"复选框，然后设置图片的高度和宽度都为2.4厘米，将图片移到幻灯片的右上角，参数设置及效果如图6-48所示。

步骤7▶ 选中绘制的直角三角形和插入的"标志"图片，按"Ctrl+C"组合键将它们复制，再分别切换到"两栏内容 版式"母版和"空白 版式"母版中，按"Ctrl+V"组合键粘贴复制的直角三角形和"标志"图片。

步骤8▶ 选中"标题幻灯片 版式"母版，向上拖动标题占位符下方的控制点，将其高度调整为5.5厘米，然后在标题占位符上绘制一个与幻灯片等宽、高度为4.2厘米的矩形，并设置矩形的形状轮廓为无轮廓，设置标题文本的字体颜色为白色，效果如图6-49所示。

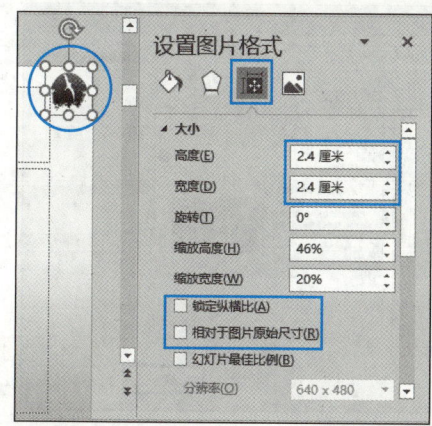 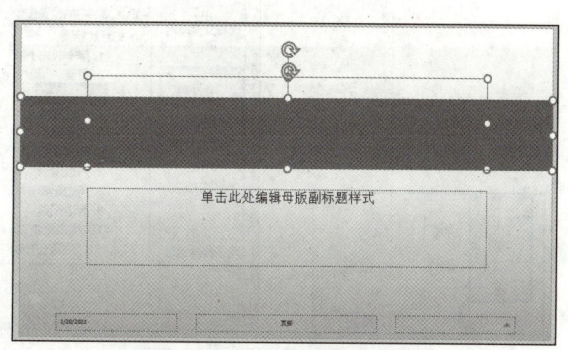

图6-48　设置"标志"图片的大小和位置　　　图6-49　在标题占位符上绘制矩形

步骤 9▶ 单击"幻灯片母版"选项卡"关闭"组中的"关闭母版视图"按钮,退出幻灯片母版编辑模式,即可看到编辑母版后的效果,如图 6-50 所示。

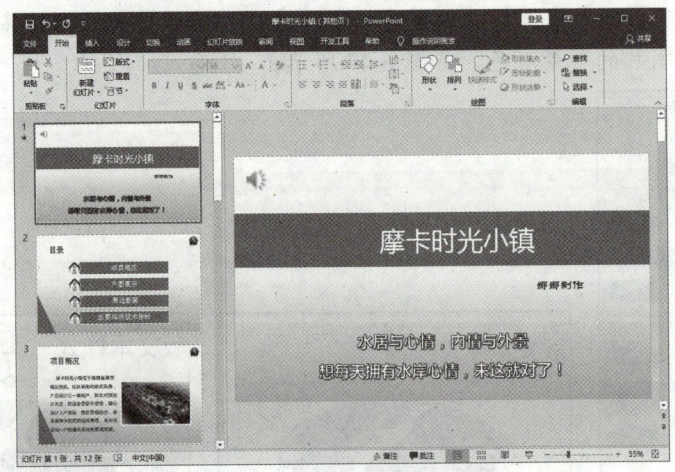

图 6-50 编辑母版后的效果

七、为对象设置超链接

在 PowerPoint 2016 中,用户可以为幻灯片中的任何对象设置超链接。在放映演示文稿时,单击设置了超链接的对象,便可以跳转到超链接指向的幻灯片、文件或网页等。

例如,要为摩卡时光小镇演示文稿中的目录内容所在形状设置超链接,操作步骤如下:

步骤 1▶ 继续在打开的演示文稿中操作。切换到第 2 张幻灯片中,然后选中"项目概况"文本所在形状。

步骤 2▶ 单击"插入"选项卡"链接"组中的"链接"按钮(见图 6-51),打开"插入超链接"对话框。

步骤 3▶ 在"链接到"列表框中选择要链接到的目标,如选择"本文档中的位置"选项,然后在"请选择文档中的位置"列表框中选择要链接到的幻灯片,如选择第 3 张幻灯片"3.项目概况",如图 6-52 所示。

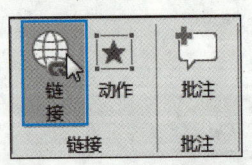

图 6-51 单击"链接"按钮

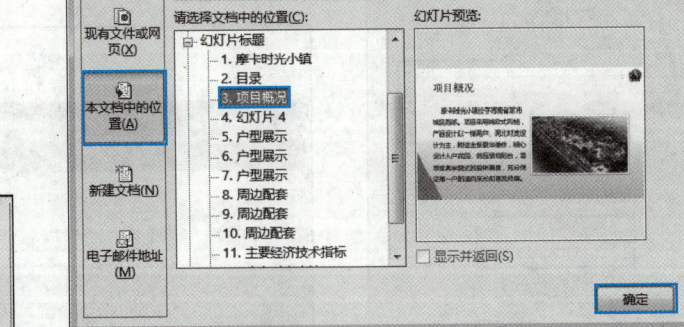

图 6-52 选择要链接到的幻灯片

"插入超链接"对话框中其他 3 种链接目标的含义如下。

➢ **"现有文件或网页"选项**：将所选对象链接到存储在计算机中的某个文件或网页。如果要链接到网页，可直接在"地址"编辑框中输入要链接到的网页地址。

➢ **"新建文档"选项**：新建一个演示文稿文件并将所选对象链接到该文件。

➢ **"电子邮件地址"选项**：将所选对象链接到一个电子邮件地址。

步骤 4▶ 单击"确定"按钮，完成超链接的添加。使用同样的方法，为其他 3 处目录文本所在形状设置超链接，分别将其链接到第 5 张、第 8 张和第 11 张幻灯片中。当放映幻灯片时，将鼠标指针移到设置了超链接的对象上，鼠标指针会变成手形，单击，即可跳转到链接到的对象。

步骤 5▶ 如果要对链接对象进行编辑，如更改链接目标或删除超链接，可选中设置了超链接的对象，然后单击"链接"按钮，在打开的"编辑超链接"对话框中进行设置并确定即可。

八、创建动作按钮

在 PowerPoint 2016 中，除了使用超链接外，还可以利用动作按钮来实现交互。PowerPoint 2016 为用户提供了 12 种不同的动作按钮，并预设了相应的功能，用户只需将其添加到幻灯片中即可使用。在放映演示文稿时，单击相应的动作按钮，就可以跳转到指定的幻灯片或启动其他应用程序等。

例如，要在摩卡时光小镇演示文稿的第 2 张至第 11 张幻灯片中绘制"转到主页""后退或前一项""前进或下一项""上一张"动作按钮，操作步骤如下：

步骤 1▶ 继续在打开的演示文稿中操作。切换到演示文稿的第 2 张幻灯片中。

步骤 2▶ 在"开始"选项卡"插图"组的"形状"下拉列表下方的"动作按钮"类别中选择所需动作按钮，如图 6-53 所示。

步骤 3▶ 在幻灯片的右下位置按住鼠标左键并拖动，绘制动作按钮，释放鼠标，会自动打开"操作设置"对话框的"单击鼠标"选项卡，如图 6-54 所示。

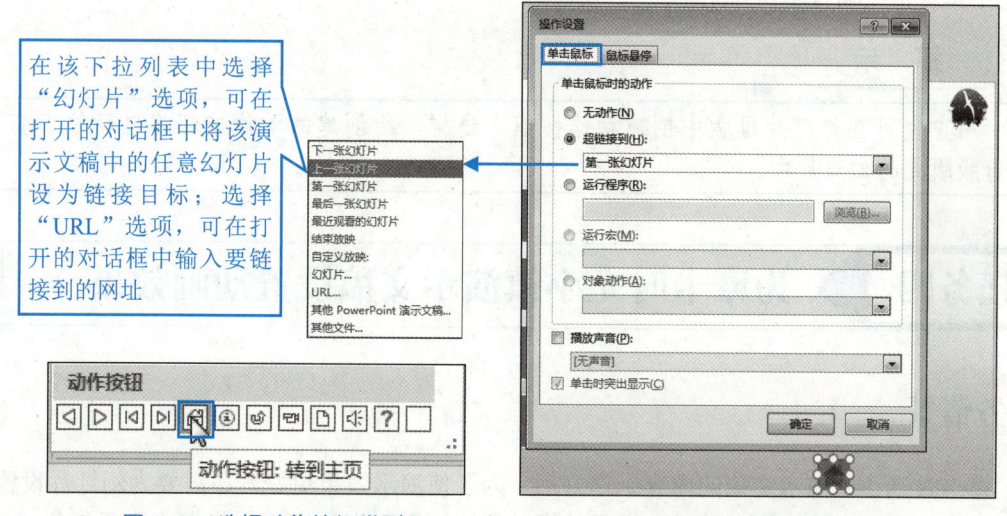

图 6-53　选择动作按钮类型　　　　　图 6-54　"操作设置"对话框

步骤 4 在"操作设置"对话框中设置单击该按钮时将要触发的操作。这里在"单击鼠标"选项卡中保持"超链接到"单选钮的选中,然后单击其下方编辑框右侧的下拉按钮 ,在展开的下拉列表中选择要链接到的幻灯片(一般保持默认设置即可),最后单击"确定"按钮。

> **提示**
>
> 在"操作设置"对话框的"鼠标悬停"选项卡可设置将鼠标指针放在动作按钮上(不单击)时将要执行的动作,其包含的选项与"单击鼠标"选项卡中的相同。

步骤 5 使用同样的方法,在所绘动作按钮的右侧绘制"后退或前一项""前进或下一项""上一张"动作按钮,其链接到的幻灯片均为默认幻灯片。

步骤 6 选中绘制的全部按钮,利用"绘图工具/格式"选项卡设置其高度为 1.4 厘米,宽度为 1.6 厘米,相对于所选对象顶端对齐、横向分布,应用"浅色 1 轮廓,彩色填充-蓝色,强调颜色 1"样式,并将 4 个按钮组合,如图 6-55 所示。

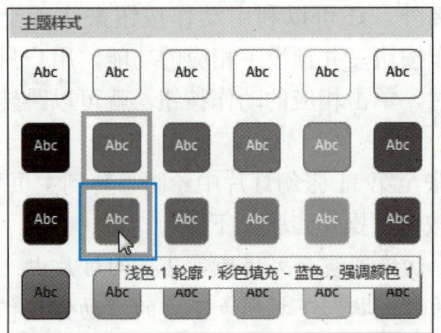 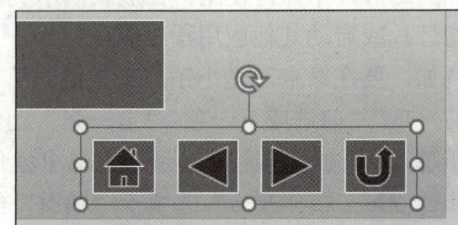

图 6-55 为动作按钮应用样式及效果

步骤 7 将组合后的按钮复制到演示文稿的第 3 张至第 11 张幻灯片中。至此,摩卡时光小镇演示文稿内容制作完毕。

> **提示**
>
> 用户也可在幻灯片母版中创建动作按钮,这样,所创建的动作按钮将自动位于套用母版版式的幻灯片中。

任务四 为摩卡时光小镇演示文稿设置动画效果

任务情景

摩卡时光小镇演示文稿的内容制作好后,为了使演示效果更好,还需要为幻灯片设置切换效果,以及为幻灯片中的对象设置动画效果。下面我们与李强一起完成这项任务。

相关知识

> **为幻灯片设置切换效果**：指放映幻灯片时从一张幻灯片过渡到下一张幻灯片时的动画效果。默认情况下，各幻灯片之间的切换是没有任何效果的。可以通过设置，为每张幻灯片添加具有动感的切换效果以丰富其放映过程，还可以控制每张幻灯片切换的速度，以及添加切换声音等。

> **为幻灯片中的对象设置动画效果**：可以为幻灯片中的文本、图片和图形等对象应用各种动画效果，使演示文稿的播放更加精彩。

任务实施

一、为幻灯片设置切换效果

要为演示文稿中的幻灯片间设置切换效果，可在"切换"选项卡中进行设置。

例如，要为摩卡时光小镇演示文稿的各幻灯片之间设置切换效果，操作步骤如下：

步骤1▶ 将"摩卡时光小镇（其他页）"演示文稿以"摩卡时光小镇（动画）"为名另存到本书配套素材"项目六"/"任务四"文件夹中。

步骤2▶ 选中要设置切换效果的幻灯片，如第1张幻灯片（也可同时选中多张幻灯片）。

步骤3▶ 单击"切换"选项卡"切换到此幻灯片"组中的"其他"按钮▽，在展开的下拉列表中选择一种系统提供的切换效果，如选择"华丽"/"梳理"选项，如图6-56所示。

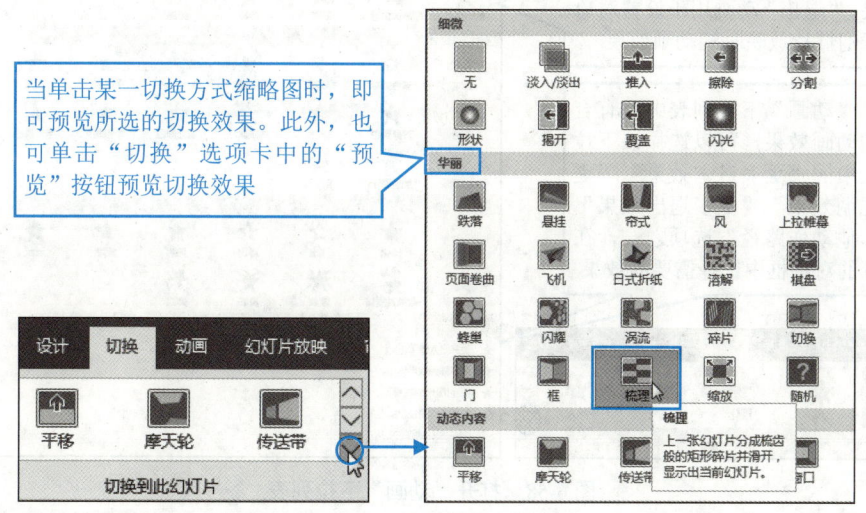

图 6-56　选择切换效果

步骤4▶ 在"计时"组的"声音"下拉列表中可设置切换幻灯片时的声音效果；在"持续时间"编辑框中可设置幻灯片的切换速度；在"换片方式"设置区中可设置幻灯片的换片方式。这里均保持默认设置，如图6-57所示。

计算机应用基础

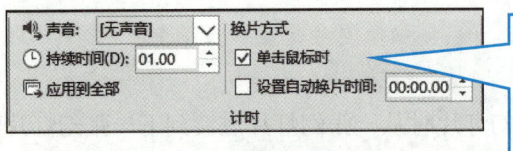

> 选中"单击鼠标时"复选框,表示在单击鼠标时切换幻灯片;选中"设置自动换片时间"复选框,可在其右侧设置幻灯片的自动切换时间。如果同时选中两个复选框,可实现手动切换和自动切换相结合

图 6-57 设置切换选项

步骤 5▶ 如果希望将该切换效果应用于演示文稿中的所有幻灯片,则应单击"计时"组中的"应用到全部"按钮,否则设置的切换方式只应用于当前幻灯片,需要继续对其他幻灯片的切换方式进行设置。这里单击"应用到全部"按钮。

二、为幻灯片中的对象设置动画效果

利用 PowerPoint 2016 的"动画"选项卡可以为幻灯片中的对象设置各种动画效果,利用"动画窗格"可以对添加的动画效果进行管理。

例如,要为摩卡时光小镇演示文稿各张幻灯片中的对象设置动画效果,操作步骤如下:

步骤 1▶ 继续在打开的演示文稿中操作。在幻灯片中选中要设置动画的对象,如第 1 张幻灯片中的标题占位符。

步骤 2▶ 单击"动画"选项卡"动画"组中的"其他"按钮,展开动画下拉列表(见图 6-58),从中选择动画类型和动画效果即可。

> "进入"动画用于设置放映幻灯片时对象进入放映界面时的动画效果;"强调"动画用于为已进入幻灯片放映的对象设置强调动画效果;"退出"动画用于设置对象离开幻灯片放映时的动画效果

> 如果"动画"下拉列表中没有合适的动画效果,可以选择该下拉列表中的"更多进入效果""更多强调效果""更多退出效果""其他动作路径"选项之一,在打开的对话框中选择需要的效果

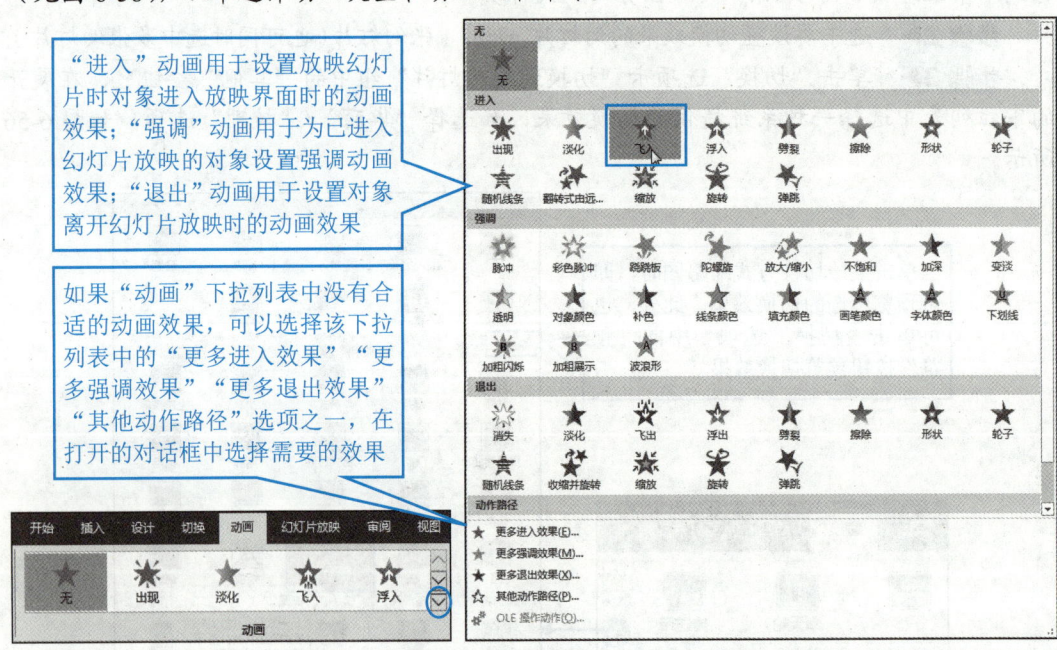

图 6-58 打开"动画"下拉列表

步骤 3▶ 如选择"进入"/"飞入"动画效果,此时在幻灯片中将自动预览该效果。单击"动画"选项卡"动画"组中的"效果选项"按钮,展开下拉列表,从中选择相应选项,如选择"自右上部"选项(表示放映幻灯片时,对象从右上方向飞入);单击"计时"组中的"开始"下拉按钮,在展开的下拉列表中选择相应选项,如选择"上一动画之后"选项(表示在放映幻灯片时,播放完上一动画后自动播放该动画),如图 6-59 所示。

250

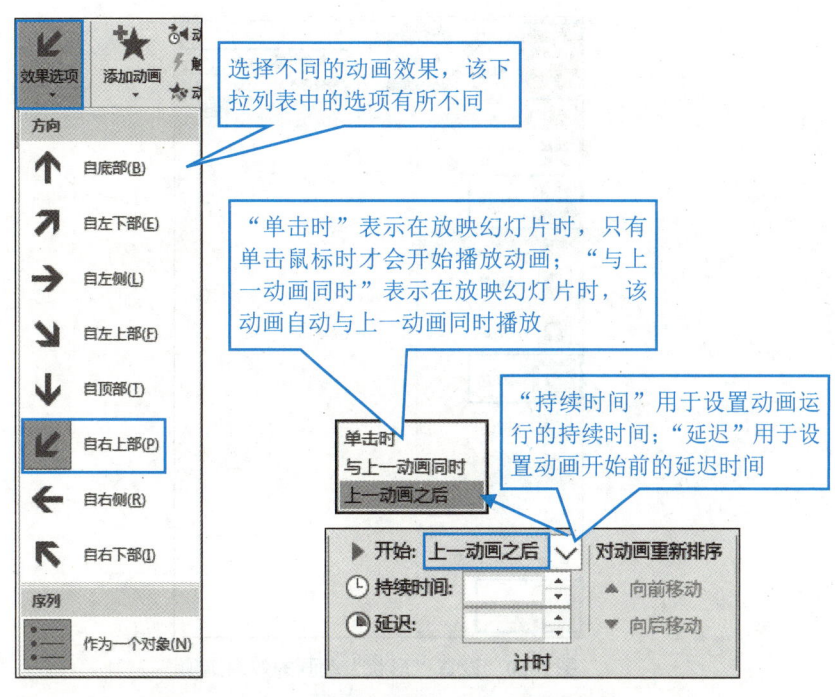

图 6-59 设置动画效果选项和开始播放方式

> **提 示**
>
> 如果要为同一对象添加多个动画效果，可选中对象后单击"高级动画"组中的"添加动画"按钮，在展开的下拉列表选择相应选项。利用"动画"组只能为同一对象添加一个动画效果，后添加的动画效果将替换前面添加的动画效果。

 选中副标题占位符，为其添加"进入"/"形状"动画，效果选项为菱形、缩小；选中下方的文本框，为其添加"弧形"动作路径动画，动画的开始播放方式都为"上一动画之后"。

 切换到第 2 张幻灯片，使用同样的方法为"目录"标题占位符添加上一动画之后、自顶部飞入的进入动画；为整个 SmartArt 图形添加上一动画之后、放大、菱形、逐个的形状进入动画，其他均保持默认设置，如图 6-60 所示。

步骤6▶ 选中第 3 张幻灯片中的"项目概况"标题占位符，为其添加上一动画之后、自顶部飞入的进入动画。同时选中文本占位符和右侧的图片，为其添加上一动画之后、左右向中央收缩的进入劈裂动画。

步骤7▶ 使用同样的方法，根据需要为演示文稿其他幻灯片中的对象添加动画效果。这里选中设置了"飞入"动画的"项目概况"标题占位符，然后双击"动画"选项卡"高级动画"组中的"动画刷"按钮，再依次单击第 5 张至第 11 张幻灯片中的标题占位符，将设置的"飞入"动画应用到刷过的标题占位符；利用动画刷将第 3 张幻灯片中的"劈裂"动画应用到第 5 张至第 11 张幻灯片中的图片、文本占位符和表格，最后单击"动画刷"按钮，取消其选中状态，结束格式复制操作。

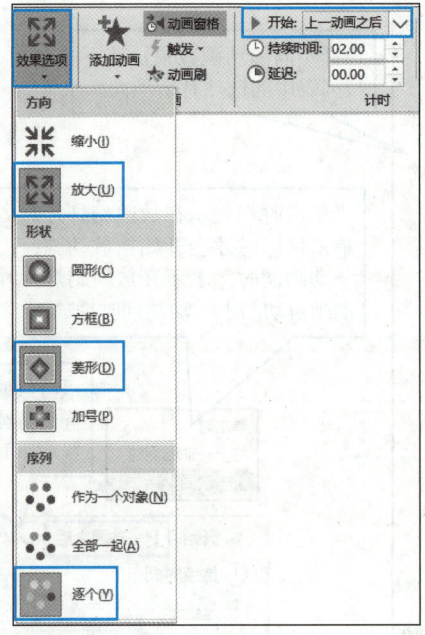

图 6-60 设置"形状"动画的效果选项

步骤 8▶ 单击"动画"选项卡"预览"组中的"预览"按钮,可以预览当前幻灯片中设置的所有动画效果。

步骤 9▶ 单击"动画"选项卡"高级动画"组中的"动画窗格"按钮,在窗口右侧显示"动画窗格"任务窗格,从中可以查看和编辑为当前幻灯片中的对象添加的所有动画效果,如图 6-61 所示。放映幻灯片时,各动画效果将按在"动画窗格"中的排列顺序进行播放,用户可以通过拖动方式调整动画的播放顺序,或在选中动画效果后,单击"动画窗格"上方的 按钮来重新排列动画的播放顺序。至此,摩卡时光小镇演示文稿各幻灯片中对象的动画效果设置完毕,最后保存演示文稿。

图 6-61 在"动画窗格"任务窗格中查看添加的动画效果

项目六　使用 PowerPoint 2016 制作演示文稿

 提　示

在"动画窗格"任务窗格中选中某一动画效果后,单击其右侧的下拉按钮 ▼,在展开的下拉列表中选择"效果选项"选项,会打开动画属性对话框,在其中可以设置动画的声音效果,动画播放结束后对象的状态,以及动画文本的出现方式,动画的开始方式、延迟时间和重复播放次数等。

任务五　放映和打包摩卡时光小镇演示文稿

任务情景

通过前面的任务,摩卡时光小镇演示文稿便制作好了。接下来,李强向小潘展示了设置演示文稿放映效果和放映的操作。确认演示文稿没有问题后,李强将演示文稿打包,由小潘交给张经理在房展会上放映。

相关知识

- ➢ **放映前的设置**:在放映幻灯片前,可创建自定义放映、隐藏不需放映的幻灯片等。
- ➢ **放映幻灯片**:放映幻灯片时,可以通过鼠标和键盘对放映过程进行控制,以及添加墨迹注释等。
- ➢ **打包演示文稿**:为了方便在其他计算机中放映演示文稿,可以将演示文稿打包。

任务实施

一、自定义放映

用户可以将现有演示文稿中的指定幻灯片组成一个新的放映集进行放映。

例如,要将摩卡时光小镇演示文稿中的相关幻灯片以"户型展示"自定义一个放映集,操作步骤如下:

步骤1▶ 将"摩卡时光小镇(动画)"演示文稿以"摩卡时光小镇(放映)"为名另存到本书配套素材"项目六"/"任务五"文件夹中。

步骤2▶ 单击"幻灯片放映"选项卡"开始放映幻灯片"组中的"自定义幻灯片放映"按钮,在展开的下拉列表中选择"自定义放映"选项,打开"自定义放映"对话框,单击"新建"按钮,如图 6-62 所示。

步骤3▶ 打开"定义自定义放映"对话框,在"幻灯片放映名称"编辑框中输入放映集的名称"户型展示";在"在演示文稿中的幻灯片"列表框中依次选中要添加到自定义放映集的幻灯片左侧的复选框,然后单击"添加"按钮(见图 6-63),即可将所选幻灯片添加到右侧的"在自定义放映中的幻灯片"列表框中。

253

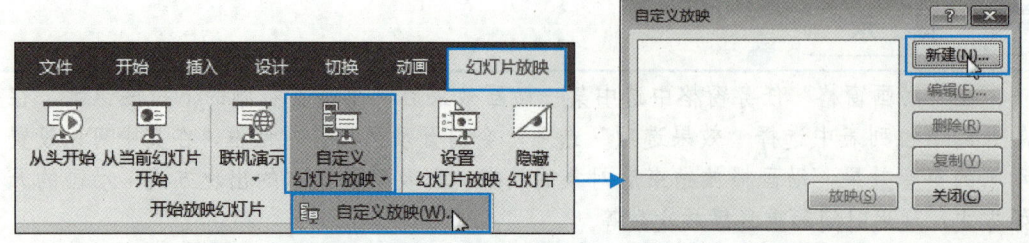

图 6-62 打开"自定义放映"对话框并单击"新建"按钮

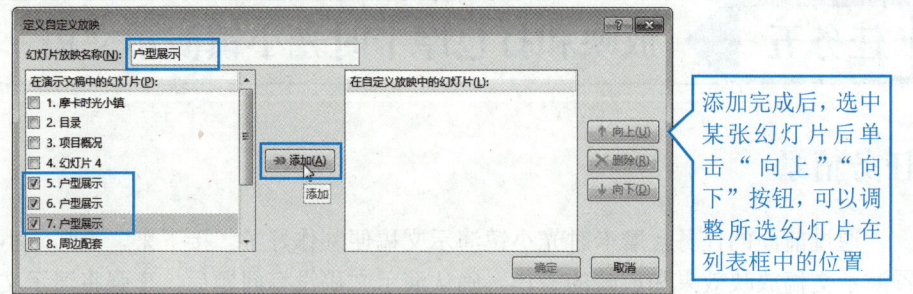

图 6-63 输入放映集的名称并选中要添加到放映集的幻灯片

步骤4▶ 单击"确定"按钮,返回"自定义放映"对话框,此时会显示创建的自定义放映集,如图 6-64 所示。单击"关闭"按钮,完成自定义放映集的创建。

步骤5▶ 单击"自定义幻灯片放映"按钮,在展开的下拉列表中可以看到新建的自定义放映集(见图 6-65),单击即可放映。

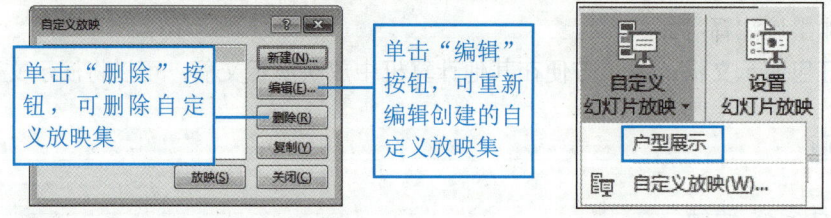

图 6-64 显示创建的自定义放映集　　　　图 6-65 查看创建的自定义放映集

提示

除了通过自定义放映方式放映指定的幻灯片外,也可在幻灯片窗格中选中希望在放映时隐藏的幻灯片,然后单击"幻灯片放映"选项卡"设置"组中的"隐藏幻灯片"按钮将其隐藏。再次执行该操作可显示隐藏的幻灯片。

二、设置放映方式

根据不同的应用场所,可对演示文稿设置不同的放映方式,如可以由演讲者控制放映,也可以由观众自行浏览,或让演示文稿自动放映。此外,对于每一种放映方式,还可以控制是否循环播放,指定播放哪些幻灯片,以及确定幻灯片的换片方式等。

例如，要设置摩卡时光小镇演示文稿的放映方式，操作步骤如下：

步骤 1▶ 继续在打开的演示文稿中操作。单击"幻灯片放映"选项卡"设置"组中的"设置幻灯片放映"按钮，打开"设置放映方式"对话框，如图 6-66 所示。在"放映类型"设置区选择幻灯片的放映类型。

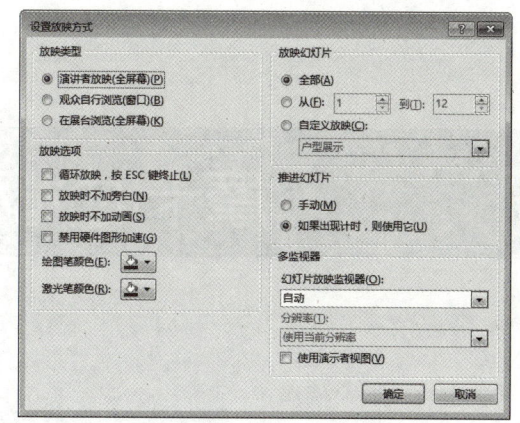

图 6-66 设置放映方式

- **演讲者放映**：这是最常用的放映类型。放映时幻灯片将全屏显示，演讲者对演示文稿的播放具有完全的控制权。例如，切换幻灯片、播放动画、添加墨迹注释等。
- **观众自行浏览**：放映时在标准窗口中显示幻灯片。
- **在展台浏览**：该放映类型不需要专人来控制幻灯片的播放，适合在展览会等场所全屏放映演示文稿。

步骤 2▶ 在"放映选项"设置区选择是否循环播放幻灯片、是否播放动画效果等。

步骤 3▶ 在"放映幻灯片"设置区选择放映演示文稿中的哪些幻灯片。用户可根据需要选择是放映演示文稿中的全部幻灯片，还是只放映其中的一部分幻灯片，或者只放映自定义放映集中的幻灯片。

步骤 4▶ 在"推进幻灯片"设置区选择切换幻灯片的方式。如果设置了间隔一定的时间自动切换幻灯片，则应选择第二种方式。该方式同时也适用于手动单击鼠标切换幻灯片。

步骤 5▶ 这里保持默认选项不变，单击"确定"按钮，完成放映方式的设置。

三、放映演示文稿

步骤 1▶ 用户可利用以下几种方法来启动幻灯片放映：

- 单击"幻灯片放映"选项卡"开始放映幻灯片"组中的"从头开始"按钮，或者按"F5"键，会从第 1 张幻灯片开始放映演示文稿。
- 单击"幻灯片放映"选项卡"开始放映幻灯片"组中的"从当前幻灯片开始"按钮，或者按"Shift+F5"组合键，会从当前幻灯片开始放映演示文稿。

步骤 2▶ 在放映的过程中，可根据制作演示文稿时的设置来切换幻灯片或显示幻灯片内容。例如，通过单击切换幻灯片和显示动画；通过单击超链接跳转到指定的幻灯片等。

步骤 3▶ 在放映的过程中，将鼠标指针移至放映画面的左下角位置，会显示一组控制按钮，利用它们可进行以下操作：

➢ **添加墨迹注释**：单击 按钮，在展开的列表中选择一种绘图笔（见图 6-67），然后在放映画面中按住鼠标左键并拖动，可为幻灯片中一些需要强调的内容添加墨迹注释。

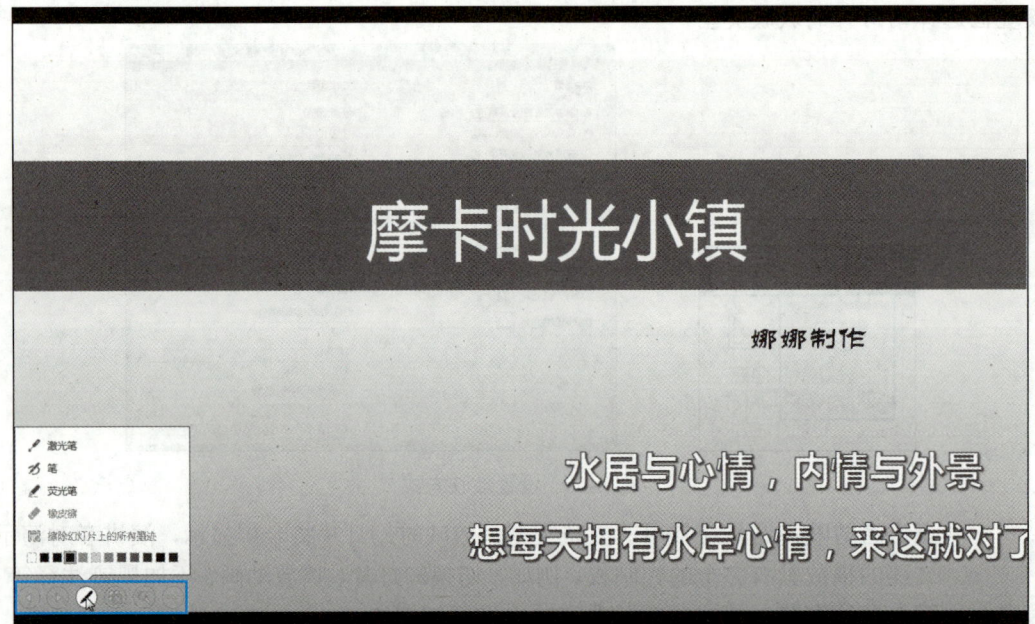

图 6-67　选择绘图笔样式

➢ **跳转幻灯片**：单击 ■ 或 ■ 按钮，可跳转到上一张或下一张幻灯片；单击 ■ 按钮将打开一个列表，从中选择相应的选项也可跳转到指定幻灯片。

步骤 4▶ 放映演示文稿时，PowerPoint 还提供了许多控制播放进程的技巧，归纳如下：
➢ 按"↓""→""Enter""空格""Page Down"键，均可快速切换到下一张幻灯片。
➢ 按"↑""←""Backspace""Page Up"键，均可快速切换到上一张幻灯片。

步骤 5▶ 演示文稿放映完毕，可按"Esc"键结束放映；如果想在中途终止放映，也可按"Esc"键。如果在幻灯片放映过程中添加了墨迹注释，结束放映时会弹出提示框，根据需要选择相应选项。

四、打包演示文稿

当用户将演示文稿拿到其他计算机中播放时，如果该计算机没有安装 PowerPoint 程序，或者没有演示文稿中所链接的文件及所采用的字体，那么演示文稿将不能正常放映。此时，可利用 PowerPoint 提供的"打包成 CD"功能，将演示文稿及与其关联的文件、字体等打包，这样就可以在其他计算机中正常播放演示文稿。

例如，要将制作的摩卡时光小镇演示文稿打包，操作步骤如下：

步骤 1▶ 选择"文件"/"导出"/"将演示文稿打包成 CD"选项，然后单击"打包成 CD"按钮，打开"打包成 CD"对话框，在"将 CD 命名为"编辑框中可以为打包的 CD 命名，如图 6-68 所示。

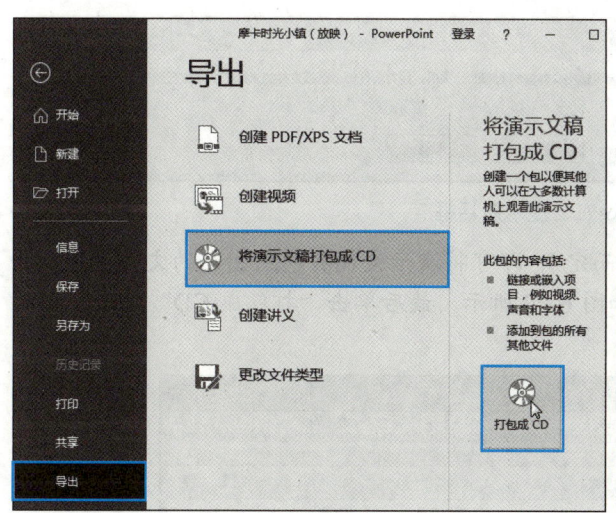
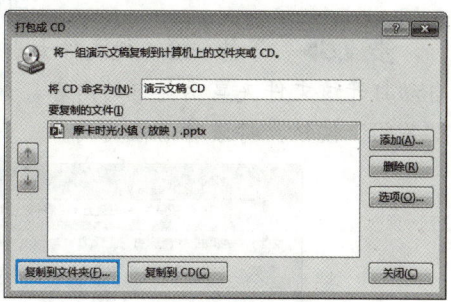

图 6-68 打开"打包成 CD"对话框

步骤 2 单击"打包成CD"对话框中的"选项"按钮,会打开"选项"对话框,如图 6-69 所示。利用该对话框可为打包文件设置包含文件,以及打开文件和修改文件的密码等,完成后单击"确定"按钮。

步骤 3 这里单击"复制到文件夹"按钮,打开"复制到文件夹"对话框,设置放置打包文件的文件夹名称及保存位置,如图 6-70 所示。

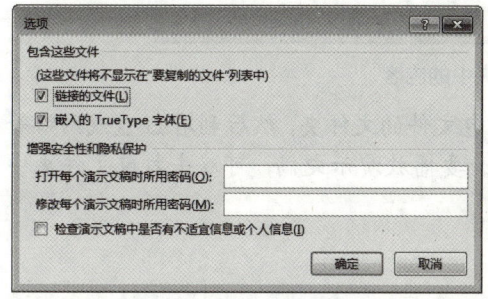
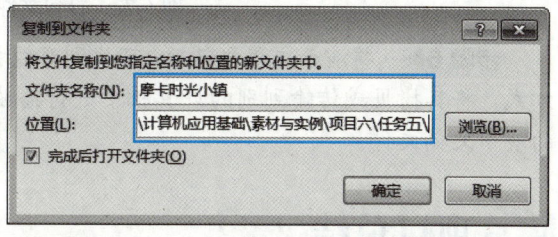

图 6-69 设置打包选项　　　　　　　图 6-70 设置打包文件夹的名称和位置

提示

> 如果在"打包成 CD"对话框中单击"添加"按钮,将打开"添加文件"对话框,利用该对话框可以向包中添加其他文件;单击"复制到 CD"按钮,会弹出提示对话框,提示用户插入一张空白 CD,以便将打包文件复制到空白 CD 中。

步骤 4 单击"确定"按钮,会打开如图 6-71 所示的提示对话框,询问是否打包链接文件,单击"是"按钮。

计算机应用基础

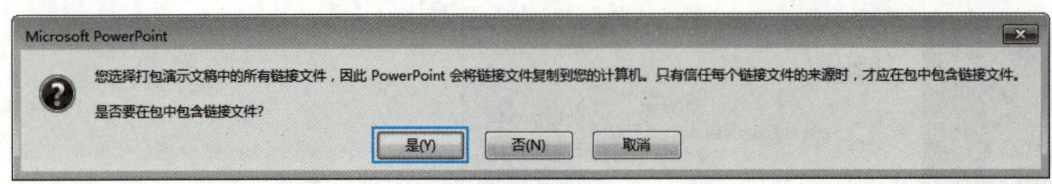

图 6-71　提示对话框

步骤 5▶ 等待一会（视文件大小而定），即可将演示文稿打包到指定的文件夹中，并自动打开该文件夹显示其中的内容，如图 6-72 所示。最后单击"打包成 CD"对话框中的"关闭"按钮，将该对话框关闭。

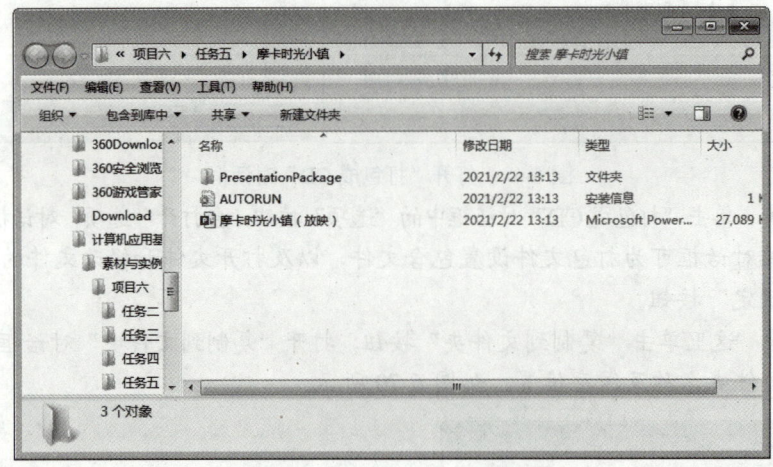

图 6-72　打包文件夹中的内容

步骤 6▶ 将演示文稿打包后，可找到存放打包文件的文件夹，然后利用 U 盘或网络等方式，将其拷贝或传输到别的计算机中进行播放。要播放演示文稿，可双击打包文件夹中的演示文稿文件。

项目总结

本项目主要介绍了使用 PowerPoint 2016 制作演示文稿的方法。学完本项目内容后，读者应：

（1）掌握创建演示文稿的方法。
（2）掌握新建与复制幻灯片，设置幻灯片版式的方法。
（3）掌握在幻灯片中输入文本并设置其格式的方法。
（4）掌握在幻灯片中插入与编辑图形、图片、艺术字、音频、视频和表格等对象的方法。
（5）掌握编辑幻灯片母版的方法。
（6）掌握为幻灯片中的对象设置超链接，以及在幻灯片中绘制动作按钮的方法。
（7）掌握为演示文稿设置动画效果及放映幻灯片的方法。
（8）掌握将演示文稿打包的方法。

项目实训

以"我的校园生活"为主题,自主设计一个关于校园生活的演示文稿。

要求幻灯片中包含有文字、图片和音频,并为幻灯片中的对象设置动画效果,为幻灯片间设置切换效果。

项目考核

一、选择题

(1) 在 PowerPoint 2016 的(   )窗格中显示了幻灯片缩略图。
   A. 幻灯片   B. 备注页
   C. 大纲   D. 任务

(2) 以下不能在幻灯片中输入文本的方法是(   )。
   A. 利用占位符输入   B. 利用文本框输入
   C. 利用备注栏输入   D. 利用幻灯片窗格输入

(3) 如果希望对幻灯片进行统一修改,可通过(   )来快速实现。
   A. 应用版式   B. 修改母版
   C. 设置背景   D. 修改每张幻灯片

(4) 要将幻灯片中的文字链接到某个网页,可在"插入超链接"对话框选择(   )选项。
   A. 现有文件或网页   B. 新建文档
   C. 电子邮件地址   D. 链接到网页

(5) 如果想在中途终止幻灯片的播放,可按(   )键。
   A. "Home"   B. "End"
   C. "Esc"   D. "Page Down"

(6) 在 PowerPoint 2016 中创建表格,假设创建的表格为 6 行 4 列,则在"插入表格"对话框的列数和行数分别应输入(   )。
   A. 6 和 4   B. 都为 6
   C. 4 和 6   D. 都为 4

(7) 要在幻灯片中插入保存在计算机中的音频文件,可在"插入"功能选项卡的"媒体"组单击"音频"按钮,在展开的下拉列表中选择(   )选项。
   A. PC 上的音频   B. 剪贴画音频
   C. 录制音频   D. 以上答案都不对

(8) 下面关于动画效果的描述,正确的是(   )。
   A. 一个对象不能添加多种动画效果
   B. 添加动画效果后不能再修改动画

C．添加动画效果后不可再将其删除
D．可以为幻灯片的任何对象添加动画

二、简答题

（1）如果要为段落设置图片项目符号，该如何操作？
（2）如果要为当前幻灯片设置渐变背景，该如何操作？
（3）母版有几种类型？幻灯片母版和标题版式母版的作用分别是什么？
（4）如何为幻灯片设置切换效果？
（5）如何为幻灯片中的对象设置动画效果？

项目七　多媒体软件应用

项目导读

多媒体技术是 20 世纪 80 年代末兴起并迅速发展的一门技术。它使计算机具备了综合处理文字、图像、音频、视频和动画的能力，帮助人们创作了许多丰富多彩、赏心悦目的作品，给人们的生活、工作和学习增添了色彩和乐趣。

目前，多媒体技术及其应用日益深入社会生活的各个方面，使人们的工作和生活方式发生了巨大的改变。本项目主要介绍多媒体的基本知识及软件应用，让大家对多媒体技术有一个初步的了解。

学习目标

- 了解多媒体技术的特点和应用，认识多媒体文件的类型，掌握获取多媒体素材的方法。
- 了解常用的图像文件格式和图像处理软件，掌握图像处理软件的简单应用。
- 了解常用的音频文件格式和音频处理软件，掌握音频处理软件的简单应用。
- 了解常用的视频文件格式和视频处理软件，掌握视频处理软件的简单应用。

任务一　了解多媒体基础知识

任务情景

多媒体在我们的生活中无处不见，无论是使用计算机观看的影片、收听的音乐、制作的文档、处理的图像，还是通过 Internet 与他人进行的视频聊天、召开的视频会议……它们都属于多媒体的范畴。

李强在工作中经常要为公司制作一些多媒体作品，如处理商品照片和视频等。因此，他不仅需要了解多媒体的相关知识，还要收集一些图像、音频和视频素材，以便在制作多媒体作品时调用。

相关知识

一、多媒体与多媒体技术

多媒体在计算机信息领域中泛指一切信息载体,如文字、图像、音频、视频和动画等。多媒体技术是指利用计算机对多媒体进行采集、编辑、存储等综合处理的技术,它具有集成性、多样性、实时性和交互性等特点。

二、多媒体技术的应用

随着多媒体技术的不断发展,它的应用领域也越来越广泛。表7-1列举了多媒体技术的一些典型应用领域。

表7-1 多媒体技术的典型应用

应用领域	说明	图例
娱乐、教育、医疗、办公	电子书、电影/电视、音乐、游戏、多媒体教学、远程教育、远程诊断、自动化办公、视频会议等	
平面设计	广告设计、商标设计、包装设计、海报设计、插画设计、宣传册设计、装饰装潢设计、网页设计、商品照片处理、电子相册制作等	
动画设计	二维动画设计、三维动画设计等	
影视制作	影视广告制作、企业或产品宣传片制作、影视特效制作、电视栏目包装等	

三、获取多媒体素材的方法

在制作多媒体作品时,经常需要用到文本、图像、音频和视频等素材,下面介绍这些多媒体素材的获取方法。

1. 获取文本素材

获取文本素材的方法主要有以下几种。

(1)从网页中复制:利用搜索引擎搜索出需要的网页,选中网页中的文本,将其复制到记事本后保存即可。将文本复制到记事本中的目的是去除格式,从而方便作为其他文档的素材。

(2)从网上下载:目前许多网站提供DOCX、TXT等格式的文档下载,找到这些文档并下载即可。例如,可以在百度文库(wenku.baidu.com)中搜索文档并下载。

（3）**手动创建文本**：直接利用键盘在文档编辑软件中输入文本；也可以利用语音输入、手写输入或扫描识别输入等方式输入文本。

2. 获取图像素材

获取图像素材的方法主要有以下几种。

（1）**从网上下载**：从网上搜索需要的图片，然后将其保存到计算机中。也可以从网上的图片素材库网站购买、下载图片素材。

（2）**利用手机或相机拍摄**：用手机或相机拍摄需要的照片，将其传输到计算机中。

（3）**捕捉屏幕图像**：利用屏幕捕捉软件捕捉计算机显示器屏幕上的图像，将其保存在计算机中或直接拷贝到 Word 文档中。

（4）**利用扫描仪扫描**：利用扫描仪将图书、期刊等纸质媒介上的图像扫描到计算机中。

3. 获取音频素材

获取音频素材的方法主要有以下几种。

（1）**从网上下载**：从网上搜索需要的音频素材，将其下载到计算机中。

（2）**录制声音**：利用计算机（需要配麦克风）、录音笔或手机等录制声音。

（3）**从影片中提取**：使用音频编辑软件（或其他软件）将影片中的音频单独提取出来。Adobe Audition 便具备此功能。

4. 获取视频素材

获取视频素材的方法主要有以下几种。

（1）**从网上下载**：从网上搜索需要的视频素材，将其下载到计算机中。

（2）**录制视频**：使用数码摄像机、数码相机或手机等进行摄像，然后将录制的视频文件传输到计算机中。

（3）**录制屏幕**：利用屏幕录制软件将对计算机进行的操作录制成视频，或将计算机中正在播放的视频录制下来。常用的屏幕录制软件有 Camtasia Studio、Snagit、FlashBack Pro、屏幕录像专家等。

（4）**截取视频片段**：利用视频编辑软件在现有视频中截取一个片段。

任务实施

一、获取图像素材

这里以从网上获取风景图片为例，学习获取图像素材的操作方法。

步骤 1▶ 启动 IE 浏览器，打开 360 导航网站的主页（hao.360.cn），单击搜索栏上方的"图片"按钮，然后在搜索栏中输入想要获取的图像的名称或类别，如"风景"，再单击"360 图片"按钮，即可显示所有与风景相关的图片，如图 7-1 所示。

步骤 2▶ 将鼠标指针移到"全部尺寸"链接文本上，在展开的列表中选择想要获取的图像的尺寸，如选择"大尺寸"选项，如图 7-2 所示。

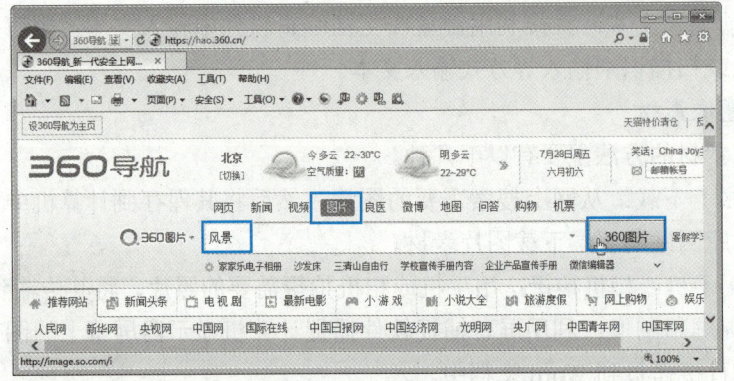

图 7-1　打开网页并选择图像分类

图 7-2　选择图像尺寸

步骤 3▶　在图像列表中单击想要获取的图像，然后在打开的图像上右击，在弹出的快捷菜单中选择"图片另存为"选项，再在打开的"保存图片"对话框中选择图片保存路径并输入图片名称，单击"保存"按钮，即可将所选图片保存到计算机中，如图 7-3 所示。

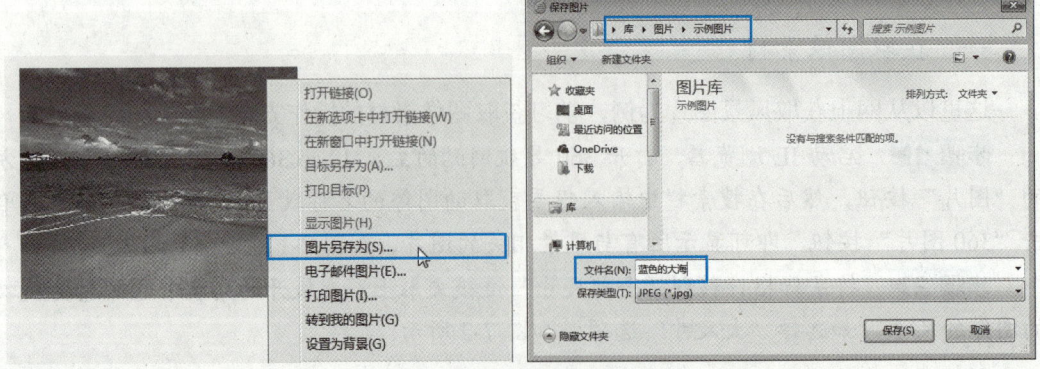

图 7-3　将图像保存到计算机中

二、获取视频素材

这里以从优酷客户端中下载视频为例,学习获取视频素材的方法。

步骤 1▶ 安装并启动优酷客户端,在其主界面的"搜索"编辑框中输入要搜索的视频名称,如"最美中国",然后单击编辑框右侧的"搜全网"按钮,或按"Enter"键开始搜索,如图 7-4 所示。

图 7-4 搜索视频

 说 明

用户也可以先在"主页"列表中选择所需视频的类型,如"纪录片"类型,然后在打开的纪录片界面中搜索所需视频文件并进行下载。

步骤 2▶ 在搜索结果页中单击所需的视频,进入该视频的播放界面,然后单击界面右侧的"下载"按钮(见图 7-5),打开新建下载对话框,设置视频的保存路径和画质,如图 7-6 所示。

图 7-5 播放视频并单击"下载"按钮

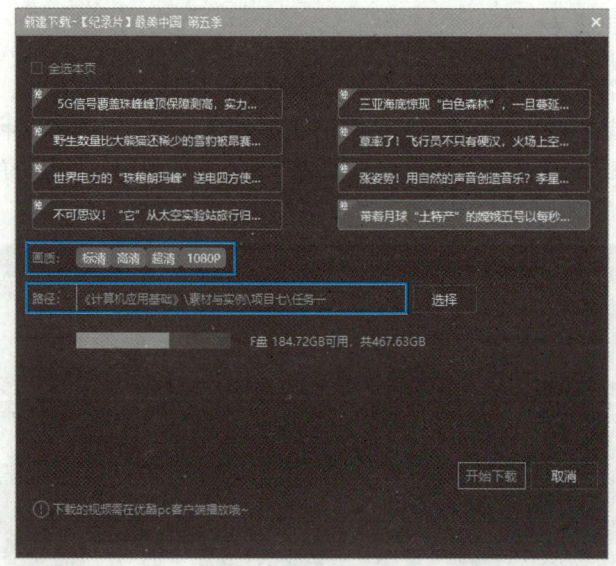

图 7-6 设置下载参数

 提 示

将鼠标指针移到视频的播放界面上,可看到在播放界面的上方显示一组按钮,包括"下载"按钮、"截图"按钮、"收藏"按钮、"关闭"按钮等,单击相应的按钮可快速执行相应的操作。

步骤3▶ 单击"开始下载"按钮,系统自动打开"下载"界面,在其中可以查看视频的下载状态,如下载进度、下载速度、视频大小等,如图 7-7 所示。

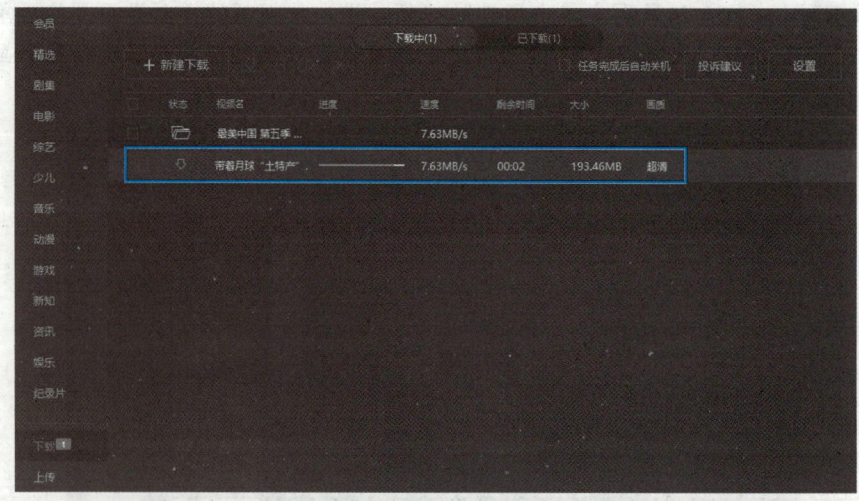

图 7-7 查看下载状态

步骤4▶ 视频下载完成后,即可在指定的位置查看下载的视频。

> **提示**
>
> 从网上搜索并下载音频素材的方法与获取视频素材的方法类似，感兴趣的同学可以自己尝试一下。

任务二　使用图像处理软件

任务情景

李强已经掌握了获取多媒体素材的方法，但要制作丰富多彩的多媒体作品，他还需要了解图像文件的格式、图像分辨率等概念，以及掌握常用图像处理软件的使用方法。接下来，我们与李强一起学习这些知识，并使用光影魔术手完成一幅人像的处理。

相关知识

一、图像处理基础知识

图片有位图和矢量图之分。严格地说，位图称为图像，矢量图称为图形。

1. 位图和矢量图

位图也叫点阵图，一般经由数码相机和扫描仪，以及屏幕截取得到。简单来说，位图就是由大量细小的颜色块组成的点阵图片，这些颜色块是组成图片的最基本元素，称为"像素（pixel）"。放大位图后，即可看到像素。

位图具有表现力强、色彩细腻、层次多且细节丰富等优点，特别适合表现细节丰富或颜色复杂的内容。其缺点是图片大小和清晰度与分辨率有关，一般来说，分辨率越高的位图越清晰，其占用的存储空间也越大。但无论多么清晰的位图，在放至足够大后都会产生锯齿状边缘，出现类似马赛克的模糊效果，如图 7-8 所示。

显示比例为 100% 时的图像效果　　显示比例为 400% 时的图像效果

图 7-8　位图放大前后的效果对比

说 明

图像分辨率是指位图在单位长度（通常为英寸）中包含的像素数量，一般用像素/英寸（pixels per inch，ppi）表示。图像分辨率决定了位图细节的精细程度，一般来说，图像分辨率越高，其单位长度包含的像素就越多，图像就越清晰，印刷的质量也就越好。例如，相同尺寸的两张位图，分辨率为 30 ppi 的位图远不如分辨率为 300 ppi 的位图清晰，如图 7-9 所示。

分辨率为 30 ppi 的位图　　　　　分辨率为 300 ppi 的位图

图 7-9　尺寸相同、分辨率不同的两张位图

矢量图一般由矢量绘图软件（如 Illustrator、CorelDRAW 等）绘制得到。简单来说，矢量图就是由各种图形（如点、线、矩形、多边形、圆和弧线等）组成的图片，这些图形都是由计算机利用数学公式推演出来的，无论放大多少倍，都不会出现模糊、锯齿或马赛克效果。这也使得矢量图的清晰度不受分辨率和图片大小的影响，如图 7-10 所示。

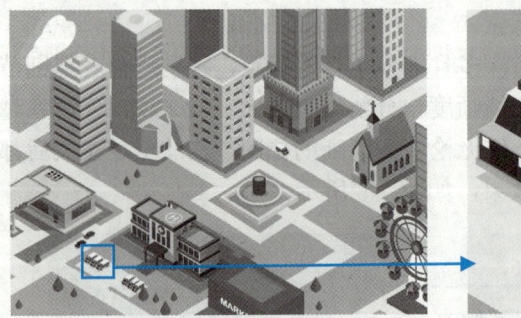 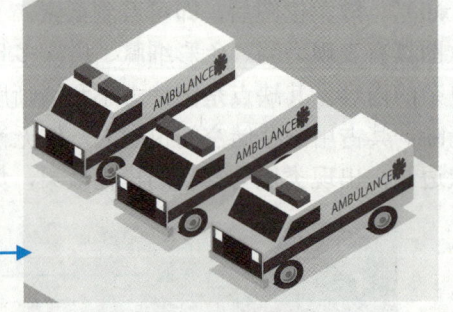

显示比例为 100%时的图形效果　　　显示比例为 600%时的图形效果

图 7-10　矢量图放大前后的效果对比

矢量图具有占用存储空间小、不会失真、色彩明艳等优点，特别适合用于设计标志、插画、卡通形象和产品效果图等。其缺点是色彩单调、细节不够丰富、表现力有限，无法逼真地表现自然界中的事物。

2. 图形图像文件格式

图形图像在多媒体作品中的应用非常广泛，为了适应不同的应用，图形图像可以多种格式进行存储。表 7-2 为一些常见的图形图像文件格式及其用途。

表 7-2 常见的图形图像文件格式及用途

格式	格式说明	用途
BMP	是 Windows 操作系统中"画图"程序的标准文件格式，采用无损压缩，图像质量高，但文件占用的存储空间较大	适合原始图像素材的存储
JPG	是一种压缩率很高的图像文件格式。它采用的是具有破坏性的压缩算法，因此会降低图像的质量	广泛用于数码照片、网页图像、新闻图像等的存储
GIF	是网络上经常使用的图像文件格式，支持透明背景和动画，但它最多只包含 256 种颜色，因此图像色彩表现不够丰富	常用于网页设计和制作 GIF 动画
PNG	是许多 Web 浏览器都支持的一种图形文件格式，支持 24 位图像，具有很高的压缩比，支持图像透明	常用于网页图像的存储
TIFF	采用无损压缩方式来存储图像信息，图像质量高，但文件占用的存储空间较大	广泛应用于对质量要求较高的图像的存储，如作为印前文件
PSD	是 Photoshop 软件专用的图像文件格式，可保存图层、通道等信息，保存的信息量多，但文件占用的存储空间较大	适合保存使用 Photoshop 处理的图像
AI	是 Illustrator 软件专用的矢量图文件格式，其优点是占用的存储空间较小、打开速度较快，且可与其他多种矢量图形文件格式相互转换	适合保存使用 Illustrator 处理的图形，主要应用于插画设计、商标设计、包装设计等领域
CDR	是 CorelDRAW 软件专用的混合文件格式，可同时保存位图和矢量图对象	适合保存使用 CorelDRAW 处理的图形图像

二、常用的图像处理软件

目前，常用的图像处理软件如表 7-3 所示。

表 7-3 常用的图像处理软件

软件名称	说明
Photoshop	是目前最流行的专业图像处理软件，广泛应用于平面广告设计、艺术图形创作、数码照片处理等领域
光影魔术手	是一款针对图像画质进行改善及效果处理的软件。它简单、易用，不需要任何专业的图像处理知识，就可以制作出各种专业的相片效果，是摄影作品后期处理的必备图像处理软件，能够满足绝大部分人的需要
美图秀秀	是一款很好用的免费图片处理软件，操作简单，具有图片特效、美容、饰品、边框、场景、拼图等功能，可以便捷地做出影楼级照片。此外，它还能做非主流相片、闪图、QQ 头像等，因此用户群很广
ACDSee	是一款图像浏览工具，主要用于浏览和管理计算机中的图片。此外，该工具还提供了一些图像编辑功能，如转换图像格式、旋转和裁剪图像等
Windows 照片查看器	是 Windows 操作系统自带的照片查看器，可方便地浏览计算机中 JPG、BMP 等常见格式的图片。此外，还可以对图片进行简单的编辑操作

任务实施——使用光影魔术手处理图像

下面使用光影魔术手对人像图片进行裁剪,并调整其亮度和对比度,以及为其添加文字和边框等。

步骤1▶ 安装并启动光影魔术手,然后单击"打开"按钮,在打开的对话框中选择要处理的图像文件,如本书配套素材"项目七"/"任务二"/"待处理图像.jpg"。

步骤2▶ 调整图片的亮度和对比度。在窗口右侧"基本调整"面板的"基本"设置区中拖动滑块调整图片的亮度和对比度,如图7-11所示。

步骤3▶ 裁剪图片。单击窗口上方的"裁剪"按钮,然后将鼠标指针移至图像窗口中,在图片的左上角按住鼠标左键并向右下角拖动,将要保留的图像区域选中,如图7-12所示。

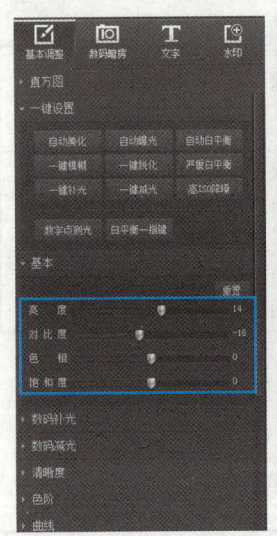

图7-11　调整亮度和对比度　　　　　图7-12　裁剪图片

技巧

绘制好裁剪框后,将鼠标指针移至裁剪框内并拖动,可移动裁剪框;将鼠标指针移至裁剪框四条边中间或四个角的控制点上,当其变为双向箭头形状时拖动鼠标,可调整裁剪框的大小。此外,还可在右侧的"裁剪"面板中设置裁剪框的旋转角度(对于一些倾斜的图片,可将裁剪框旋转为与倾斜角度一致,从而裁剪并矫正图片)。

步骤4▶ 单击"确定"按钮,完成裁剪操作,可看到裁剪后的效果,如图7-13所示。

步骤5▶ 单击窗口右上角的"数码暗房"按钮,在展开的列表中选择"负片效果"选项后单击"确定"按钮,为图片应用负片效果,如图7-14所示。

图 7-13 裁剪后的效果　　　　图 7-14 为图片应用负片效果

步骤 6 单击"文字"按钮,在展开的面板中单击"添加新的文字"按钮,然后在上方的文字编辑框中输入要添加到图片中的文字,如"北京摄影",再在"字体"列表中选择一种字体,如"华文彩云",设置文字大小为 50,单击"加粗"按钮 B,最后设置文字的排列方向为竖向,并将文字移到图片的左下位置,如图 7-15 所示。

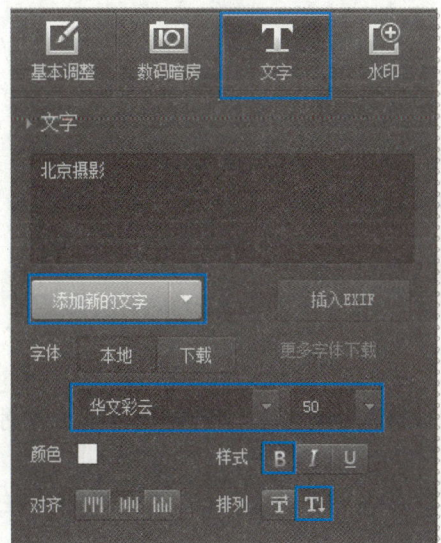

图 7-15 为图片添加文字

步骤 7 单击"边框"按钮,在展开的面板中选择"轻松边框"选项,在右侧显示的边框列表中选择一种边框类型,即可为图片添加选择的边框,如图 7-16 所示。

步骤 8 将图片以"图片处理效果"为名另存。

 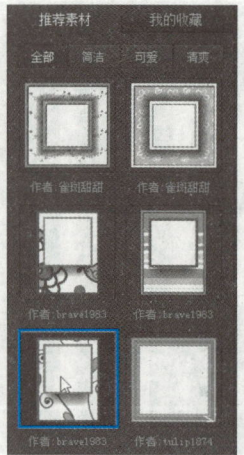 

图 7-16　为图片添加边框

任务三　使用音频处理软件

任务情景

制作多媒体作品不但会用到文字、图片，还经常会用到音频，所以李强需要了解常用的音频文件格式及音频处理软件，并掌握处理音频的方法。接下来，我们与李强一起学习这些知识，并使用 Adobe Audition 完成音频的录制与编辑。

相关知识

一、音频处理基础知识

在处理音频时，经常遇到的概念是音频文件格式、采样率、音频码率，下面分别说明。

1. 音频文件格式

音频文件格式有多种，它们的编码、文件大小及音质各不相同。表 7-4 为一些常见的音频文件格式及其用途。

表 7-4　常见的音频文件格式及用途

格　式	格式说明	用　　途
WAV	是 Windows 操作系统下的标准音频格式，被大多数应用程序支持。由于 WAV 格式的音频文件没有经过压缩，所以音质很好，但文件所占存储空间也相对较大	适合原始音频素材的存储
MP3	是一种采用有损压缩的音频文件格式，其压缩比可达到 1∶10，因此 MP3 文件体积小，音质也不错	是网络上最流行的音频文件格式，适合网络应用、移动存储设备使用

表 7-4（续）

格式	格式说明	用途
WMA	是 Microsoft 公司为便于网络传输而推出的一种音频文件格式，它具有体积小、音质好等特点，且大部分播放器都支持该音频文件格式	是广大音乐爱好者使用数码产品欣赏音乐时选择较多的音频文件格式，适合在网络上在线播放
RealAudio	是 Real Networks 公司推出的一种音频文件格式，它支持多种音频编码，最大的特点是可以实时传输音频信息，尤其是在网速较慢的情况下仍然可以较为流畅地传送数据，提供足够好的音质让用户能在线聆听	主要适用于音频的在线播放
APE	是一种无损压缩音频格式，其压缩率很高，可达 50%~70%。压缩后的 APE 格式音频文件要比 WAV 格式小很多	主要适用于无损音质的音频文件在网络上的传播
AIFF	是苹果公司开发的一种音频文件格式，与 WAV 相似，被大多数应用程序支持	适合保存使用苹果设备处理的音频文件
MIDI	这种文件本身记录的并不是乐曲，而是一些描述乐曲演奏过程的指令，其特点是体积小（十多分钟的音乐只有十几 KB），播放效果因软硬件不同而异	主要用于原始乐器作品、游戏音轨、电子贺卡音频等的存储

2. 采样率和音频码率

音频采样率是指将模拟音频信号转换成能在计算机中存储的数字音频信号时，每秒钟在计算机中采集的声音样本数量。例如，CD 音频的采样频率为 44.1 kHz，表示每秒钟采样 44 100 个数据。常用的采样率有 8 kHz、11.025 kHz、22.05 kHz、15 kHz、44.1 kHz、48 kHz 等。

很显然，采样率越高（即采样的间隔时间越短），在单位时间内得到的声音样本数据就越多，对声音波形的表示也越精确，音质就越有保证，否则容易失真。

音频码率（比特率）是指每秒播放的音频数据量，单位通常为 kbps。同格式的音频文件，码率越高，文件体积越大，相对来说音质也越好。一般音频码率为 192 kbps 时，音质已接近于 CD 音乐的音质；我们听的 MP3 歌曲的码率大多是 128 kbps。

二、常用的音频处理软件

最简单的音频处理软件是 Windows 自带的"录音机"程序，利用它可以进行音频的录制和编辑。此外，常用的音频处理软件还有 Adobe Audition、GoldWave 等，如表 7-5 所示。

表 7-5 常用的音频处理软件

软件名称	说明
Adobe Audition	其前身为 Cool Edit，是美国 Syntrillium 公司的产品，后被 Adobe 公司收购并改名为 Adobe Audition。它专为从事音乐、广播、音效后期制作等领域的工作人员设计，支持 128 条音轨、多种音频特效、多种音频格式，可以方便地对音频文件进行录制、修改、合并等操作

表 7-5（续）

软件名称	说　明
GoldWave	是一款操作简单、功能强大的音频处理工具，内含丰富的音频处理特效，从一般特效（如多普勒、回声、混响、降噪）到高级的公式计算（利用公式在理论上可以产生任何用户想要的声音）都有，还支持从 DVD 或其他视频文件中提取音频

任务实施——使用 Adobe Audition 录制和编辑音频

下面，首先使用 Adobe Audition 录制一段音频，然后对录制的音频进行编辑，如删除多余片段、降噪、混缩、导出等。

一、录制音频

首先将麦克风插入计算机的音频输入接口，然后按如下操作步骤录制音频。

步骤 1▶ 启动 Adobe Audition，单击工具栏中的"波形"按钮 ⊞ 波形，在打开的"新建音频文件"对话框中设置音频文件的名称和采样率，然后单击"确定"按钮，如图 7-17 所示。

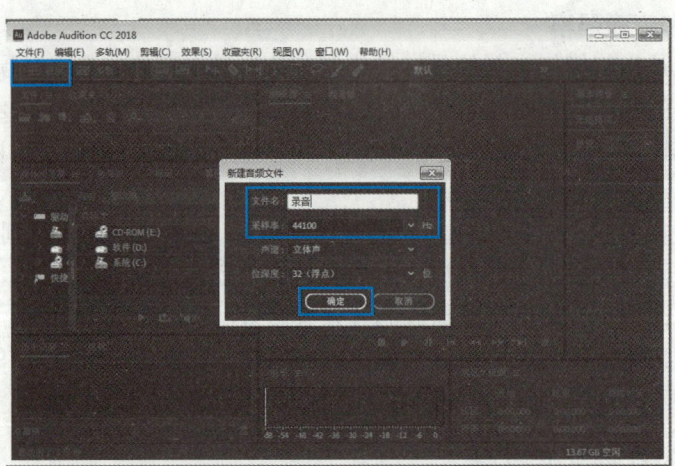

图 7-17　新建"录音"音频文件

> 提　示
>
> 录音前，可以先利用 Windows 系统的音量控制功能调整录音音量。

步骤 2▶ 打开本书配套素材"项目七"/"任务三"/"讲解文字.txt"文件。

步骤 3▶ 单击音轨区下方的"录制"按钮 ，对着麦克风朗读"讲解文字.txt"文件中的文字。录音过程中 Adobe Audition 音轨区的状态如图 7-18 所示。

项目七　多媒体软件应用

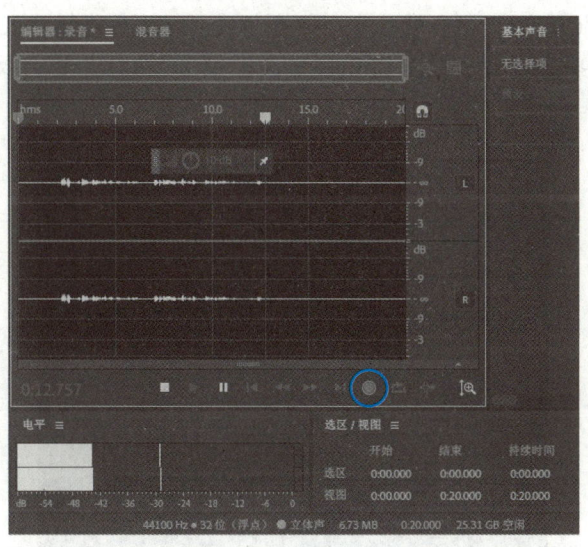

图 7-18　录制音频

步骤 4▶ 录音结束后，单击"录制"按钮◉停止录制，此时单击"播放"按钮▶可预览录制的声音。

步骤 5▶ 按"Ctrl+S"组合键保存录制的音频文件。

二、为音频降噪

录制音频时，由于环境或设备原因，音频中难免会有一些杂音，所以需要进行降噪。下面介绍在 Adobe Audition 中利用"采样降噪法"对音频进行降噪的方法。

步骤 1▶ 拖动音轨区上方的滑动条放大音频波形的显示比例，选择上方工具栏中的"时间选择工具"，在声音的波形上按住鼠标左键并拖动，选择较均匀的一段波形，如图 7-19 所示。

步骤 2▶ 右击所选波形，在弹出的快捷菜单中选择"捕捉噪声样本"选项（或按"Shift+P"组合键），将选中的噪声波形采集为降噪样本，如图 7-20 所示。

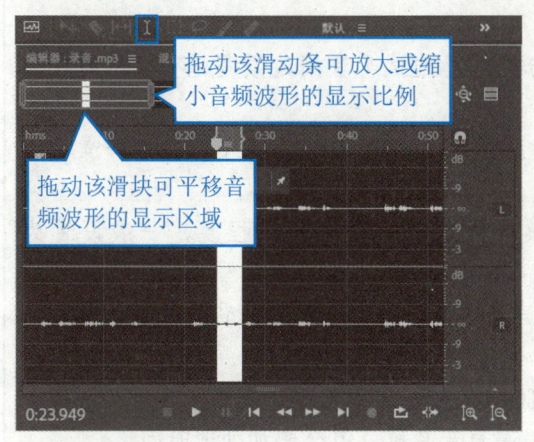

图 7-19　选择较均匀的一段波形

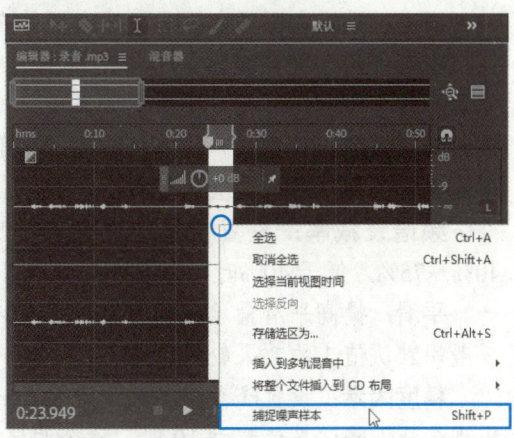

图 7-20　采集噪声样本

275

步骤 3▶ 按"Ctrl+A"组合键选中全部音频波形,然后选择"效果"/"降噪/恢复"/"降噪(处理)"选项(或按"Ctrl+Shift+P"组合键),在打开的"效果-降噪"对话框中设置"降噪"和"降噪幅度"值,如图 7-21 所示。

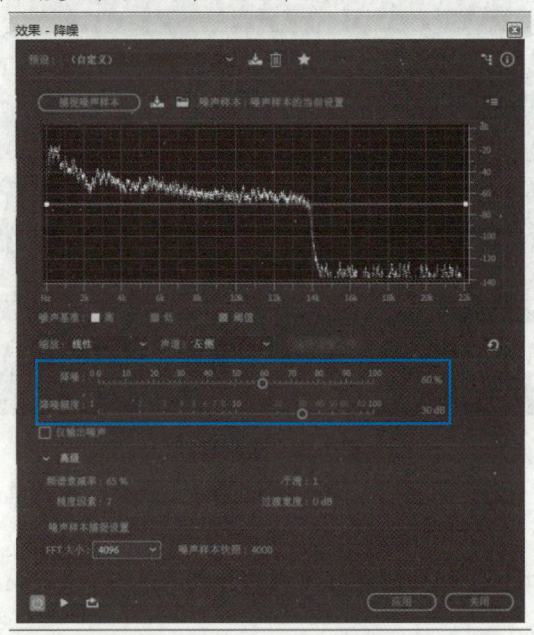

图 7-21 设置"降噪"和"降噪幅度"值

 说 明

"效果-降噪"对话框中常用设置项的作用如下。

捕捉噪声样本:从选定的噪声样本中提取背景噪声,从而更精确地降噪。如果选定的噪声样本过短,该选项将被禁用。

图形:沿 X 轴描述所选音频频率,沿 Y 轴描述降噪量。可通过编辑蓝色曲线设置所选音频在不同频率范围内的降噪量。

声道:设置在图形中显示左声道还是右声道。

降噪:用于控制输出信号中的降噪百分比。可边试听音频边微调此项,从而在确保声音最小失真的情况下获得最大降噪。

降噪幅度:设置噪声的降低幅度,一般设置为 6~30 dB。如果要减少因降噪而产生的声音失真,可将该值设置得小一些。

频谱衰减率:设置当所选音频低于噪声样本时的频率衰减程度,一般设置为 40%~75%。低于 40%时,会导致声音失真;高于 75%时,会有残留噪声。

平滑:提高平滑量(最高为 2)可减少声音失真,但会增加整体背景的宽频噪声。一般用默认值 1 的效果较好。

精度因素:设置降噪精度,设置为 5~10 效果较好。数值等于或小于 3 时,可能会出现音量下降;数值超过 10 时,不会明显提高声音品质,但会增加处理时间。

> **噪声样本快照**：用于决定降噪时所使用的样本数量，数值越大去除的噪声越多，但对音频文件本身也会产生更大的影响。通常保持默认值 4000 即可。

步骤 4 单击"预览播放/停止"按钮 ▶ 试听效果，对试听效果满意后，单击"应用"按钮开始降噪。最后，按"Ctrl+S"组合键保存降噪后的音频文件。

三、混缩与剪辑音频

混缩即混音，指将伴奏和人声混合到一起，使两者合成一个完整的音频；剪辑是指根据需要对音频进行裁剪和编辑。下面，通过对前面处理的音频进行剪辑并添加背景音乐，介绍使用 Adobe Audition 混缩与剪辑音频的方法。

步骤 1 单击工具栏中的"多轨"按钮 ，在打开的"新建多轨会话"对话框中设置多轨会话名称、保存位置和采样率，单击"确定"按钮，如图 7-22 所示。

步骤 2 选择"文件"/"导入"/"文件"选项（或按"Ctrl+I"组合键），在打开的"导入"对话框中选择本书配套素材"项目七"/"任务三"/"背景音乐.mp3"文件，单击"打开"按钮，导入该文件。此时导入的背景音乐将显示在 Adobe Audition 的"文件"面板中，如图 7-23 所示。

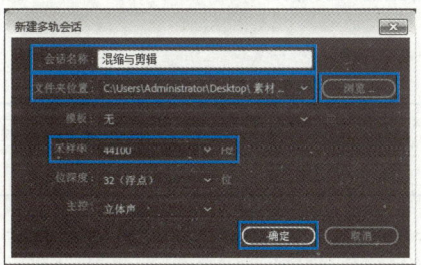
图 7-22 新建"混缩与剪辑"多轨会话文件

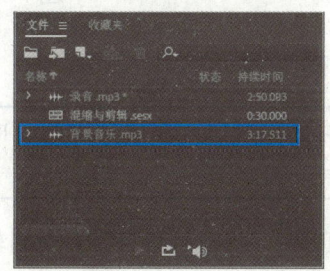
图 7-23 导入的背景音乐

步骤 3 将"文件"面板中的"录音.mp3"文件拖放到轨道 1 中，将"背景音乐.mp3"文件拖放到轨道 2 中，然后增加轨道 1 的音量，减小轨道 2 的音量，如图 7-24 所示。

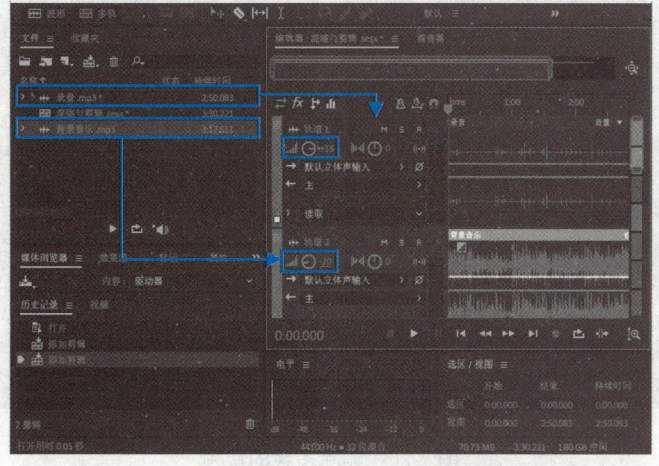
图 7-24 将音频添加到轨道中并调整轨道音量

步骤 4 在录音时有时会出现口误，这时就需要对音频进行剪辑，删除口误的部分。预览录制的音频，发现口误的部分后，选择工具栏中的"时间选择工具" ，在轨道 1 中按住鼠标左键并拖动，选中要删除的音频波形，然后按"Alt+Delete"组合键将其删除，如图 7-25 所示。

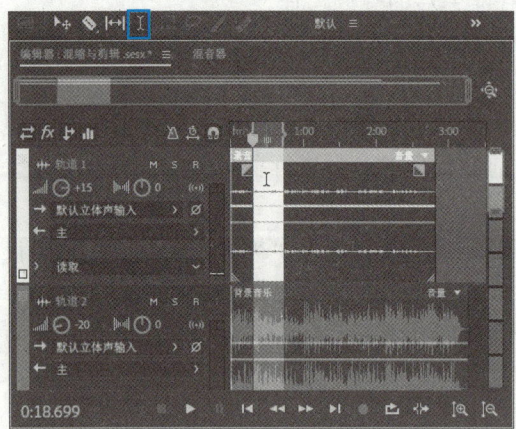
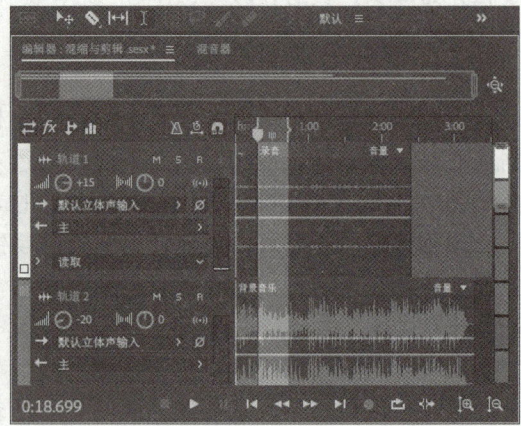

图 7-25 删除音频的口误部分

提示

若在删除所选音频波形时不同时按住"Alt"键，则其右侧的音频波形将不会自动向左移动。

步骤 5 将时间指示器移动到轨道 1 中音频波形的结束位置，然后选择工具栏中的"切断所选剪辑工具"按钮，单击轨道 2 中时间指示器所在的位置，从该处将音频波形剪为两段，再使用"移动工具"按钮 选中多余的音频片段，按"Delete"键将其删除，如图 7-26 所示。

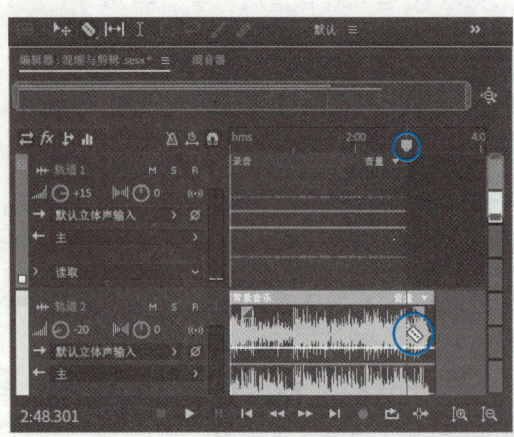
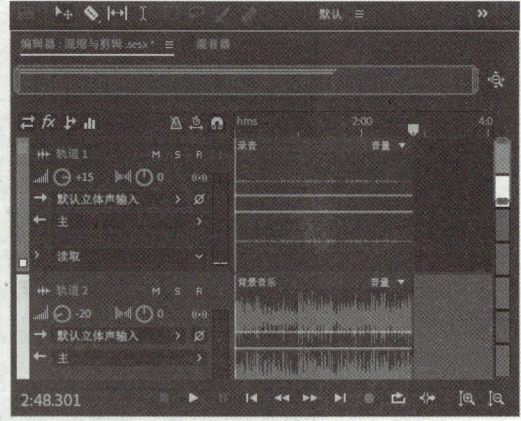

图 7-26 删除多余的音频

项目七　多媒体软件应用

步骤 6▶ 按"Ctrl+S"组合键，保存多轨会话文件（若弹出提示框，可单击"是"按钮）。

步骤 7▶ 选择"文件"/"导出"/"多轨混音"/"整个会话"选项，在打开的"导出多轨混音"对话框中设置文件的保存位置和文件名，并将保存格式设为"MP3 音频（*.mp3）"，再单击"确定"按钮，将制作好的音频导出为 MP3 文件，如图 7-27 所示。

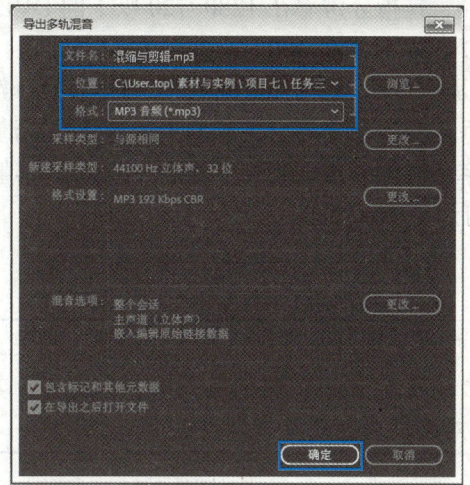

图 7-27　将音频导出为 MP3 文件

任务四　使用视频处理软件

任务情景

视频处理也是多媒体技术的一个重要应用，所以李强还需要了解视频处理的一些基础知识，并掌握视频处理软件的使用方法。下面我们和李强一起学习这些知识，并利用格式工厂转换视频格式和截取视频片段。

相关知识

一、视频处理基础知识

在处理视频时，经常遇到的概念是视频编码、视频分辨率和视频文件格式，下面分别说明。

1. 视频编码

视频编码是指使用特定技术对视频进行压缩，以在尽量不损害其播放效果的情况下减少其体积的一种方式。常用的视频编码标准有国际电联制定的 H.264，国际标准化组织制定的 MPEG-1、MPEG-2、MPEG-4 等标准。此外，在互联网上广泛应用的还有微软公司的

WMV、VC-1 及苹果公司的 QuickTime 等编码。其中，H.264 和 MPEG-4 是目前流行的高清视频编码标准，它们最大的特点是具有极高的压缩比且视频质量较高。

2．视频分辨率

视频分辨率是指视频的一幅画面中像素的数量，通常用"水平方向像素数量×垂直方向像素数量"方式来表示，如 1280×720。

（1）标清（standard definition，SD）视频，是指分辨率在 1280×720 以下的 DVD、电视节目等视频。常见的标清视频分辨率有 720×576 和 720×480。

（2）高清（high definition，HD）视频，是指具备 720 p 或 1080 p 及以上垂直分辨率，画面宽高比为 16∶9 的数字视频。一般使用垂直分辨率来界定视频属于标清还是高清。在描述视频的垂直分辨率时，通常都会在分辨率后添加 p 或 i 标识。其中，1080 p 高清的视频又被称为全高清（Full HD），它的分辨率可达 1920×1080。

提 示

> 总的来说，视频的清晰度与视频编码、视频分辨率和视频比特率（码率）相关。视频比特率是指每秒播放的视频数据量，单位通常为 kbps。相同编码的视频文件，其码率和分辨率越高，视频文件体积就越大，相对来说视频质量也越好。

2．视频文件格式

视频文件格式是指对编码后的视频流进行封装的方式。表 7-6 为常用的视频文件格式及其用途。

表 7-6 常用的视频文件格式及用途

格　式	格式说明	用　途
AVI	是 Microsoft 公司开发的一种视频文件格式，图像质量好，但体积过于庞大，且压缩标准不统一，不同压缩标准产生的视频需要不同的解码器才能播放	应用广泛，一般采集视频直接存储的文件就是此格式
MP4	又称 MPEG-4，由国际标准化组织（ISO）和国际电工委员会下属的"动态图像专家组"（MPEG）制定，广泛应用于封装 H.264 和 MPEG-4 编码的视频流，具有很高的压缩比	用于在移动端和 PC 端播放的视频
WMV	是 Microsoft 公司推出的一种视频压缩格式，其优点是可以直接在网上实时观看，且支持部分下载；其缺点是画面质量与文件大小成正比，质量越高，文件所占存储空间越大	用于直接在网上实时观看的视频
RM/RMVB	是由 Real Audio 公司推出的两种视频压缩格式，视频质量比 WMV 格式更高，但占用空间更小，需要安装专门的解码器才能播放	用于网络传输和网络实时播放的视频
MKV	与 AVI 格式一样，可用来封装多种编码的视频流，被誉为万能封装器	常用于本地计算机中播放的视频
MOV	是苹果公司开发的视频文件格式，常用来封装 QuickTime 编码的视频流，具有压缩比高和视频清晰度好等特点	不仅支持 Mac OS，同样也支持 Windows 操作系统

二、常用的视频处理软件

目前，常用的视频处理软件如表 7-7 所示。

表 7-7　常用的视频处理软件

软件名称	说　明
Adobe Premiere	是由 Adobe 公司开发的一款专门用于视频后期处理的软件，利用它可以快速地对视频进行剪辑、添加特效和转场，广泛应用于电视节目、广告制作和电影剪辑等领域
会声会影	是一款功能强大的视频编辑软件，提供 100 多种视频编辑与特效功能，可以轻松剪辑视频和制作各种精彩的视频特效，并可以将视频输出为多种格式
爱剪辑	是一款功能强大的视频剪辑软件，操作简单、容易上手，支持视频剪辑拼接，可添加字幕、背景音乐、马赛克等，提供影院级好莱坞特效、专业风格滤镜效果等功能
格式工厂	是一款万能的多媒体格式转换软件，可以实现大多数视频、音频及图像不同格式之间的相互转换，并且可根据需要设置文件的输出参数

任务实施——使用格式工厂截取视频片段并转换视频格式

随着多媒体技术的发展，产生了多种多样的媒体文件格式，不同格式的文件往往只适用于一种或几种电子设备，但一般不可能适用所有的电子设备。在这种情况下，就需要对媒体文件格式进行转换。

下面以利用格式工厂截取 AVI 格式的视频片段，并将其转换为 MP4 格式为例，学习转换视频文件格式和剪辑视频的方法。

步骤 1▶ 安装并启动格式工厂，打开其工作界面，如图 7-28 所示。

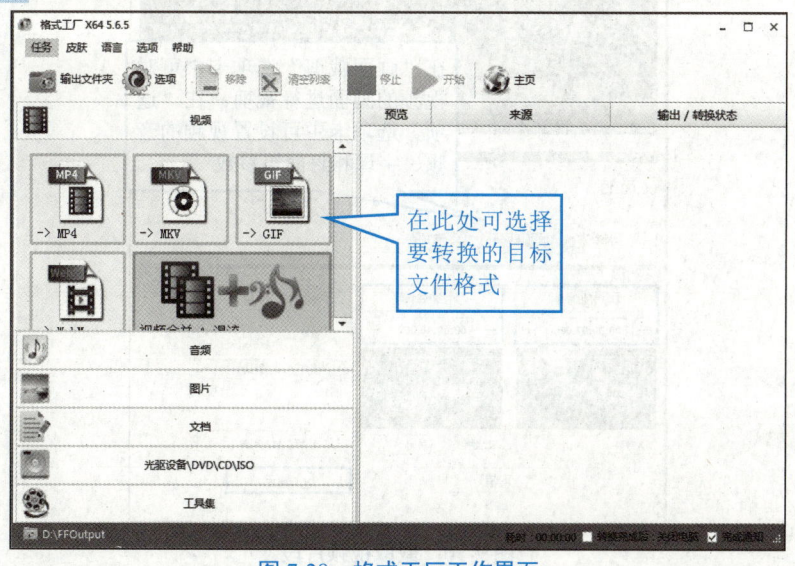

图 7-28　格式工厂工作界面

步骤 2▶ 在工作界面的左侧单击"视频"选项区中的"MP4"按钮,打开"MP4"对话框,单击"添加文件"按钮,在打开的对话框中选择本书配套素材"项目七"/"任务四"/"转换素材.avi"视频文件,然后单击"打开"按钮,如图 7-29 所示。

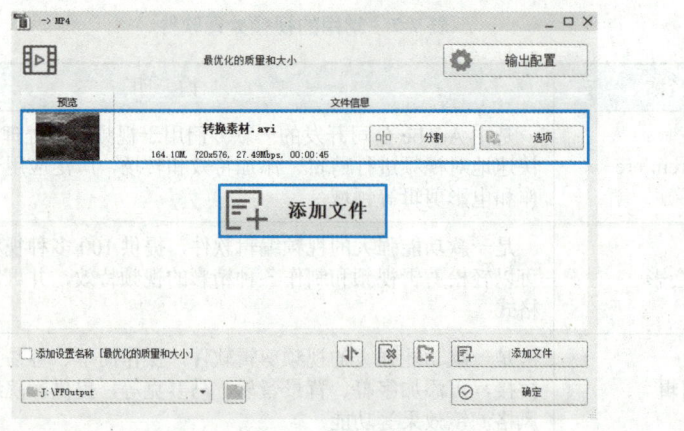

图 7-29　添加要转换的视频文件

步骤 3▶ 在"MP4"对话框中单击"输出配置"按钮,可在打开的"视频设置"对话框中设置输出视频的视频流、音频流和字幕等参数。本例保持默认参数不变。

步骤 4▶ 单击"MP4"对话框中要转换格式视频右侧的"选项"按钮,在打开的对话框中截取要转换的视频片段。本例将视频的开始时间设置为第 2 秒,结束时间设为第 40 秒,然后单击"确定"按钮,如图 7-30 所示。

图 7-30　截取视频片段

项目七　多媒体软件应用

步骤 5 单击"MP4"对话框左下角的文件夹图标,在打开的对话框中选择视频的输出位置,如"项目七"/"任务四"文件夹,然后单击"确定"按钮返回"MP4"对话框。

步骤 6 单击"MP4"对话框中的"确定"按钮,返回"格式工厂"工作界面,然后单击上方的"开始"按钮,即可开始转换视频格式,如图 7-31 所示。等待一段时间,即可在指定的文件夹中生成转换格式后的视频文件。

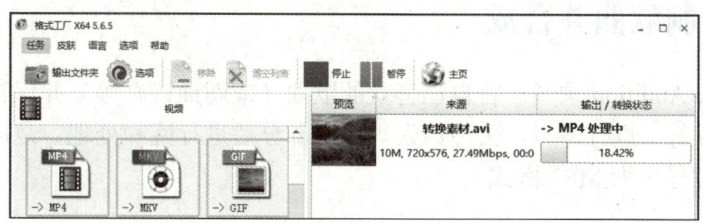

图 7-31　转换视频格式

项目总结

本项目主要介绍了多媒体软件的应用。学完本项目内容后,读者应:
(1)掌握获取多媒体素材(如图像、音频、视频)的方法。
(2)了解常见的图像文件格式、音频文件格式和视频文件格式。
(3)了解常用的图像处理软件、音频处理软件和视频处理软件。
(4)掌握使用常用软件处理图像、音频和视频的方法。

项目实训

实训一　美化照片

利用光影魔术手处理本书配套素材"项目七"/"项目实训"/"处理前图片.jpg",使其处理前后效果如图 7-32 所示。

图 7-32　图片处理前后效果对比

(1) 裁剪图片右侧与人物主题不符的部分。
(2) 对图片进行自动美化。
(3) 为图片添加一个多图边框。
(4) 为图片添加文字（可根据喜好设置）。

实训二　录制歌曲并合成

利用 Adobe Audition 录制一首自己喜欢的歌曲（或朗诵诗歌等）并保存，然后对录制的歌曲（或诗歌等）进行剪辑，去掉口误等多余部分后进行降噪处理。最后将下载的背景音乐与之合成并导出为 MP3 格式。

实训三　转换视频格式

利用手机录制一段校园生活视频，将其传输到计算机中，然后利用格式工厂截取其中的某个片段，并将其格式转换成 MKV 格式或其他格式。

项目考核

一、选择题

(1) 下列选项中，不属于多媒体的是（　　）。
　　A．程序　　　　　　B．图像　　　　　　C．音频　　　　　　D．视频
(2) 不能用来存储声音的文件格式是（　　）。
　　A．WAV　　　　　　B．JPG　　　　　　C．AIFF　　　　　　D．MP3
(3) 要从打开的网页上下载部分文本，最常用的做法是（　　）。
　　A．直接保存该网页
　　B．把网页通过抓图方式抓取下来
　　C．先复制文本，再粘贴到文档中
　　D．用数码相机拍摄下来
(4) 下列有关位图的说法中，错误的是（　　）。
　　A．位图图片大小和清晰度与分辨率无关
　　B．位图一般经由数码相机、扫描仪，以及屏幕截取得到
　　C．位图的表现力强、色彩细腻、层次多且细节丰富
　　D．一般来说，分辨率越高的位图越清晰
(5) 下列有关矢量图的说法中，错误的是（　　）。
　　A．矢量图一般由矢量绘图软件绘制得到
　　B．矢量图无论放大多少倍，都不会出现模糊
　　C．矢量图占用的存储空间一定比位图小
　　D．矢量图的缺点是色彩单调、细节不够丰富

（6）下列属于音频处理软件的是（　　）。

　　A．GoldWave　　　　B．光影魔术手　　C．爱剪辑　　　　D．Flash

（7）下列视频分辨率中，属于高清分辨率的是（　　）。

　　A．960×540　　　　B．720×576　　　C．720×480　　　D．1920×1080

二、简答题

（1）简述多媒体技术的典型应用。

（2）简述获取多媒体素材（如图像、音频、视频）的方法。

（3）简述常见的图形图像文件格式及其用途。

（4）简述常见的音频文件格式及其用途。

（5）简述常见的视频文件格式及其用途。

参考文献

[1] 高万萍，王德俊．计算机应用基础教程［M］．北京：清华大学出版社，2019．

[2] 龙敏，蒲先祥．计算机应用基础［M］．上海：上海交通大学出版社，2018．

[3] 吴银芳，江霏，蒋燕翔．计算机应用基础任务式教程［M］．北京：航空工业出版社，2018．

[4] 李彦．计算机应用基础项目化教程［M］．北京：航空工业出版社，2018．

[5] 李利佳，熊仁阶，杨卓伟．计算机应用基础项目教程［M］．上海：上海交通大学出版社，2018．

[6] 杨荣光，郭崇云，高晓琴．计算机基础项目教程［M］．上海：上海交通大学出版社，2017．

[7] 杨晶．计算机应用基础项目化教程［M］．上海：上海交通大学出版社，2017．